高等院校机械类创新型应用人才培养规划教材

金属切削机床（第2版）

主　编　夏广岚　姜永成
副主编　卢　伟　于　峰
主　审　颜兵兵

内容简介

本书以讲述普通机床及其设计为主，同时增加了数控机床的一些基础知识。全书共分为12章。第1～5章为机床概论，内容包括绪论、机床的运动分析、车床、数控机床和其他机床。第6～12章为机床设计，内容包括金属切削机床的总体设计、主传动设计、进给传动设计、主轴组件设计、支承件设计、导轨设计和机床操纵机构的设计。

本书可以作为高等院校工科机械类的教材，也可以供从事机床设计和研究的工程技术人员参考使用。

图书在版编目(CIP)数据

金属切削机床/夏广岚，姜永成主编．—2版．—北京：北京大学出版社，2015.1

(高等院校机械类创新型应用人才培养规划教材)

ISBN 978-7-301-25202-4

Ⅰ.①金…　Ⅱ.①夏…②姜…　Ⅲ.①金属切削—机床—高等学校—教材　Ⅳ.①TG502

中国版本图书馆CIP数据核字(2014)第284749号

书　　名：金属切削机床(第2版)
著作责任者：夏广岚　姜永成　主编
策 划 编 辑：童君鑫　黄红珍
责 任 编 辑：黄红珍
标 准 书 号：ISBN 978-7-301-25202-4/TH·0412
出 版 发 行：北京大学出版社
地　　址：北京市海淀区成府路205号　100871
网　　址：http://www.pup.cn　新浪官方微博：@北京大学出版社
电 子 信 箱：pup_6@163.com
电　　话：邮购部010-62752015　发行部010-62750672　编辑部010-62750667
印　刷　者：北京虎彩文化传播有限公司
经　销　者：新华书店
787毫米×1092毫米　16开本　20.5印张　471千字
2008年5月第1版
2015年1月第2版　2023年1月第5次印刷
定　　价：42.00元

第2版前言

为了适应最新的教学改革和人才培养模式改革方案，特别是为适应教育部“卓越工程师教育培养计划”教育改革项目的实施，对第1版进行了修订。

本书是根据教育部高等学校机械制造工艺与设备专业本科教育培养目标和培养方案要求编写的，参考了多所高等学校相关课程的教学大纲，结合现代机床技术的发展，加重了数控机床结构、控制、伺服系统部分内容的讲述。

本书整合了金属切削机床概论和金属切削机床设计两门课程的内容。全书共分为12章，前5章为金属切削机床概论内容，主要介绍机床的代号和编制方法，分析机床运动的基本方法及步骤，这里加重了对数控机床的介绍及分析。后7章为金属切削机床设计内容，主要介绍机床设计的要求、方法和步骤，运动设计和结构设计。本书内容系统、全面，采用本书的老师可结合本专业的教学计划和大纲，适当增减授课内容，以适应教学的需要。

本书由夏广岚、姜永成担任主编，卢伟、于峰担任副主编，殷宝麟、姜永梅、郭书立参与了编写工作。全书由佳木斯大学颜兵兵进行审核。

本书可作为高等学校机械制造工艺与设备专业及类似专业的教材，也可供从事金属切削机床设计和研究的工程技术人员、研究生、中等专业学校和专科学校的教师参考使用。

本书在编写过程中参考和借鉴了诸多同行的相关资料和文献，在此一并表示诚挚的感谢！同时，限于编者水平有限，书中不妥之处在所难免，敬请读者指正。

编　者

2014年5月

目　录

第1章 绪论

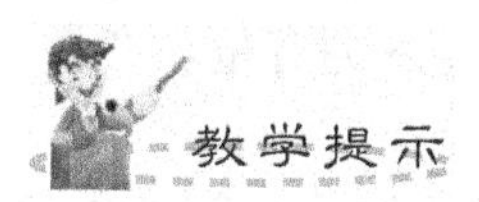

教学提示

在现代机械制造工业中，金属切削机床是加工机器零件的主要设备，在各类机器制造装备中所占的比重较大。为了便于区别、使用和管理发展迅速的金属切削机床的品种及规格，须对机床加以分类和编制型号，以此来解决机床名称冗长、书写和称呼都很不方便的问题。

教学要求

本章让学生了解金属切削机床在国民经济中的地位和发展的总体趋势，熟悉机床的不同分类方法，重点让学生掌握机床型号的编制方法，使学生能够根据机床的型号描述机床的类别、主要参数、使用与结构特性。

1.1 金属切削机床在国民经济中的地位

广义的金属切削机床是用切削、磨削或特种加工方法加工各种金属工件，使之获得所要求的几何形状、尺寸精度和表面质量的机床(手携式的除外)。而通常狭义的金属切削机床是指金属切削机床类产品，是采用切削的方法把金属毛坯加工成机器零件的机器，它是制造机器的机器，所以又称为“工作母机”或“工具机”，习惯上简称为机床。

在现代机械制造工业中，机床是加工机器零件的主要设备，机床在各类机器制造装备中所占的比重较大，一般都在50%以上，所担负的工作量占机器总制造工作量的40%～60%。对于有一定形状、尺寸和表面质量要求的金属零件，特别是精密零件的加工，主要是在金属切削机床上完成的。

机床的“母机”属性决定了它在国民经济中的重要地位。机械制造工业担负着为国民经济各部门提供先进技术装备的任务，机床工业是机械制造工业的重要组成部分，为机械制造工业提供先进的加工装备和加工技术的“工作母机”。一个国家机床的拥有量、产量、品种和质量如何，是衡量其工业水平的标志之一。

我国的机床工业是在1949年后逐渐建立起来的，它从无到有，从小到大，不断地发展壮大，已形成了布局比较合理、完整的机床工业体系。我国机床生产无论品种和产量都已步入世界前列，物美价廉和高性价比吸引着全世界的目光，机床产品已成为我国近10年来主要出口创汇的商品之一。

当前，生产机床的企业遍布全国，许多国产机床产品的性能已达到世界先进水平，一批重点机床厂的高新产品在国际市场很受欢迎。随着国际技术交流与合作的进一步发展，我国机床工业已进入一个新的发展阶段。

1.2 金属切削机床的分类

金属切削机床种类繁多，可根据需要从不同的角度对机床进行分类。

按机床的加工性质和所用刀具进行分类，我国把机床划分为11大类：车床、钻床、镗床、磨床、齿轮加工机床、螺纹加工机床、铣床、刨插床、拉床、锯床及其他机床。

按机床的使用范围(通用性程度)分类，机床可分为如下几种。

(1) 通用机床(又称万能机床、普通机床)。这种机床可加工多种工件，完成多种工序，使用范围较广，如万能卧式车床、卧式镗床及万能升降台铣床等，这类机床的通用程度较高，结构较复杂，主要用于单件、小批量生产。

(2) 专门化机床(又称专能机床)。它是用于加工形状相似而尺寸不同的工件的特定工序的机床。这类机床的特点介于通用机床与专用机床之间，既有加工尺寸的通用性，又有加工工序的专用性，如精密丝杠车床、凸轮轴车床等。这种机床的生产率较高，适于成批生产。

(3) 专用机床。它是用于加工特定工件的特定工序的机床，如主轴箱的专用镗床等。由于这类机床是根据特定工艺要求专门设计、制造与使用的，因此生产率很高，结构简单，适于大批量生产。组合机床也属于专用机床，它是以通用部件为基础，配以少量专用部件组合而成的一种特殊专用机床。

按机床的精度分类：在同一种机床中，根据其精度、性能等对照有关标准规定要求，机床又分为普通机床、精密机床和高精度机床。

此外，按照机床自动化程度的不同，机床还可分为手动、机动、半自动机床和自动机床。按照机床质量的不同，机床又可分为仪表机床、中型机床(一般机床)、大型机床(质量大于10t)、重型机床(质量大于30t)和超重型机床(质量大于100t)。按照机床主要工作部件数目的不同，机床可以分为单轴的、多轴的或单刀的、多刀的机床等。

随着机床数控化的发展，其分类方法也将不断发展。现在机床的种类日趋多样化，工序更加集中的数控机床是机床的发展方向。一台数控机床集中了越来越多的传统机床的功能。机床数控化引起了机床分类方法的变化，这种变化主要表现在机床品种不是越分越细，而是趋向综合。

1.3　金属切削机床的型号

机床型号就是赋予机床产品的代号。我国现在机床型号的编制方法是按2008年8月发布的GB/T 15375—2008《金属切削机床　型号编制方法》执行的，适用于新设计的各类通用及专用机床、自动线(不适用于组合机床和特种加工机床)。我国机床型号是由大写汉语拼音字母和阿拉伯数字组成的，它可简明地表达出该机床的类型、主要规格及有关特性等。

1.3.1　通用机床的型号

1. 机床型号的基本形式

机床型号的基本形式由3部分组成。举例：最大回转直径为400mm的普通卧式车床的型号可表示为

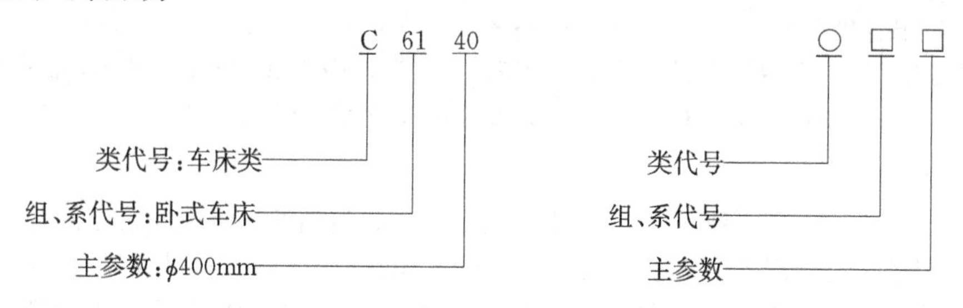

1) 类代号

类代号用大写汉语拼音字母表示，例如，“车床”的汉语拼音是“che chuang”，所以用“C”表示车床类代号。当需要时，每个类别又可分为若干分类，分类代号用阿拉伯数字表示，位于类别代号前面，居于型号的首位，但第一分类不予表示，例如，磨床类分为M、2M、3M这3个分类。机床类别代号及其读音见表1-1。

表1-1　机床类别代号及其读音

类别	车床	钻床	镗床	磨床			齿轮加工机床	螺纹加工机床	铣床	刨插床	拉床	锯床	其他机床
代号 读音	C 车	Z 钻	T 镗	M 磨	2M 2磨	3M 3磨	Y 牙	S 丝	X 铣	B 刨	L 拉	G 割	Q 其

2) 组、系代号

组、系代号用两位阿拉伯数字表示，位于类代号的后面。为了编制机床型号，将每类机床划分为10个组(同一组机床的主要布局及使用范围基本相同)，分别用0～9表示；每个组又划分为若干系(同一系机床的主要参数、主要结构及布局形式相同)。组和系分别用一位阿拉伯数字表示，组位于类代号或特性代号之后，系位于组代号之后。

3) 主参数

主参数用主参数折算值(1/10、1/100或实际值)表示，是机床规格大小的一种参数，用两位数字表示。位于组、系代号之后。

机床的统一名称和组、系划分以及主参数的表示方式可参见GB/T 15375—2008(见本书附录)。

上述3部分代号是机床型号中必不可缺的基本形式，但是，有的机床还属其他特殊情况，需要附加某些代号才能表达其完整含义。

2. 机床型号的完整形式

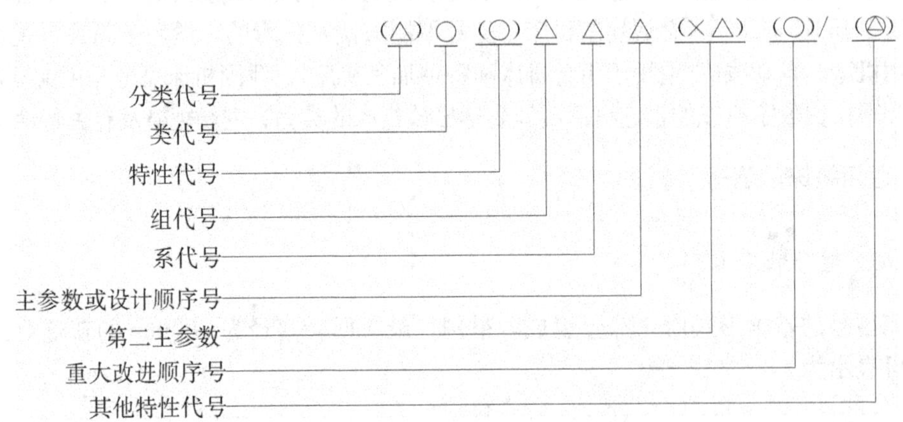

注：“○”为大写汉语拼音字母；“△”为阿拉伯数字；“(　)”代号若无内容时则不表示，若有内容时型号中不带括号；“◎”为大写的汉语拼音字母或阿拉伯数字，或两者兼有之。

1) 特性代号

特性代号用大写汉语拼音字母表示，位于类代号之后，包括通用特性和结构特性。

(1) 通用特性代号。当某类机床除有普通形式外，还具有某种通用特性时，可在类代号之后加上相应的特性代号表示。例如，“CK”表示数控车床；“MBG”表示高精度半自动磨床。机床通用特性代号及其读音见表1-2。

表1-2　机床通用特性代号及其读音

通用特性	高精度	精密	自动	半自动	数控	加工中心(自动换刀)	仿形	轻型	加重型	简式	柔性加工单元	数字显示	高速
代号 读音	G 高	M 密	Z 自	B 半	K 控	H 换	F 仿	Q 轻	C 重	J 简	R 柔	X 显	S 速

(2) 结构特性代号。对于主参数值相同而结构、性能不同的机床，可加结构特性代号予以区分，如A、D、E、L、N、P等。例如，CA6140型卧式车床型号中有“A”，即在

结构上区别于C6140型卧式车床。结构特性代号字母是根据各类机床的情况分别规定的，在不同型号中的意义可以不同。当机床有通用特性代号时，结构特性代号应排在通用特性代号之后。为避免混淆，通用特性已用的字母及“I”“O”，都不能作为结构特性代号。

2）第二主参数

当机床第二主参数改变会引起机床结构、性能发生较大变化时，为了区分，可将第二主参数用折算值表示，列于型号后部，并用“·”分开。

3）重大改进顺序号

当机床的结构、性能有重大改进和提高，并按新产品重新设计、试制和鉴定时，才在机床型号之后按A、B、C等汉语拼音字母的顺序选用，加入型号的尾部，以区别原机床型号。

4）同一型号机床的变型代号

在基本型号机床的基础上，仅改变机床的部分性能结构时，则在变型代号后加1、2、3等顺序号，并用“/”分开，读作“之”，以便与原机床型号区分。

1.3.2 专用机床的型号

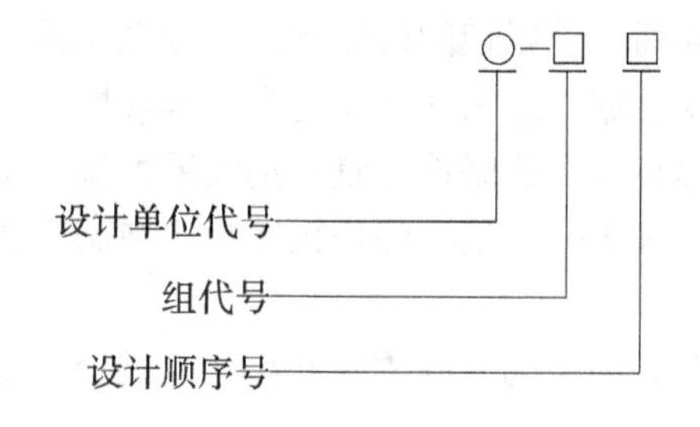

1. 设计单位代号

设计单位代号均由机械工业部北京机床研究所统一规定。通常，机床厂代号是由该厂所在城市和该厂名称的大写汉语拼音字母或该厂在市内建立的顺序号组成的，位于型号之首。

2. 组代号

专用机床的“组”由各单位按产品的工作原理自行确定，其代号用一位阿拉伯数字表示，位于设计单位代号之后，并用“-”分开，读作“至”。

3. 设计顺序号

设计顺序号按设计单位的设计顺序排列，由001起始，位于组代号之后。

1.4 金属切削机床的发展趋势

当前，各国机械工业约70%的总产值都是以多品种、中小批量生产为主体的。采用金属切削机床加工的生产模式也不断发生着变化。

在国外，20世纪50年代以前采用通用机床加工专用工艺装备，适用于单品种、大批量生产；20世纪60年代初开始采用坐标镗床加数显机床，省去了钻模、镗模等工装，增加了柔性，提高了加工精度和效率；20世纪70年代开始普遍采用数控机床，数控机床将高效率、高质量和高柔性集于一体；20 世纪 80 年代初，柔性制造系统(Flexible Manufacturing System，FMS)出现在生产线上，FMS 是采用一组数控机床和其他自动化的工艺装备，由计算机信息控制系统集中控制，并与物料自动储运系统有机结合的整体，它可按任意顺序加工一组有不同工序与加工节拍的工件，能适时地自由调度管理，因而这种系统可以在设备的技术规范范围内自动地适应加工工件和生产批量的变化，FMS 既是自动化的，又是柔性化的，与单台数控机床相比，经济效益有大幅度的提高，特别适于多品种、中小批量生产；20 世纪 80 年代中期出现了计算机集成制造系统(Computer Integrated Manufacturing System，CIMS)，CIMS 是将制造工厂的全部生产经营活动所需的各种形式的自动化系统有机地集成起来，构成适于多品种、中小批量生产的高效益、高质量和高柔性的智能生产系统。

我国机械制造业的发展和国外基本相同，只是在时间上稍晚一些，但发展的速度非常快。目前，我国是世界最大的机床消费国和机床进口国，而且从 2009 年以来，我国连续两年机床产量位居世界第一。随着国民经济快速稳定发展，装备制造业的振兴及整个制造业技术升级和国防现代化需求加大，在固定资产投资较快增长的拉动下，我国国内机床工具行业出现了产销畅旺的局面，金属切削机床制造行业也在强大的需求下如虎添翼，奋力前进。当前，金属切削机床已成为最大的产品门类，其规模 3 倍于金属成形机床。我国政府已将金属切削机床行业提高到了战略性位置，把发展大型、精密、高速数控设备和功能部件列为国家重要的振兴目标之一，也将促进机床行业向高精度、高效率、高自动、高柔性和高智能方向快速发展。

总之，高精度、高效率、高自动、高柔性和高智能是金属切削机床发展的总体趋势。

思考和练习

1. 机床按加工性质和所使用的刀具可分为几类？其类代号用什么表示？
2. 机床按万能程度可分为几类？每类的特点是什么？
3. 按照加工精度的不同，在同一机床中分为几种精度等级？
4. 在机床型号中，机床的特性有几种？它们是如何排序的？
5. 写出下列机床型号中每个符号的意义。

(1) C2150·6　　(2) CA6140

(3) X6030　　(4) Y7132A

6. 按《金属切削机床 型号编制方法》的规定，写出下列机床的型号。

(1) 最大加工直径为 400mm 的普通车床。

(2) 最大加工直径为 320mm 的万能外圆磨床。

(3) 最大钻孔直径为 40mm 的摇臂钻床。

(4) 经过一次重大改进、磨削最大外圆直径为 320mm 的万能外圆磨床。

7. 金属切削机床发展的总体趋势是什么？

第2章 机床的运动分析

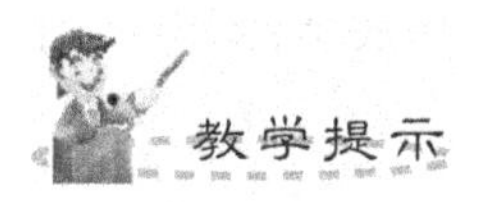

本章是学习本课程的基础，也是本课程的重点之一。对机床进行运动分析的目的在于，利用简单的方法来分析、比较各种机床的传动系统，以掌握机床的运动规律。这不仅是认识和使用现有机床的基础，也是设计新机床时比较与选择合理设计方案的重要依据。

本章重点让学生了解发生线的形成方法、工件表面的成形方法和成形运动，熟悉机床的传动联系、外联系传动链和内联系传动链的本质区别。使学生能够根据传动原理图，针对机床运动的具体情况进行具体分析，合理地进行调整和计算。

2.1　表面成形方法和成形运动

认识和分析机床应根据在机床上加工的各种表面和使用的刀具类型，分析机床得到这些表面的方法和所需的运动。进一步分析为了实现这些运动，机床必须具备的传动联系，实现这些传动的机构及机床运动的调整方法。这个机床运动分析过程是认识和分析机床的基本方法，次序为：表面——运动——传动——机构——调整。

2.1.1　工件表面的成形方法

1. 工件形状及其表面的成形方法

各种类型的机床在进行切削加工时，其基本工作原理是相同的，即通过刀具和工件之间的相对运动，切除毛坯件上的多余金属，形成具有一定尺寸、形状、精度和质量的表面，从而获得所需的机械零件。实质上，机床加工机械零件的过程就是形成零件上各个工作表面的过程。图 2.1 所示为机械加工中常见的各种表面。

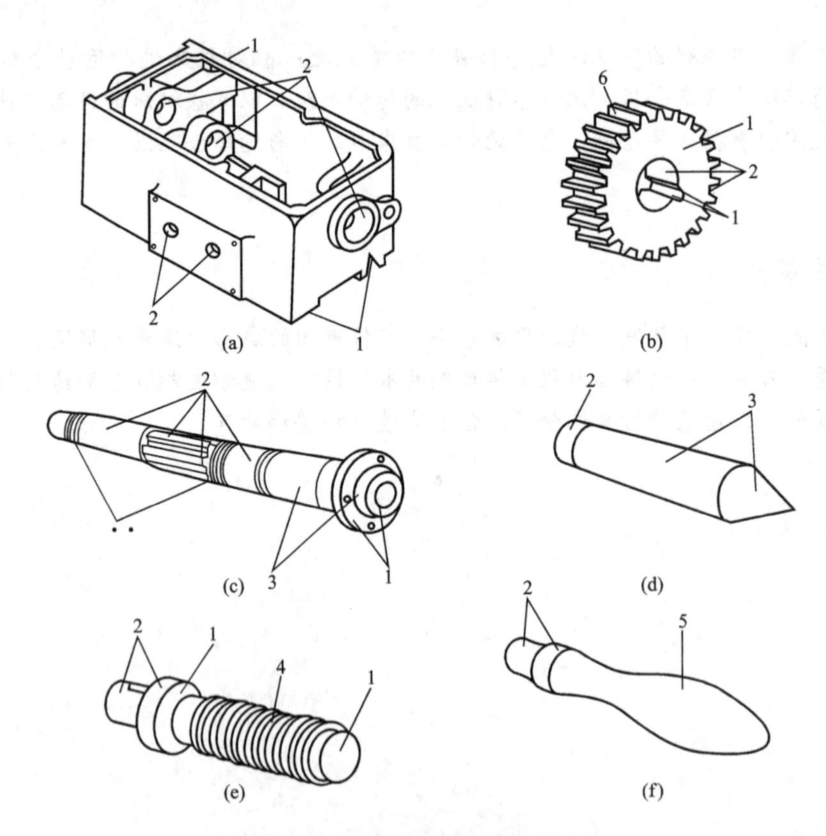

图 2.1　机械加工中常见的各种表面

1—平面；2—圆柱面；3—圆锥面；4—螺旋面(成形面)；5—回转体成形面；6—直线成形面

可以看出，任何复杂的工作表面都可以由几个比较简单的表面元素组成：平面、直线成形面、圆柱面、圆锥面、球面、圆环面和螺旋面，如图 2.2 所示。任何表面都可以看做一条线(称为母线1)沿着另一条线(称为导线2，或2′、2″)运动的轨迹。母线和导线统称为形成表面的发生线。

如果要得到平面[图2.2(a)]，可由一条直线1(母线)沿另一条直线2(导线)运动，直线1和直线2就是形成平面的两条发生线。同样，直线成形面[图2.2(b)]是由直线1(母线)沿着曲线2(导线)移动而形成的；圆柱面[图2.2(c)]是由直线1(母线)沿着圆2(导线)移动而形成的；圆锥面[图2.2(d)]是由直线1(母线)的一端沿着圆2(导线)移动，而母线的另一端保持不动的情况下形成的。

由图2.2不难发现，平面、直线成形面和圆柱面的两条发生线——母线和导线可以互换，而不改变成形面的性质，这种母线与导线可以互换的表面称为可逆表面。此外还有不可逆表面，如圆锥面、球面、圆环面和螺旋面等，形成不可逆表面的母线和导线是不可互换的。

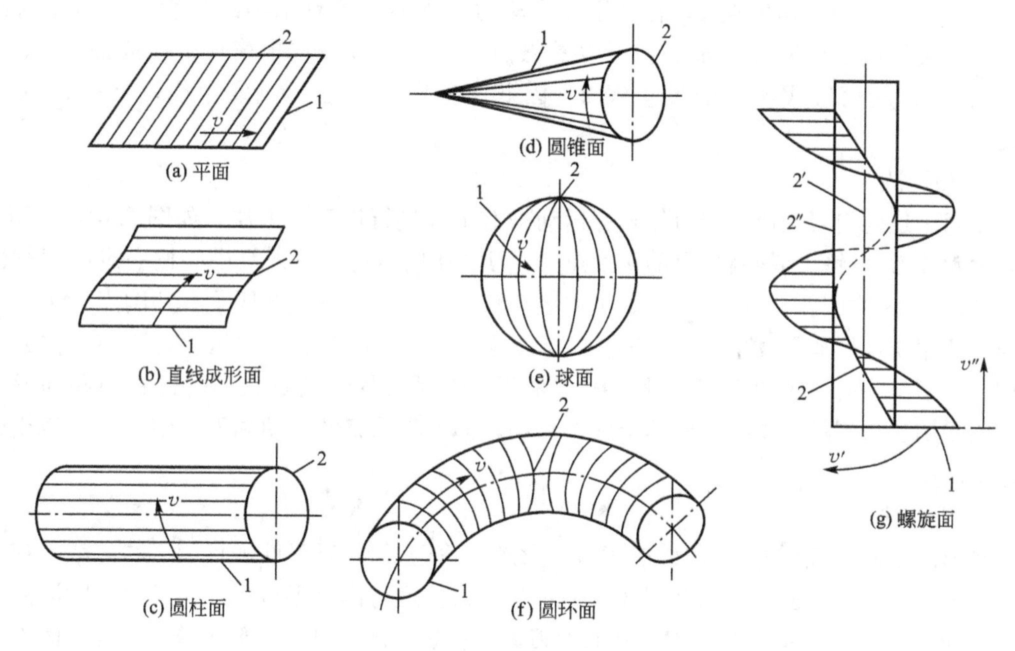

图2.2 组成工件轮廓的几种几何表面

1—母线；2、2′、2″—导线

值得注意的是，有些表面的两条发生线完全相同，只因母线相对于旋转轴线$O—O$的原始位置不同，也可以形成不同的表面，如图2.3所示。虽然母线皆为直线1，导线皆为圆2，轴心线皆为$O—O$，所需的运动也相同，但产生的表面可以不同，如圆柱面、圆锥面或双曲面。

2. 发生线的形成方法

发生线是由刀具的切削刃与工件间的相对运动得到的，工件表面的成形与刀具切削刃的形状有着极其密切的关系。由于使用的刀具切削刃的形状和采取的加工方法不同，所以机床上形成发生线的方法与所需的运动也不同，归纳起来，形成发生线的方法有以下4种(以形成图2.4所示的发生线2为例进行介绍)。

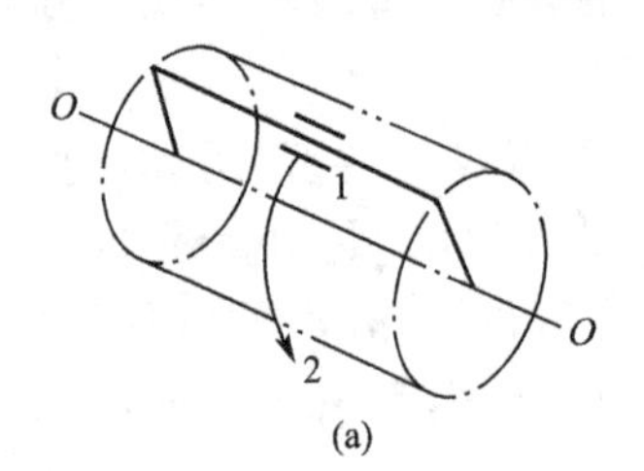

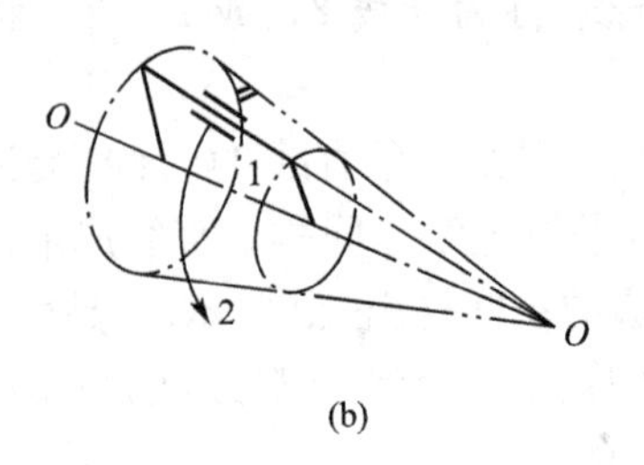

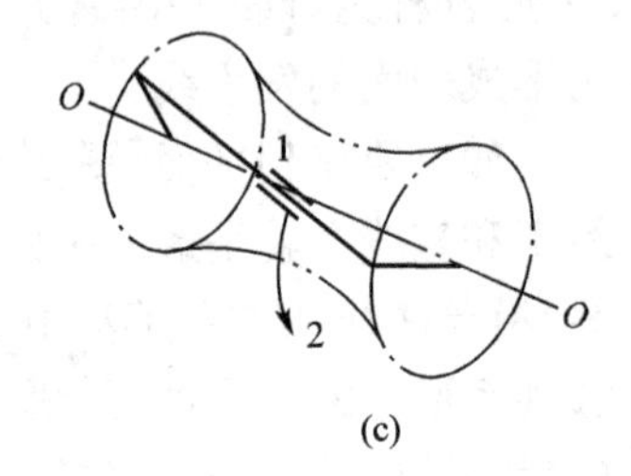

图 2.3　因母线原始位置不同所形成的不同表面

1—母线；2—导线

1）轨迹法

轨迹法是利用刀具作一定规律的轨迹运动来对工件进行加工的方法，如图 2.4(a)所示。刀具切削刃为一切削点 1，在采用尖头车刀、刨刀等刀具切削的过程中，刀刃与被形成表面接触的长度实际上很短，可以看做点接触，它按一定规律作直线或曲线(图为圆弧)运动，从而形成所需的发生线 2。因此，采用轨迹法形成发生线需要一个成形运动。

2）相切法

相切法是利用刀具边旋转边作轨迹运动来对工件进行加工的方法，如图 2.4(b)所示。刀刃为旋转刀具(铣刀或砂轮)上的切削点 1。刀具作旋转运动，刀具中心按一定的规律作直线或曲线(图为圆弧)运动，切削点 1 的运动轨迹如图中的曲线 3 所示。切削点的运动轨迹与工件相切，形成了发生线 2。图中点 4 就是刀具上的切削点 1 的运动轨迹与工件的各个切点。刀具上有多个切削点，发生线 2 是刀具上所有的切削点在切削过程中共同形成的。用相切法得到的发生线需要两个成形运动，即刀具的旋转运动和刀具中心按一定规律的运动。

3）成形法

成形法是利用成形刀具(如成形车刀、盘形齿轮铣刀等)对工件进行加工的方法。在这种情况下，刀具的切削刃为切削线 1，它的形状和长短与需要形成的发生线 2(母线)完全重合，如图 2.4(c)所示。在采用各种成形刀具进行切削加工时，刀刃与被成形的表面作线接触，刀具无需任何运动就可得到所需的发生线形状。

4）展成法

展成法是利用工件和刀具(如插齿刀、齿轮滚刀和花键滚刀)作展成切削运动的加工方法，如图 2.4(d)所示。刀具切削刃为切削线 1，图示形状为圆，也可是直线(如齿条刀)或曲线(如插齿刀)，它与需要形成的发生线 2(母线)的形状不吻合，是一条与发生线 2(母线)共轭的切削线。在切削加工时，切削刃与被加工表面相切(点接触)，切削线 1 与发生线 2 彼此作无滑动的纯滚动，所需成形的发生线 2 就是切削线 1 在切削过程中连续位置的包络线。曲线 3 是切削刃上某点 A 的运动轨迹。用展成法进行切削加工时，刀具(切削刃 1)与工件(发生线 2)之间的相对运动通常由两个运动(旋转＋旋转或者旋转＋直线)组合而成，这两个运动必须有严格的运动关系，彼此不能独立，它们共同组成了一个复合运动，这种运动被称为展成运动。

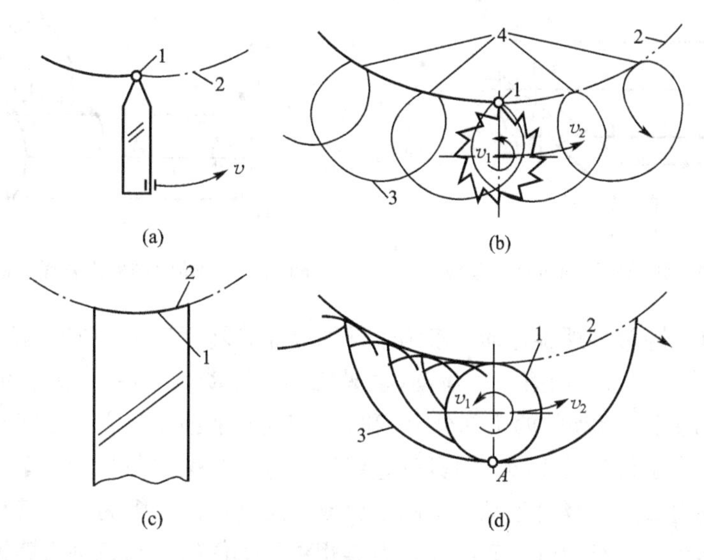

图 2.4 形成发生线的方法

1—切削点(线)；2—发生线；3—曲线；4—切点

2.1.2 工件表面的成形运动

在机床上，为了获得所需的工件表面形状，必须使刀具和工件按上述四种方法之一完成一定的运动，形成一定形状的母线和导线。而形成母线和导线除成形法外，都需要刀具和工件作相对运动。这种形成被加工表面的运动称为表面成形运动，简称成形运动。此外，机床还有多种辅助运动。

1. 成形运动的种类

成形运动按其组成情况可分为简单成形运动和复合成形运动两种。

1）简单成形运动

如果一个独立的成形运动是由单独的旋转运动或直线运动构成的，则称此成形运动为简单成形运动，简称简单运动。这两种运动最简单，也最容易得到，在机床上，简单运动一般以主轴的旋转运动、刀架或工作台的直线运动形式出现。本节用符号 A 表示直线运动，用符号 B 表示旋转运动。

如图 2.5 所示，用尖头车刀车削外圆柱面，形成母线和导线。此时，工件的旋转运动 B_1 产生母线(圆)；刀具的纵向直线运动 A_2 产生导线(直线)。运动 B_1 和 A_2 就是两个简单成形运动，下角标表示先后次序。又如图 2.6 所示，用砂轮磨削圆柱面，砂轮和工件的旋转运动 B_1、B_2 及工件的直线运动 A_3 也都是简单运动。

2）复合成形运动

如果一个独立的成形运动是由两个或两个以上的旋转运动或(和)直线运动，按照某种确定的运动关系组合而成的，则称此成形运动为复合成形运动，简称复合运动。

如图 2.7 所示，用螺纹车刀切削螺纹，螺纹车刀是成形刀具，其形状相当于螺纹沟槽的截面，形成螺旋面只需一个运动，即车刀相对于工件做螺旋运动。为简化机床结构和较

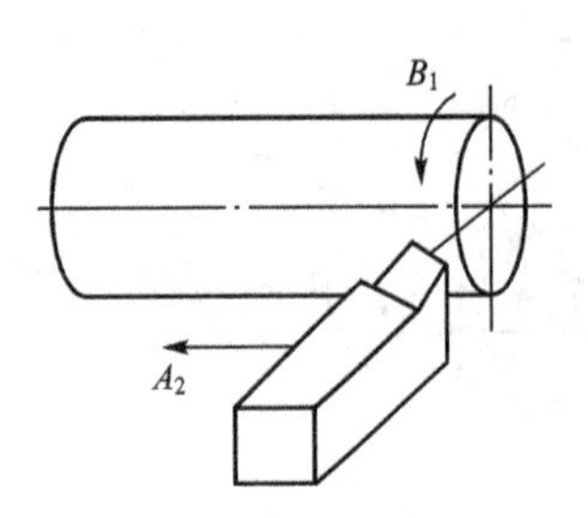

图 2.5　车削外圆柱面时的成形运动

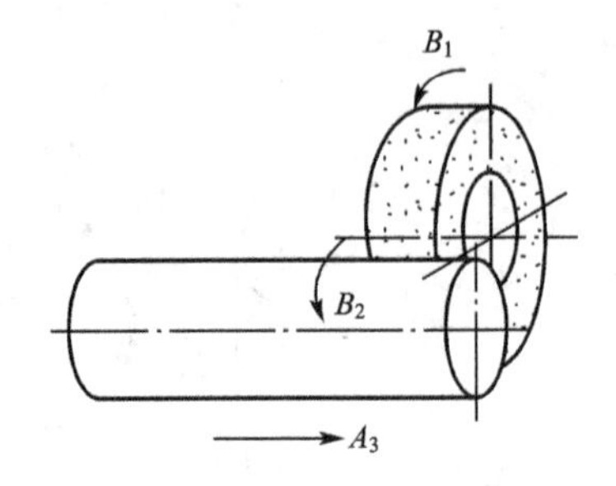

图 2.6　砂轮磨削外圆柱面时的成形运动

容易地保证精度，通常将螺旋运动分解为工件的等速旋转运动 B_{11} 和刀具的等速直线运动 A_{12}，下角标的第一位数表示第一个运动(也只有一个运动)，后一位数表示第一个运动中的第 1、第 2 两部分。运动的两个部分 B_{11} 和 A_{12} 彼此不能独立，它们之间必须保持严格的相对运动关系，即工件每转 1 转，刀具的直线移动量应为螺纹的一个导程，从而 B_{11} 和 A_{12} 这两个单独运动组成一个复合运动。有的复合成形运动可以分解为 3 个甚至更多部分，如图 2.8 所示。当用车刀车削圆锥螺纹时，刀具相对于工件的运动轨迹为圆锥螺旋线，其可分解为 3 部分：工件的旋转运动 B_{11}、刀具的纵向直线移动 A_{12} 和刀具的横向直线移动 A_{13}。B_{11} 和 A_{12} 之间保持严格的相对运动关系，用以保证导程；A_{12} 与 A_{13} 之间也保持严格的相对运动关系，用以保证锥度。

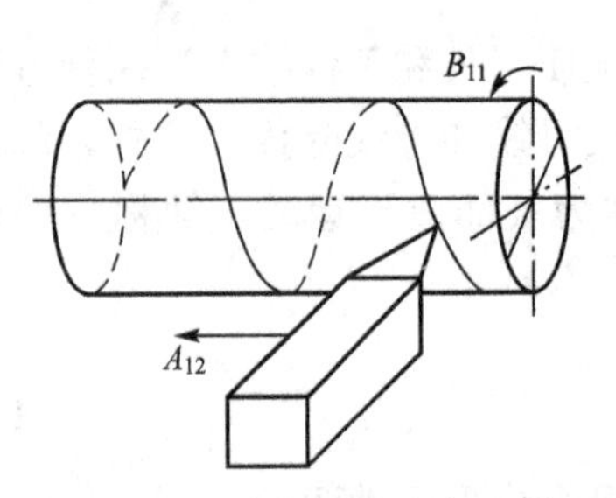

图 2.7　加工螺纹时的运动

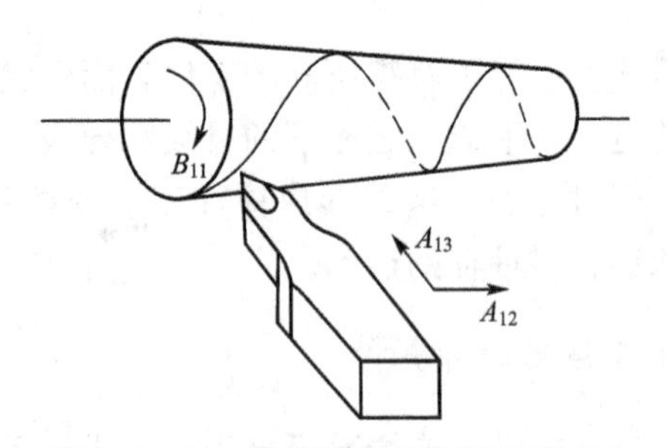

图 2.8　加工锥螺纹时的表面成形运动

有的工件表面形状很复杂，例如螺旋桨的表面，为了加工它需要十分复杂的表面成形运动。这种成形运动可以分解为更多的部分，这只能在多轴联动的数控机床上实现，也就是说，运动的每个部分就是数控机床上的一个坐标轴。

复合成形运动分解的各个部分虽然也都是直线或旋转运动，与简单运动相像，但本质是不同的。前者是复合运动的一部分，各个部分必须保持严格的相对运动关系，是互相依存的，而不是独立的。简单运动之间是互相独立的，没有严格的相对运动关系。

2. 主运动和进给运动

成形运动按其在机床切削加工中所起的作用不同又可以分为主运动和进给运动。

1) 主运动

主运动是产生切削的运动，可由工件和刀具来实现。主运动可以是旋转运动，也可以是直线往复运动。例如，车床上主轴带动工件的旋转；钻、镗、铣及磨床上主轴带动刀具或砂轮的旋转；龙门刨床工作台带动工件的往复直线运动等都是主运动。

主运动可能是简单的成形运动，也可能是复合的成形运动。上面所述的各种机床的主运动都是简单运动。如图2.7所示的车削螺纹，主运动就是复合运动。

2）进给运动

进给运动是维持切削得以继续的运动。进给运动可以是简单运动，也可以是复合运动。进给运动是简单运动的例子有：在车床上车削圆柱表面时，刀架带动车刀的连续纵向运动；在牛头刨床上加工平面时，刨刀每往复一次，工作台带动工件横向间歇移动一次。

进给运动是复合运动的例子有：用成形铣刀铣削螺纹，如图2.9所示。铣刀相对于工件的螺旋运动为B_{21}、A_{22}，这时的主运动是铣刀的旋转B_1，它是一个复合运动。

在表面成形运动中，必须有而且只能有一个主运动。如果只有一个表面成形运动，则这个运动就是主运动，如用成形刀车削圆柱体。进给运动则可能是一个，也可能没有或多于一个。无论是主运动还是进给运动，都可能是简单运动或复合运动。

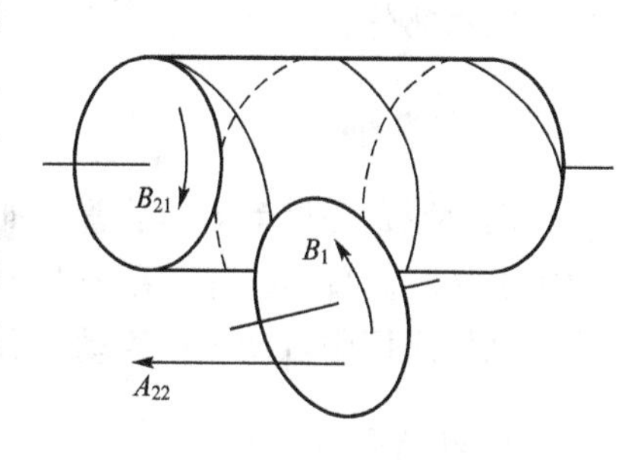

图2.9 铣削螺纹时的运动

3. 辅助运动

机床上除表面成形运动外，还需要辅助运动，以实现机床的各种辅助动作。辅助动作的种类有很多，主要包括以下几种。

1）各种空行程运动

空行程运动是指进给前后刀具的快速运动。例如，在装卸工件时，为避免碰伤操作者或划伤已加工的表面，刀具与工件应相对退离。在进给开始之前快速引进刀具，使其与工件接近。进给结束后应快退刀具。例如，车床的刀架或铣床的工作台，在进给前后都有快进或快退运动。

2）切入运动

刀具相对工件切入一定深度，以保证被加工表面获得一定的加工尺寸。

3）分度运动

当加工若干个完全相同、均匀分布的表面时，为使表面成形运动得以周期地继续进行的运动称为分度运动。例如，车削多头螺纹时，在车完一条螺纹后，工件相对于刀具要回转$1/K$转(K为螺纹头数)，才能车削另一条螺纹表面，这个工件相对于刀具的旋转运动就是分度运动。又如，多工位机床的多工位工作台或多工位刀架的周期性转位或移位也是分度运动。

4）操纵和控制运动

操纵和控制运动包括启动、停止、变速、部件与工件的夹紧、松开、转位及自动换刀、自动测量、自动补偿等。

5）调位运动

加工开始前，把机床的有关部件移到要求的位置，以调整刀具与工件之间正确的相对位置。例如，摇臂钻床时，为使钻头对准被加工孔的中心，可转动摇臂和使主轴箱在摇臂上移动。又如，龙门式加工工件机床，为适应工件的不同高度，可使横梁升降。

2.2 机床的传动联系和传动原理图

2.2.1 机床的传动联系

为了实现机床加工过程中所需的各种运动，机床必须具有动力源、执行件和传动装置三个基本部分。

1. 动力源

动力源是提供动力的装置，如各种电动机、液压马达及伺服驱动系统等，是机床运动的主要来源。普通机床常用三相异步交流电动机作为动力源，数控机床常用直流或交流调速电动机或伺服电动机作为动力源。

2. 执行件

执行件是执行运动的部件，如主轴、刀架以及工作台等，其任务是带动工件或刀具完成旋转或直线运动，并保持准确的运动轨迹。

3. 传动装置

传动装置是传递动力和运动的装置，通过它把动力源的动力传递给执行件或把一个执行件的运动传递给另一个执行件。传动装置通常还包括用来改变传动比、改变运动方向和改变运动形式(从旋转运动改变为直线运动)等的机构。

动力源—传动装置—执行件或执行件—传动装置—执行件构成了传动联系。

2.2.2 机床的传动装置

机床的传动装置按传动介质的不同可分为机械传动、液压传动、电气传动和气压传动等传动形式。

1. 机械传动

机械传动应用齿轮、传动带、离合器、丝杠和螺母等机械元件传递运动和动力，这种传动形式工作可靠、维修方便、变速范围大，目前在机床上应用最广。常用的机械传动装置主要有以下几种。

1) 带传动

带传动是靠带与带轮接触面之间的摩擦力来传递运动和动力的一种挠性摩擦传动。该传动的特点是结构简单、制造方便、传动平稳、有过载保护，但传动比不准确、传动效率低、所占空间较大。

2) 齿轮传动

齿轮传动通过齿轮之间的啮合可以实现扭矩、转速的改变。齿轮传动结构简单、传动比准确、传动效率高、传递的转矩大，可以实现换向和各种有级变速传动，但制造较为复杂、制造精度要求高。

3）蜗轮蜗杆传动

蜗轮蜗杆传动通过蜗轮蜗杆之间的啮合可以实现扭矩、转速和运动方向的改变。该传动结构简单、传动比大、传动平稳、无噪声，可实现自锁，但传动效率低、制造较复杂、成本高。在蜗轮蜗杆传动中，都是蜗杆为主动件，将运动传给蜗轮，反之则无法传动。

4）齿轮齿条传动

齿轮齿条传动可以实现转动与直动之间的相互转换，传动效率高，但制造精度不高时影响位移的准确性。

5）丝杠螺母传动

丝杠螺母传动可以将旋转运动转变为直线运动，其传动平稳、无噪声，但传动效率低。在数控机床上常采用滚珠丝杠螺母传动，可降低摩擦损失，减少动、静摩擦因数之差，以避免爬行。

2. 液压传动

液压传动以液压油为介质，通过泵、阀、液压缸和液压马达等液压元件传递运动和动力。这种传动形式可以实现机床传动的无级变速，并且传动平稳，容易实现自动化，在机床上的应用日益广泛。

3. 电气传动

电气传动应用电能，通过电气装置传递运动和动力。这种传动形式也可以实现机床传动的无级变速，但是这种传动形式的电气系统比较复杂，成本较高，主要用于大型和重型机床。

4. 气压传动

气压传动以空气为介质，通过气动元件传递运动和动力。这种传动形式的特点是动作迅速，易于实现自动化，但其运动平稳性差，驱动力较小，主要用于机床的某些辅助运动(如夹紧工件)及小型机床的进给运动。

在实际设计中，一般根据机床的工作特点采用以上几种传动装置的组合。

2.2.3 机床的传动链

机床在完成某种加工内容时，为了获得所需要的运动，需要由一系列的传动元件使执行件和动力源(如主轴和电动机)或使两个执行件之间(如主轴和刀架)保持一定的传动联系。构成一个传动联系的一系列按一定规律排列的传动件称为传动链。传动链中通常有两类传动机构：一类是具有固定传动比的传动机构，简称“定比机构”，如带传动、定比齿轮副、蜗杆副和丝杠副等；另一类是能根据需要变化传动比的传动机构，简称“换置机构”，如挂轮机构和滑移齿轮机构等。

机床需要多少运动，其传动系统中就有多少条传动链。根据执行件用途和性质的不同，传动链可相应地分为主运动传动链、进给运动传动链和辅助运动传动链等。根据传动联系性质的不同，传动链可分为以下两类。

1. 外联系传动链

外联系传动链联系动力源(如电动机)和机床执行件(如主轴、刀架和工作台等)，使执行件得到预定速度的运动，并传递一定的动力。此外，外联系传动链还包括变速机构和换向(改变运动方向)机构等。外联系传动链传动比的变化只影响生产率或表面粗糙度，不影响发生线的性质，因此，外联系传动链不要求动力源与执行件间有严格的传动比关系。例如，在车床上用轨迹法车削圆柱面时，主轴的旋转和刀架的移动就是两个互相独立的成形运动，有两条外联系传动链。主轴的转速和刀架的移动速度只影响生产率和表面粗糙度，不影响圆柱面的性质。传动链的传动比不要求很准确，工件的旋转和刀架的移动之间也没有严格的相对速度关系。

2. 内联系传动链

内联系传动链联系复合运动之内的各个运动分量，因而对传动链所联系的执行件之间的相对速度(及相对位移量)有严格的要求，以用来保证运动的轨迹。例如，在卧式车床上用螺纹车刀车螺纹时，为了保证所加工螺纹的导程，主轴(工件)每转一转，车刀必须移动一个导程。此时，联系主轴—刀架之间的螺纹传动链就是一条对传动比严格要求的内联系传动链。假如传动比不准确，则车螺纹时就不能得到要求的导程。为了保证准确的传动比，在内联系传动链中不能用摩擦传动(如带传动)或者瞬时传动比有变化的传动件(如链传动)。

总之，每一个运动无论是简单的还是复杂的，都必须有一条外联系传动链；只有复合运动才有内联系传动链，如果将一个复合运动分解为两个部分，这其中必有一条内联系传动链。外联系传动链不影响发生线的性质，只影响发生线形成的速度；内联系传动链影响发生线的性质，并能保证执行件具有正确的运动轨迹；要使执行件运动起来，还必须通过外联系传动链把动力源和执行件联系起来，使执行件得到一定的运动速度和动力。

2.2.4 传动原理图

为了便于研究机床的传动联系，常用一些简明的符号把传动原理和传动路线表示出来，这就是传动原理图。图 2.10 所示为传动原理图中常用的一部分符号。其中，表示执行件的符号还没有统一的规定，一般采用较直观的图形表示。为了把运动分析的理论推广到数控机床，图中引入了绘制数控机床传动原理图时所要用到的一些符号，如电的联系、脉冲发生器等。

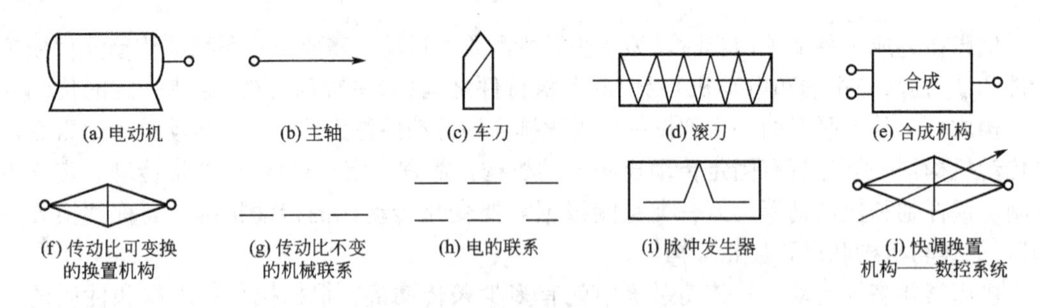

图 2.10 传动原理图中常用的一些示意符号

1. 铣床用圆柱铣刀铣削平面时的传动原理图

用圆柱铣刀铣削平面时，需要铣刀旋转和工件直线移动两个独立的简单运动，实现这两个成形运动应有两个外联系传动链，传动原理如图 2.11 所示。通过外联系传动链“1—2—u_v—3—4”将动力源(电动机)和主轴联系起来，可使铣刀获得具有一定转速和转向的旋转运动 B_1；通过另一条外联系传动链“5—6—u_f—7—8”将动力源和工作台联系起来，可使工件获得具有一定进给速度和方向的直线运动 A_2。u_v 和 u_f 是传动链的换置机构，通过 u_v 可以改变铣刀的转速和转向，通过 u_f 可以改变工件的进给速度和方向，以适应不同加工条件的需要。

2. 车床用螺纹车刀车削螺纹时的传动原理图

卧式车床在形成螺旋表面时需要一个运动，即刀具与工件间相对的螺旋运动，传动原理如图 2.12 所示。这个运动是复合运动，它可分解为两部分：主轴的旋转 B_{11} 和车刀的纵向移动 A_{12}。于是，此车床应有两条传动链。

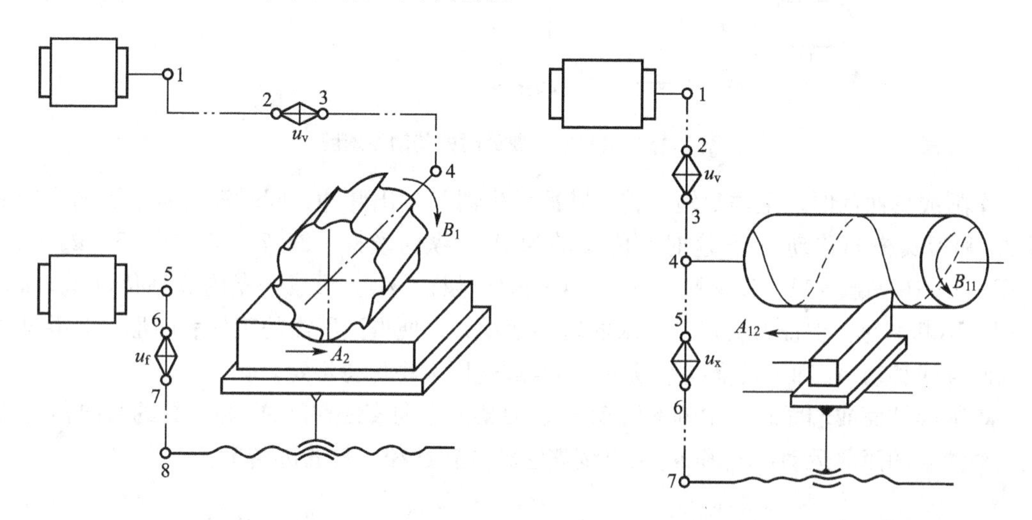

图 2.11 铣削平面时的传动原理图　　图 2.12 车削圆柱螺纹时的传动原理图

(1) 联系复合运动两部分 B_{11} 和 A_{12} 的内联系传动链：主轴—4—5—u_x—6—7—丝杠。u_x 表示螺纹传动链的换置机构，如交换齿轮架上的交换齿轮、进给箱中的滑移齿轮变速机构等，可通过调整 u_x 来得到被加工螺纹的导程。

(2) 联系动力源与这个复合运动的外联系传动链。外联系传动链可由动力源联系复合运动中的任一环节。考虑到大部分动力应输送给主轴，故外联系传动链联系动力源与主轴：电动机—1—2—u_v—3—4—主轴。u_v 表示主传动链的换置机构，如主轴箱中的滑移齿轮变速机构、离合器变速机构等，可通过调整 u_v 来调整主轴的转速，以适应切削速度的需要。

3. 数控车床车削成形曲面时的传动原理图

数控车床的传动原理基本上与卧式车床相同，所不同的是数控车床多采用电气控制，如图 2.13 所示。主轴通过机械传动 1—2(通常是一对齿数相同的齿轮)与脉冲发生器 P 相联系。主轴每转一转，脉冲发生器 P 发出 N 个脉冲，经 3—4(常为电线)传至数控系统的 z 轴(纵向)控制装置 u_{c1}，u_{c1} 可理解为一个快速调整的换置机构。经伺服系统 5—6 后，控

制伺服电机 M_1，M_1 经机械传动装置 7—8(也可以将伺服电机直接和滚珠丝杠相连)与滚珠丝杠相连，使刀架作直线运动 A_1。

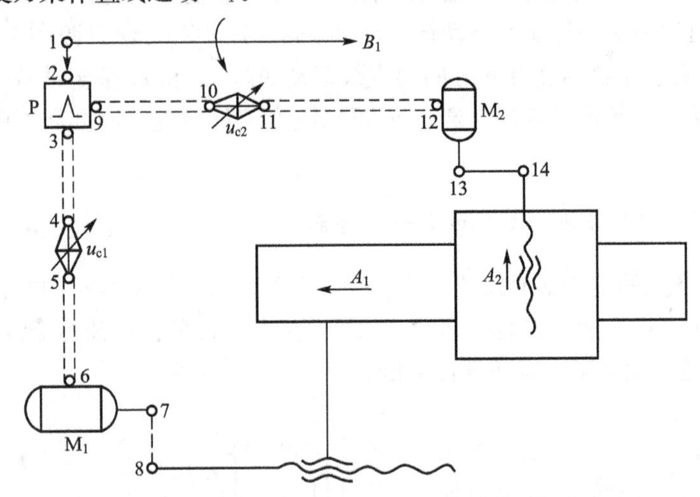

图 2.13　车削成形曲面时的传动原理图

车削成形曲面时，主轴每转一转，脉冲发生器 P 发出脉冲，同时控制刀架纵向直线移动 A_1 和刀具横向移动 A_2。这时，传动链为 A_1—纵向丝杠—8—7—M_1—6—5—u_{c1}—4—3—P—9—10—u_{c2}—11—12—M_2—13—14—横向丝杠—A_2，形成一条内联系传动链，u_{c1}、u_{c2}同时不断变化，保证刀尖沿着要求的轨迹运动，以便得到所需的工件表面形状，并使刀架纵向直线移动 A_1 和刀具横向移动 A_2 的合成速度大小保持恒定。

车削圆柱面或端面时，主轴的转动 B_1、刀架的纵向直线移动 A_1 和刀具的横向移动 A_2 是三个独立的简单运动，u_{c1} 和 u_{c2} 用以调整主轴的转速和刀具的进给量。

2.3　机床运动的调整

2.3.1　运动参数及其换置机构

每一个独立的运动都需要由 5 个参数来确定，这 5 个运动参数是：运动的起点、方向、轨迹、路程和速度。机床工作时，由于加工对象不同，所以机床上各运动件的某些运动参数需要改变。机床运动的调整，就是调整每个运动的 5 个参数。改变运动参数的机构称为换置机构，它在传动原理图中通常用符号——菱形框表示，其旁标以 u_v、u_f 等表示换置量。用来改变运动速度的换置机构可以是变速箱、配换齿轮等。数控机床是通过数控系统来改变运动速度的，但是，有些运动参数是由机床本身的结构来保证的，例如，运动轨迹为圆或直线，通常由轴承和导轨来确定；运动的起点和行程的大小可由机床上的挡块来调整，也可由操作工人控制。

例如，在卧式车床上车削螺纹时，只需要一个成形运动，要确定这个成形运动，就必须确定它的 5 个运动参数。对这个成形运动来说，运动的起点一般由操作工人控制；运动的方向，即从螺旋线的哪一头车削到另一头，由主运动链中的换向机构来确定，对于右旋螺纹来说，通常主轴正转，刀具从右向左移动，即从螺旋线的右端向左端运动；运动的轨迹参数是螺旋线的导程大小和它的旋向，导程的大小由螺纹链换置机构的传动比 u_x（图 2.12)来确定，螺纹的旋向由螺纹链中变换螺纹旋向的机构来确定；这个成形运动的速度参数由主运动传动链的换置机构的传动比 u_v 来确定；行程的大小由操作工人控制，有时可以通过调整挡块来控制。

2.3.2 机床运动的调整计算

机床的运动计算通常有两种情况：一种是根据传动系统图提供的有关数据，确定某些执行件的运动速度或位移量；另一种是根据执行件所需的运动速度、位移量，或有关执行件之间所需保持的运动关系，确定相应传动链中换置机构的传动比，以便进行必要的调整。

机床运动的调整计算按每一传动链分别进行，其一般步骤如下。

(1) 根据对机床的运动分析，确定各传动链两端的末端件。例如，对于车床车削螺纹的传动链来说，其末端件就是主轴—刀架。

(2) 根据传动链两末端件的运动关系，确定它们的计算位移量，即在指定的同一时间间隔内两末端件的位移量。例如，车床车削螺纹传动链的计算位移量为：主轴转1转，刀架移动 L(L 为工件螺纹的导程)。

(3) 根据计算位移量及相应传动链中各个传动环节的传动比，列出运动平衡方程式。如果传动链的两末端件为动力源与主轴，运动关系为：电动机转速为 1440r/min，主轴转速为 n，如图 2.12 所示，运动平衡方程式为

$$n=1440u_{1-2}u_vu_{3-4} \tag{2-1}$$

式中 u_v——传动原理图中换置机构的传动比；

u_{1-2}——传动原理图中点 1—2 的固定传动比；

u_{3-4}——传动原理图中点 3—4 的固定传动比。

如果传动链的两末端件为主轴与刀架，运动关系为：主轴转1转，刀架移动 L，如图 2.13 所示，运动平衡方程式为

$$1_{(r)}u_{4-5}u_xu_{6-7}t_1=L \tag{2-2}$$

式中 u_x——传动原理图中换置机构的传动比；

u_{4-5}——传动原理图中点 4—5 的固定传动比；

u_{6-7}——传动原理图中点 6—7 的固定传动比；

t_1——车床丝杠的导程(mm)。

(4) 根据运动平衡方程式，导出该传动链换置公式，即可解出运动平衡方程式中换置机构的传动比 u_x。

$$u_x=\frac{L}{u_{4-5}u_{6-7}t_1} \tag{2.3}$$

以此就可确定进给箱中变速齿轮的传动比或挂轮架的配换齿轮。如果传动链中换置机构的传动比已经确定，就可由运动平衡方程式计算出机床执行件的位移量或运动速度。

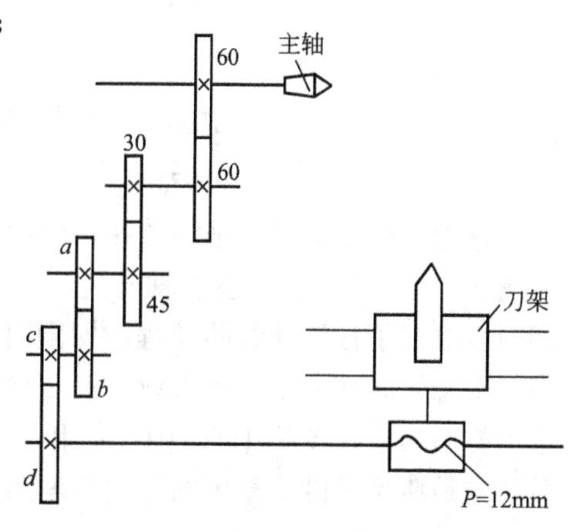

图 2.14 螺纹进给传动链

【例 2-1】 根据图 2.14 所示的螺纹进给传

动链，确定挂轮变速机构的换置公式。

(1) 传动链的两末端件为：主轴—刀架。

(2) 计算位移量。主轴转1转，刀架移动L(L为工件螺纹的导程)。

(3) 运动平衡式。

$$1\times\frac{60}{60}\times\frac{30}{45}\times\frac{a}{b}\times\frac{c}{d}\times12=L$$

(4) 换置公式。将上式化简整理，得挂轮变速机构的换置公式

$$u_x=\frac{a}{b}\times\frac{c}{d}=\frac{L}{8}$$

如将所需车削的工件螺纹导程的数值代入此换置公式，便可计算出挂轮变速机构的传动比及各配换齿轮的齿数。例如，$L=9$mm，则

$$u_x=\frac{a}{b}\times\frac{c}{d}=\frac{9}{8}=\frac{3\times3}{2\times4}=\frac{3\times15}{2\times15}\times\frac{3\times20}{4\times20}=\frac{45}{30}\times\frac{60}{80}$$

即配换齿轮的齿数为：$a=45$，$b=30$，$c=60$，$d=80$。

2.3.3 换置机构在传动链中的位置

换置机构在传动链中的位置对运动的调整计算影响很大。在传动链设计中，可以应用传动原理图来选择换置机构的数量和安排换置机构的位置。

以卧式车床为例，车削螺纹时，有两条传动链：一条内联系传动链和一条外联系传动链。每条传动链都有一个换置机构。内联系传动链的换置机构u_x用于调整螺纹的导程；外联系传动链的换置机构u_v用于调整主轴的转速，从而调整切削螺纹的速度。如图2.15所示，u_x和u_v的位置安排可有三种不同的设计方案。

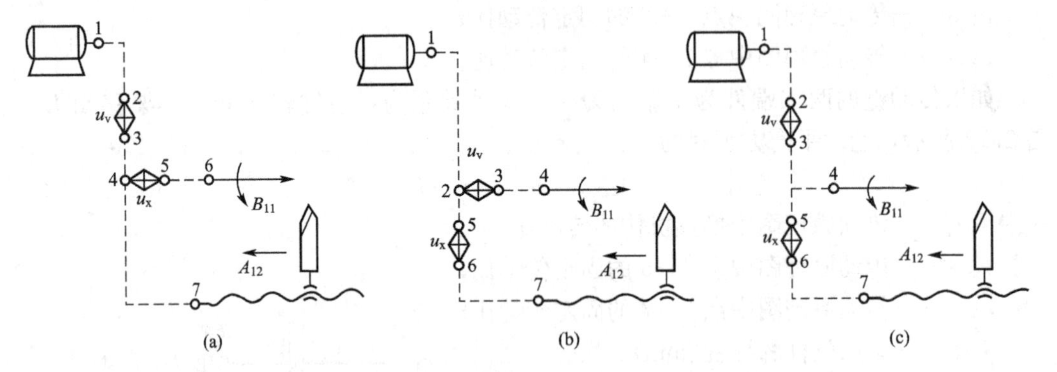

图2.15 卧式车床换置机构3种不同的设计方案

在图2.15(a)中，欲改变螺纹导程，必须调整内联系传动链换置机构的传动比u_x，但是，这同时也改变了主轴的转速，即改变一个运动参数时，另一个运动参数也随之改变。在图2.15(b)中，欲改变主轴转速，必须调整外联系传动链的换置机构的传动比u_v。但这同时也改变了被切螺纹的导程，即同时改变了另一个运动参数。在图2.15(a)和2.15(b)中，要想只改变一个运动参数，就必须同时调整两个换置机构的传动比u_v和u_x，这样是很不方便的。在图2.15(c)中，u_v和u_x分别控制主轴的转速和螺纹的导程，二者各不相关，这是典型的卧式车床的传动原理图。

思考和练习

1. 认识和分析机床的基本次序是什么？

2. 何谓简单运动？何谓复合运动？其本质区别是什么？试举例说明。

3. 形成发生线的方法有几种？

4. 画简图表示用下列方法加工所需表面时需要哪些成形运动，其中哪些是简单运动？哪些是复合运动？

(1) 用成形车刀车削外圆锥面。

(2) 用钻头钻孔。

(3) 用成形铣刀铣削直线成形面。

(4) 用插齿刀插削直齿圆柱齿轮。

5. 何谓外联系传动链？何谓内联系传动链？其本质区别是什么？对这两种传动链有何不同的要求？

6. 传动系统如图2.16所示，如要求工作台移动 L 时，主轴转1转，试选择挂轮 a、b、c、d 的齿数(挂轮齿数应为5的倍数)。

7. 传动系统如图2.17所示，试计算以下内容。

(1) 车刀的运动速度(m/min)。

(2) 主轴转1转时，车刀移动的距离(mm/r)。

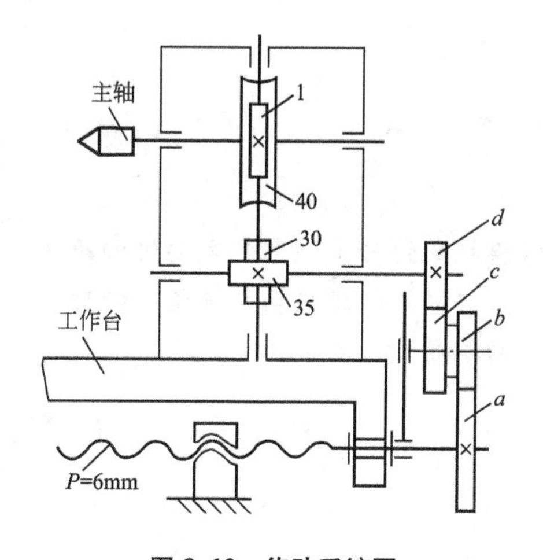

图2.16 传动系统图

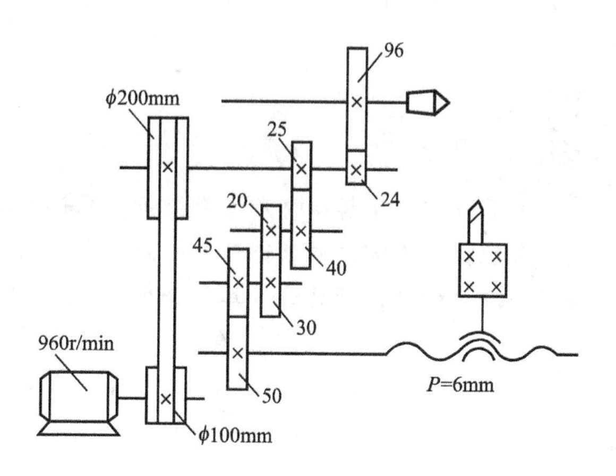

图2.17 传动系统图

第3章 车 床

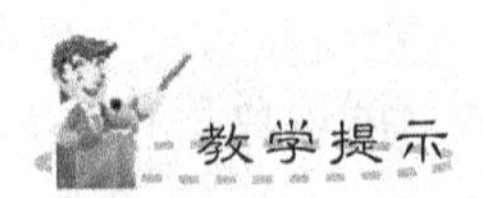

车床是目前机械制造业中使用最广泛的一类金属切削机床。CA6140 型普通车床是一种万能车床，它的加工范围较广，结构较复杂。通过对 CA6140 型普通车床进行全面的分析，不仅能掌握分析其他机床的方法和步骤，而且能了解机床结构中的一些典型机构。本章是分析金属切削机床的基础。

本章让学生了解从哪几方面分析金属切削机床，掌握机床的传动联系、主要机构的功用及原理，重点掌握机床传动分析的 5 个步骤。使学生能够根据机床传动系统图，针对机床传动联系的具体情况进行具体分析，合理地对有关运动参数进行调整和计算。

车床是一种主要用车刀在工件上加工旋转表面的机床，其特征是：工件1随主轴作旋转运动(主运动)，车刀2作移动(进给运动)，如图3.1所示。车床可车削出各种旋转表面，如圆柱面、圆锥面、成形旋转表面及端面等，有的车床还能加工螺纹面；若使用孔加工刀具(如钻头、铰刀等)，还可加工相应内表面。

车床是目前机械制造业中使用最广泛的一类金属切削机床，约占金属切削机床总台数的20%～35%。它的类型很多，按其用途和结构的不同，可分为以下几类：①卧式车床；②立式车床；③转塔车床；④多刀车床；⑤仿形车床；⑥单轴自动车床；⑦多轴自动车床；⑧多轴半自动车床；⑨回轮车床、曲轴车床、凸轮轴车床；⑩其他车床等。在大批量生产的工厂中还有各种各样的专用车床。

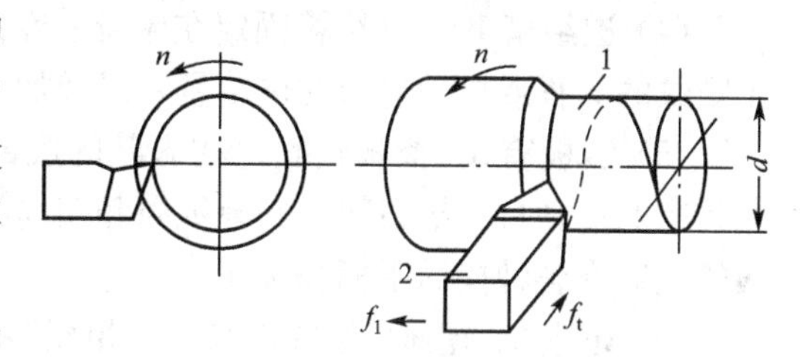

图3.1　车削加工

1—工件；2—车刀

3.1　CA6140型卧式车床

3.1.1　机床的总体布局

CA6140型机床的总体布局与大多数卧式车床相似，主轴水平布置，以便于加工细长的轴形工件。车床的主要组成部分及其相互位置如图3.2所示。

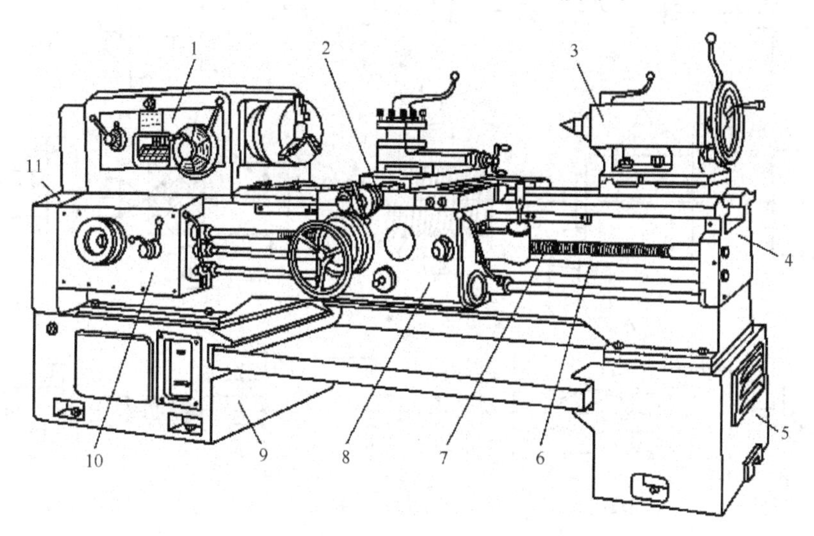

图3.2　CA6140型卧式车床外形图

1—主轴箱；2—床鞍；3—尾座；4—床身；5、9—床腿；6—光杠；7—丝杠
8—溜板箱；10—进给箱；11—交换齿轮箱

(1) 床身4。床身固定在左床腿9和右床腿5上。床身上安装和连接着机床的各主要部件，并带有导轨，能够保证各部件之间准确的相对位置和移动部件的运动轨迹。

(2) 主轴箱1。主轴箱是车床最重要的部件之一，装有主轴及变速传动机构的箱形部件。它支承并传动主轴，通过卡盘等装夹工件，使主轴带动工件旋转，实现主运动。

(3) 床鞍 2 和刀架。床鞍的底面有导轨，可沿床身上相配的导轨纵向移动，其顶部安装有刀架。刀架用于装夹刀具，是实现进给运动的工作部件。刀架由几层组成，以实现纵向、横向和斜向运动。

(4) 进给箱 10。进给箱固定在床身的左前侧，内部装有进给变换机构，用于改变被加工螺纹的导程或机动进给的进给量，以及加工不同种类螺纹的变换。

(5) 溜板箱 8。溜板箱固定在床鞍的底部，是一个驱动刀架移动的传动箱，它把进给箱传来的运动再传给刀架，实现纵向和横向机动进给、手动进给和快速移动或车螺纹。溜板箱上装有各种操纵手柄和按钮。

(6) 尾座 3。尾座安装在床身尾部相配导轨的另一组导轨上，用手推动可纵向调整位置，并可固定在床身上。它用于安装顶尖，以支承细长工件，或安装钻头和铰刀等孔加工刀具。

3.1.2 机床的用途

CA6140 型机床是一种普通精度级的万能型卧式车床，它加工工艺范围较广，能够加工轴类、盘类及套筒类工件上的各种旋转表面(图 3.3)，如车削内外圆柱面、圆锥面及成形旋转表面，车削端面、切槽及切断，车削公制、英制、模数制及径节制螺纹，还可进行钻孔、扩孔、铰孔及滚花等加工。这种机床的性能及质量较好，但结构较复杂，自动化程度较低，适用于单件、小批量生产及修配车间。

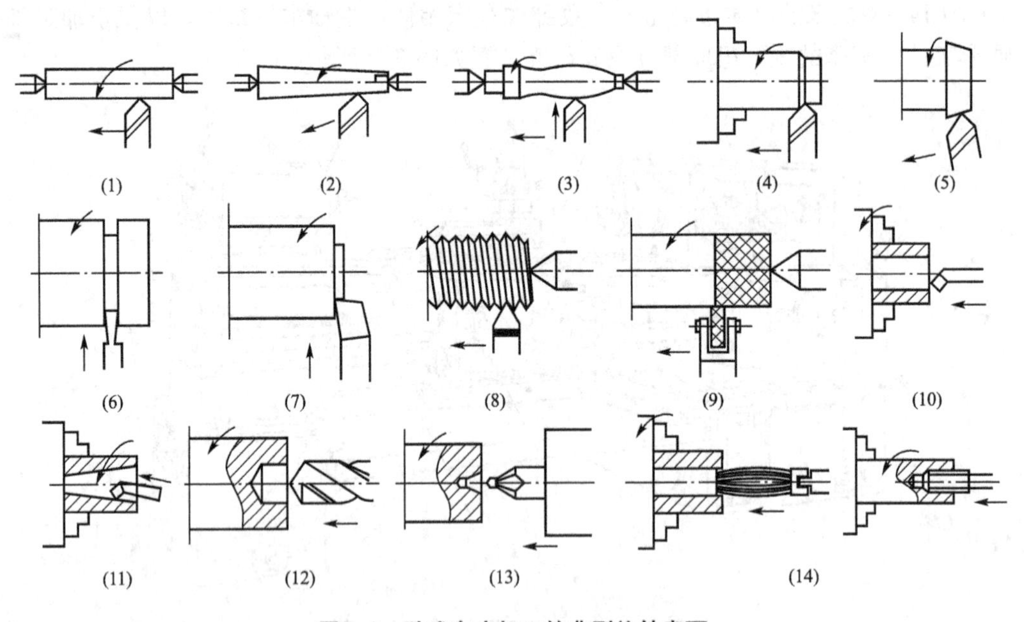

图 3.3 卧式车床加工的典型旋转表面

3.1.3 机床的运动

(1) 工件的旋转传动：机床的主运动，是实现切削最基本的运动。它的特点是速度较高及消耗的动力较多。它的计算单位常用主轴转速 n(r/min)表示。它的功用是使刀具与工件间作相对运动。

(2) 刀具的移动：机床的进给运动。它的特点是速度较低及消耗的动力较少。它的计算单位常用进给量 f(mm/r)表示，即主轴每转的刀架移动距离。它的功用是使毛坯上新的金属层被不断地投入切削，以便切削出整个加工表面。

(3) 切入运动：通常与进给运动方向相垂直，一般由工人用手移动刀架来完成。它的功用是将毛坯加工到所需要的尺寸。

(4) 辅助运动：刀具与工件除工作运动以外，还要具有刀架纵向及横向快速移动等功能，以便实现快速趋近或返回。

3.2 CA6140型卧式车床的传动分析

机床的传动分析是指对机床运动的传动联系进行分析，以及对有关运动参数进行计算和调整，这是机床分析的一个重要内容。机床传动分析的方法可归纳为五步分析法：找两端件—确定计算位移—分析传动路线、列传动路线表达式—列出运动平衡方程式—推出换置公式。

为便于机床的传动分析，通常采用机床传动系统图。机床传动系统图是用国家规定的符号代表各种传动元件，按机床传递运动的先后顺序，以展开图的形式绘制的表示机床全部运动关系的示意图。绘制时，用数字代表传动件参数，如齿轮的齿数、带轮直径、丝杠的螺距及头数、电动机的转速及功率等。机床传动系统图是把空间的传动结构展开并画在一个平面图上，个别难于直接表达的地方可以采用示意画法，但要尽量反映机床主要部件的相互位置，并尽量将其画在机床的外形轮廓线内，各传动件的位置尽量按运动传递的先后顺序安排。机床传动系统图只是简明直观地表达出机床传动系统的组成和相互联系，并不表示各构件及机构的实际尺寸和空间位置。CA6140型卧式车床的传动系统图如图3.4所示。

3.2.1 主运动传动链的传动分析

车床主运动传动链简称为主传动链，是指对动力源(主电动机)运动与主轴旋转运动(主运动)之间的传动联系。

(1) 找出主传动链的两端件。分析任何一个传动链时，首先要找出该传动链所联系的两端件，然后才能分析这两端件之间的传动联系。该车床主传动链的一端件是主运动的执行件——主轴，另一端件是动力源——主电动机。

两端件：主电动机—主轴。

(2) 确定计算位移。位移即两端件之间的相对运动量。

计算位移：1450r/min(主电动机)—n(主轴)。

(3) 分析传动路线，列出传动路线的表达式。主电动机的转动经V带传动至主轴箱的Ⅰ轴，Ⅰ轴上装有双向多片摩擦离合器 M_1，若 M_1 处于中间位置时，Ⅰ轴空转，左、右空套齿轮不随之转动，可断开主轴运动。

若实现主轴正转，可将 M_1 向左压紧，使左面的摩擦片带动双联空套齿轮56、51随Ⅰ轴转动，Ⅰ轴的运动经Ⅱ轴上的双联滑移齿轮不同位置的啮合(56/38或51/43)，使Ⅱ轴得到两种不同的转速，再通过Ⅲ轴上的三联滑移齿轮不同位置的啮合(39/41或22/58或30/50)，使Ⅲ轴共得到2×3=6种不同的正向转速，运动由Ⅲ轴传至主轴有两条路线。

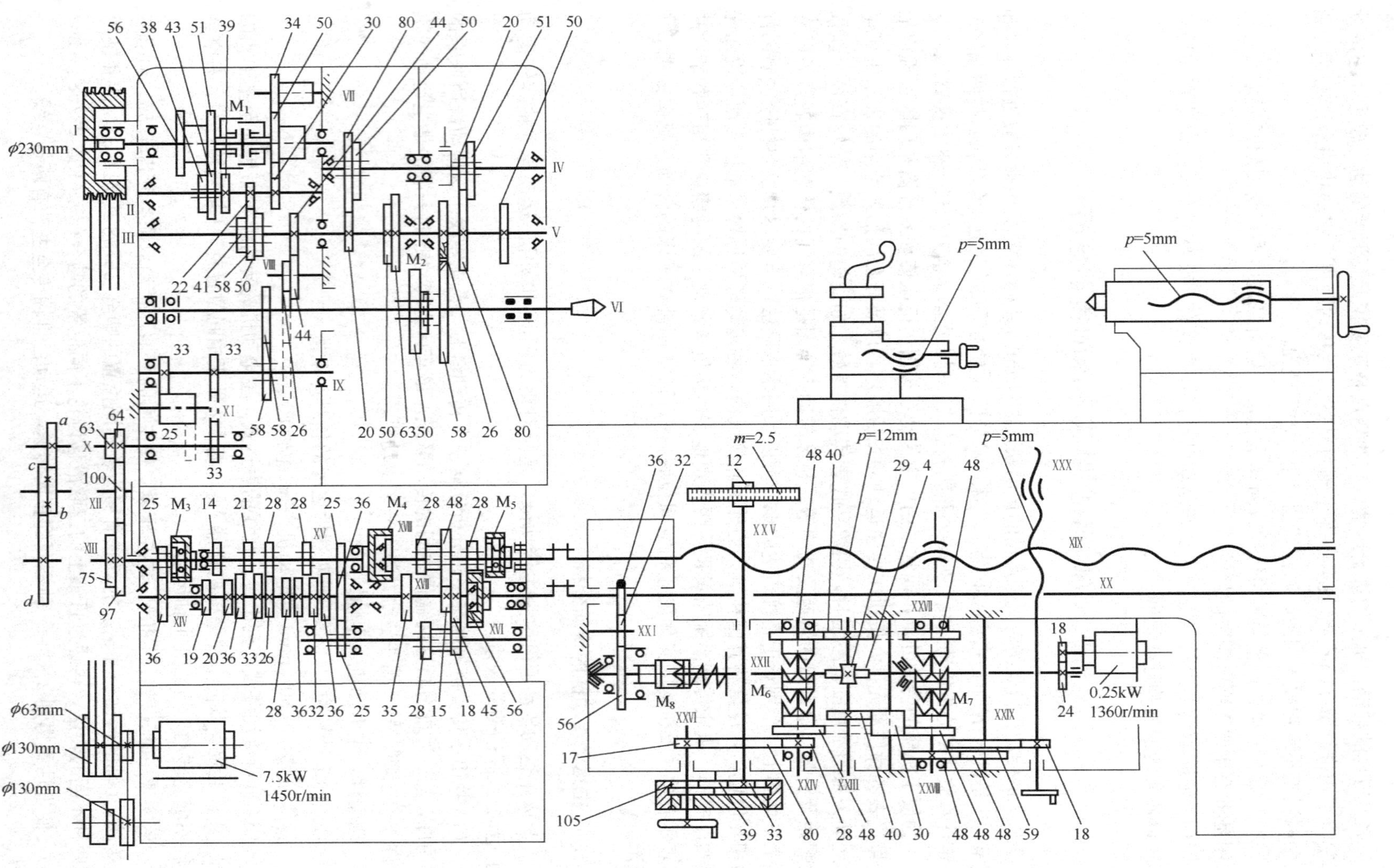

图3.4　CA6140型卧式车床的传动系统图

① 高速传动路线，即主轴Ⅵ上的齿轮 50 向左滑移与Ⅲ轴上的齿轮 63 直接啮合，因 M_2 脱开，齿轮 58 空套在轴上，不会出现运动干涉，所以可使主轴得到高速的 6 种转速。

② 低速传动路线，即主轴Ⅵ上的内齿离合器 M_2 接通，此时Ⅲ轴的运动经Ⅲ、Ⅳ轴间的齿轮副 20/80 或 50/50 和Ⅳ、Ⅴ轴间的齿轮副 20/80 或 51/50，再经Ⅴ、Ⅵ轴间的齿轮副 26/58 和内齿离合器 M_2，使主轴Ⅵ得到低速的 18 种转速。因此正转时主轴共有 18＋6＝24 种转速。由于Ⅴ轴与Ⅲ轴同心，经Ⅳ轴传动，可实现较大的降速，将Ⅲ-Ⅳ-Ⅴ轴的传动称为折回(背轮)传动。

若实现主轴反转，可将 M_1 向右压紧，使右面的摩擦片带动空套齿轮 50 随Ⅰ轴转动，Ⅰ轴的运动经Ⅶ轴上的空套介轮 34 传给Ⅱ轴(50/34 及 34/30)，使Ⅱ轴换向(与主轴正转时反向)并得到一种转速，后面的传动路线与主轴正转时相同，主轴可得到 12 种反转转速。

传动路线可用传动路线表达式表示。CA6140 型车床主传动链传动路线的表达式如下。

$$\underset{\begin{pmatrix}1450\text{r/min}\\ 7.5\text{kW}\end{pmatrix}}{\text{主电动机}} -\frac{\phi130\text{mm}}{\phi230\text{mm}} - \text{I} - \left\{\begin{array}{l} \begin{matrix}M_1(\text{左})\\(\text{正转})\end{matrix} - \left\{\begin{array}{c}\frac{56}{38}\\ \frac{51}{43}\end{array}\right\} - \\ \begin{matrix}M_1(\text{右})\\(\text{反转})\end{matrix} - \frac{50}{34} - \text{VII} - \frac{34}{30}\end{array}\right\} - \text{II} - \left\{\begin{array}{c}\frac{39}{41}\\ \frac{22}{58}\\ \frac{30}{50}\end{array}\right\} -$$

$$\text{III} - \left\{\begin{array}{c} -\frac{63}{50}- \\ \left\{\begin{array}{c}\frac{20}{80}\\ \frac{50}{50}\end{array}\right\} - \text{IV} - \left\{\begin{array}{c}\frac{20}{80}\\ \frac{51}{50}\end{array}\right\} - \text{V} - \frac{26}{58} - M_2(\text{右转})\end{array}\right\} - \text{VI}(\text{主轴})$$

读机床的传动路线时，要注意下列问题。

(1) 读图方法。读传动系统图时，要“抓两头，带中间”，即首先要找到传动链的两端件，然后再找它们之间的传动联系。

(2) 运动要求。读图时应注意执行件是否有变速、换向及制动要求，有几种转速级数。

(3) 传动特点。传动特点是指实现运动要求的传动机构及其有关的传动特点。

本例中的两端件是主电动机和主轴；采用多级滑移齿轮变速；采用双向多片式摩擦离合器实现主轴的正转、反转及断开运动；主轴正转用于正常车削，主轴反转主要用于车削螺纹时退刀，避免发生“乱扣”现象，主轴反转时的转速比正转高，可缩短退刀时间；闸带式制动器装于Ⅳ轴上进行制动；有分支传动，即高速传动路线和低速传动路线，主轴正转为 24 级转速，反转为 12 级转速。

(4) 列出运动平衡方程式。运动平衡方程式即两端件之间相对运动量的关系式。上例中主轴正转的运动平衡方程式如下(反转略)。

$$n = n_0 \times u_{\text{d}} \times u_{\text{I-II}} \times u_{\text{II-III}} \times u_{\text{III-IV}} = n_0 \times \frac{D_1}{D_2}(1-\varepsilon) \times \frac{z_{\text{I-II}}}{z'_{\text{I-II}}} \times \frac{z_{\text{II-III}}}{z'_{\text{II-III}}} \times \frac{z_{\text{III-IV}}}{z'_{\text{III-IV}}}$$

$$=1450\times\frac{130}{230}\times0.98\times\begin{bmatrix}\frac{56}{38}\\ \\ \frac{51}{43}\end{bmatrix}\times\begin{bmatrix}\frac{39}{41}\\ \frac{22}{58}\\ \frac{30}{50}\end{bmatrix}\times\begin{bmatrix}\frac{20}{80}\times\frac{20}{80}\times\frac{26}{58}\\ \frac{50}{50}\times\frac{20}{80}\times\frac{26}{58}\\ \frac{50}{50}\times\frac{51}{50}\times\frac{26}{58}\\ \frac{20}{80}\times\frac{51}{50}\times\frac{26}{58}\\ \frac{63}{50}\end{bmatrix} \tag{3-1}$$

式中 n——主轴转速(r/min);

n_0——电动机转速，$n_0=1450$r/min;

$u_d=D_1/D_2$——V带的传动比，即主动与从动带轮基准直径之比；

ε——V带的滑动率，$\varepsilon=0.02$;

$u_{\text{I-II}}=z_{\text{I-II}}/z'_{\text{I-II}}$——Ⅰ轴与Ⅱ轴间的传动比，即主动与从动齿轮的齿数之比；

$u_{\text{II-III}}=z_{\text{II-III}}/z'_{\text{II-III}}$——Ⅱ轴与Ⅲ轴间的传动比，即主动与从动齿轮的齿数之比；

$u_{\text{III-IV}}=z_{\text{III-IV}}/z'_{\text{III-IV}}$——Ⅲ轴与Ⅵ轴间的传动比，即主动与从动齿轮的齿数之比。

由传动路线表达式可知，Ⅲ、Ⅴ轴间折回传动应有4种不同的组合位置，即有4个传动比

$$u_1=\frac{20}{80}\times\frac{20}{80}=\frac{1}{16},\quad u_2=\frac{50}{50}\times\frac{20}{80}=\frac{1}{4},\quad u_3=\frac{50}{50}\times\frac{51}{50}\approx1,\quad u_4=\frac{20}{80}\times\frac{51}{50}\approx\frac{1}{4}$$

其中，因为u_4与u_2的值近似相等，所以实际上只有3种传动比。所以Ⅲ轴的运动经低速传动路线传至Ⅵ轴，理论上应使Ⅵ轴得到6×4=24种转速，但实际得到6×3=18种转速。

(5) 推出换置公式。根据运动平衡方程式即可推出运动参数的换置公式，当只有一个速度换置机构时，则得出其传动比，即得出了换置公式。本例可得出主轴正转24级和反转12级转速运动平衡方程式的结果。例如，主轴正转的最高转速n_{max}和最低转速n_{min}为

$$n_{max}=1450\times\frac{130}{230}\times0.98\times\frac{56}{38}\times\frac{39}{41}\times\frac{63}{50}=1420(\text{r/min})$$

$$n_{min}=1450\times\frac{130}{230}\times0.98\times\frac{51}{43}\times\frac{22}{58}\times\frac{20}{80}\times\frac{20}{80}\times\frac{26}{58}=10(\text{r/min})$$

3.2.2 进给运动传动链的传动分析

进给运动传动链是实现刀架纵向或横向机动进给，刀架进给运动的动力源是机床的主电动机，经主传动链、主轴及进给运动传动链传动给刀架。进给传动链包括机动进给传动链和车削螺纹传动链两部分，在机动进给或车削螺纹时，进给量及螺纹的导程都是以主轴每转一转时刀架的移动量来表示的，所以尽管刀架进给的动力来自于主电动机，但进给传动链的两端件却是主轴和刀架，计算位移为：

主轴每转(r)—刀架的移动量(mm)

车削螺纹时，进给箱传动丝杠带动刀架纵向移动，进给传动链是一条内联系传动链，主轴每转一转，刀架要均匀准确地移动一个被加工螺纹的导程值 s，刀架与主轴之间必须保持严格的传动比关系；在机动进给时，进给箱传动光杠经溜板箱带动刀架作纵向或横向机动进给，进给传动链是一条外联系传动链，主轴每转一转，刀架虽然也要相应地移动一个距离，但刀架与主轴间不必有那样严格的传动比关系。

1. 车削螺纹传动链的传动分析

CA6140 型车床能够车削公制、英制、模数制和径节制四种右旋或左旋螺纹。这种机床车削螺纹的范围较大，螺纹的导程可以是正常导程、扩大导程、标准导程和非标准导程，它还可以车削精密螺纹。

1）车削公制螺纹传动链的传动分析

(1) 车削正常导程的公制螺纹时的传动链。

两端件：主轴—刀架。

计算位移：1r(主轴)—s(刀架的移动距离，即螺纹的导程)。

传动路线：如图 3.4 所示，齿式离合器 M_3 和 M_4 脱开，M_5 接合，运动由主轴Ⅵ经齿轮副$\frac{58}{58}$、$\frac{33}{33}$(车左螺纹时$\frac{33}{25}\times\frac{25}{33}$)、交换齿轮(或称挂轮)$\frac{63}{100}\times\frac{100}{75}$传到进给箱轴Ⅷ；经齿轮副$\frac{25}{36}$传至轴ⅪⅤ；经两轴滑移齿轮变速机构的齿轮副$\frac{19}{14}$或$\frac{20}{14}$、$\frac{36}{21}$、$\frac{33}{21}$、$\frac{26}{28}$、$\frac{28}{28}$、$\frac{36}{28}$、$\frac{33}{28}$，得 8 级转速传至轴ⅩⅤ；经齿轮副$\frac{25}{36}\times\frac{36}{25}$传至轴ⅩⅥ；再经 4 级变速机构传至轴ⅩⅧ；经 M_5 传给丝杠ⅩⅨ，当溜板箱中的开合螺母与丝杠(螺距 $p=12$mm，单头)径向接合时，即可带动刀架纵向移动，进行正常螺距公制螺纹的车削。传动路线的表达式如图 3.5 所示。该传动链的特点是，加工左、右螺纹时有换向要求：主轴箱内的轴Ⅸ-Ⅺ-Ⅹ之间组成换向机构，加工左螺纹时，轴Ⅹ上的滑移齿轮 33 左移与介轮 25 啮合，可使轴Ⅹ换向，但不改变传动比。

在我国的国家标准中已规定了公制螺纹导程的标准值，它们是分段的等差数列，且后一行是前一行的 2 倍，见表 3-1。为了车削螺纹的各种导程值，ⅩⅣ轴上的 8 个固定齿轮和ⅩⅤ轴的 4 个公用滑移齿轮组成两轴滑移齿轮式变速机构，每个公用滑移齿轮可以分别与两个固定齿轮(齿数差为 2～4 的变位齿轮)相啮合，可得到 8 个传动比

$$u_a=\frac{26}{28}、\frac{28}{28}、\frac{32}{28}、\frac{36}{28}、\frac{19}{14}、\frac{20}{14}、\frac{33}{21}、\frac{36}{21}=\frac{6.5}{7}、\frac{7}{7}、\frac{8}{7}、\frac{9}{7}、\frac{9.5}{7}、\frac{10}{7}、\frac{11}{7}、\frac{12}{7}$$

可见，传动比是个分段等差数列，它是实现螺纹导程值呈分段等差数列的基本变速机构，这个变速传动组称为基本变速传动组，简称基本组，其传动比用 u_a 表示。

表 3-1　标准公制螺纹导程　(单位：mm)

—	1	—	1.25	—	1.5
1.75	2	2.25	2.5	—	3
3.5	4	4.5	5	5.5	6
7	8	9	10	11	12

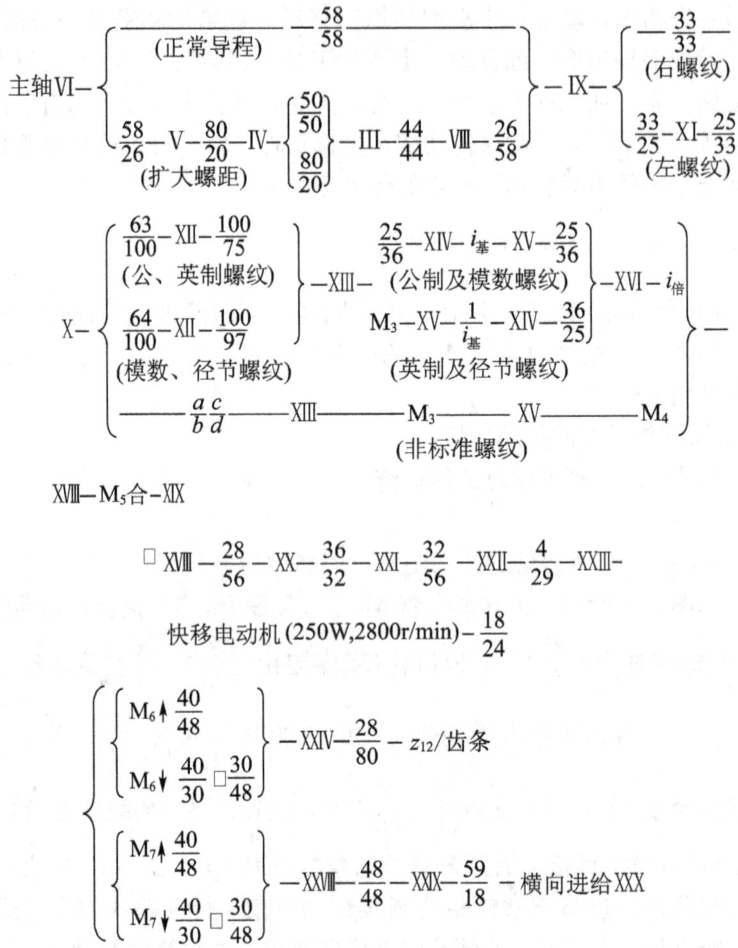

$$\text{主轴}\mathrm{VI}-\left\{\begin{array}{l} ——\frac{58}{58}——\\ \quad(\text{正常导程}) \\ \frac{58}{26}-\mathrm{V}-\frac{80}{20}-\mathrm{IV}-\left\{\begin{array}{c}\frac{50}{50}\\ \frac{80}{20}\end{array}\right\}-\mathrm{III}-\frac{44}{44}-\mathrm{VIII}-\frac{26}{58}\\ \quad(\text{扩大螺距})\end{array}\right\}-\mathrm{IX}-\left\{\begin{array}{c}—\frac{33}{33}—\\ (\text{右螺纹})\\ \frac{33}{25}-\mathrm{XI}-\frac{25}{33}\\ (\text{左螺纹})\end{array}\right\}$$

$$\mathrm{X}-\left\{\begin{array}{l}\left.\begin{array}{l}\frac{63}{100}-\mathrm{XII}-\frac{100}{75}\\ (\text{公、英制螺纹})\\ \frac{64}{100}-\mathrm{XII}-\frac{100}{97}\\ (\text{模数、径节螺纹})\end{array}\right\}-\mathrm{XIII}-\left\{\begin{array}{c}\frac{25}{36}-\mathrm{XIV}-i_{\text{基}}-\mathrm{XV}-\frac{25}{36}\\ (\text{公制及模数螺纹})\\ M_3-\mathrm{XV}-\frac{1}{i_{\text{基}}}-\mathrm{XIV}-\frac{36}{25}\\ (\text{英制及径节螺纹})\end{array}\right\}-\mathrm{XVI}-i_{\text{倍}}\\ ——\frac{a}{b}\frac{c}{d}——\mathrm{XIII}——M_3——\mathrm{XV}——M_4\\ \qquad\qquad\qquad(\text{非标准螺纹})\end{array}\right\}—$$

$$\mathrm{XVIII}-M_5\text{合}-\mathrm{XIX}$$

$$□\mathrm{XVIII}-\frac{28}{56}-\mathrm{XX}-\frac{36}{32}-\mathrm{XXI}-\frac{32}{56}-\mathrm{XXII}-\frac{4}{29}-\mathrm{XXIII}-$$

$$\text{快移电动机}(250\mathrm{W},2800\mathrm{r/min})-\frac{18}{24}$$

$$\left\{\begin{array}{l}\left\{\begin{array}{l}M_6\uparrow\frac{40}{48}\\ M_6\downarrow\frac{40}{30}□\frac{30}{48}\end{array}\right\}-\mathrm{XXIV}-\frac{28}{80}-z_{12}/\text{齿条}\\ \left\{\begin{array}{l}M_7\uparrow\frac{40}{48}\\ M_7\downarrow\frac{40}{30}□\frac{30}{48}\end{array}\right\}-\mathrm{XXVIII}-\frac{48}{48}-\mathrm{XXIX}-\frac{59}{18}-\text{横向进给}\mathrm{XXX}\end{array}\right.$$

图 3.5 CA6140 型卧式车床的进给运动传动路线表达式

另一个变速机构是由轴 XVI 和 XVIII 上的两个双联滑移齿轮及其中间传动轴 XVII 上的 3 个固定齿轮所组成的，可得到 4 个传动比

$$u_{b1}=\frac{18}{45}\times\frac{15}{48}=\frac{1}{8},\quad u_{b2}=\frac{28}{35}\times\frac{15}{48}=\frac{1}{4},\quad u_{b3}=\frac{18}{45}\times\frac{35}{28}=\frac{1}{2},\quad u_{b4}=\frac{28}{35}\times\frac{35}{28}=1$$

可见，传动比互成倍数关系，它是实现导程值成倍数关系的基本变速机构，这个变速传动组称为增倍变速传动组，简称增倍组，其传动比用 u_b 表示。

运动平衡方程式(右螺纹)

$$s=1\mathrm{r}(\text{主轴})\times\frac{58}{58}\times\frac{33}{33}\times\frac{63}{100}\times\frac{100}{75}\times\frac{25}{36}\times u_a\times\frac{25}{36}\times\frac{36}{25}\times u_b\times 12\mathrm{mm}$$

$$s=7u_a u_b\mathrm{mm} \tag{3-2}$$

式中 s——被加工螺纹的导程值，mm；

u_a——基本组的传动比，$u_a=\frac{6.5}{7}$、$\frac{7}{7}$、$\frac{8}{7}$、$\frac{9}{7}$、$\frac{9.5}{7}$、$\frac{10}{7}$、$\frac{11}{7}$、$\frac{12}{7}$；

u_b——增倍组的传动比，$u_b=\frac{1}{8}$、$\frac{1}{4}$、$\frac{1}{2}$、1。

当 $u_b=1$ 时，由式(3.2)得 $s=7u_a$，代入 u_a 的各值可得

$$s=6.5、7、8、9、9.5、10、11、12\text{mm}$$

当代入 u_b 其余各值时，可得出全部正常螺距的公制螺纹的导程值，见表 3-2。

表 3-2　CA6140 型卧式车床的公制螺纹表(导程 s，mm)

u_c		正常导程				扩大导程					
		1				4	16	4	16	16	16
u_b		Ⅰ	Ⅱ	Ⅲ	Ⅳ	Ⅲ	Ⅰ	Ⅳ	Ⅱ	Ⅲ	Ⅳ
u_a		1/8	1/4	1/2	1	1/2	1/8	1	1/4	1/2	1
1	6.5/7	(0.8125)	(1.625)	(3.25)	(6.5)						
2	7/7	(0.875)	1.75	3.5	7	14		28		56	112
3	8/7	1	2	4	8	16		32		64	128
4	9/7	(1.125)	2.25	4.5	9	18		36		72	144
5	9.5/7	(1.1875)	(2.375)	(4.75)	(9.5)						
6	10/7	1.25	2.5	5	10	20		40		80	160
7	11/7	(1.375)	(2.75)	5.5	11	22		44		88	176
8	12/7	1.5	3	6	12	24		48		96	192

由表 3-2 可见，正常导程每一列的 8 个导程值为分段等差数列，这是由基本组变速得到的；每一行的 4 个导程值成倍数关系，这是由增倍组变速得到的。因此，将基本组和增倍组串联起来，就可得出 8×4=32 个导程值，表中括号内的数值为非标准值，在机床标牌上空缺不列。表中 $u_a=\frac{6.5}{7}$ 和 $\frac{9.5}{7}$ 是为车削其他螺纹准备的，车削公制螺纹时不用。使用机床螺纹表时需要注意的是，表 3-2 中给出的是被加工螺纹的导程值 s，它应等于单头螺纹的螺距值 p；当车削多头螺纹时，给出标准螺距值 p(mm)后，需换算成螺纹的导程值 $s=kp$(k 为螺纹头数)。

(2) 车削扩大导程的公制螺纹传动链。由表 3-2 可见，车削正常导程公制螺纹的最大导程值为 12mm。当需要导程大于 12mm 时(大导程多头螺纹或螺旋油沟等)，可利用主传动系统的一部分使进给传动链再增加一个变速机构来实现，这个变速机构称为扩大导程变速机构。它是将轴Ⅸ的齿轮 58 向右滑移，与Ⅷ轴的空套齿轮 26 啮合，此时主轴Ⅵ至轴Ⅸ间的传动路线为

$$\text{主轴Ⅵ}-\frac{58}{26}-\text{Ⅴ}-\frac{80}{20}-\text{Ⅳ}-\left\{\begin{matrix}\frac{50}{50}\\ \\ \frac{80}{20}\end{matrix}\right\}-\text{Ⅲ}-\frac{44}{44}-\text{Ⅷ}-\frac{26}{58}-\text{Ⅸ}-\cdots$$

扩大导程变速传动组简称扩大组，其传动比 $u_c=16、4$，它与主轴转速段有密切的关系

$$u_{c1}=\frac{58}{26}\times\frac{80}{20}\times\frac{80}{20}\times\frac{44}{44}\times\frac{26}{58}=16\quad\text{(主轴为最低转速段)}$$

$$u_{c2}=\frac{58}{26}\times\frac{80}{20}\times\frac{50}{50}\times\frac{44}{44}\times\frac{26}{58}=4 \quad (\text{主轴为次低转速段})$$

利用主传动的背轮传动关系(图示位置)，主轴Ⅵ为1转时，可使Ⅸ轴的转速较正常导程时扩大16倍，车削扩大导程公制螺纹传动链的其余部分与车削正常导程时完全相同。由此得出表3-2所列扩大导程的导程值。

扩大导程机构的传动齿轮就是主运动的传动齿轮，因此，只有当主轴上的 M_2 合上，才能扩大导程；主轴处于最低的六级转速时，导程扩大16倍；主轴处于次低的六级转速时，导程扩大4倍。

综上所述，车削公制螺纹传动链的特点如下。

有换向机构：可加工左、右螺纹。

交换齿轮：使用$\frac{63}{100}\times\frac{100}{75}$交换齿轮。

有三个变速组：基本组——传动比为分段等差数列，$u_a=\frac{6.5}{7}$、$\frac{7}{7}$、$\frac{8}{7}$、$\frac{9}{7}$、$\frac{9.5}{7}$、$\frac{10}{7}$、$\frac{11}{7}$、$\frac{12}{7}$，可实现一组分段等差数列的导程值，基本组中固定齿轮轴为主动轴，滑移齿轮轴为从动轴。增倍组——传动比为倍数关系，$u_b=\frac{1}{8}$、$\frac{1}{4}$、$\frac{1}{2}$、1，可实现一组互成倍数关系的导程值。扩大组——传动比 $u_c=16$、4，可实现扩大螺纹的导程值。

2) 车削模数螺纹传动链的传动分析

模数螺纹主要是指公制蜗杆，模数螺纹导程的大小用模数(m)表示，模数螺纹的齿距为 πm，所以模数螺纹的导程为 $s_m=k\pi m$，k 为螺纹的头数。

国家标准规定的模数(m)的标准值也是一个分段等差数列(段与段之间等比)，所以 s_m 与公制螺纹的 s 相似，因此二者可采用同一条传动路线。但 s_m 值中含有“π”这个特殊因子，是个无理数，可用改变挂轮传动比的方法解决它。车削模数螺纹传动链的传动分析如下。

两端件：主轴—刀架。

计算位移：1r(主轴)—$s_m=k\pi m$ mm(刀架)。

传动路线：与车削公制螺纹的传动路线相同，唯一差别是，更换另一套挂轮$\frac{64}{100}\times\frac{100}{97}$，传动路线的表达式如图3.5所示。

运动平衡方程式

$$s_m=1\text{r(主轴)}\times\frac{58}{58}\times\frac{33}{33}\times\frac{64}{100}\times\frac{100}{97}\times\frac{25}{36}\times u_a\times\frac{25}{36}\times\frac{36}{25}\times u_b\times 12(\text{mm})$$

结论公式：

$$s_m=\frac{64}{97}\times\frac{25}{36}\times u_a\times u_b\times 12(\text{mm})$$

式中，$\frac{64}{97}\times\frac{25}{36}\approx\frac{7\pi}{48}$，故 $s_m\approx\frac{7\pi}{48}\times u_a\times u_b\times 12=\frac{7\pi}{4}u_a u_b(\text{mm})$

因 $s_m=k\pi m$，从而得换置公式

$$km=\frac{7}{4}u_a u_b(\text{mm}) \tag{3-3}$$

代入 u_a、u_b 各值，可得正常导程的模数螺纹，再经扩大导程机构，即可得到扩大导程的模数螺纹，共得39种标准模数螺纹。

综上所述，车削模数螺纹与公制螺纹传动链的相同点是导程值都是分段等差数列，可走同一条传动路线，统称为公制传动路线；不同点是采用的交换齿轮不同，以解决模数螺纹导程值中的特殊因子 π。

3）车削英制螺纹传动链的传动分析

英制螺纹在少数采用英制的国家中广泛应用，目前我国的部分管螺纹也沿用英制。

英制螺纹是以每英寸长度上的螺纹扣(牙)数 a(扣/英寸)来表示的，标准的 a 值也是分段等差数列。车削英制螺纹时，需要将被加工螺纹换算成单位为毫米的导程值 S_a。对于单头英制螺纹，导程值等于螺距 p_a，即

$$s_a=p_a=\frac{1}{a}\text{in}=\frac{25.4}{a}\text{mm}$$

可见，英制螺纹的导程值 s_a 是分段调和数列，即分母为分段等差数列。因此，只要把车削公制螺纹的基本组传动路线颠倒过来，使滑移齿轮轴ⅩⅤ变为主动轴，固定齿轮轴ⅩⅣ变为从动轴，即可实现英制传动路线。基本组的传动比 u_a 为

$$u_a=\frac{1}{u_a}=\frac{7}{6.5}、\frac{7}{7}、\frac{7}{8}、\frac{7}{9}、\frac{7}{9.5}、\frac{7}{10}、\frac{7}{11}、\frac{7}{12}$$

此外，还要在传动链中实现特殊因子 25.4，由轴Ⅷ与ⅩⅣ间的齿轮副$\frac{25}{36}$、齿式离合器 M_3 及轴ⅩⅤ、ⅩⅣ、ⅩⅥ上的齿轮副$\frac{25}{36}\times\frac{36}{25}$与$\frac{36}{25}$组成的移换机构可解决上述问题。车削单头英制螺纹传动链的传动分析如下。

两端件：主轴—刀架。

计算位移：1r(主轴)—$s_a=\frac{25.4}{a}$mm(刀架)。

传动路线：与车削公制螺纹传动路线的不同之处是操纵移换机构使齿式离合器 M_3 啮合；同时轴ⅩⅥ的滑移齿轮 25 向左移动，与轴ⅩⅣ的空套齿轮 36 脱开，与固定齿轮 36 啮合。其余的传动路线与车削公制螺纹时相同，包括挂轮也一样。这时运动传入轴Ⅷ，经 M_3 至轴ⅩⅤ，经两轴滑移齿轮式基本组传至轴ⅩⅣ(使传动路线颠倒)，经齿轮副$\frac{36}{25}$传至轴ⅩⅥ……。传动路线的表达式如图 3.5 所示。

运动平衡方程式

$$s_a=\frac{25.4}{a}\text{mm}=\left[1\text{r(主轴)}\times\frac{58}{58}\times\frac{33}{33}\times\frac{63}{100}\times\frac{100}{75}\times u_a\times\frac{36}{25}\times u_b\times 12\right]\text{mm}$$

$$s_a=\frac{25.4}{a}\text{mm}=\left(\frac{63}{75}\times\frac{36}{25}\times u_a\times u_b\times 12\right)\text{mm}\approx\left(\frac{25.4}{21}\times u_a\times u_b\times 12\right)\text{mm}$$，可得换置公式

$$a=\frac{7}{4}\times u_a\times\frac{1}{u_b} \tag{3-4}$$

设 $u_b=1$，代入 u_a 的各值，可得 8 种 a 值(括号中为非标准值)，即

$$a=\left(1\frac{5}{8}\right)、\left(1\frac{3}{4}\right)、2、\left(2\frac{1}{4}\right)、\left(2\frac{3}{8}\right)、\left(2\frac{1}{2}\right)、\left(2\frac{3}{4}\right)、3$$

将 u_b 的各值代入，可得到 32 种正常螺距的 a 值，其中标准值为 20 种，见表 3-3。这些数值已能满足使用要求，无需扩大导程。

综上所述，车削英制螺纹与公制螺纹传动链的不同点是采用移换机构使基本组的传动

路线颠倒，即滑移齿轮轴为主动轴，固定齿轮轴为被动轴，其传动比为一分段调和数列；另外又可改变传动比，解决特殊因子 25.4。两者的相同点是采用同一套挂轮及增倍组。

需要注意的是，查英制螺纹表 3-3 调整机床时，对于单头英制螺纹可按给定的 a 值直接查表；对于多头英制螺纹，需经换算后查表，可将给定的 a 值除以螺纹头数 k，即按 a/k 查表。这是因为多头英制螺纹的导程值为：

$$s_a = kp_a = k\frac{25.4}{a}\text{mm}，则\frac{a}{k}=\frac{7}{4}u_a\frac{1}{u_b}$$

故需按 a/k 的值查由式(3-4)所制的螺纹表。

表 3-3 CA6140 型卧式车床的英制螺纹表(a，扣/英寸)

u_b / u'_a		Ⅰ	Ⅱ	Ⅲ	Ⅳ
		1/8	1/4	1/2	1
1	7/6.5			3.25	
2	7/7	14	7	3.5	
3	7/8	16	8	4	2
4	7/9	18	9	4.5	
5	7/9.5	19			
6	7/10	20	10	5	
7	7/11		11		
8	7/12	24	12	6	3

4) 车削径节螺纹传动链的传动分析

径节螺纹是指英制蜗杆，它是用径节数 DP(牙/英寸)表示的。DP 是蜗轮或齿轮折算到每 1in(1in=25.4mm)分度圆直径上的齿数。DP 的数值也是分段等差数列，英制蜗杆的径节 DP 相当于公制蜗杆模数 m 的倒数，即 $DP=\frac{\pi}{p_{DP}}$，其轴向齿距 $p_{DP}=\frac{\pi}{DP}\text{in}$。对于单头径节螺纹，导程值等于轴向齿距，即

$$s_{DP}=p_{DP}=\frac{\pi}{DP}\text{in}=\frac{25.4\times\pi}{DP}\text{mm}$$

可见，式中$\frac{25.4}{DP}$与英制螺纹 $s_a=25.4/a(\text{mm})$有相似之处，所以可走同一条英制传动路线；式中 π 值与模数螺纹 $s_m=\pi m$ 有相似之处，故可采用模数螺纹的同一套挂轮。车削单头径节螺纹传动链的传动分析如下。

两端件：主轴—刀架。

计算位移：1r(主轴)—$s_{DP}=\frac{25.4\times\pi}{DP}$mm(刀架)。

传动路线：与车削英制螺纹的传动路线相同，唯一差别是采用模数螺纹的一套挂轮，其传动路线表达式如图 3.5 所示。

运动平衡方程式

$$s_{DP}=\frac{25.4\times\pi}{DP}=\left[1\text{r(主轴)}\times\frac{58}{58}\times\frac{33}{33}\times\frac{64}{100}\times\frac{100}{97}\times u_a\times\frac{36}{25}\times u_b\times12\right]\text{mm}$$

$$s_{DP}=\frac{25.4\times\pi}{DP}\text{mm}=\left[\frac{64}{97}\times\frac{36}{25}\times u_a'\times u_b\times12\right]\text{mm}$$

$$\approx\left[\frac{25.4\times\pi}{84}\times u_a'\times u_b\times12\right]\text{mm}=\frac{25.4\times\pi}{7}\times u_a'\times u_b\text{mm}$$

得换置公式

$$DP=7u_a\frac{1}{u_b} \tag{3-5}$$

当 $u_b=1$ 时，代入 u_a 的各值，可得 8 种 DP 值(括号中为非标准值)，即

$$DP=\left(6\frac{1}{2}\right)、7、8、9、\left(9\frac{1}{2}\right)、10、11、12$$

将 u_b 其余各值代入及采用扩大导程，可得 $DP=1\sim96$ 牙/英寸的 37 种标准值。对于单头径节螺纹，可按给定的 DP 值直接查螺纹表；对于多头螺纹，可按$\frac{DP}{k}$值查表(k 为螺纹头数)。

5) 车削特殊螺纹传动链的传动分析

车削非标准导程的螺纹(称特殊螺纹)时，车削螺纹的传动链也无法得到，这时可采用进给箱中的直连丝杠机构，将运动直接传给丝杠，并通过配换挂轮的方法来实现。

两端件：主轴—刀架。

计算位移：1r(主轴)—s(刀架)。

传动路线：齿式离合器 M_3、M_4 及 M_5 同时啮合，运动由主轴Ⅵ传至轴Ⅹ，通过特需挂轮$\frac{a}{b}\times\frac{c}{d}$传至轴Ⅷ，通过 M_3、M_4 和 M_5，由轴ⅩⅤ、ⅩⅧ及ⅩⅨ直连丝杠，传动路线的表达式如图 3.5 所示。车削特殊螺纹的导程值 s 通过调整挂轮的传动比 u_d 来实现。

运动平衡方程式

$$s=1\text{r(主轴)}\times\frac{58}{58}\times\frac{33}{33}\times u_d\times12\text{mm}$$

换置公式：挂轮传动比为

$$u_d=\frac{a}{b}\times\frac{c}{d}=\frac{s}{12} \tag{3-6}$$

给定螺纹的导程值 s，可适当选择挂轮 a、b、c 和 d 的齿数。由于该传动路线短，所以减少了传动件误差对加工螺纹导程值的影响。如选用精度较高的挂轮，还可车削出比较精密的螺纹。

6) 车削螺纹传动链传动分析小结

(1) 两个方向：加工左、右螺纹的换向。

(2) 两套挂轮：加工“螺纹”(公制与英制螺纹)时，用一套挂轮为 $u_d=\frac{63}{100}\times\frac{100}{75}$；加工“蜗杆”(模数与径节螺纹)时，用另一套挂轮为 $u_d=\frac{64}{100}\times\frac{100}{97}$。

(3) 三个变速组：基本组——公制传动路线时，传动比为分段等差数列，$u_a=\frac{6.5}{7}$、$\frac{7}{7}$、$\frac{8}{7}$、$\frac{9}{7}$、$\frac{9.5}{7}$、$\frac{10}{7}$、$\frac{11}{7}$、$\frac{12}{7}$；英制传动路线时，传动比为分段调和数列，$u_a=\frac{1}{u_a}=$

$\frac{7}{6.5}$、$\frac{7}{7}$、$\frac{7}{8}$、$\frac{7}{9}$、$\frac{7}{9.5}$、$\frac{7}{10}$、$\frac{7}{11}$、$\frac{7}{12}$、$\frac{7}{13}$。增倍组——传动比互成倍数，$u_b=\frac{1}{8}$、$\frac{1}{4}$、$\frac{1}{2}$、1。扩大组——扩大倍数为 $u_c=16$、4，与主轴转速有关。

(4) 三条传动路线：公制传动路线——基本组的固定齿轮轴为主动轴，滑移齿轮轴为从动轴；英制传动路线——通过移换机构使之与公制路线相反，即将滑移齿轮轴变为主动轴，固定齿轮轴为从动轴；直连丝杠传动路线——直接传动丝杠，靠配换特需挂轮获得给定的导程值。

四种螺纹的传动路线及挂轮的特点见表 3-4。

表 3-4 四种螺纹的传动路线及挂轮的特点

传动路线	车削螺纹挂轮 $\frac{63}{100}\times\frac{100}{75}$	车削蜗杆挂轮 $\frac{64}{100}\times\frac{100}{97}$
公制路线 (固定齿轮轴主动) 英制路线 (滑移齿轮轴主动)	公制螺纹 英制螺纹	模数螺纹 径节螺纹

2. 机动进给传动链的传动分析

车削外圆柱或内圆柱表面时，可使用纵向机动进给；车削端面时，可使用横向机动进给。由纵向变为横向机动进给时，进给量降低一半，即 $f_t=\frac{1}{2}f_1$，进给量级数相同。现以纵向机动进给传动链为例进行传动分析。

两端件：主轴—刀架。

计算位移：1r(主轴)—f_1(刀架)。

传动路线：传动路线的表达式如图 3.5 所示。传动特点：①换向机构装在溜板箱中，由十字手柄集中操纵，使用方便。②变速机构通常可采用基本组、增倍组和扩大组变速；另外因英制与公制传动路线的传动比值不同，还可得到较多的进给量级数，如公制传动路线正常导程可得到正常进给量 32 种；英制传动路线可得到较大进给量 8 种，再经扩大导程机构又得到 16 种加大进给量；主轴在最高转速段时还有细进给量 8 种。③溜板箱内的安全离合器在牵引力过大时起过载保护作用。④单向超越离合器可避免高、低速运动的干涉。

运动平衡方程式如下。

正常进给量(刀架左移、正常导程、公制传动路线)为

$$f_1=\left[1\text{r(主轴)}\times\frac{58}{58}\times\frac{33}{33}\times\frac{63}{100}\times\frac{100}{75}\times\frac{25}{36}\times u_a\times\frac{25}{36}\times\frac{36}{25}\times u_b\times\frac{28}{56}\times\frac{36}{32}\times\frac{32}{56}\times\frac{4}{29}\times\frac{40}{30}\times\frac{30}{48}\times\frac{28}{80}\times\pi\times2.5\times12\right]\text{mm/r}$$

解得

$$f_1=0.71u_au_b\text{mm} \tag{3-7}$$

代入 u_a、u_b 各值，可得到 32 种正常进给量 $f_1=0.08\sim1.22$mm。

当主轴在最高转速段 $n=450\sim1400$r/min(500r/min 除外)时，有时希望进给量更小些，即细进给量(刀架左移、扩大导程、公制传动路线)为

$$f_1=\left[1\text{r}(主轴)\times\frac{50}{63}\times\frac{44}{44}\times\frac{26}{58}\times\frac{33}{33}\times\frac{63}{100}\times\frac{100}{75}\times\frac{25}{36}\times u_a\times\frac{25}{36}\times\frac{36}{25}\times u_b\times\frac{28}{56}\times\frac{36}{32}\times\frac{32}{56}\times\frac{4}{29}\times\frac{40}{30}\times\frac{30}{48}\times\frac{28}{80}\times\pi\times2.5\times12\right]\text{mm/r}$$

$f_1=0.253u_au_b\text{mm}$，仅取 $u_b=\frac{1}{8}$，则得8种细进给量，即

$$f_1=0.0315u_a=0.028\sim0.054\text{mm} \quad (3-8)$$

可见，主轴在最高转速段时，经扩大导程机构，实际并未起“扩大”作用，进给量反而“减小”细化，因为此时扩大导程机构为降速传动，其传动比为 $u=\frac{50}{63}\times\frac{44}{44}\times\frac{26}{58}=\frac{1}{2.8}$。

3.2.3　刀架快移传动链的传动分析

快速移动刀架是为了减轻工人的劳动强度及缩短辅助运动时间。纵向快移速度为4m/min，横向快移速度是纵向的一半，即2m/min。现对刀架纵向(左移)快移传动链进行分析。

两端件：快移电动机—刀架。

计算位移：1360r/min(快移电动机)—f(刀架)。

传动路线：当刀架需快移时，压下按钮启动快移电动机，由图3.4可知，经溜板箱内的传动使刀架纵向快移，传动路线表达式如图3.5所示。

运动平衡方程式

$$f=1360\text{r/min}\times\frac{18}{24}\times\frac{4}{29}\times\frac{40}{30}\times\frac{30}{48}\times\frac{28}{80}\times\pi\times2.5\times12\text{mm/r}=3860\text{mm/min}\approx4\text{m/min} \quad (3-9)$$

3.3　CA6140型卧式车床的结构分析

机床的结构分析是机床分析的重要内容。机床所需要的各种运动，要由相应的结构来保证，因此，必须借助装配图和零件图，对机床部件、组件、相关机构及重要零件进行结构分析；了解结构的功用(或作用)、结构的主要组成、工作原理、性能特点、工作可靠性措施以及结构工艺性等；掌握机床的结构及其调整方法。

对机床结构进行分析可从以下几方面入手：功用、结构组成、工作原理、性能特点、工作可靠性、结构工艺性。

3.3.1　主轴箱

机床主轴箱是一个结构复杂的传动部件，为了表达主轴箱中各传动部件的结构和装配关系，常采用展开图。展开图即按传动轴传递运动的先后顺序，沿其轴心线剖开，并将这些剖切面展开在一个平面上形成的视图。图3.6所示是CA6140型卧式车床主轴箱的展开图。它是沿轴Ⅳ-Ⅰ-Ⅱ-Ⅲ(Ⅴ)-Ⅵ-Ⅺ-Ⅸ-Ⅹ的轴心线剖切、展开后绘制的。轴Ⅶ、轴Ⅷ无法按顺序绘出，在不改变轴向位置的情况下单独画在适当位置上。

展开图主要用于表达各传动件的传动关系及各轴组件的装配关系，不表示各轴的实际位置。由于展开图是把立体的传动结构展开在一个平面上，其中有些轴之间的距离会被拉开，如轴Ⅳ画得离轴Ⅲ与轴Ⅴ较远，从而使原来相互啮合的齿轮副分开了，因此，读展开图时应弄清其相互关系。

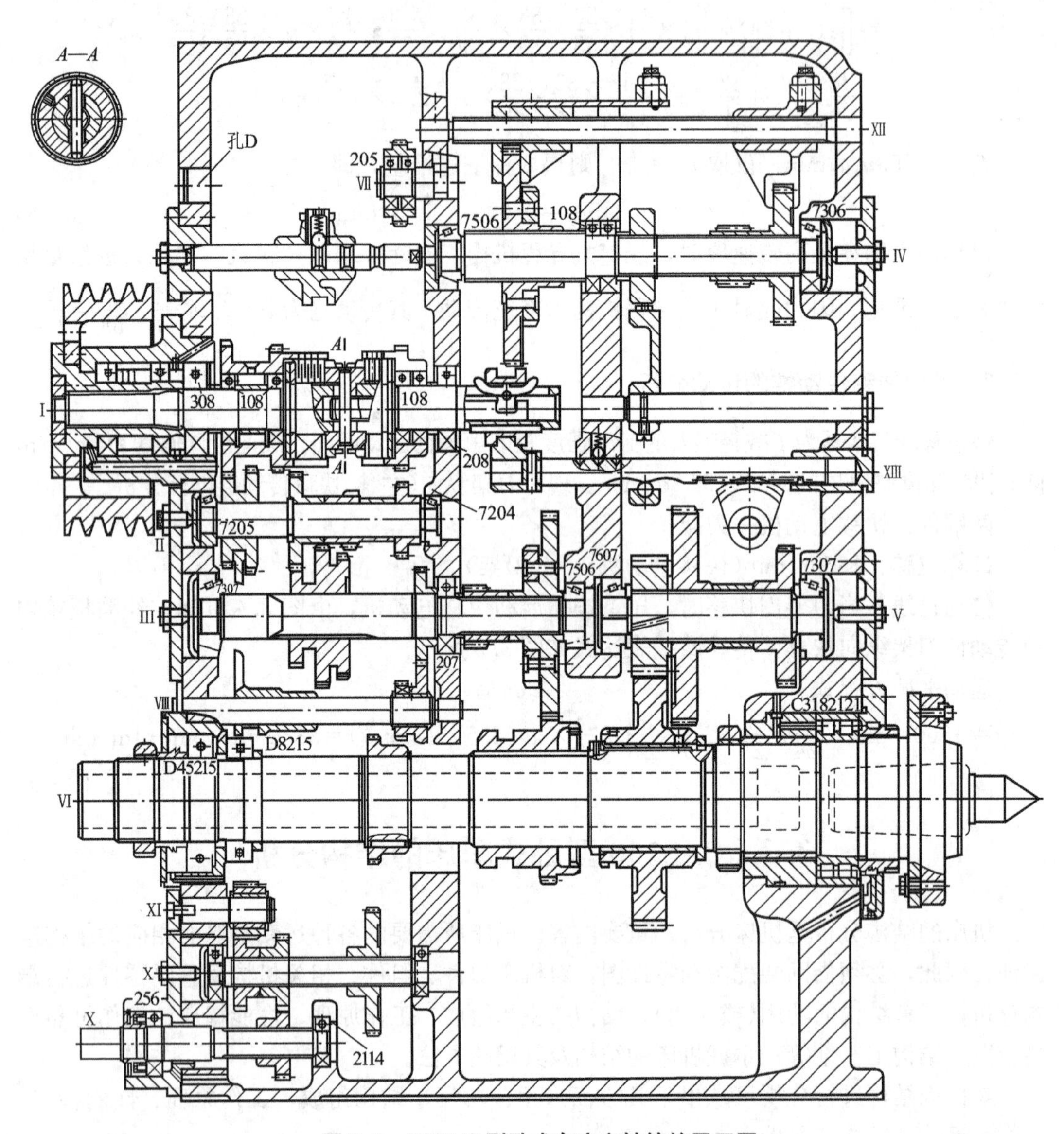

图 3.6 CA6140 型卧式车床主轴箱的展开图

为了完整表达主轴箱部件的结构，还要采用各种向视图和剖视图，如图 3.7 所示。其中横向剖视图是指垂直于传动轴心线方向的剖视图(又称截面图)，主要用于表达各轴的空间位置、操纵机构及其他有关结构的装配关系等。

CA6140 型卧式车床的主轴箱内包括：离合器、制动器、主轴组件及其他轴的组件、主运动的全部变速机构、一部分进给运动的传动机构、操纵机构及润滑系统等。

1. 多片摩擦离合器

1) 功用

(1) 在电动机连续旋转的情况下通过摩擦离合器的离与合，可实现主轴的频繁启动与停止。

(2) 实现主轴正反转的换向。

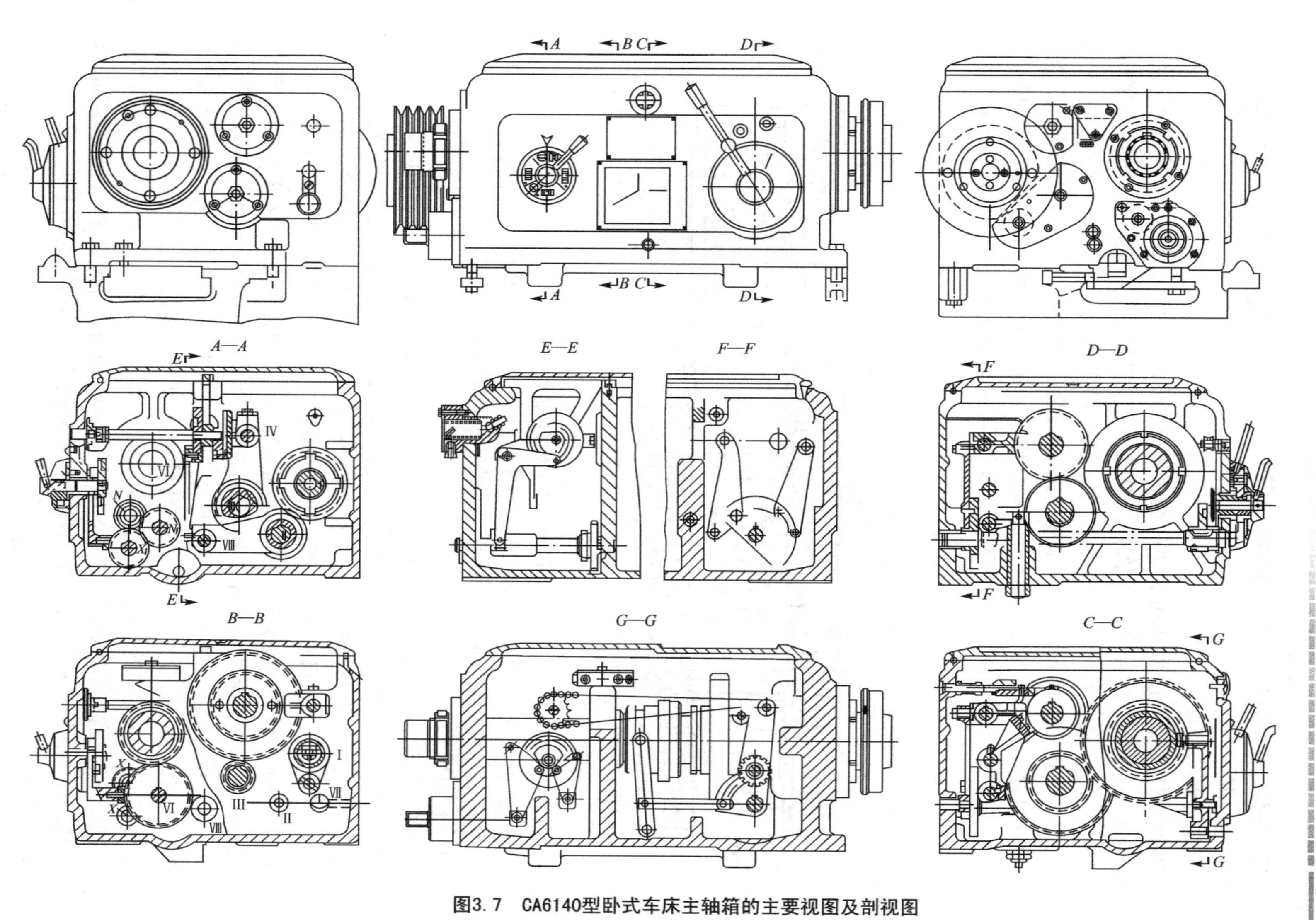

图3.7 CA6140型卧式车床主轴箱的主要视图及剖视图

(3) 兼起过载保护作用，当传递转矩过载时，摩擦片间打滑，可保护主电动机及主传动元件不受损坏。

2) 结构组成

多片摩擦离合器是由结构相同的左、右两部分组成的，如图 3.8 所示。每部分又由内片 2、外片 1、止推片 11 与 12、压紧环 5、螺母 3 及空套齿轮等组成。内、外摩擦片相互叠放在一起，内片是主动片，它的花键孔装在Ⅰ轴的花键部位上，可随轴一起转动；外片是从动片，它的内孔为圆孔，与Ⅰ轴花键的大径有间隙，在外圆上有 4 个凸缘卡在空套齿轮外壳的槽口内，可带动空套齿轮一起转动。左离合器用来传动主轴正转，用于切削加工，需传递的转矩较大，所以片数较多。右离合器用来传动主轴反转，主要用于退刀，片数较少。

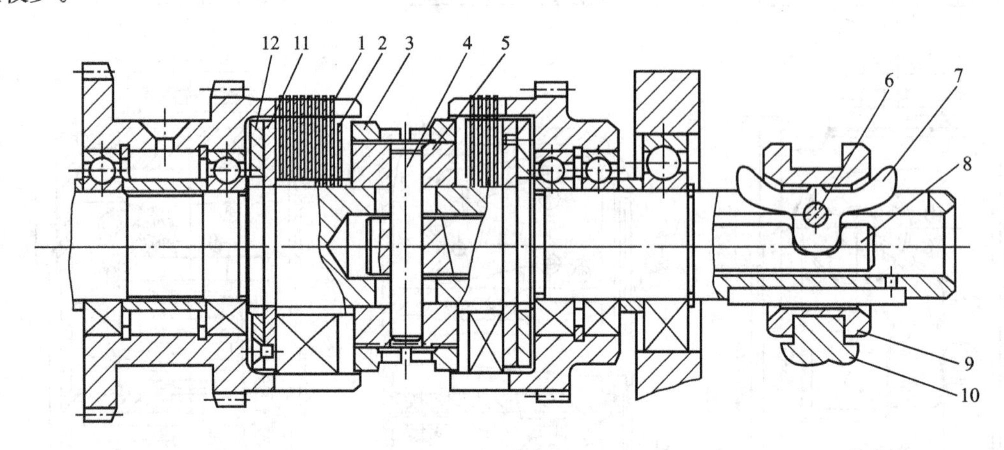

图 3.8 多片摩擦离合器

1—外片；2—内片；3—螺母；4—圆柱销；5—压紧环；
6—销；7—杠杆；8—推动杆；9—加力环；10—拨叉；11、12—止推片

3) 工作原理

如图 3.8 所示，当压紧环 5 处于中间位置时，虽然内片随Ⅰ轴转动，但因内、外片间存在间隙，外片不能被带动，因此Ⅰ轴上两边的空套齿轮都不转动，主传动链被断开，主轴处于停止状态。离合器由进给箱或溜板箱右侧的手柄分别操纵，将手柄向上或向下扳动时，通过立轴[图 3.9(b)]摆动、扇形齿轮、齿条轴及拨叉 10 使加力环 9 向右、左移动。需要接通主轴正转时，通过操纵机构使加力环 9 右移，其内孔锥面压下元宝形杠杆 7(又称元宝销或羊角杠杆，由销 6 支承在Ⅰ轴上)的右角，使其顺时针转动，通过下端左凸缘推动杆 8 左移，由圆柱销 4 拨动压紧环 5 左移，通过调整螺母 3 将左部内、外片互相压紧(止推片 12 固定在Ⅰ轴上)，依靠内、外摩擦片间的摩擦力传递转矩，带动外片及空套齿轮一起转动，再经变速齿轮传动使主轴正转。同理，加力环 9 左移，元宝形杠杆 7 逆时针转动，推动杆 8 右移，则压紧环 5 右移，压紧右部的一组内、外摩擦片，可带动右部空套齿轮旋转，经Ⅶ轴上的介轮改变Ⅱ轴的转向，再经变速齿轮传动使主轴反转。

4) 性能特点

多片摩擦离合器的摩擦片多，径向尺寸小，可在较高速旋转的情况下离合，手动操纵可逐渐启动，比较平稳，避免启动时工件错位，用手操纵还有晃车性能，便于工件找正及位置调整；但摩擦片间易摩擦打滑，磨损大，发热高，有噪声。

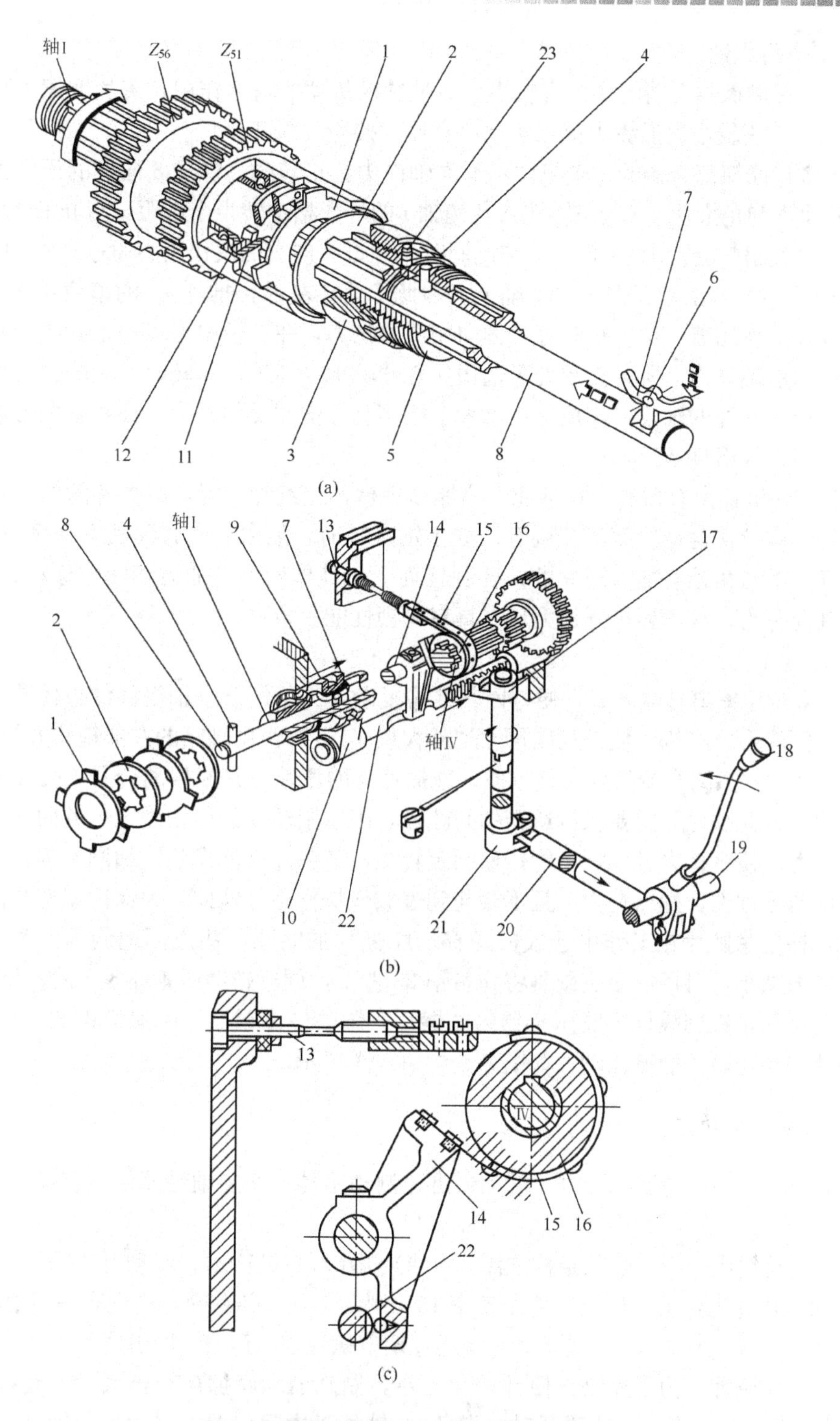

图 3.9　摩擦离合器、制动器及其操纵机构

1—外片；2—内片；3—螺母；4—圆柱销；5—压紧环；6—销；7—元宝杠杆；8—中心推杆；9—加力环；10—拨叉；11、12—止推片；13—调节螺钉；14—杠杆；15—制动带；16—制动盘；17—扇形齿轮；18—操纵手柄；19—操纵杆；20—连杆；21—曲柄；22—齿条轴；23—弹簧销

5）工作可靠性

(1) 多片摩擦离合器的操纵力较小，通过操纵传动的增力作用及多片摩擦力可传递较大的转矩，故用较小的操纵力就可实现离合器的接通与断开。

(2) 多片摩擦离合器的Ⅰ轴组件不承受轴向力，正转时，螺母3向左的压紧力通过内片2、外片1和止推片11(内花键孔在花键轴Ⅰ的环形槽中转半个键距，与止推片12固定在一起)，由轴槽肩作用在Ⅰ轴上；与此同时，螺母3向右的反作用力通过销4、中心推杆8、杠杆7和销6，由销孔作用在Ⅰ轴上。因此Ⅰ轴在左部止推片11的槽肩处至右部销6孔处的轴段上作用着一个大小相等且方向相反的拉力，在Ⅰ轴中形成一个封闭力系，不使Ⅰ轴组件承受轴向力，所以支承处可选用向心球轴承。同理，反转时，Ⅰ轴在右部止推片槽肩处至销6孔处的轴段，作用着一个大小相等且方向相反的压力，亦在轴中形成一个封闭力系，不使轴组件承受轴向力。

(3) 多片摩擦离合器有自锁性能，当操纵手柄不继续加力时，摩擦片间的压紧力仍不消失，继续保持接合位置而不能脱开。如主轴正转时，加力环9右移使左部摩擦片压紧，元宝杠杆7的右角顶在加力环9的内孔圆柱面上，其作用力与加力环轴向移动方向垂直，不产生轴向分力，故不能推开加力环，具有自锁性能。

6）结构工艺性

(1) 多片摩擦离合器装卸方便，因其结构复杂，为了便于Ⅰ轴组件的整体装卸，将其设计成“倒塔形”结构，使其径向尺寸“外大里小”，可由主轴箱的左部箱孔方便装卸。

(2) 多片摩擦离合器间隙调整方便，摩擦片间的压紧力是根据离合器应传递的额定转矩确定的，因此摩擦片间要保持适当的间隙量，因压紧环5的行程固定，若间隙过大，会降低压紧力，使摩擦力过小，不能传递额定转矩，摩擦片打滑发热，加剧磨损；若间隙过小，则压紧力过大，操纵费力，且不会起到过载保护作用。因此，为保证摩擦片间的合理压紧力及补偿摩擦片在工作中造成的磨损，摩擦片的间隙应能方便地调整。摩擦片磨损后，压紧力减小，可用一字头旋具将弹簧销23按下，同时拧动压紧环5上的螺母3，可调整其轴向位置，直到螺母压紧离合器的摩擦片。调整好位置后，使弹簧销23重新卡入螺母3的缺口中，防止螺母松动，如图3.6中$A—A$所示。

2. 闸带式制动器

(1) 功用。在离合器脱开时，制动器迅速制动主轴，使主轴迅速停止转动，以缩短辅助时间。

(2) 结构组成。制动器的结构如图3.9(b)和图3.9(c)所示。制动盘16是一个钢制圆盘，与轴Ⅳ用花键连接，周边围着制动带15。制动带是一条钢带，内侧有一层酚醛石棉以增加摩擦，一端与杠杆14连接，另一端通过调节螺钉13等与箱体相连。

(3) 工作原理。为了操纵方便并避免出错，制动器和摩擦离合器共用一套操纵机构，也由手柄18操纵。当离合器脱开时，齿条22轴处于中间位置，这时齿条轴22上的凸起正处于与杠杆14下端相接触的位置，使杠杆14向逆时针方向摆动，将制动带拉紧，靠制动带与制动轮之间的摩擦力进行制动。齿条轴22凸起的左、右边都是凹槽，当左、右离合器中任一个接合时，杠杆14都按顺时针方向摆动，使制动带放松。

(4) 性能特点。该制动器的尺寸小，能以较小的操纵力产生较大的制动力矩，但是制动带在制动轮上产生较大的径向单侧压力，对Ⅳ轴有不良影响。

(5) 工作可靠性。①制动器与离合器联动，放松制动可靠，即离合器脱开的同时进行制动，离合器接通的同时制动带放松，二者保持联动关系。当接通主轴转动需松开制动器时，轴ⅩⅢ凸起移开(图 3.6)，杠杆靠自重放松制动带，由闸皮外面的钢带弹性恢复力松开制动轮。②松边制动，制动力较小：制动过程中，在摩擦力的作用下会使制动带像带传动那样出现紧边和松边，因制动力作用于松边上，制动力方向与制动轮转向一致，所需制动力较小，制动平稳。③制动轮的位置：Ⅳ轴转速较高，所需的制动力矩较小，故制动器尺寸小；按传动顺序，Ⅳ轴靠近主轴，制动时传动系统的冲击力较小，制动平稳。

(6) 结构工艺性。闸带式制动器结构简单，装卸、调整方便，制动带的拉紧程度由调节螺钉 13 调整，并用螺母防松。调整后应检查在压紧离合器时制动带是否松开。

3. 带轮卸荷装置

1) 功用

卸掉带轮对Ⅰ轴的径向载荷，只向Ⅰ轴传递转矩，可改善Ⅰ轴的工作条件。因V带传动使带轮承受较大的径向载荷，若直接作用于Ⅰ轴的悬臂端，将造成较大的弯曲变形，恶化轴上齿轮及轴承的工作条件，为此Ⅰ轴左端应安装带轮卸荷装置。

2) 结构组成

带轮卸荷装置主要由带轮花键套、法兰套和轴承等组成。如图 3.6 所示，带轮用螺钉固定在一个花键套的端面上，花键套靠花键孔与Ⅰ轴左端的花键轴相连接，并用轴端处的螺母固定。花键套又通过两个向心球轴承支承在空心法兰套(固定于箱体)内。

3) 工作原理

传动时，V带作用于带轮上的径向载荷通过花键套、轴承和空心法兰套传给箱体，因此Ⅰ轴并不承受这个径向载荷，而将它“卸掉”，仅传递转矩。

4) 工作可靠性

该带轮的卸荷装置为内支承式(法兰套内孔支承)，适于较大带轮的卸荷，但不如外支承式(法兰套外表面支承)工作可靠。

5) 结构工艺性

该带轮的卸荷装置尺寸小，结构复杂，装卸不方便，结构工艺性较差。

4. 主轴组件

主轴组件是机床的一个关键组件，其功用是夹持工件转动进行切削，传递运动、动力及承受切削力，并保证工件具有准确、稳定的运动轨迹。主轴组件主要由主轴、支承及传动件等组成，其性能也与它们有很大关系。

1) 主轴

图 3.6 所示的主轴是个空心的阶梯轴，通孔用于卸下顶尖或夹紧机构的拉杆或通过长棒料进行加工；主轴前端采用莫氏 6 号锥度的锥孔，有自锁作用，可通过锥面间的摩擦力直接带动顶尖或心轴旋转。主轴前锥孔与内孔之间留有较长的空刀槽，便于锥孔磨削并避免顶尖尾部与内孔壁相碰。。

主轴前端采用短锥法兰式结构，用于安装卡盘或拨盘，靠短锥定心，用法兰螺栓紧固，短外锥面的锥度为1∶4，卡盘座在其上定位后与主轴法兰前端面有0.05～0.1mm的间隙。如图3.10所示，卡盘或拨盘在安装时，使事先装在卡盘或拨盘座4上的4个双头螺柱5及其螺母6通过主轴的轴肩及锁紧盘2的圆柱孔，然后将锁紧盘2转过一个角度，双头螺柱5处于锁紧盘2的沟槽内，并拧紧螺钉1和螺母6，就可以使卡盘或拨盘可靠地安装在主轴的前端。主轴法兰上的圆形传动键(端面键)与卡盘座上的相应圆孔配合，可传递转矩。这种结构虽然制造工艺复杂，但工作可靠，定心精度高(短锥面磨损后间隙可补偿)，而且主轴前端的悬伸长度很短，有利于提高主轴组件的刚度。

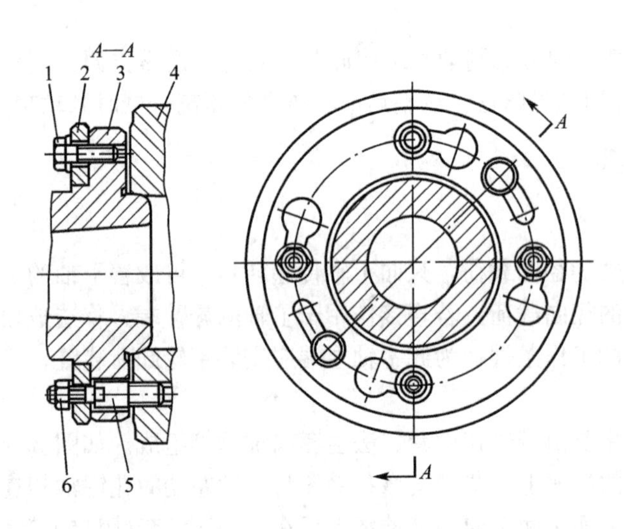

图3.10　卡盘或拨盘的安装

1—螺钉；2—锁紧盘；3—主轴；4—拨盘座；5—双头螺柱；6—螺母

主轴尾端的外圆柱面是各种辅具的安装基面，螺纹用于与辅具连接。为了便于主轴组件的装配，主轴外径的尺寸从前端至后端逐渐递减。

2) 主轴传动件

主轴上安装有3个传动齿轮，右边较大的左旋斜齿圆柱齿轮(58×4)的螺旋升角为10°，空套在主轴上。它与可以在主轴花键上滑移的中间滑移齿轮(50×3)组成齿式离合器，当离合器处于中间位置时，主轴空挡，此时可用手扳动主轴，便于工件的装夹、找正和测量；当离合器处于左边位置时，中间滑移齿轮与轴Ⅲ上的齿轮(63×3)啮合，使主轴高速转动；当离合器处于右边位置时，通过齿式离合器可使主轴中、低速转动。采用斜齿可使传动平稳、承载能力高，轴向力指向主轴头，与进给切削力方向相反，可减小主轴支承所受的轴向力，有利于粗加工。为减小主轴的弯曲变形和扭转变形，将大齿轮布置在靠近主轴前支承处，而左边齿轮(58×2)采用平键连接，通过弹性挡圈进行轴向固定，用于驱动进给系统。

3) 主轴支承

主轴组件采用两支承结构，前支承选用D级精度的3182121型双列圆柱滚子轴承，用于承受径向力，这种轴承具有刚性好、承载能力大、尺寸小、精度高、允许转速高等优点。后支承有两个轴承，一个是D级精度的8215型推力球轴承，用于承受向左的轴向力；

另一个是D级精度的46215型角接触球轴承，大口向外安装于箱体后箱壁的法兰套中，用于承受径向力和向右的轴向力。

主轴支承对主轴的刚度和回转精度影响很大，主轴轴承需要在无间隙(有适量过盈)的条件下运转，否则会影响加工精度。前支承处的D3182121轴承内圈较薄，锥度为1∶12的锥孔与主轴锥面相配合，当内圈与主轴有相对轴向位移(配合趋紧)时，由于锥面作用使轴承内圈产生径向弹性变形，则使内圈的外滚道直径增大，从而可消除轴承滚子与内、外圈滚道间的径向间隙，得到需要的过盈量。调整该轴承间隙时，先将主轴前端螺母旋离轴承，然后松开调整螺母(周向锁紧)上的锁紧螺钉并转动螺母，通过隔套向右推动轴承内圈，靠主轴锥面作用，使其产生径向弹性变形，即可消除D3182121轴承的径向间隙。控制前螺母的轴向位移量，将轴承间隙调整适当，然后把前螺母旋紧，使之靠在D3182121轴承内圈的端面上，最后要把调整螺母上的锁紧螺钉拧紧。主轴的前螺母还可用于退下D3182121轴承内圈；另外，螺母上的甩油沟还可起到密封作用。调整后支承处两个轴承的间隙时，先将主轴后端调整螺母的锁紧螺钉松开，转动螺母通过隔套推动46215轴承内圈右移，可消除该轴承的径向和轴向间隙；与此同时，还拉动主轴左移，通过轴肩、垫圈压紧8215轴承，消除其轴向间隙。

为了保证滚动轴承的正常工作，必须使其得到充分的润滑和可靠的密封。该主轴箱采用箱外循环的强制润滑，润滑油由前支承处的箱体凸缘进油孔，经油膜阻尼器流入3182121轴承；后支承处用油管插入法兰套进油孔润滑46215轴承，油管滴油润滑8215轴承。主轴前、后支承处采用结构相同的非接触式密封，如前支承外流的润滑油，由旋转的前螺母上油沟甩到法兰的接油槽中，随回油孔流到箱内，即使有少量的外流油液，也被转动的前螺母和法兰间的微小间隙所阻止，具有良好的密封效果。

5. 滑移齿轮的操纵机构

主轴箱中共有7个滑移齿轮，其中5个用于主轴变速，1个用于加工左、右螺纹的变换，1个用于正常导程和扩大导程的变换。主轴箱采用三套操纵机构，都是用盘形凸轮作控制件，结构紧凑，操作方便，工作可靠。滑移齿轮到达的每个位置，都必须可靠定位，它由结构简单的钢球定位方式来实现。

Ⅱ轴双位和Ⅲ轴三位滑移齿轮的操纵如图3.11所示。Ⅱ轴的双联滑移齿轮有左、右两个位置(称双位)，Ⅲ轴的三联滑移齿轮有左、中、右3个位置(3位)，通过凸轮曲柄单手柄集中操纵，这两个滑移齿轮不同位置的组合使Ⅲ轴得到6种不同的转速。由主轴箱外面的操纵手柄，通过链轮使轴4转动，其上同心固定有盘形凸轮3和曲柄2。凸轮3上有一条封闭形的曲线槽，是由两段不同半径的圆弧和直线组成的，凸轮上有6个变速位置，用1～6标出。凸轮曲线槽通过杠杆5操纵Ⅱ轴上的双联滑移齿轮A，当杠杆一端的滚子处于曲线槽的短半径时，齿轮在左位；若处于长半径时，则操纵柄移到右位。曲柄2上圆销的滚子在拨叉1的长槽中滑动，当曲柄2随轴4转一周时，可拨动1到达左、中、右3个位置，因此曲柄2操纵Ⅲ轴的三联滑移齿轮B，可实现3个位置的变换。如图3.11所示，齿轮A在第1变速位置时，是在左位；齿轮B在$2'$变速位置时，是左位。若逆时针将轴4转过30°，齿轮A变成第2变速位置时，杠杆5的滚子仍处于凸轮曲线的长半径，故齿轮A的位置不动，曲柄2的圆销转到凸轮的正下方，使拨叉1带动齿轮B到达中位。依次继续转动凸轮，齿轮A和B就能实现不同位置的组合，表3-5是滑移齿轮的位置表。

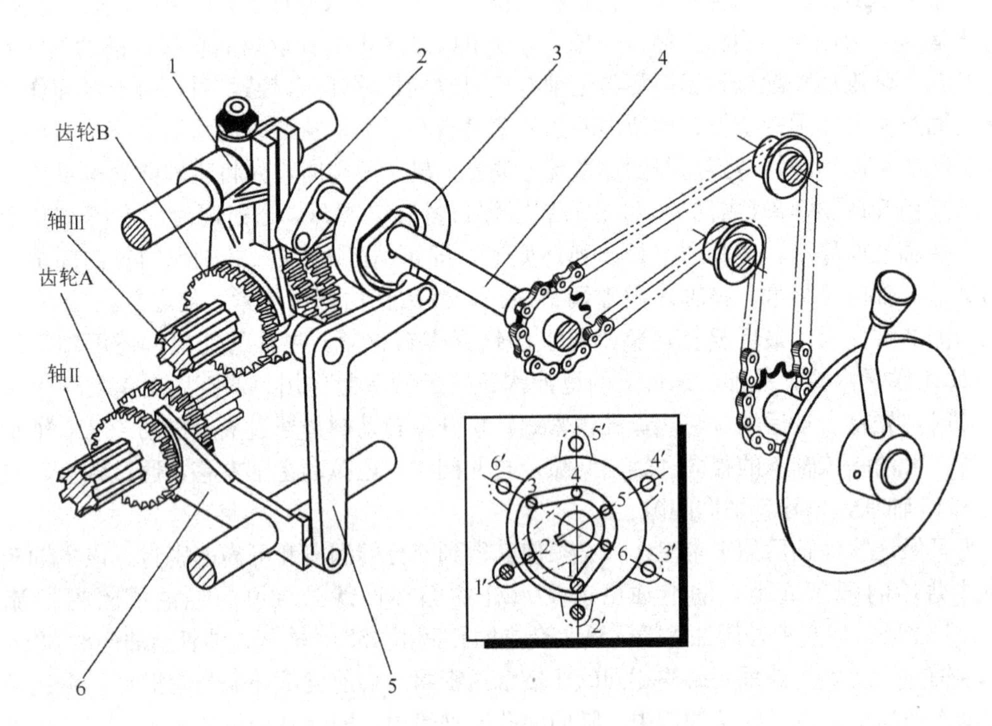

图3.11 Ⅱ-Ⅲ轴滑移齿轮的变速操纵机构

1—拨叉；2—曲柄；3—盘形凸轮；4—轴；5—杠杆；6—拨叉

表3-5 滑移齿轮的位置组合

Ⅱ轴的齿轮A	右(1)	右(2)	右(3)	左(4)	左(5)	左(6)
Ⅲ轴的齿轮B	左(2′)	中(1′)	右(6′)	右(5′)	中(4′)	左(3′)
Ⅰ-Ⅱ轴的齿轮副	51/43	51/43	51/43	56/38	56/38	56/38
Ⅱ-Ⅲ轴的齿轮副	39/41	22/58	30/50	30/50	22/58	39/41

3.3.2 进给箱

图3.12所示是CA6140型卧式车床进给箱的主要装配图。进给箱包括机动进给变速机构、直连丝杠机构、变换丝杠光杠机构、变换公英制螺纹路线的移换机构、操纵机构及润滑系统等。进给箱上有3个操纵手柄，右边两个手柄套装在一起。全部操纵手柄及操纵机构都装在前箱盖上，以便装卸及维修。

ⅩⅤ轴上有4个公用的滑移齿轮，均有左、右两位，分别与ⅩⅣ轴上的8个固定齿轮中的两个相啮合，且两轴间只允许有一对齿轮啮合，其余3个滑移齿轮则处于中间空位。4个滑移齿轮用一个内梅花式的单手轮操纵，属于选择变速机构，可拨动任一滑移齿轮直接进入啮合位置，其余滑移齿轮则没有进入啮合位置的动作。变速时，将手轮拉出，转到

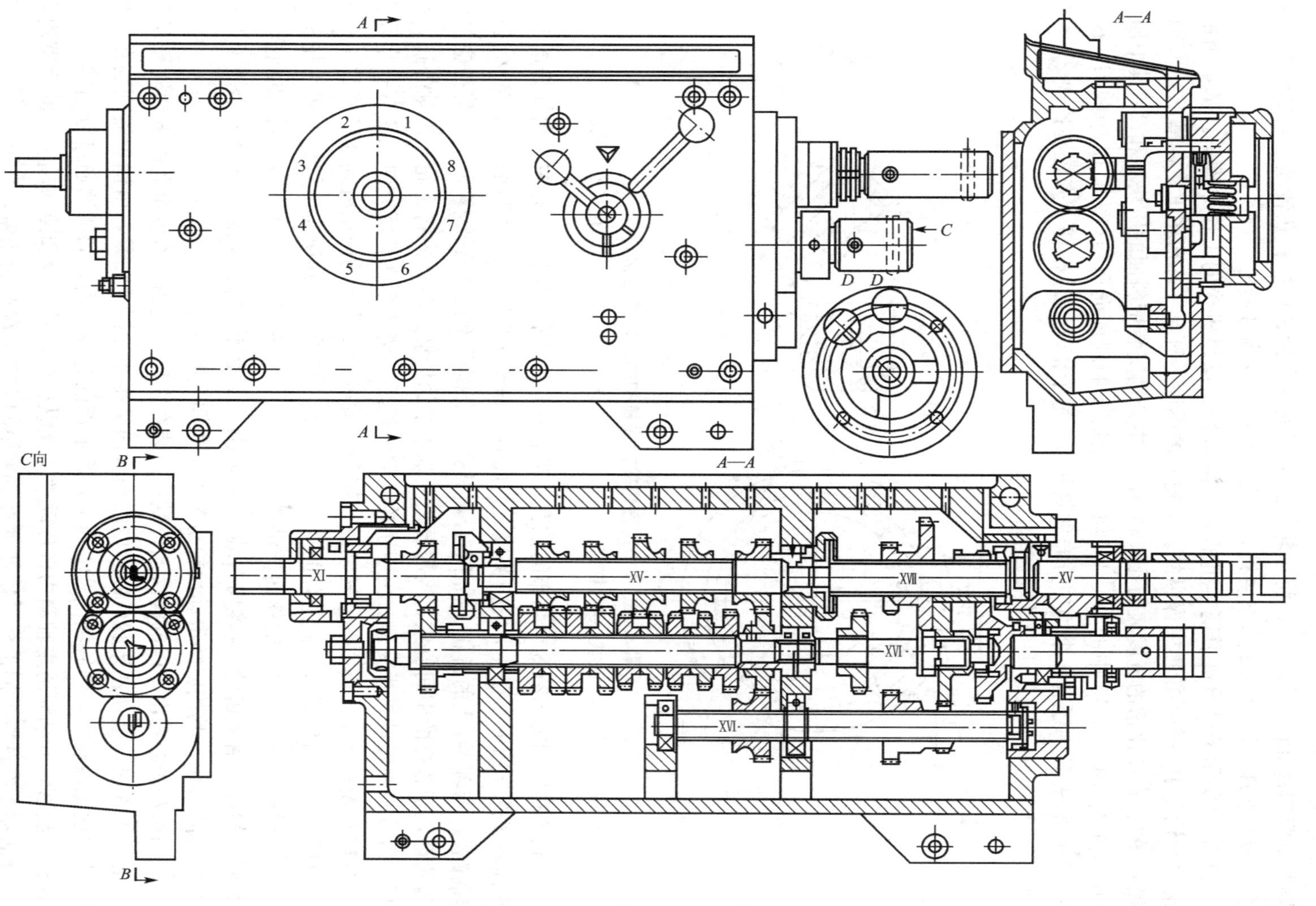

图3.12　CA6140型卧式车床进给箱的主要装配图

需要的位置(有标牌指示)上，再将手轮推进去即完成了变速操纵。在转速不高的情况下还可在运转中变速，因此它变速方便省力、安全可靠、操纵性能好。

图 3.13 所示是进给箱中基本组的 4 个滑移齿轮操纵机构的工作原理图。基本组的 4 个滑移齿轮是由一个手轮集中操纵的。手轮 6 的端面上开有一环形槽 E，在槽 E 中有两个间隔 45°的、直径比槽的宽度大的孔 a 和 b，孔中分别安装带斜面的压块 1 和 2，其中压块 1 的斜面向外斜(图 3.13 中的 *A—A* 剖面)，压块 2 的斜面向里斜(图 3.12 中的 *B—B* 剖面)。在环形槽 E 中还有 4 个均匀分布的销子 5，每个销子通过杠杆 4 来控制拨块 3，4 个拨块 3 分别拨动基本组的 4 个滑动齿轮。

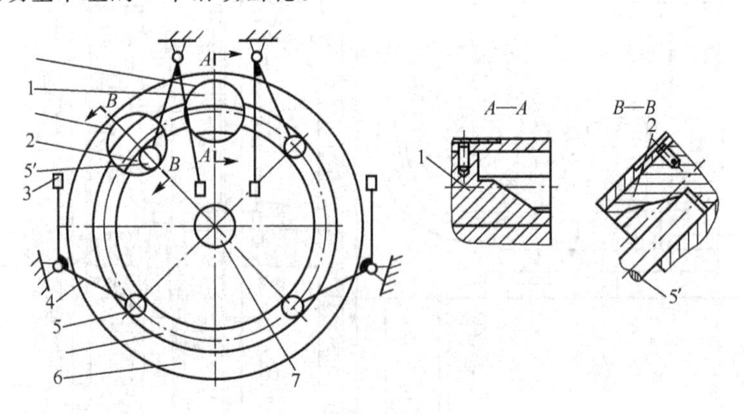

图 3.13　4 个滑移齿轮操纵机构的工作原理图

1、2—压块；3—拨块；4—杠杆；5、5′—销子；6—手轮；a. b—油孔；E—环形槽

手轮 6 在圆周方向有 8 个均布的位置，当它处于图示位置时，只有左上角杠杆的销子 5′在压块 2 的作用下靠在孔 b 的内侧壁上，此时由销子 5′控制的拨块 3 将滑动齿轮 Z_{28} 拨至左段位置，与轴 XIV 上的齿轮 Z_{26} 相啮合，其余 3 个销子都处于环形槽 E 中，其相应的滑动齿轮都处于各自的中间位置。当需要改变基本组的传动比时，先将手轮 6 沿轴外拉，拉出后就可以自由转动进行变速。由于手轮 6 向外拉后，销子 5′在长度方向上还有一小段仍保留在槽 E 及孔 b 中，则手轮 6 转动时，销子 5′就可沿着孔 b 的内壁滑到环形槽 E 中；手轮 6 欲转达的周向位置可从固定环的缺口中观察到。当手轮转到所需位置后，将手轮重新推入，这时孔 a 中的压块 1 的斜面推动销子 5′向外，使左上角的杠杆向顺时针方向摆动，于是便将相应的滑动齿轮 Z_{28} 推向右端，与轴 XIV 上的齿轮 Z_{28} 相啮合。其余 3 个销子 5 仍都在环形槽 E 中，其相应的滑动齿轮也都处于中间空挡位置。

主轴箱和进给箱由专门的润滑系统供油。装在左床腿上的润滑油泵是由电动机经 V 带传动的。工作时，装在左床腿(油箱)内的润滑油经粗滤油器及油泵，由油管流到装在主轴箱左端的细滤油器中，然后经油管流到主轴箱上部的分油器内，润滑油通过分油器的油孔及各分支油管，分别润滑主轴箱内各传动件及操纵机构，并润滑和冷却轴 I 上的摩擦离合器，分油器上有油管通向油标，以便观察主轴箱的润滑情况是否正常。

3.3.3　溜板箱

图 3.14 所示是 CA6140 型卧式车床溜板箱的主要装配图。溜板箱内的主要机构有：纵向和横向机动进给的传动机构及其反正向机构、开合螺母机构、快速移动机构、单向超

越离合器、操纵机构、手动进给机构、读数机构、过载保护机构、碰停机构及连锁机构等。溜板箱上的操纵手柄有：开合螺母手柄用于开合螺母操作，合上螺母可加工螺纹，打开螺母可普通进给；十字操纵手柄用于操纵刀架的机动进给方向，其顶端的点动按钮可控制刀架快移；大手轮用于控制床鞍的手动纵向移动。为操纵方便，溜板箱的右下方也装有主轴换向操纵手柄。

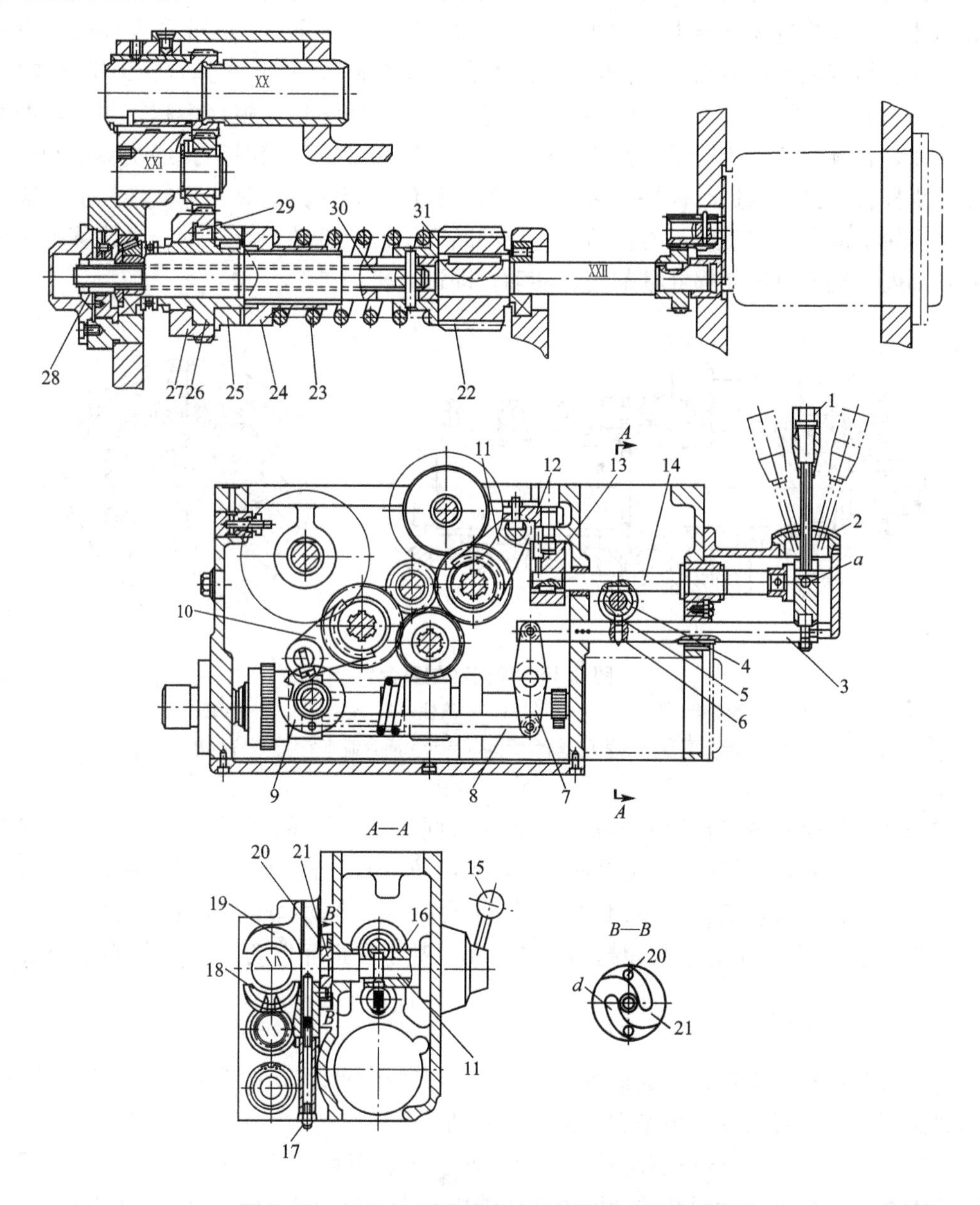

图 3.14 CA6140 型卧式车床溜板箱的主要装配图

1、15—手柄；2—手柄盖；3、14—操纵轴；4、16—手柄轴；5—销；6—弹簧销；7、12—杠杆；8—推杆；9、13—凸轮；10、11—拨叉；17—螺钉；18—下半螺母；19—上半螺母；20—圆柱销；21—槽盘；22—齿轮；23—弹簧；24—安全离合离右半(右结合子)；25—安全离合器左半(左结合子)；26—星形体；27—超越离合器外环；28—螺母；29—滚柱；30—杠；31—调整环

1. 单向超越离合器

机动进给时，光杠运动经齿轮传动使蜗杆轴 XXⅡ慢速转动，刀架快移时，快移电动机的运动经一对齿轮直接传给蜗杆轴 XXⅡ，使之快速转动，假若没有适当的措施，使这两种不同转速的运动同时传到一根轴上，由于运动干涉就会损坏传动机构，为此采用了单向超越离合器。单向超越离合器由 5 种零件组成，如图 3.15 所示，它们分别为外面的齿轮套 1、中间的星轮(或星形体)2、3 个滚柱 3、顶销 4 和弹簧 5。平时在弹簧、顶销的作用下，滚柱停在楔缝中。机动进给时，由于齿轮套逆时针转动使滚柱在楔缝中越挤越紧，即摩擦力作用使之自锁，从而带动星轮并使蜗杆轴一起慢速转动。如同时又接通快移电动机，星轮就随蜗杆轴直接进行逆时针快速转动，因为它比齿轮套的转速高，迫使滚柱从楔缝中滚出，则齿轮套的慢速转动便不能传给星轮，即断开了慢速机动进给运动，当快移电动机一停止，如前所述又可恢复蜗杆轴的慢速转动，即进行机动进给。

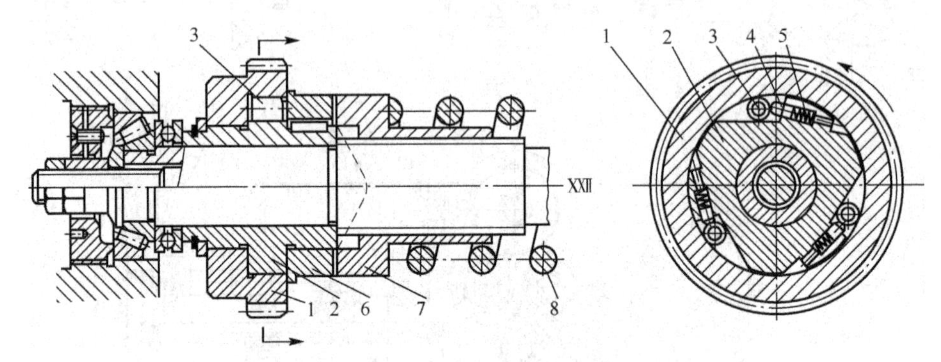

图 3.15　单向超越离合器

1—齿轮套(外环)；2—星形体；3—滚柱；4—顶销；5、8—弹簧；
6—安全离合器左半(左结合子)；7—安全离合器右半(右结合子)

单向超越离合器的结构较简单紧凑、使用方便、工作可靠。装配和使用时应注意转动方向，如齿轮套转向反了(主轴箱手柄位于左螺纹位置)，则会出现光杠空转而溜板箱不动的现象，这是因为齿轮套具有单向“超越”性能，不能带动星轮。如果星轮转向反了(快移电动机接线错误)，则它不起超越离合器作用，甚至要损坏传动机构或快移电动机。

2. 开合螺母机构

开合螺母机构的功用是接通或断开由丝杠传来的运动。车削螺纹时，合上开合螺母，丝杠即通过开合螺母带动溜板箱和刀架纵向移动。普通车削时，必须打开开合螺母。

如图 3.14 中 A—A 剖视图所示，开合螺母由上、下两个半螺母组成，两个半螺母各带一个销柱，分别插在盘形凸轮的两条曲线槽中。转动操纵手柄，使凸轮随之转动，其曲线槽可使上、下半螺母合上或打开。两半螺母沿溜板箱箱体的燕尾形导轨上下移动，用以保证螺母与丝杠的正确啮合位置，导轨的间隙靠镶条调整。凸轮曲线槽有自锁性能，即当合上开合螺母后，不再继续加力，开合螺母的销柱也不会自行脱开那段曲线，以保证工作可靠。螺母闭合的位置要适当，与丝杠的啮合间隙不可过大或过小，可用螺钉调整限位销钉的伸出长度来加以控制。

3. 十字手柄操纵机构

该操纵机构可操纵刀架纵向、横向机动进给和快速移动的正反向。位于溜板箱右部的操纵手柄可在十字槽中向左右、前后方向扳动(避免同时接通纵向和横向运动)，控制刀架的左移、右移、前移和后移，手柄顶端的点动按钮可启动刀架的快移，是一个形象化的单手柄集中操纵机构，使用方便。

如图3.16所示是溜板箱操纵机构的立体图。手柄1在中间位置时，刀架不移动。若手柄1向左或向右扳动，手柄1通过其下部的开口槽，使操纵轴3向右或向左移动，通过杠杆7和推杆8，使鼓形凸轮9转动，由于凸轮曲线槽的作用，使拨叉10随轴移动，因此可操纵齿形离合器M_6向后或向前滑移，接通纵向机动进给传动链，使刀架向左移动或向右移动。当手柄1向前或向后扳动时，由于轴14用台阶及卡环轴向固定在箱体上，只能转动不能轴向移动，可通过轴14使鼓形凸轮13转动，凸轮13上的曲线槽迫使杠杆12摆动，通过拨叉11可操纵齿形离合器M_7向前或向后滑移，接通横向机动进给传动链，使刀架向前移动或向后移动。

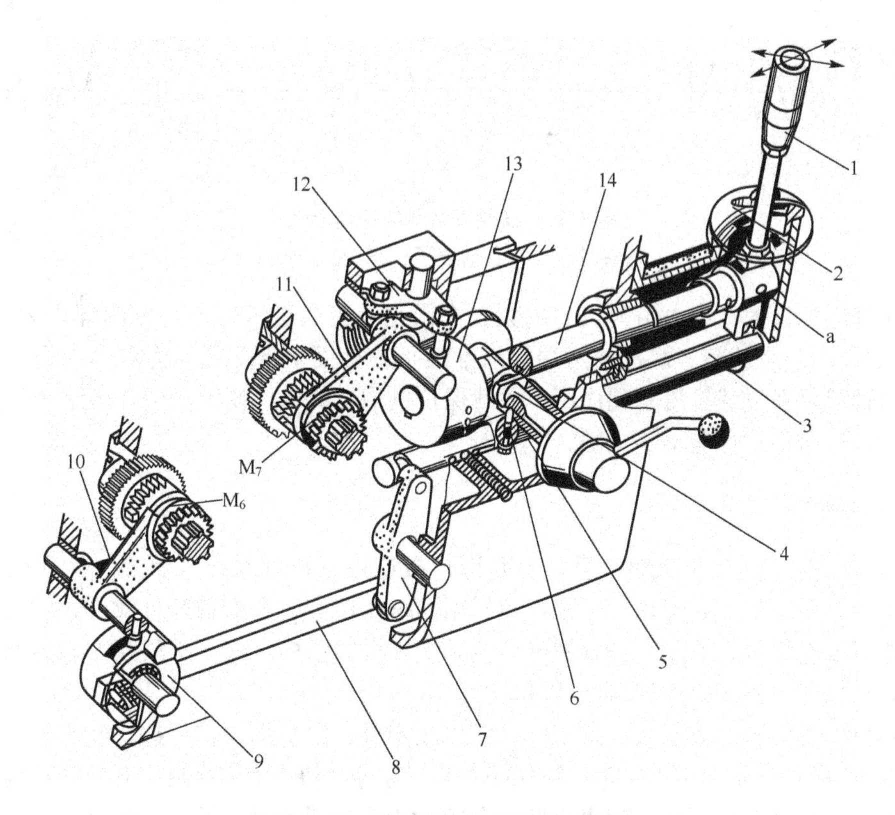

图3.16　溜板箱操纵机构的立体图

1—手柄；2—盖；3—操纵轴；4—手柄轴；5—销；6—弹簧销；7、12—杠杆；8—推杆；9、13—凸轮；10、11—拨叉；14—轴；a—开口槽

当纵向和横向某一运动接通时，按下手柄1上端的快速移动按钮，快速启动电动机，刀架就可以向相应方向快速移动，直到松开快速移动按钮时为止。为了避免同时接通纵向和横向运动，在盖2上开有十字形槽以限制手柄1的位置，使它不能同时接通纵向和横向运动。

4. 过载保护机构

在机动进给过程中，当进给力过大或刀架移动受到阻碍时，为了避免传动机构受到损坏，需要设置过载保护装置，以便使刀架在过载时自动停止进给。

如图 3.17 所示，该机构是由两个端面凸轮式结合子组成的，属于一种安全离合器。左边结合子 3 与超越离合器的星轮固定在一起，并空套在蜗杆轴上；右边结合子 2 装在蜗杆轴的花键部位上，能在轴上滑移，靠弹簧力使之与左结合子紧贴在一起。在正常机动进给时，运动由超越离合器和左结合子 3，靠端面凸轮带动右结合子 2，使蜗杆轴一起转动。当出现过载情况时，蜗杆轴的转矩大增并超过许用值，左结合子 3 所传递的转矩也随之增大，以致在结合子凸轮端面处产生的轴向推力超过弹簧 1 的压力，则推开右结合子 2。此时，左结合子 3 继续转动，而右结合子 2 却不能被带动，在凸轮端面处打滑，因而断开传动，刀架停止移动。当过载现象消除后，在弹簧力的作用下，安全离合器又恢复到原先的正常状态。

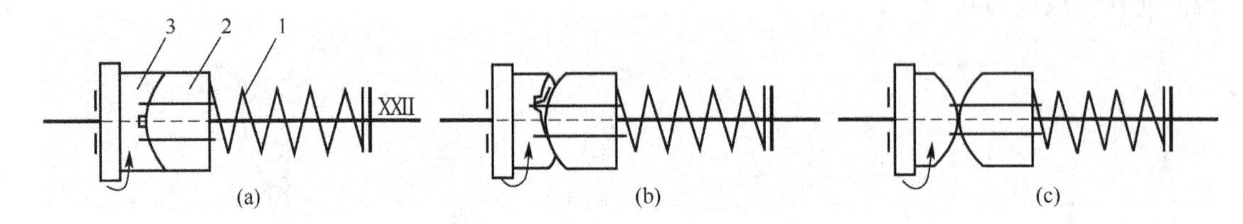

图 3.17　安全离合器的工作原理

1—弹簧；2—右结合子；3—左结合子

机床许用的最大进给力由弹簧力的大小来限定，可通过蜗杆轴左端的螺母 28、杆 30 及件 31(图 3.14)来调整。蜗杆轴两端的圆锥滚子轴承用于承受径向力和轴向力；而左端的推力球轴承是在过载打滑时起作用。过载保护机构较简单，调整方便，但结合子端面的磨损较大，过载保护性能不够灵敏。

5. 互锁机构

操纵车床时，合上开合螺母后，不允许再接通进给机动系统；反之，接通机动进给后，就不允许再合上开合螺母。否则，溜板箱同时接通机动进给和开合螺母，就会损坏传动件和造成安全事故。因此，开合螺母手柄和十字操纵手柄之间，必须互相制约而不能同时动作，故采用了互锁机构(又称连锁机构)。

互锁机构的结构比较复杂，加工、装配比较困难，但工作比较可靠。互锁机构的原理图如图 3.18 所示，图 3.18(a)所示为中间位置，这时机动进给未接通，开合螺母也处于脱开状态，此时可任意压下开合螺母手柄或者扳动十字操纵手柄。图 3.18(b)所示为已合上开合螺母手柄的情况，手柄轴 5 转了一个角度，它上面的凸肩旋入操纵轴 6 的槽中，卡住轴 6，使其不得转动。与此同时，凸肩又将销子 3 压进操纵轴 1 的孔中，由于销子 3 的另一半还留在固定套 4 里，故使轴 1 不能轴向移动。由此可见，合上开合螺母后，十字操纵手柄就被锁住而不能扳动，即可避免再接通机动进给。图 3.18(c)所示为十字操纵手柄向左(或向右)扳动接通纵向进给后，操纵轴 1 向右移动，其上的圆孔随之移开，此时开合螺母手柄不能压下，这是因为销子3被轴1的表面顶住，不能下移，它的上面又卡在轴5凸肩的V形槽里，圆柱段处在固定套4的圆孔中，故能锁住轴5，使其不得转动，开合螺母不能闭合。图3.18(d)所示为十字操纵手柄向前(或向后)扳动接通横向进给时，因操纵轴6转动，其上的长槽随之转开，此时开合螺母手柄也不能压下，这是因为轴5上的凸肩被轴6顶住而不得转动。可见，十字操纵手柄动作后，开合螺母手柄也被锁住而不能扳动，即可避免再接通螺纹系统。

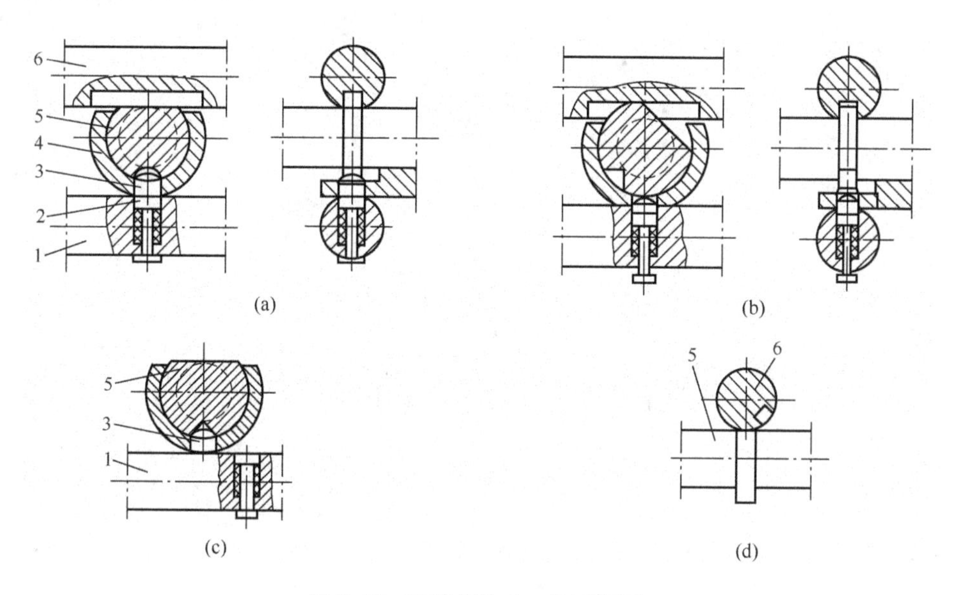

图3.18　互锁机构的工作原理图

1、6—轴；2—柱销；3—销子；4—固定套；5—手柄轴

思考和练习

1. CA6140型普通车床的运动有哪些?

2. 为什么从CA6140型普通车床的传动系统图上看出主轴转速$Z_{正}=30$级，而实际计算是$Z_{正}=24$级?

3. 试写出CA6140型普通车床正、反转传动路线的表达式。

4. CA6140型普通车床为什么正转级数比反转级数多? 而正转速度却比反转速度低?

5. 为什么分别用丝杠和光杠作为切螺纹和车削进给的传动? 如果只用其中的一个，既切削螺纹又传动进给，将会有什么问题?

6. M_3、M_4和M_5的功用是什么? 是否可以取消其中之一?

7. 为了提高传动精度，车螺纹进给运动的传动链中不应有摩擦传动件，而超越离合器却是靠摩擦来传动的，为什么它可以用于进给运动的传动链中?

8. 分析CA6140型普通车床传动系统图，证明$f_{纵}=2f_{横}$。

9. 试说出下列机构的作用。

(1) 双向多片式摩擦离合器。

(2) 卸荷皮带轮。

(3) 制动器。

(4) 互锁机构。

(5) 开合螺母。

(6) 超越及安全离合器。

(7) 直连丝杠。

第4章 数控机床

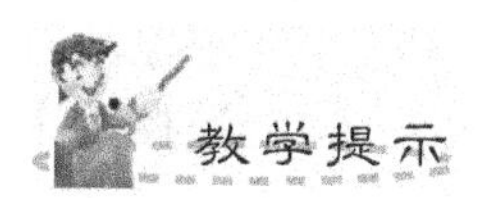

数控机床也称数字程序控制机床，是一种用数字化的代码作为指令，由数字控制系统对机床及其加工过程进行控制的自动化机床，它是综合应用了电子技术、计算机技术、自动控制、精密测量技术和机床设计等领域的先进技术成就而发展起来的一种自动化机床。数控机床具有较大的灵活性，特别适用于生产对象经常改变的地方，并能方便地实现对复杂零件的高精度加工，它是实现柔性生产自动化的重要设备。

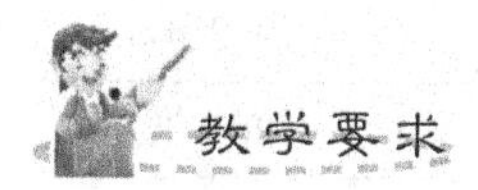

本章让学生了解数控机床的特点及应用范围、数控机床编程的内容和步骤、直线电动机在数控机床中的应用，重点掌握数控机床的工作原理、数控机床的组成和分类。使学生能够根据零件的类型合理地选择数控机床。

4.1 概　述

4.1.1 机床数控技术

数控机床是在机械制造技术和控制技术的基础上发展起来的。1946 年，美国宾夕法尼亚大学研制出了世界上第一台电子计算机"ENIAC"，为产品制造由刚性自动化向柔性自动化方向发展奠定了基础。从 20 世纪 40 年代以来，航空航天技术的发展对各种飞行器的加工提出了更高的要求，这类零件的形状复杂，材料多为难加工的合金，为了提高强度，减轻质量，通常将整体材料铣成蜂窝式结构，这用传统的机床和工艺方法加工不能保证精度，也很难提高生产率。1948 年，美国帕森斯公司在研制加工直升机叶片轮廓检查用样板的机床时，提出了数控机床的初始设想，后来受美国空军委托与麻省理工学院合作，在 1952 年研制成功了世界上第一台三坐标数控铣床。该铣床的控制装置由 2000 多个电子管组成，大小占了一个普通实验室那么大；伺服机构采用一台控制用的小伺服电动机改变液压马达的斜盘角度以控制液动机的速度；插补装置采用脉冲乘法器。这台数控机床的诞生，标志着数控技术的开创和机械制造的数值控制时代的开始。

数控系统的发展历程见表 4-1，数控机床由当初的电子管式起步，经历了晶体管式—小规模集成电路式—大规模集成电路式—小型计算机式—超大规模集成电路式—小型计算机式的数控系统等几个发展阶段。

表 4-1　数控系统的发展历程

发展阶段	数控系统的发展	世界的产生年代	中国的产生年代
硬件数控	第一代电子管数控系统	1952 年	1958 年
	第二代晶体管数控系统	1961 年	1964 年
	第三代集成电路数控系统	1965 年	1972 年
软件数控	第四代小型计算机数控系统	1968 年	1978 年
	第五代微处理器数控系统	1974 年	1981 年
	第六代基于 PC 的通用 CNC 系统	1990 年	1992 年

1952 年，第一代数控机床的数控装置采用了电子管、继电器等元件构成模拟电路；1961 年，出现了晶体管，数控装置中广泛采用晶体管和印制电路板，构成晶体管数字电路，使体积缩小，进入第二代；1965 年，出现了小规模集成电路，用它构成集成数字电路作为数控装置，使体积更小，功率更低，系统可靠性进一步提高，数控系统发展到第三代。以上三代数控系统主要由电路的硬件和连线组成，所以称为接线逻辑数控系统(WiredLogic NC)或硬数控系统，简称 NC 系统。它的特点是具有很多硬件电路和连接结点，电路复杂，可靠性不好，这是数控系统发展的第一阶段。

20 世纪 60 年代末，小型计算机逐渐普及并被应用于数控系统，数控系统中的许多功能可由软件实现，简化了系统设计并增加了系统的灵活性和可靠性，计算机数控(CNC)技术从此问世，数控系统发展到第四代。1974 年，以微处理器为基础的 CNC 系统问世，标志着数控系统进入了第五代，1977年，麦道飞机公司推出了多处理器的分布式CNC系统，到1981年，CNC达到了全功能的技术特征，其体系机构朝柔性模块化方向发展。1986年以后，32位的CPU在CNC中得到了应用，CNC系统进入了面向高速、高精度、柔性制造系统(FMS)和自动化工厂(FA)的发展阶段。20世纪90年代以来，受通用微机技术飞速发展的影响，数控系统朝着以通用微机为基础、体系结构开放和智能化的方向发展。1994年，基于PC的NC控制器在美国首先出现于市场，此后得到了迅速发展。由于基于PC的开放式数控系统可充分利用通用微机丰富的硬软件资源和适用于通用微机的各种先进技术，已成为数控技术发展的潮流和趋势。后三代数控系统发展的第二阶段，其数控系统主要是由计算机硬件和软件组成的，称为CNC系统，其最大的特点是利用存储在存储器里的软件控制系统工作，因此也称软数控系统。这种系统容易扩大功能，柔性好，可靠性高。

数控技术的发展极大地推动了数控机床的发展，数控系统经过50多年的不断发展，从控制单机到生产线以至整个车间和整个工厂。近年来，随着微电子和计算机技术的日益成熟，其成果正在不断渗透到机械制造的各个领域中，先后出现了计算机直接数控系统(DNC)、柔性制造系统(FMS)和计算机集成制造系统(CIMS)。这些高级的自动化生产系统均是以数控机床为基础的，它们代表着数控机床今后的发展趋势。目前，CNC的故障率已达0.01次/(月·台)，即无故障时间(MTBF)为100个月，数控性能大大提高。以FANUC公司为例，1971年开发的FS220系统与1991年开发成功的FS15系统相比，体积只有前者的1/10，加工精度提高了10倍，加工速度提高了20倍，可靠性提高了30倍以上。

近20年来，随着科学技术的发展，先进制造技术的兴起和不断成熟，对数控技术提出了更高的要求。目前数控技术主要朝以下方面发展：

1. 向高速度、高精度方向发展

速度和精度是数控机床的两个重要指标，直接关系到产品的质量和档次、产品的生产周期和在市场上的竞争能力。

在加工精度方面，近10年来，普通级数控机床的加工精度已由10μm提高到5μm，精密级加工中心则从3～5μm提高到1～1.5μm，并且超精密加工精度已开始进入纳米级(0.001μm)。加工精度的提高不仅在于采用了滚珠丝杠副、静压导轨、直线滚动导轨、磁浮导轨等部件，提高了CNC系统的控制精度，应用了高分辨率位置检测装置，而且也在于使用了各种误差补偿技术，如丝杠螺距误差补偿、刀具误差补偿、热变形误差补偿，空间误差综合补偿等。

在加工速度方面，高速加工源于20世纪90年代初，以电主轴和直线电动机的应用为特征，使主轴转速大大提高，进给速度达60m/min以上，进给加速度和减速度达到1～2g以上，主轴转速达100000r/min以上。高速进给要求数控系统的运算速度快、采样周期短，还要求数控系统具有足够的超前路径加(减)速优化预处理能力(前瞻处理)，有些系统可提前处理5000个程序段。为保证加工速度，高档数控系统可在每秒内进行2000～10000次进给速度的改变。

2. 向柔性化、功能集成化方向发展

数控机床在提高单机柔性化的同时，朝单元柔性化和系统化方向发展，如出现了数控

多轴加工中心、换刀换箱式加工中心等具有柔性的高效加工设备；出现了由多台数控机床组成底层加工设备的柔性制造单元(Flexible Manufacturing Cell，FMC)、柔性制造系统(Flexible、Manufacturing System，FMS)、柔性加工线(Flexible、Manufacturing Line，FML)。

在现代数控机床上，自动换刀装置、自动工作台交换装置等已成为基本装置。随着数控机床向柔性化方向的发展，功能集成化更多地体现在：工件自动装卸，工件自动定位，刀具自动对刀，工件自动测量与补偿，集钻、车、镗、铣、磨为一体的“万能加工”和集装卸、加工、测量为一体的“完整加工”等。

3. 向智能化方向发展

随着人工智能在计算机领域的不断渗透和发展，数控系统向智能化方向发展。在新一代的数控系统中，由于采用“进化计算(Evolutionary Computation)”“模糊系统(Fuzzy System)”和“神经网络(Neural Network)”等控制机理，性能大大提高，具有加工过程的自适应控制、负载自动识别、工艺参数自生成、运动参数动态补偿、智能诊断、智能监控等功能。

(1) 引进自适应控制技术。由于在实际加工过程中，影响加工精度因素较多，如工件余量不均匀、材料硬度不均匀、刀具磨损、工件变形、机床热变形等。这些因素事先难以预知，以致在实际加工中，很难用最佳参数进行切削。引进自适应控制技术的目的是使加工系统能根据切削条件的变化自动调节切削用量等参数，使加工过程保持最佳工作状态，从而得到较高的加工精度和较小的表面粗糙度，同时也能提高刀具的使用寿命和设备的生产效率。

(2) 故障自诊断、自修复功能。在系统整个工作状态中，利用数控系统内装程序随时对数控系统本身及与其相连的各种设备进行自诊断、自检查。一旦出现故障，立即采用停机等措施，并进行故障报警，提示发生故障的部位和原因等，并利用“冗余”技术，使故障模块自动脱机，接通备用模块。

(3) 刀具寿命自动检测和自动换刀功能。利用红外、声发射、激光等检测手段，对刀具和工件进行检测。发现工件超差、刀具磨损和破损等，及时进行报警、自动补偿或更换刀具，确保产品质量。

(4) 模式识别技术。应用图像识别和声控技术，使机床自己辨识图样，按照自然语言命令进行加工。

(5) 智能化交流伺服驱动技术。目前已研究能自动识别负载并自动调整参数的智能化伺服系统，包括智能化主轴交流驱动装置和进给伺服驱动装置，使驱动系统获得最佳运行。

4. 向高可靠性方向发展

数控机床的可靠性一直是用户最关心的主要指标，它主要取决于数控系统各伺服驱动单元的可靠性。为提高可靠性，目前主要采取以下措施：

(1) 采用更高集成度的电路芯片，采用大规模或超大规模的专用及混合式集成电路，以减少元器件的数量，提高可靠性。

(2) 通过硬件功能软件化，以适应各种控制功能的要求，同时通过硬件结构的模块化、标准化、通用化及系列化，提高硬件的生产批量和质量。

(3) 增强故障自诊断、自恢复和保护功能，对系统内硬件、软件和各种外部设备进行故障诊断、报警。当发生加工超程、刀损、干扰、断电等各种意外时，自动进行相应的保护。

5. 向网络化方向发展

数控机床的网络化将极大地满足柔性生产线、柔性制造系统、制造企业对信息集成的需求，也是实现新的制造模式，如敏捷制造(Agile Manufacturing，AM)、虚拟企业(Virtual Enterprise，VE)、全球制造(Global Manufacturing，GM)的基础单元。目前先进的数控系统为用户提供了强大的联网能力，除了具有RS232C接口外，还带有远程缓冲功能的DNC接口，可以实现多台数控机床间的数据通信和直接对多台数控机床进行控制。有的已配备与工业局域网通信的功能及网络接口，促进了系统集成化和信息综合化，使远程在线编程、远程仿真、远程操作、远程监控及远程故障诊断成为可能。

6. 向标准化方向发展

数控标准是制造业信息化发展的一种趋势。数控技术诞生后的50多年间的信息交换都是基于ISO 6983标准，即采用G、M代码对加工过程进行描述。显然，这种面向过程的描述方法已越来越不能满足现代数控技术高速发展的需要。为此，国际上正在研究和制定一种新的CNC系统标准ISO 14649(STEP-NC)，其目的是提供一种不依赖于具体系统的中性机制，能够描述产品整个生命周期内的统一数据模型，从而实现整个制造过程，乃至各个工业领域产品信息的标准化。

7. 向驱动并联化方向发展

并联机床(又称虚拟轴机床)是20世纪最具革命性的机床运动结构的突破，引起了普遍关注。并联机床结构简单但数学复杂，整个平台的运动牵涉到相当庞大的数学运算，因此并联机床是一种知识密集型机构。并联机床与传统串联式机床相比具有高刚度、高承载能力、高速度、高精度、质量轻、机械结构简单、制造成本低、标准化程度高等优点，在许多领域都得到了成功的应用。

由并联、串联同时组成的混联式数控机床，不但具有并联机床的优点，而且在使用上更具实用价值，是一类很有前途的数控机床。

8. 向绿色化方向发展

21世纪的金属切割机床必须把环保和节能放在重要位置，即要实现切削加工工艺的绿色化。目前这一绿色加工工艺主要集中在不使用切削液上，这主要是因为切削液既污染环境和危害操作人员健康，又增加资源和能源的消耗。干切削一般是在大气氛围中进行，但也包括在特殊气体氛围中(氮气中、冷风中或采用干式静电冷却技术)不使用切削液进行的切削。

总之，数控机床技术的进步和发展为现代制造业的发展提供了良好的条件，促使制造业向着高效、优质及人性化的方向发展。可以预见，随着数控机床技术的发展和数控机床的广泛应用，制造业将迎来一次足以撼动传统制造业模式的深刻革命。

4.1.2 数控机床的工作原理

用金属切削机床加工零件时，操作者依据工程图样的要求，不断改变刀具与工件之间相对运动的参数(位置、速度等)，使刀具对工件进行切削加工，最终得到所需要的合格零件。用数控机床加工零件时，首先应将加工零件的几何信息和工艺信息编制成加工程序，由输入部分送入数控装置，经过数控装置的处理、运算，按各坐标轴的分量送到各轴的驱动电路，经过转换、放大去驱动伺服电动机，带动各轴运动，并进行反馈控制，使刀具与工件及其他辅助装置严格地按照加工程序规定的顺序、轨迹和参数有条不紊地工作，从而加工出零件的全部轮廓。

刀具沿各坐标轴的相对运动是以脉冲当量 δ 为单位的(毫米/脉冲)。

当走刀轨迹为直线或圆弧时，数控装置则在线段的起点和终点坐标值之间进行“数据点的密化”，求出一系列中间点的坐标值，然后按中间点的坐标值向各坐标输出脉冲数，保证加工出所需要的直线或圆弧轮廓。

数控装置进行的这种“数据点的密化”称作插补，一般数控装置都具有对基本函数(如直线函数和圆函数)进行插补的功能。

对任意曲面零件的加工，必须使刀具运动的轨迹与该曲面完全吻合，才能加工出所需的零件。

例如，欲加工轮廓为任意曲线 L 的零件，如图 4.1 所示，可将曲线 L 分成 ΔL_0，ΔL_1，ΔL_2，…，ΔL_i 等线段，设切削 ΔL_i 的时间为 Δt_i，当 $\Delta L_i \to 0$ 时，即把曲线划分得段数越多，则刀具运动的轨迹越逼近曲线 L，即

$$\lim = \sum_{\Delta L_i \to 0}^{\infty} \Delta L = L$$

在 Δt_i 时间内，刀具在各坐标的位移量为 ΔX_i 和 ΔY_i，即

$$\Delta L_i = \sqrt{\Delta X_i^2 + \Delta Y_i^2}$$

进给速度为

$$v_i = \sqrt{\left(\frac{\Delta X_i}{\Delta t_i}\right)^2 + \left(\frac{\Delta Y_i}{\Delta t_i}\right)^2} = \sqrt{\Delta v_{Xi}^2 + \Delta v_{Yi}^2}$$

当加工直线时，ΔL_i 的斜率不变，各坐标轴速度分量的比值 $\frac{\Delta v_{Yi}}{\Delta v_{Xi}}$ 不变，因此进给速度 v_i 可保持为常量。

当加工任意曲线时，ΔL_i 的斜率不断变化，$\frac{\Delta v_{Yi}}{\Delta v_{Xi}}$ 的比值也不断变化。只要能连续地自动控制两坐标方向运动速度的比值，便可实现任意曲线零件的加工。

实际上，在数控机床上加工轮廓为任意曲线 L 的零件，是由该数控装置所能处理的基本数学函数来逼近的，如用直线、圆等。当然，逼近误差必须满足零件图样的要求。

图 4.2 所示为用直线逼近一任意曲线 L 的情况。只要求出节点 a、b、c…的坐标值，

按节点写出直线插补程序，数控装置则进行节点间的“数据点的密化”，并向各坐标轴分配脉冲数，控制刀具完成该直线段的加工。逼近误差δ应满足零件公差要求，即$\delta_{max}<\delta$。

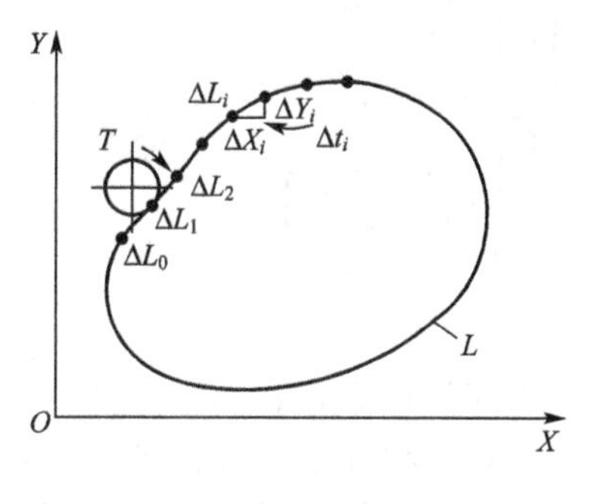

图 4.1　数控机床加工原理

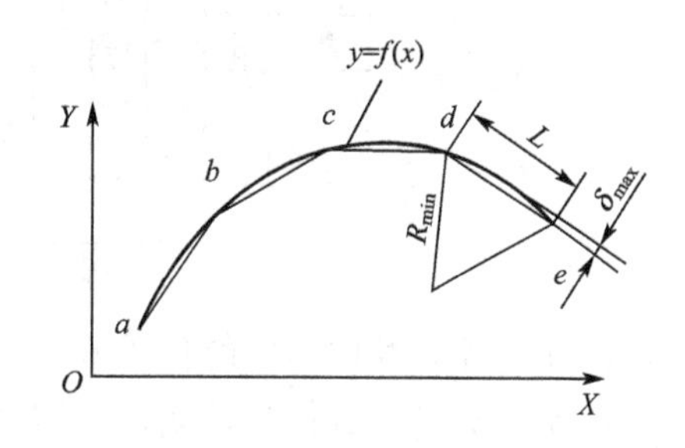

图 4.2　用直线逼近曲线图

4.1.3　数控机床的组成

数控机床一般由控制介质、数控装置、伺服系统和机床本体所组成，如图 4.3 所示，图中的实线部分为开环系统，虚线部分包含位置反馈构成了闭环系统，各部分简述如下。

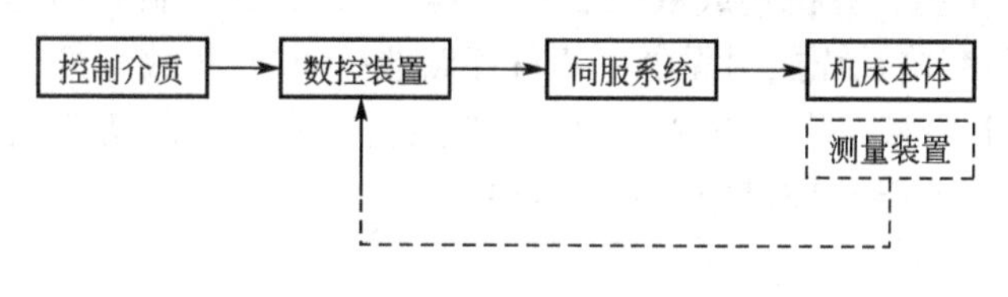

图 4.3　数控机床的组成

1. 控制介质

数控机床工作时，不需人参与直接操作，但人的意图又必须参与，所以人和数控机床之间必须建立某种联系，这种联系的媒介物称为控制介质或输入介质。

控制介质上存储着加工零件所需要的全部操作信息和刀具相对工件的移动信息，控制介质因数控装置的类型而异，可以是穿孔纸带、穿孔卡片、磁带或其他可以存储代码的载体。采用哪一种控制介质取决于数控装置的类型。随着微型计算机的广泛应用，磁盘正成为最主要的控制介质。

零件的加工工艺过程以数字化代码的形式存储在控制介质上，通过安装在数控装置中的纸带阅读机或磁带阅读机，将零件加工的工艺信息输入到数控装置中。

2. 数控装置

数控装置是数控机床的中枢，用来接收并处理输入介质的信息，并将代码加以识别、存储、运算，并输出相应的命令脉冲，经过功率放大驱动伺服系统，使机床按规定要求动作。数控装置通常由一台通用或专用微型计算机构成，有输入接口、存储器、运算器、输出接口和控制电路等，如图 4.4 所示。

输入接口接收控制介质或操作面板上的信息，并将其信息代码加以识别，经译码后送

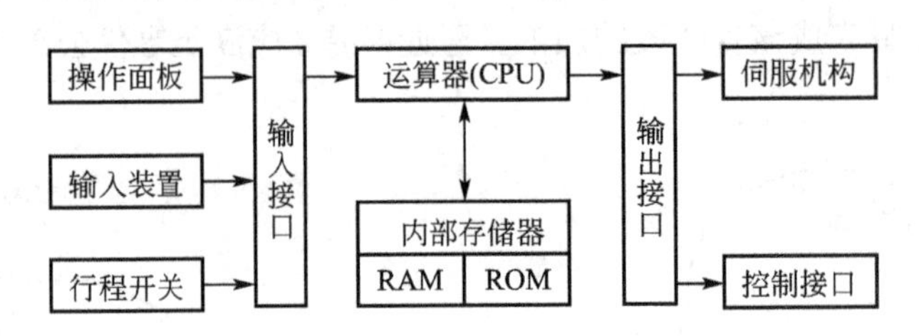

图 4.4 数控装置的组成

入相应的存储器，存储器中的代码或数据是控制和运算的原始依据。

控制器根据输入的指令控制运算器和输出接口，以实现对机床各种操作的执行，如控制主轴变速和启动、控制刀架或工作台移动等，同时，它还控制机床的整个工作循环。运算器主要是对输入的数据进行某种运算，将运算结果不断输送到输出接口输出脉冲信号，驱动伺服机构按规定要求运动。

数控装置中的译码、处理、计算公式和控制的步骤都是预先安排好的，这种“安排”可以用专用计算机的刚性结构来实现(称为硬件数控或简称 NC)，也可用小型通用计算机或微型计算机的系统控制程序来实现(称为软件数控)，目前均采用专用的微型计算机来实现控制(CNC)。用微型计算机构成数控装置，其 CPU 实现控制和运算，内部存储器中的只读存储器(ROM)存放系统控制程序，读写存储器(RAM)存放零件的加工程序和系统运行时的工作参数，I/O 接口实现输入/输出的功能。数控机床的功能强弱主要由数控装置的功能来决定，所以它是数控机床的核心部分。

3. 伺服系统

伺服系统包括驱动部分和执行机构两大部分，伺服系统把数控装置输出的脉冲信号通过放大和驱动元件使机床移动部件运动或使执行机构动作，以加工出符合要求的零件。每一脉冲使机床移动部件产生的位移量称为脉冲当量，常用的脉冲当量为 0.01mm/脉冲、0.005mm/脉冲、0.001mm/脉冲等。因此，伺服系统的精度、快速性及动态响应是影响加工精度、表面质量与生产率的主要因素。

目前在数控机床的伺服系统中，常用的位移执行机构有功率步进电动机、直流伺服电动机和交流伺服电动机，后两种都带有感应同步器、光电编码器等位置测量元件。所以，伺服机构的性能决定了数控机床的精度与快速性。

4. 机床本体

机床本体也称主机，包括机床的主运动部件、进给运动部件、执行部件和基础部件，如底座、立柱、滑鞍、工作台(刀架)、导轨等。由于数控机床的主运动、各个坐标轴的进给运动都由单独的伺服电动机驱动，因此，它的传动链短、结构比较简单，各个坐标轴之间的运动关系通过计算机来进行协调。为了保证数控机床的快速响应特性，数控机床上普遍采用精密滚珠丝杠和直线运动导轨副。为了保证数控机床的高精度、高效率和高自动化加工，数控机床的机械结构应具有较高的动态特性、动态刚度、阻尼精度、耐磨性和抗热变形性能。在加工中心上还具备有刀库和自动交换刀具的机械手，同时还有一些良好的配套设施，如冷却、自动排屑、防护、润滑、编程机和对刀仪等，以充分发挥数控机床的功能。

5. 检测装置

在闭环和半闭环伺服系统中，位置控制是指将计算机数控系统插补计算的理论值与实际值的检测值相比较，用二者的差值去控制进给电动机，使工作台或刀架运动到指令位置。实际值的采集则需要位置检测装置来完成。位置检测元件可以检测机床工作台的位移、伺服电动机转子的角位移和速度。实际应用中，位置检测和速度检测可以采用各自独立的检测元件。根据位置检测装置安装形式和测量方式的不同，位置检测有直接测量和间接测量、增量式测量和绝对式测量、数字式测量和模拟式测量等方式。

4.1.4 数控机床的特点及应用范围

1. 数控机床的特点

现代数控机床集高效率、高精度、高柔性于一身，具有许多普通机床无法实现的特殊功能，它具有如下特点。

(1) 通用性强。在数控机床上加工工件时，一般不需要复杂的工艺装备，生产准备简单。当工件改变时，只需更换控制介质或手动输入加工程序，因此解决了机械加工单件、小批量生产的柔性自动化问题，可显著地缩短生产周期，提高劳动生产率。

(2) 加工精度高、质量稳定。在数控机床上综合应用了保证加工精度、提高质量稳定性的各种技术措施。例如，采用数字化信号控制，采用高精度位移检测装置对伺服系统进行闭环或半环控制，可以进行各种误差补偿，因此控制精度高；机床零部件及整体结构的刚度高，抗振性能好；自动化加工，很少需要人工干预，消除了操作者的人为误差和技术水平高低的影响；在自动换刀数控机床上可以实现一次装夹、多面和多工序加工，可以减小安装误差等。

(3) 生产效率高。数控机床具有良好的结构刚性，可进行大切削用量的强力切削，有效地节省了机动时间，还具有自动变速、自动换刀、自动交换工件和其他辅助操作自动化等功能，使辅助时间缩短，而且无需工序间的检测和测量。所以，数控机床的生产效率比一般普通机床高得多。对壳体零件采用加工中心进行加工，利用转台自动换位、自动换刀，可以实现在一次装夹的情况下几乎完成零件的全部加工，减少了装夹误差，节约了工序之间的运输、测量、装夹等辅助时间。

(4) 自动化程度高。数控机床的加工是输入事先编写好的零件加工程序后自动完成的，除了装卸零件、安装穿孔带或操作键盘、观察机床运行之外，其他的机床动作直至加工完毕，都是自动连续完成的。数控机床可大大减轻操作者的劳动强度和紧张程度，改善劳动条件，减少操作人员的人数；同时有利于现代化的生产管理，可向更高级的制造系统发展。

(5) 经济效益好。数控机床虽然设备昂贵，加工时分摊到每个工件上的设备折旧费较高，但在单件、小批量生产的情况下，使用数控机床加工可节省画线工时，减少调整、加工和检验的时间，节省直接生产费用和工艺装备费用。数控机床的加工精度稳定，减少了废品率，使生产成本进一步下降。此外，数控机床可实现一机多用，节省了厂房面积和建厂投资，因此，使用数控机床仍可获得良好的经济效益。

(6) 其他特点。采用数控机床是实现柔性制造系统(FMS)、计算机辅助设计(CAD)与计算机辅助制造(CAM)一体化的基础，是实现计算机生产管理的基础，是使用计算机技术对机械制造业进行全面技术改造的基础。

2. 数控机床的应用范围

数控机床是一种高度自动化的机床，它具有一般机床所不具备的许多优点，所以数控机床的应用范围在不断地扩大，但数控机床是一种高度的机电一体化产品，技术含量高，成本高，使用和维修都有一定的难度，若从最经济的方面出发，数控机床适用于加工以下零件。

(1) 多品种小批量零件。

(2) 结构较复杂，精度要求较高的零件。

(3) 需要频繁改型的零件。

(4) 价格昂贵，不允许报废的关键零件。

(5) 需要最小生产周期的急需零件。

图 4.5 表示了通用机床与数控机床、专用机床加工批量与综合费用的关系。

图 4.6 表示了工件复杂程度及批量大小与机床的选用关系。

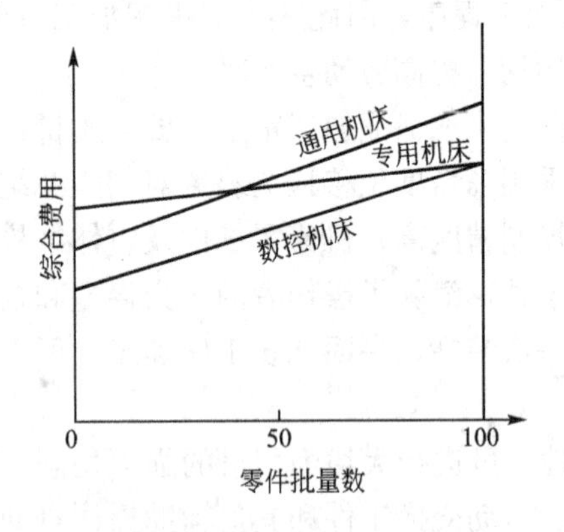

图 4.5 零件的加工批量与综合费用的关系

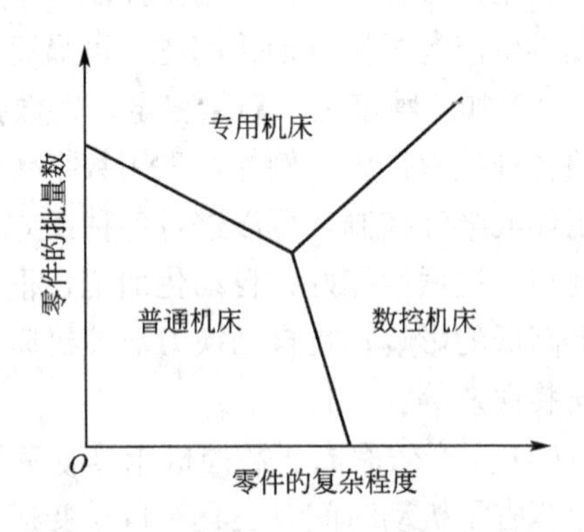

图 4.6 数控机床的适用范围示意图

4.1.5 数控机床的分类

目前，数控机床的品种齐全，规格繁多。为了研究方便起见，可以从不同的角度对数控机床进行分类，常见的有以下几种分类方法。

1. 按工艺用途分类

1) 一般数控机床

最普通的数控机床有钻床、车床、铣床、镗床、磨床和齿轮加工机床。图 4.7 所示为 CK7815 型数控车床，图 4.8 所示为 XK5040 型数控铣床。它们和传统的通用机床工艺用途相似，但是它们的生产率和自动化程度比传统机床都高，都适合加工单件、小批量和复杂形状的工件。

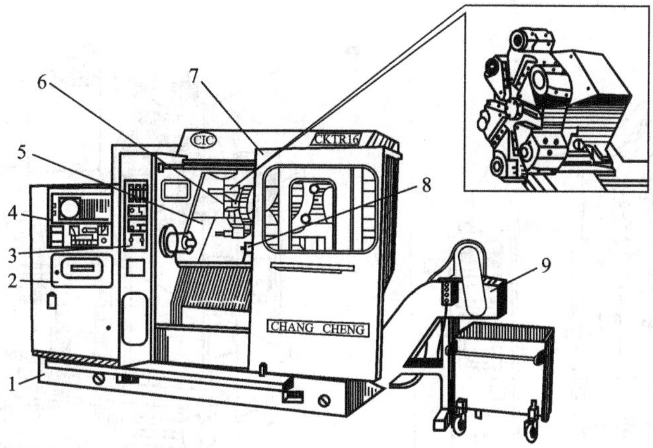

图 4.7　CK7815 型数控车床

1—床体；2—光电读带机；3—机床操作台；4—数控系统的操纵面板；
5—倾斜 60°的导轨；6—刀盘；7—防护门；8—尾架；9—排屑装置

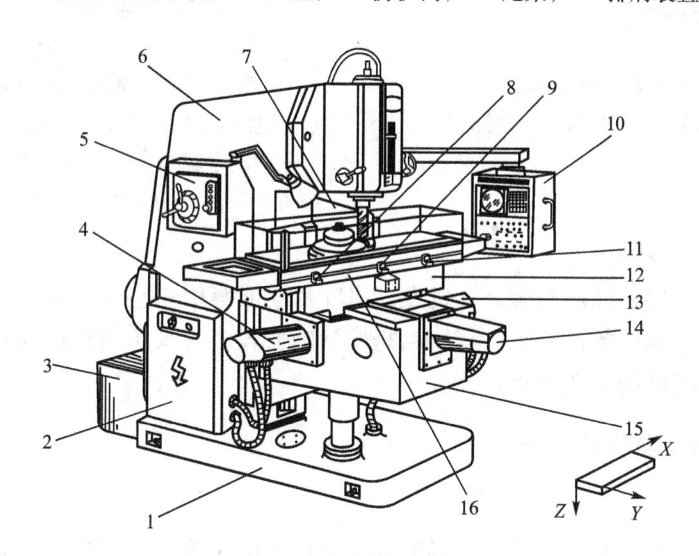

图 4.8　XK5040 型数控铣床

1—底座；2—强电柜；3—变压器箱；4—升降进给伺服电动机；5—主轴变速手柄和按钮；
6—床身立柱；7—数控柜；8，11—纵向行程限位保护开关；9—纵向参考点设定挡铁；10—操纵台；
12—横向溜板；13—纵向进给伺服电动机；14—横向进给伺服电动机；15—升降台；16—纵向工作台

2）数控加工中心

这类数控机床是在一般数控机床上加装一个刀库和自动换刀装置，构成一种带自动换刀装置的数控机床。图 4.9 所示为 XH754 型卧式加工中心，图 4.10 所示为 TH5632 型立式加工中心。这类数控机床的出现打破了一台机床只能进行单工种加工的传统概念，实行一次安装定位，完成多工序的加工方式。例如，TH5632 型立式加工中心的刀库容量是 16 把刀具，在刀具和主轴之间有一换刀机械手，工件一次装夹后，可自动连续进行铣、钻、镗、铰、扩、攻螺纹等多种工序加工。数控加工中心因一次安装定位完成多工序加工，避免了因多次安装造成的误差，减少机床台数，提高了生产效率和加工自动化程度。

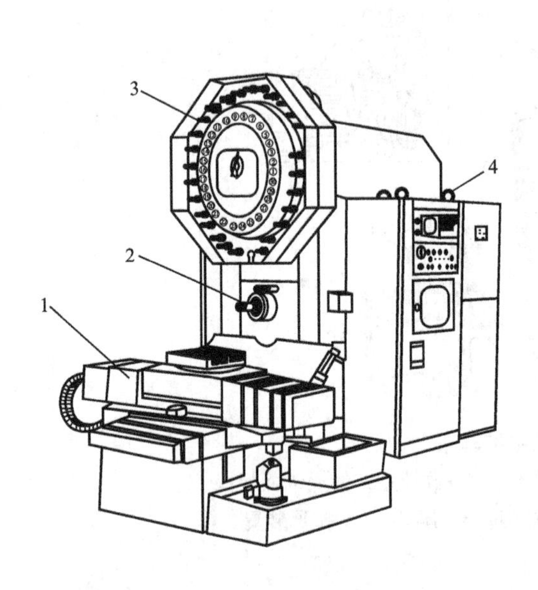

图 4.9　XH754 型卧式加工中心

1—工作台；2—主轴；3—刀库；4—数控柜

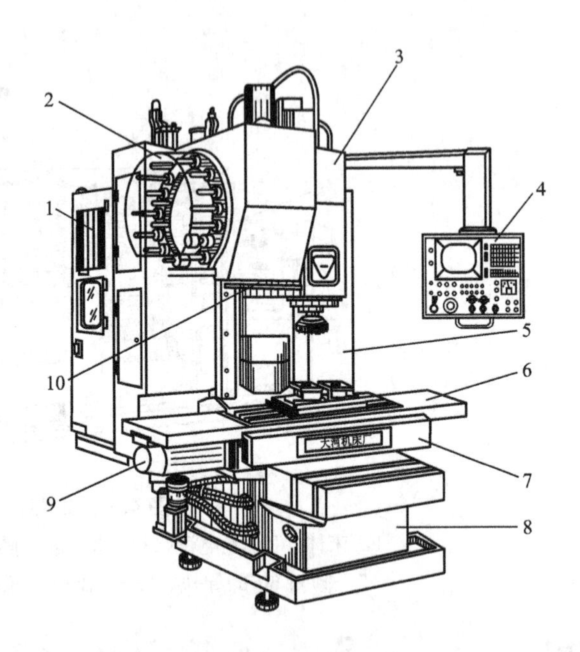

图 4.10　TH5632 型立式加工中心

1—数控柜；2—刀库；3—主轴箱；4—操纵台；
5—驱动电源柜；6—纵向工作台；7—滑座；
8—床身；9—X 轴进给伺服电动机；10—换刀机械手

3）多坐标轴数控机床

有些复杂的工件，如螺旋桨、飞机发动机叶片曲面等用三坐标数控机床无法加工，于是就出现了多坐标轴的数控机床，其特点是控制轴数较多，机床结构比较复杂。坐标轴的轴数取决于加工工件的工艺要求。

2. 按控制的运动轨迹分类

1）点位控制

点位控制数控机床只要求获得准确的加工坐标点的位置。由于数控机床只是在刀具或工件到达指定位置后开始加工，刀具在工件固定时执行切削任务，在运动过程中并不进行加工，所以从一个位置移动到另一个位置的运动轨迹不需要严格控制。数控钻床、数控坐标镗铣床和数控冲床等均采用点位控制。图 4.11 所示为点位控制的加工示意图。因为这类机床最重要的性能指标是要保持孔的相对位置，并要求快速点定位，以便减少空行程的时间，经常采用的控制方式是当刀具或工件接近定位点时，分两步完成，首先降低移动速度，然后实现准确停止。

2）点位直线控制

点位直线控制数控机床除了要求控制位移的终点位置外，还能实现平行坐标轴的直线切削加工，并且可以设定直线切削加工的进给速度，例如在车床上车削阶梯轴，在铣床上铣削台阶面等。图 4.12 所示为直线控制切削加工的示意图。

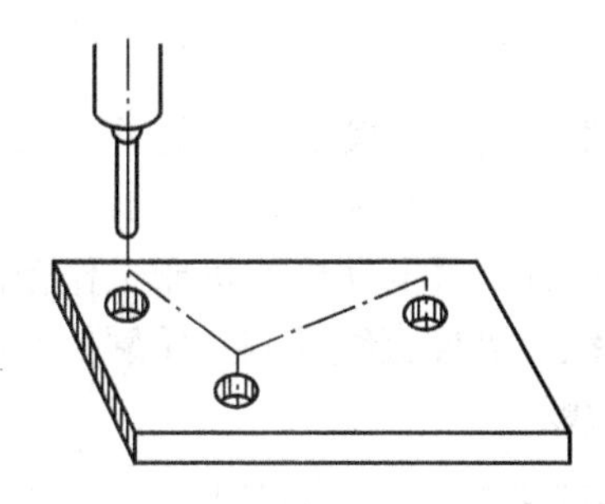

图 4.11　点位控制的加工示意

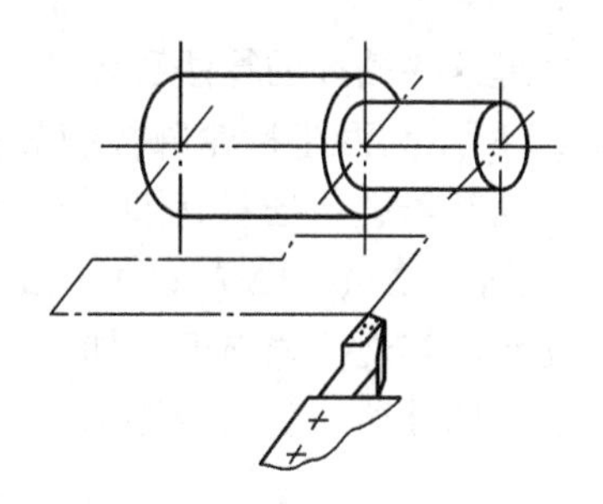

图 4.12　直线控制加工的示意

3）轮廓控制

轮廓控制数控机床能够对两个或两个以上的坐标轴同时进行控制，不仅能够控制机床移动部件起点与终点的坐标值，而且能控制整个加工过程中每一点的速度与位移量。

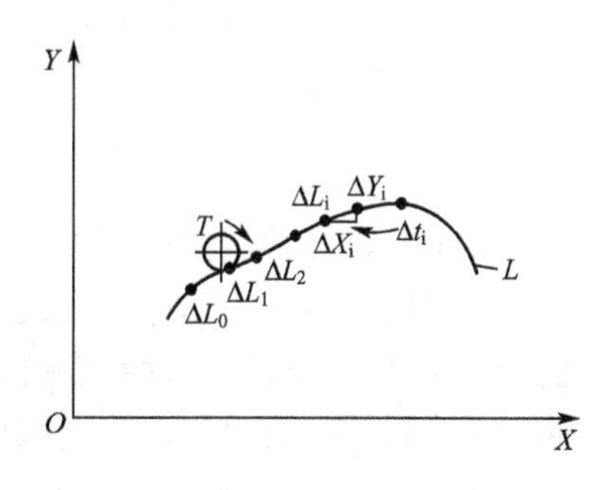

图 4.13　数控机床的加工原理示意

工件的轮廓无论是什么形式的曲线，都可以用由简单直线段构成的折线逼近。图 4.13 中的曲线 L 是被加工工件轮廓线的一部分，要求刀具沿工件曲线 L 的轨迹运动，进行切削加工，以此为例解释数控系统是怎样控制加工过程每一点的速度与位移量的。现将曲线 L 分解成 Δl_0，Δl_1，…，Δl_i 等线段。

设切削 Δl_i 时间为 Δt_i

$$\lim_{\Delta t \to 0} \sum_{i \to 0}^{\infty} \Delta L_i = L$$

$$\Delta L_i = \sqrt{\Delta X_i^2 + \Delta Y_i^2}$$

则当 $\Delta t \to 0$ 时，折线线段之和接近曲线，即如果在 Δt_i 时间内，在 X 坐标及 Y 坐标方向的移动量分别为 ΔX_i、ΔY_i，则进给速度

$$v_i = \frac{\Delta L_i}{\Delta t_i} = \sqrt{\left(\frac{\Delta X_i}{\Delta t_i}\right) + \left(\frac{\Delta Y_i}{\Delta t_i}\right)}$$

当 Δv＝常数且保持不变时，称为恒定进给速度。

刀具以恒定速度沿折线移动时，由于 ΔL_i 的斜率是不断变化的，因此进给速度在 X 方向及 Y 方向的分速度 Δv_{Xi} 与 Δv_{Yi} 之间的比值 $\Delta v_{Xi}/\Delta v_{Yi}$ 在不断地变化。数控装置连续地自动控制 X 和 Y 两个坐标方向运动速度的比值，就可以实现工件轮廓曲线的数控加工。当然，用折线逼近实际曲线，存在一定的误差，但由于数控机床的脉冲当量通常是 0.01～0.001mm/P，误差在允许的范围内。

在进行曲线加工时，可以给定一个数学函数式模拟线段 ΔL_i。根据给定的数学函数，在理想的工件轨迹或轮廓曲线上的已知点之间进行数据点的密化，即确定若干个中间点，这种方法称为插补。

当工件的轮廓为一条任意直线时，给出该直线两端点的坐标值，数控装置根据端点的坐标值进行插补，控制刀具的加工运动，加工出工件的轮廓线，称为直线插补。按照圆弧或其他二次曲线提供的相关坐标信息进行插补，加工出圆弧曲线，称为圆弧插补、二次曲

线插补。处理这些插补的算法称为插补运算。

图4.14所示为两坐标轮廓控制数控机床的工件原理图。根据输入的关于工件轮廓的形状信息，插补器进行插补运算，根据运算结果，实时地向各坐标轴发出速度控制指令(如 Δv_{X0}、Δv_{Y0}；Δv_{X1}、Δv_{Y1}；…；Δv_{Xi}、Δv_{Yi})，通过伺服电动机使机床工作台沿坐标轴作相应的动作，实现折线逼近，加工出工件的轮廓线。点位直线控制和轮廓控制的根本区别是前者没有插补器，所以只能加工沿坐标轴的直线。

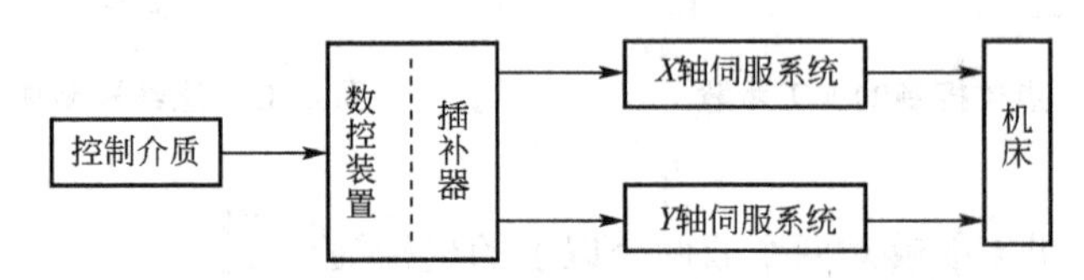

图4.14 两坐标轮廓控制数控机床的工件原理

用插补器能控制两坐标轴完成平面内任意线段加工的数控机床，称两轴联动数控机床，用插补器控制三坐标轴完成三坐标空间内任意线段加工的数控机床，称三轴联动数控机床。例如，三轴两联动数控铣床在任一时刻只能控制任意两轴联动，任意两轴联动可以通过指令设定，有时称两轴半联动。

3. 按控制方式分类

数控机床按照对被控量有无检测反馈装置可分为开环控制和闭环控制两种。在闭环系统中，根据测量装置安放的部位又分为全闭环控制和半闭环控制两种。

1) 开环控制的数控机床

图4.15所示为典型的开环数控系统。开环控制系统中没有检测反馈装置，数控装置将工件加工程序处理后，输出数字指令信号给伺服驱动系统，驱动机床运动，但不检测运动的实际位置，即没有位置反馈信号。开环控制的伺服系统主要使用步进电动机。插补器进行插补运算后，发出指令脉冲(又称进给脉冲)，经驱动电路放大后，驱动步进电动机转动。一个进给脉冲使步进电动机转动一个角度，通过齿轮丝杠传动使工作台移动一定的距离，因此，工作台的位移量与步进电动机转动角的位移成正比，即与进给脉冲的数目成正比。改变进给脉冲的数目和频率，就可以控制工作台的位移量和速度。由图4.15可知，指令信息单方向传送，并且指令发出后，不再反馈回来，故称为开环控制。

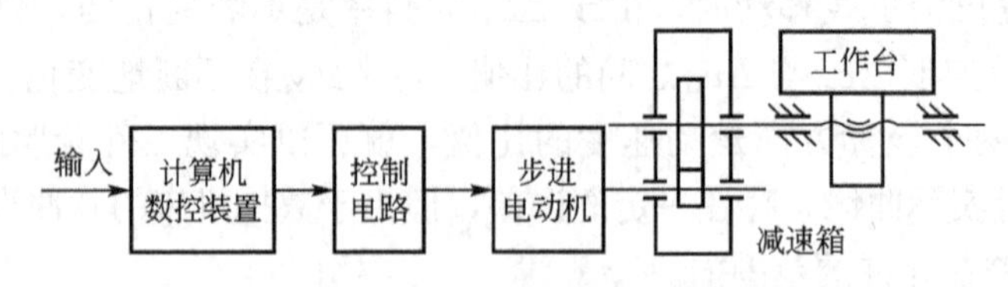

图4.15 开环控制的系统框图

受步进电动机的步距精度和工作频率以及传动机构的传动精度影响，开环系统的速度和精度都较低，但由于开环控制结构简单，调试方便，容易维修，成本较低，仍被广泛应用于经济型数控机床上。

2) 闭环数控系统

开环控制系统的控制精度不高，主要是没有检测工作台移动的实际位置，也就没有纠正偏差的能力。图 4.16 所示为闭环控制的系统框图，安装在工作台上的检测元件将工作台的实际位移量反馈到计算机中，与所要求的位置指令进行比较，用比较的差值进行控制，直到差值消除为止。可见，闭环控制系统可以消除机械传动部件的各种误差和工件在加工过程中产生的干扰的影响，从而使加工精度大大提高。速度检测元件的作用是将伺服电动机的实际转速变换成电信号送到速度控制电路中，进行反馈校正，保证电动机转速保持恒定不变。

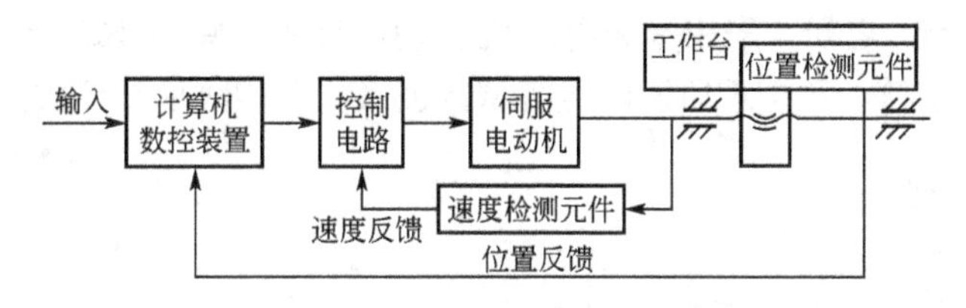

图 4.16　闭环控制的系统框图

闭环控制的特点是加工精度高、移动速度快。这类数控机床采用直流伺服电动机或交流伺服电动机作为驱动元件，电动机的控制电路比较复杂，检测元件价格昂贵，因而调试和维修比较复杂，成本高。

3）半闭环控制的数控机床

半闭环控制的系统框图如图 4.17 所示，它不是直接检测工作台的位移量，而是采用转角位移检测元件，如用光电编码器测出伺服电动机或丝杠的转角，推算出工作台的实际位移量，将其反馈到计算机中进行位置比较，用比较的差值进行控制。由于反馈环内没有包含工作台，故称半闭环控制。

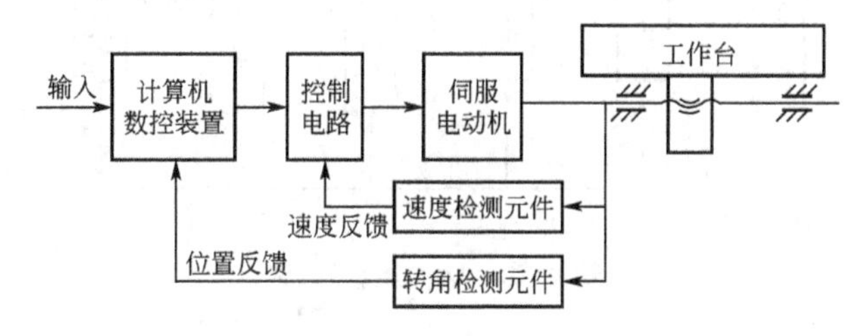

图 4.17　半闭环控制的系统框图

半闭环控制的精度较闭环控制差，但稳定性好，成本较低，调试维修也较容易，兼顾了开环控制和闭环控制两者的特点，因此应用比较普遍。

4．按功能水平分类

按功能水平可把数控系统分为高级型、普及型和经济型三种，这种分类方法没有明确的定义和确切的界限。通常可以用下列指标作为评价数控系统档次的参考条件：主 CPU 的档次、分辨率和进给速度、联动的轴数、伺服水平、通信功能、人机界面等。

1）高级型数控系统

高级型数控系统一般采用 32 位或更高性能的 CPU，联动轴数在 5 根以上，分辨率小于等于 0.1μm，进给速度一般大于等于 24m/min（1μm 时）或大于等于 10m/min（0.1μm 时），采用数字化交流伺服驱动，具有 MAP 等高性能通信接口，有联网功能，具有三维动态图形显示功能。

2）普及型数控系统

普及型数控系统一般采用16位或更高性能的CPU，联动轴数在5根以下，分辨率为1μm，进给速度小于等于24m/min，采用交、直流伺服驱动，具有RS232或DNC通信接口，有CRT字符显示和图形显示功能。

3）经济型数控系统

经济型数控系统一般采用8位CPU单片机，联动轴数在3根以下，分辨率为0.01mm，进给速度在6～8m/min之间，采用步进电动机驱动，具有简单的RS232通信系统，用数码管或简单CRT显示字符。我国现阶段的经济型数控系统大多数是开环数控系统。

4.1.6 数控机床编程

1. 数控机床编程的内容和步骤

数控机床是按照事先编好的加工程序工作的。数控编程就是指从拿到零件图纸开始，到制成数控机床所需的控制介质的整个过程。

数控编程是数控加工过程中一项十分重要的工作，理想的加工程序不仅应保证加工出符合图纸要求的工件，同时应能使数控机床的功能得到合理的应用与充分的发挥，使数控机床能安全、可靠、高效地工作。数控编程的过程可以用流程图4.18来表示。

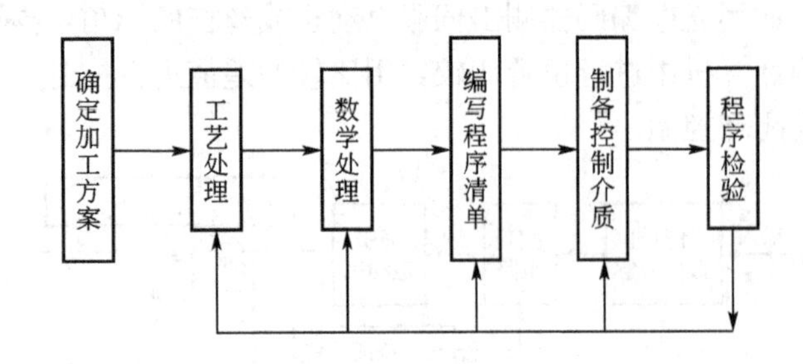

图4.18　数控编程过程

编程各环节的简要说明如下。

(1) 确定加工方案。首先分析零件图纸，根据零件的材料、形状、尺寸、精度、毛坯和热处理状态等确定加工方案，并选择能够实现该方案的适当的机床、刀具、夹具和装夹方法。

(2) 工艺处理。工艺处理包括选择对刀点，确定加工路线和切削用量。对刀点是程序开始运行时刀具所处的位置。对刀点应选在容易定位、容易检查的位置，应尽量和工件的设计基准或工艺基准重合，这样可以提高加工精度。加工路线的选择主要应该考虑：尽量缩短加工路线，减少空行程，提高生产率；应满足零件加工精度和表面粗糙度的要求；应有利于简化数值计算，减少程序段的数目和编程的工作量。切削用量可参考有关的切削加工手册并结合实际经验来确定。

(3) 数学处理。数控编程中需要知道每个程序段的起点、终点和轮廓的线型，而零件图样上给出的一般是零件的几何特征尺寸，如长、宽、高、直径等，数学处理的主要任务就是根据图纸数据求出编程所需的数据。另外，一般数控系统只能加工直线和圆弧，当工件表面是由其他复杂曲线或曲面构成时，首先要用直线和圆弧去拟合工件的轮廓，这也是数学处理的任务之一。对于复杂的轮廓或曲面，这个过程很复杂，一般需要计算机辅助计算。对于那些没有刀具补偿功能的数控系统，数学处理还应该包括刀具中心轨迹的计算。

(4) 编写程序清单。在完成工艺处理和数学处理后，就可以编写零件加工程序清单了，编程人员要根据所选用的数控机床的指令、程序段格式，逐段编写零件的加工程序。编程人员要了解数控机床的性能、程序指令代码及数控机床加工零件的过程，才能编写出正确的加工程序。

(5) 制备控制介质和程序检验。程序编写好后，需要制作控制介质。根据所用的机床不同，介质的形式可能是纸带、穿孔卡、磁带或磁盘。各种介质上的代码标准是相同的。

编写好的加工程序在正式加工前，一定要经过检验。检验的方法可以用空走刀的方法，可以在显示器上模拟加工过程的轨迹，也可以用石蜡、塑料等易切材料试切的方法。经过检验，特别是试切，不仅可以确认加工程序正确与否，还可以知道加工精度是否符合要求。当发现不符合要求的情况时，应该返回到适当的环节，修改程序或采取补偿措施。

2. 编程方法

常用的编程方法有手工编程、数控语言编程和图形编程三种。

1) 手工编程

人工完成程序编制的全部工作，包括用通用计算机进行数值计算，称为手工编程。对于点位加工或几何形状简单的零件，程序段不多，用手工编程比较经济。对于复杂形状的工件，特别是空间曲面零件，以及程序量很大时，使用手工编程既繁琐费时，又容易出错，常会出现编程跟不上数控加工的情况。据统计，采用手工编程方法时，编程时间和加工时间之比平均为 30∶1。因此，为了减少编程时间，提高数控机床的利用率，必须采用自动编程方法。

2) 数控语言编程

数控语言编程是自动编程方法之一。数控语言是编制数控加工程序专用的计算机语言，和其他编程语言一样，它由基本符号系统和一套语法规则组成。用数控语言编程的过程是：编程人员首先用数控语言编写“零件源程序”，在零件源程序中定义零件的几何元素、工艺参数和刀具的运动轨迹。零件的源程序输入计算机后，由数控语言的编译程序自动完成刀具运动的轨迹计算、加工程序编制和控制介质的制备等工作。所编的程序还可以通过屏幕进行检查，有错误时可以人工编辑修改，直至程序正确为止。

由于数控语言接近自然语言，且数控语言编译系统完成了主要的数学处理工作，所以数控语言编程一般比手工编程效率高。但数控语言编程仍然需要写零件的源程序，而且数控语言源于英语，在我国推广起来有一定的难度。

3) 图形编程

图形编程方法完全抛开抽象的符号语言，是一种通过人机对话，利用菜单采取图形交互的方式进行编程的自动编程方法。图形编程的特点是：图形元素的输入、加工路线的编辑和工艺参数的设定等工作完全用图形方式，以人机交互的方法进行，编程人员几乎不需记忆任何抽象的指令语言，使编程过程变得更加简单，易学易用。

3. 数字控制标准与穿孔带代码

为了设计、制造、维修和使用的方便，在输入代码、坐标系统、加工指令、辅助功能及程序格式等方面逐渐形成了两种国际通用的数字控制标准，即ISO(International Standards Organization，国际标准化组织)和EIA(Electronic Industries Association，美国电子工业协会)。由于各类机床使用的代码、指令其含意不一定完全相同，因此，编程人员还必须按照数控机床使用手册的具体规定进行程序编制。

穿孔带是数控机床的输入介质之一。由于穿孔带使用固定代码孔，不易受磁场等环境的影响，便于长期保存和重复使用，并且能存储大量的信息，故至今仍是数控机床常用的信息输入方式。

穿孔带的几何尺寸如图4.19所示，穿孔带按照孔道上有孔或无孔状态的不同组合，可以表示各种信息代码。国际上通用的数控穿孔带代码有ISO代码和EIA代码。

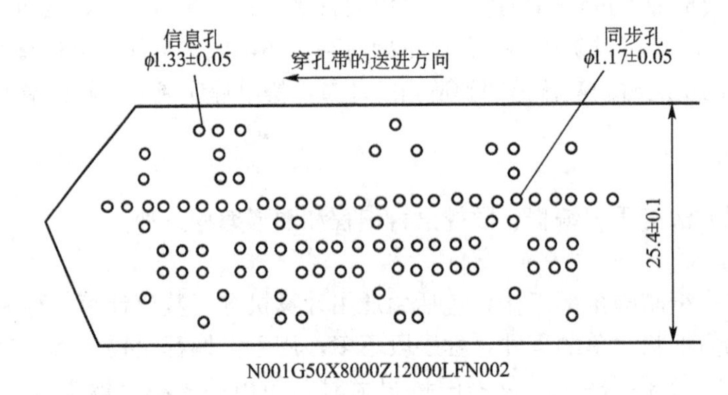

图4.19　8单位标准穿孔纸带

4. 数控机床的坐标系

不同的数控机床有不同的运动形式，可以是刀具相对于工件的运动，也可以是工件相对于刀具的运动。为了使编程人员能在不知道是刀具相对于工件运动还是工件相对于刀具运动的情况下，按工件图样的要求也能编写加工程序，并使所编的程序在同类型数控机床中有互换性，国际上统一采用标准坐标系。我国参考国际标准也制定了JB 3051—1982《数控机床坐标和运动方向的命名》标准。

标准坐标系采用右手直角笛卡儿坐标，如图4.20所示，规定了空间直角坐标系X、Y、Z三者的关系及其方向由右手定则判定，X、Y、Z各轴的回转运动及其正方向$+A$、$+B$、$+C$分别用右手螺旋法则判定。

1）Z坐标轴

通常将传递切削力的主轴轴线定为Z坐标轴，对刀具旋转的机床如铣床、钻床、镗床等，旋转刀具的轴线为Z轴；而对工件旋转的机床如车床、外圆磨床等，则工件的轴线为Z轴。当机床有几个主轴时，则选一个垂直于工件装夹面的主轴为Z轴；对于刀具和工件都不旋转的机床如刨床、插床等，则Z轴垂直于工件装夹面。Z轴的正方向取为刀具远离工件的方向。

2）X坐标轴

X坐标轴一般是水平的，它平行于工件的装夹面且与Z轴垂直。对于工件旋转的机床如车床、外圆磨床等，X轴的方向是在工件径向上且平行于横滑座。其X轴的正方向同样取为远离工件的方向。对于刀具旋转的机床如铣床、钻床、镗床等，则规定当 Z 轴为水平时，从刀具主轴后端向工件方向看，X 轴的正方向为向右方向；当 Z 轴为垂直时，对单立柱机床，面对刀具主轴向立柱方向看，X 轴的正方向为向右方向。

3）Y 坐标轴

在确定了 X、Z 轴的正方向后，可按图 4.20 所示的直角坐标系，用右手螺旋法则来确定 Y 坐标轴的正方向。

4）旋转或摆动坐标轴

旋转或摆动运动 A、B、C 的正方向分别沿 X、Y、Z 轴的右螺旋前进的方向，如图 4.20 所示。

5）其他附加轴

X、Y、Z 为主坐标系，通常称第一坐标系，如除了第一坐标系外，还有平行于主坐标系轴的第二直线运动时为第二坐标系，对应命名为 U、V、W 轴；若还有第三直线运动时，则对应地命名为 P、Q、R 轴，称为第三坐标系。如图 4.23 所示，数控镗床的镗杆运动为 Z 轴，立柱运动为 W 轴。

图 4.21～图 4.23 分别是几种典型数控机床的坐标系统。

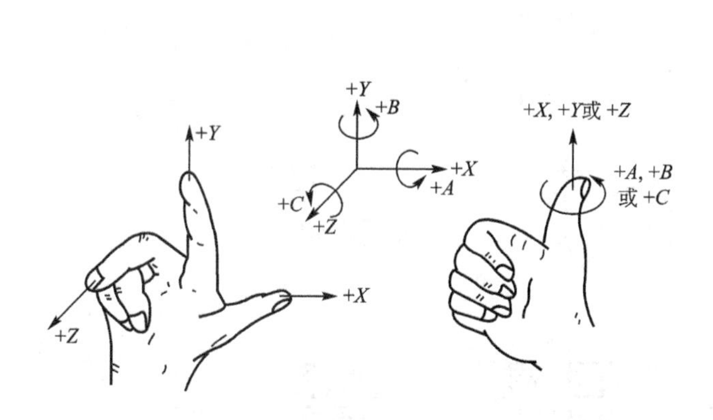

图 4.20　坐标和方向的确定

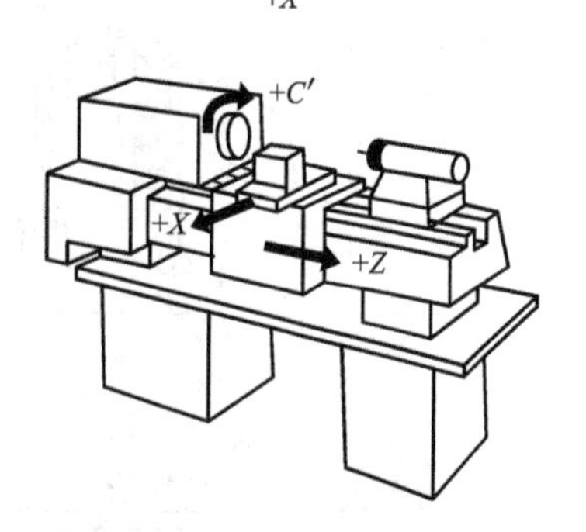

图 4.21　数控车床的坐标系统

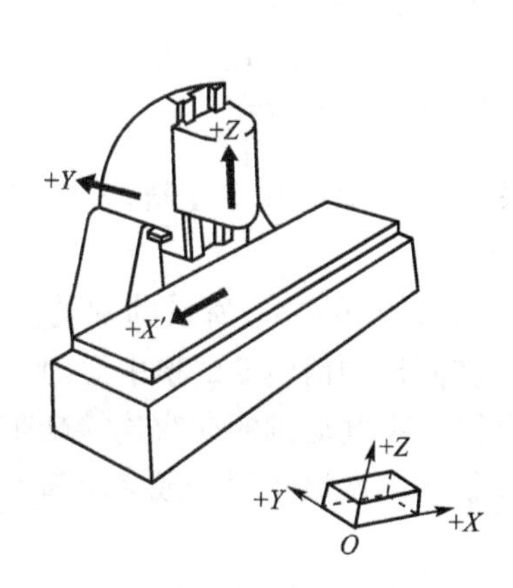

图 4.22　数控铣床的坐标系统

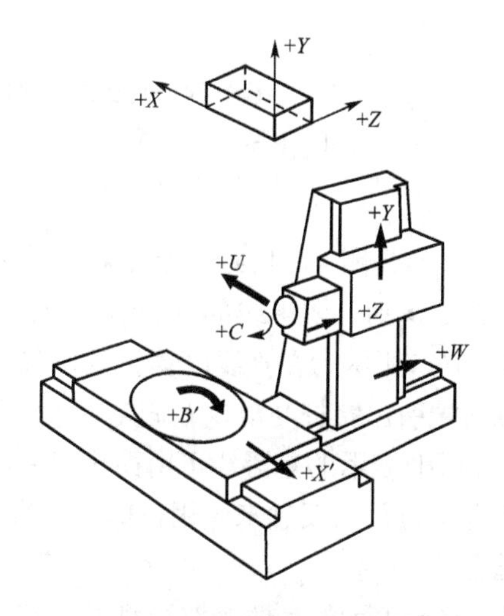

图 4.23　数控镗床的坐标系统

4.1.7 直线电动机在数控机床中的应用

1. 直线电动机驱动装置

直线电动机驱动装置是一种适用于各种机械加工机床设备作为其独立动力源的电磁驱动装置。该装置的结构方案主要是利用直线电动机将其构成一个动力装置，用往复运动的滑块作为动力头，该动力头可以转接各种往复运动的机床，如目前已成功地运用于直线电动机冲床、锯床等有关设备上，它还可以用到插床、刨床、铣床、磨床以及车床上。图 4.24 所示为该装置的部分示意图。

图 4.24(a)所示为直线电磁驱动装置的结构示意图。直线电动机由初级 4 和次级 3 组成，初级的冲片和线圈装在心轴架 1 上，上面用压块 6 和螺母 7 固定，初级 4 的两端分别设有一个滚珠导套 5，次级 3 为外壳动次级，它套装在滚珠导套 5 上，沿滚珠导套作上下往复直线运动，2 是弹簧，当电动机工作时返程恢复用。次级 3 为双层结构，导磁层在外，导电层在内。外层外壁上引出连臂与滑块 8 连接，滑块 8 与工作部件(如冲头，用点画线表示)连成一体，滑块与外接的滑轨相配合。

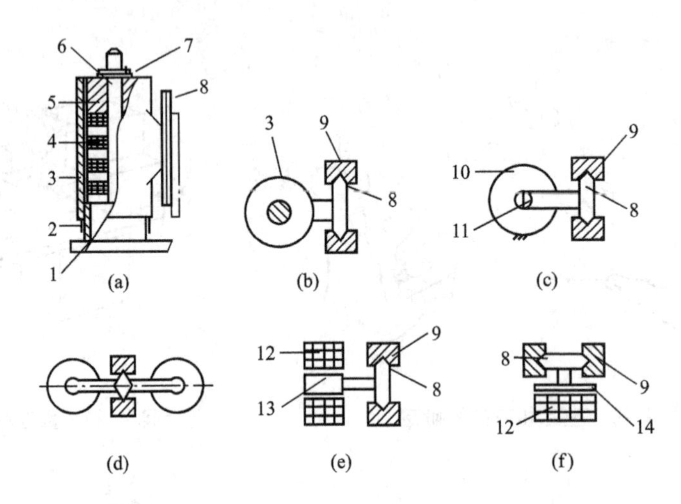

图 4.24 直线电动机电磁驱动装置的几种形式

1—心轴架；2—弹簧；3、11、13—次级；4、10、12、14—初级

5—导套；6—压块；7—螺母；8—滑轨；9—滑轨

图 4.24(b)是图 4.24(a)所示结构的俯视简图，外壳动次级 3 与滑块 8 用连臂连接，滑块沿滑轨 9 运动，阴影线部分表示固定部分。

图 4.24(c)所示为在直线电动机的圆筒形固定初级 10 的中心所设的轴动次级 11，从其一端或两端引出臂杆与滑块 8 固定连接，滑块 8 在固定的滑轨 9 的槽中运动。

图 4.24(d)表示的是滑块可由两个或一群集合的直线电动机的初次连接来带动，实现结构的复合。也可以反过来应用，即一个直线电动机的动次级用两个或多个滑块滑轨对来导向或结合。

图 4.24(e)表示的是两个双边型的初级 12，它对次级 13 作用而产生推动力。这种双边型直线电动机的次级 13 与滑块 8 固定连接，在滑轨 9 的槽中运动。

图 4.24(f)表示的是利用单边初级 12 固定，动次级 14 沿滑块滑轨方向驱动滑块运行的实例，即滑块 8 与单边型直线电动机次级 14 固定连接。

上述实例中的次级结构，一般将 A3 或电工纯铁导磁材料层与导电材料进行双层复合。另外，上述实例均为初级线圈固定，次级运动，但也可以改为次级固定，初级连接滑块引出后进行往复运动。以上介绍的仅仅是该装置的部分形式，其他形式在这里就不一一叙述了。

2. 直线电动机驱动的 X—Y 工作台

现在激光机械、半导体制造设备上用的 X—Y 工作台，对其速度和精度的要求越来越高。

在这种情况下，东京芝浦电气公司和生产技术研究所实现了这种设备的高速移动、小型化和轻型化，现在试制了一种同一个工作台上装有 X—Y 二轴的结构，过去的 X 工作台和 Y 工作台是重叠的结构，在 X—Y 平面上的移动采用了无接触形式。分析其特征，结果是：移动距离为 5mm 时，移动精度可在 3μm 以内，并在 50ms 内走完。

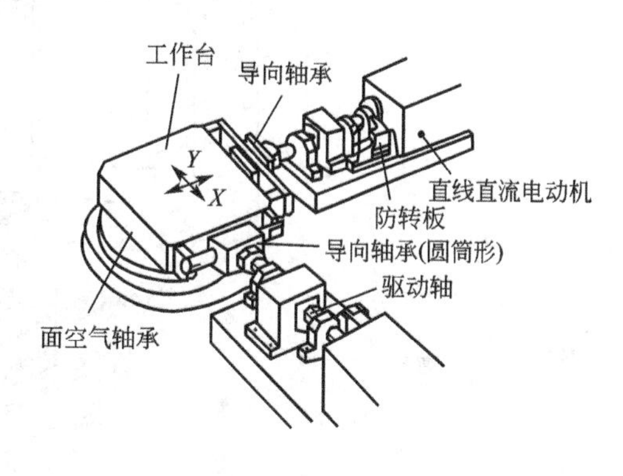

图 4.25 使用直线电动机的 X—Y 工作台

图 4.25 所示为试制样机在单一的工作台上装有 X—Y 导向轴，中间插入与驱动轴相垂直的导向空气轴承。图中，与防转板构成一体的驱动轴由空气轴承支承，并直接与安装在轴端的直线电动机相连接，以传递直线运动。

另一方面，为使工作台在一个平面上作 XY 方向的运动，工作台由特殊结构的单面止推空气轴承支承。

这种 X—Y 工作台的定位精度是±2μm。

美国有的公司也将直线电机用在车床的刀架、丝杠和尾座的往复运动上。我国也已有单位在这方面做了一些尝试应用。

4.2 JCS-018 型立式镗铣加工中心

4.2.1 机床的布局及用途

1. 机床的布局

图 4.26 所示为 JCS-018 型机床的外观图，它主要由床身、立柱、主轴箱、工作台、自动换刀装置及数控装置等部分组成。在床身 1 的后部装有固定的框式立柱 4，主轴箱 8 可在立柱导轨上作垂向(Z 轴)进给运动；床身上的滑座 2 作横向(Y 轴)进给运动；工作台 3 在滑座上作纵向(X 轴)进给运动。自动换刀装置(刀库 7 和机械手 6)装在立柱左侧的前部，其后部装有数控装置的数控柜 5，在立柱的右侧装有驱动电柜 9(电源、伺服装置等)，并在立柱上安装有悬挂式操纵面板 10。

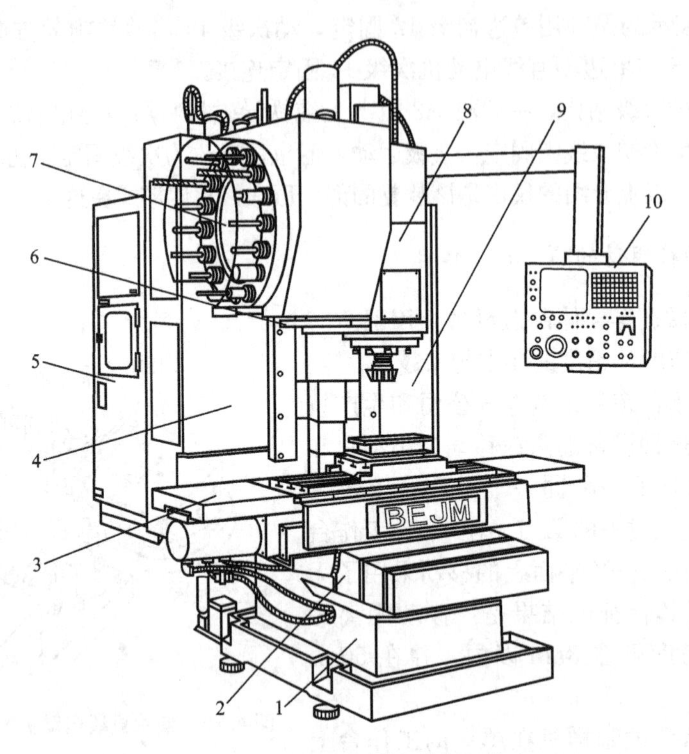

图 4.26 JCS-018 型立式加工中心

1—床身；2—滑座；3—工作台；4—立柱；5—数控柜；
6—机械手；7—刀库；8—主轴箱；9—驱动电柜；10—操作面板

2. 机床的用途

JCS-018 型立式加工中心是一种具有自动换刀装置的数控立式镗铣床，该机床采用了软件固定型计算机控制的 FANUC-BESK-7CM 数控系统，简称为 7CM 系统。工件一次装夹在机床的工作台上，可自动连续地进行铣、钻、镗、铰、攻螺纹等多种工序的加工。这种机床主要用于小型板类、盘类、壳体类等复杂工件的多品种、中小批量加工。

4.2.2 机床的主要技术参数

1）工作台

工作台的外形尺寸(工作面)：1200mm×450mm(1000mm×320mm)

工作台 T 形槽宽×槽数：18mm×3

2）移动范围

工作台的左右行程(X 轴)：750mm

工作台的前后行程(Y 轴)：400mm

主轴箱的上下行程(Z 轴)：470mm

主轴端面距工作台的距离：180～650mm

3）主轴箱

主轴锥孔：锥度 7∶24，BT-45

主轴转速(标准型/高速型)：22.5～2250r/min、45～4500r/min
主轴的驱动电动机(额定/30min)：5.5kW/7.5kW　FANUC交流主轴电动机12型
4）进给速度
快速移动速度(*X*、*Y*轴)：14m/min
　　　　　　(*Z*轴)：10m/min
进给速度(*X*、*Y*、*Z*轴)：1～4000mm/min
进给的驱动电动机：1.4kW　FANUC-BESK直流伺服电动机15型
5）自动换刀装置
刀库的容量：16把
选刀方式的：任选
最大刀具的尺寸：ϕ100mm×300mm
最大刀具的质量：10kg
刀库电动机：1.4kW　FANUC-BESK直流伺服电动机15型
6）精度
定位精度：±0.012mm/300mm
重复定位精度：±0.006mm
7）承载能力
工作台的允许负载：500kg
滚珠丝杠的尺寸(*X*、*Y*、*Z*轴)：ϕ40mm×10mm
钻孔能力(一次钻出)：ϕ32mm
攻螺纹能力：M24mm
铣削能力：100cm^2/min
8）其他
气源：5～7×105Pa(250L/min)
机床的质量：5000kg
占地面积：3280mm×2300mm

4.2.3 机床的传动系统

1. 主传动系统

数控机床的主轴转速为无级变速，并具有较大的变速范围，以适应完成多种工艺和获得最佳的加工精度和加工表面的质量。

图4.27所示为JCS-018型机床的传动系统图。主轴由交流调速电动机经两级塔带轮(ϕ119mm/ϕ239mm或ϕ183.6mm/ϕ183.6mm)直接驱动。当带轮的传动比为119/239时，主轴的转速为22.5～2250r/min；当带轮的传动比为183.6/183.6时，主轴的转速为45～4500r/min。该机床的传动带采用三联V带，不会因长度不一致而产生受力不均匀的现象，因此，它的承载能力要比3根V带(截面积之和相同)大，故质量较轻，耐挠曲性能好，允许的带轮最小直径小，线速度高，传动平稳。

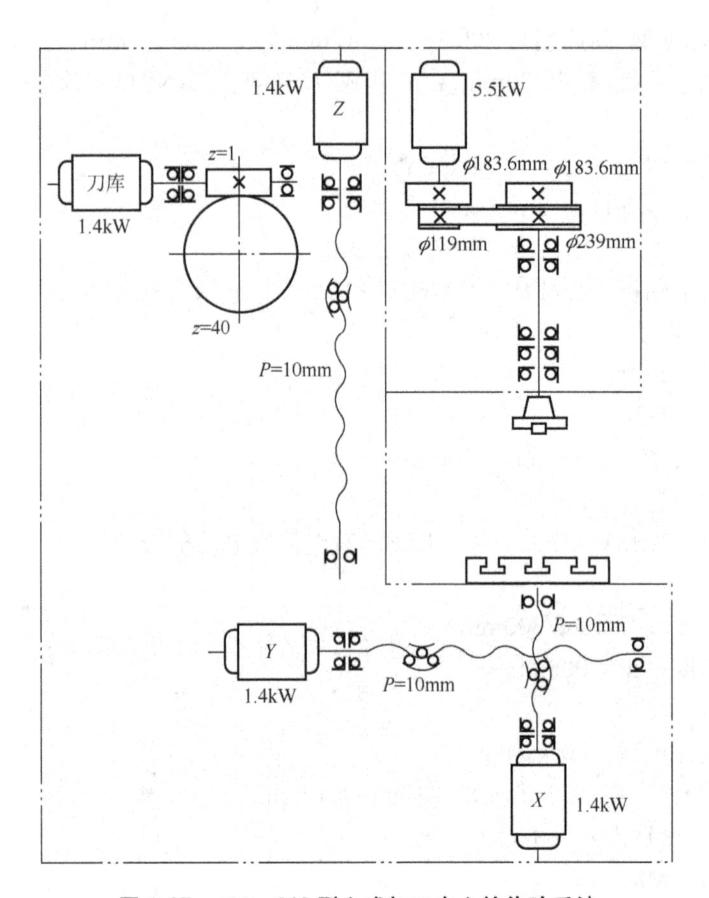

图 4.27　JCS－018 型立式加工中心的传动系统

2. 进给运动的传动系统

JCS－018 型机床的 X、Y、Z 这 3 个坐标轴的进给运动分别由 3 台功率为 1.4kW 的 FANUC-BESKDC15 型直流伺服电动机直接带动滚珠丝杠旋转。为了保证各轴的进给传动系统有较高的传动精度，电动机轴和滚珠丝杠之间均采用了锥环无键连接和高精度十字联轴器的连接结构。下面以 Z 轴进给装置为例，分析电动机轴与滚珠丝杠之间的连接结构。图 4.28 所示为 Z 轴进给装置中电动机与丝杠连接的局部视图。如图中所示，1 为直流伺服电动机，2 为电动机轴，7 为滚珠丝杠，4 为相互配合的锥环。该连接结构可以实现无间隙传动，使两连接件的同心性好，传递动力平稳，而且加工工艺较好，安装与维修方便。

高精度十字联轴器由 3 件组成，其中与电动机轴连接的轴套 3 的端面上有与中心对称的凸键，与丝杠连接的轴套 6 上开有与中心对称的端面键槽，中间一件联轴节 5 的两端面上分别有与中心对称且相互垂直的凸键和键槽，它们分别与件 3 和件 6 相配合，用来传递运动和扭矩。为了保证十字联轴器的传动精度，在装配时凸键与凹键的径向配合面要经过配研，以便消除反向间隙和传递动力的平稳性。

该立式加工中心 X、Y 轴的快速移动速度为 14m/min，为防止滚珠丝杠因不能自锁而使主轴箱下滑，所以 Z 轴电动机带有制动器。

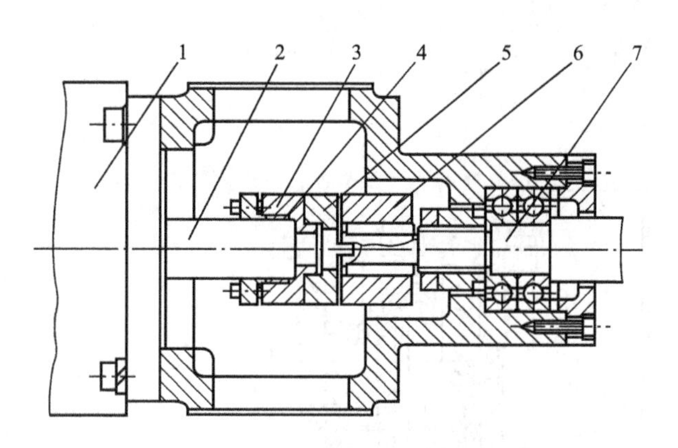

图 4.28 电动机轴与滚珠丝杠的连接结构

1—直流伺服电动机；2—电动机轴；3、6—轴套；4—锥环；5—联轴节；7—滚珠丝杠

4.2.4 主轴组件

数控机床主轴组件的精度、刚度和热变形尤为重要，对加工精度、表面质量和生产率都有直接的影响。

图 4.29 所示为该机床主轴组件的结构图。为了适应主轴转速高和工作性能的要求，前、后支承都采用了向心推力球轴承。前支承是 3 个 C 级向心推力球轴承，背靠背安装，前面两个轴承的大口朝向主轴前端，后一个轴承的大口朝向主轴尾部。前支承既承受径向载荷，又承受两个方向的轴向载荷。后支承为两个 D 级向心推力轴承，也是背靠背安装，小口相对。后支承仅承受径向载荷，故轴承外圈轴向不定位。主轴轴承采用油脂润滑方式，迷宫式密封。

为了实现自动换刀，主轴组件应具有刀具自动夹紧装置、自动吹净装置和主轴准停装置。

1. 刀具自动夹紧装置

刀具自动夹紧装置如图 4.29 所示，它由活塞 8、螺旋弹簧 7、拉杆 4、碟形弹簧 5 和 4 个钢球 3 所组成。该机床采用锥柄刀具，刀柄的锥度为 7∶24，它与主轴前端锥孔锥面定心，且装卸方便。夹紧时，活塞 8 上端接通回油路无油压，螺旋弹簧 7 使活塞 8 向上移动至图示位置，拉杆 4 在碟形弹簧压力的作用下也向上移动，钢球 3 被迫进入刀柄尾部拉钉 2 的环形槽内，将刀具的刀柄拉紧。放松时，即需要换刀松开刀柄时，油缸上腔通入压力油，使活塞 8 向下移动，推动拉杆 4 也下移，直到钢球 3 被推至主轴孔径的较大处，便松开了刀柄，机械手将刀具连同刀柄从主轴孔中取出。

刀具的刀柄是靠弹簧产生的拉紧力进行夹紧的，以防止在工作中突然停电时，刀柄自行脱落。在活塞 8 上下移动的两个极限位置上，安装有行程开关 9 和 10，用来发出刀柄夹紧和松开信号。

在夹紧时，活塞 8 下端的活塞杆端部与拉杆 4 的上端面之间应留有一定的间隙，约为 4mm，以防止主轴旋转时引起端面摩擦。

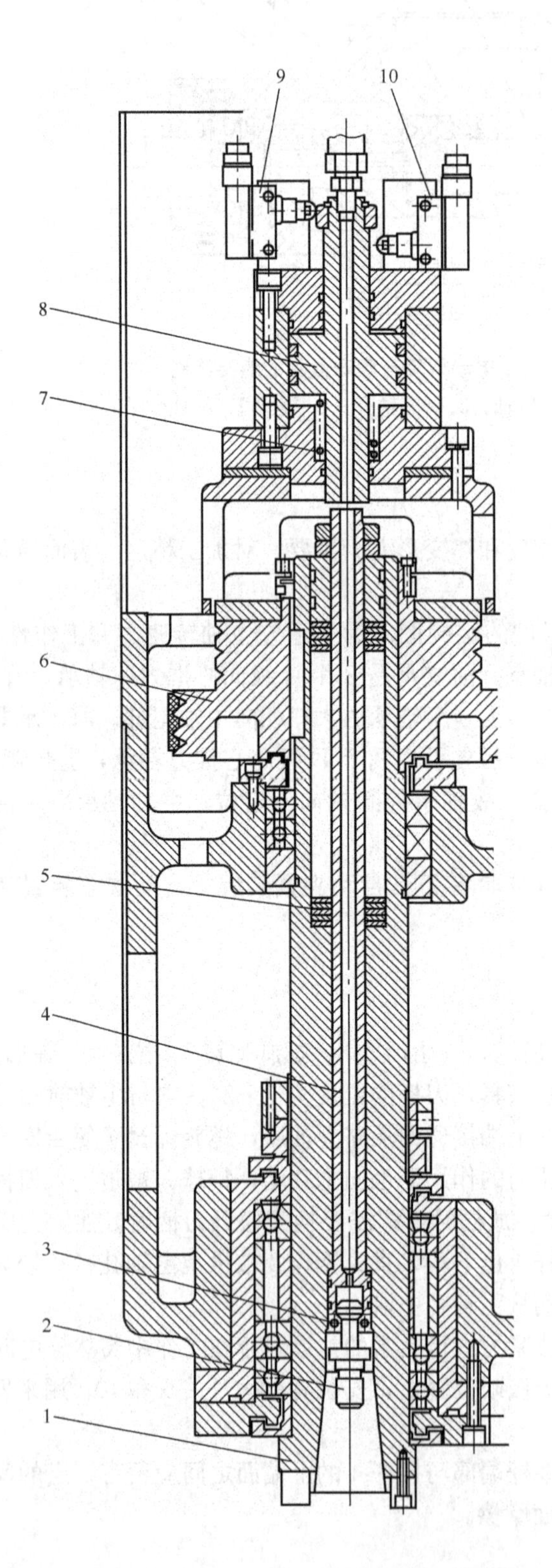

图 4.29 主轴组件

1—主轴；2—拉钉；3—钢球；4—拉杆；5—碟形弹簧；
6—塔带轮；7—螺旋弹簧；8—活塞；9、10—行程开关

2. 自动吹净装置

主轴自动换刀时，需自动清除主轴装刀锥孔内的切屑或灰尘，以便保护主轴锥孔和刀柄表面，确保刀具的定位安装精度。因此，该机床采用压缩空气吹净装置，如图 4.29 所示。当机械手将刀柄从主轴锥孔拔出后，压缩空气通过活塞杆上端的喷嘴经活塞 8 和拉杆 4 的中心孔，自动地吹净主轴锥孔。

3. 主轴准停装置

主轴自动换刀时，需保证主轴上的端面键对准刀柄上的键槽，以实现刀具的正确定位和传递转矩。因此，主轴在每次自动装卸刀具时，都应停在一定的周向位置上，即要求主轴具有准确定位的功能。该机床主轴的定向准停装置设在主轴的尾部，图 4.30 所示为主轴定向准停装置的原理图。在主轴三联塔带轮 1 的上端面上，安装一个厚垫片 4，在垫片 4 上装有一个体积很小的发磁体 3，在主轴箱体的准停位置上装一个磁感应器 2。当主轴需要停车换刀时，数控系统发出主轴准停指令，控制主轴电动机降速，使主轴立即减速，再继续回转$\frac{1}{2}$～2 $\frac{1}{2}$转后，当发磁体 3 对准磁感应器 2 时，磁感应器发出准停信号，此信号经放大后，由定向电路使主轴电动机准确地停止在规定的周向位置上，准停的位置精度是±1°。这种准停装置的机械结构简单，定位迅速而准确。

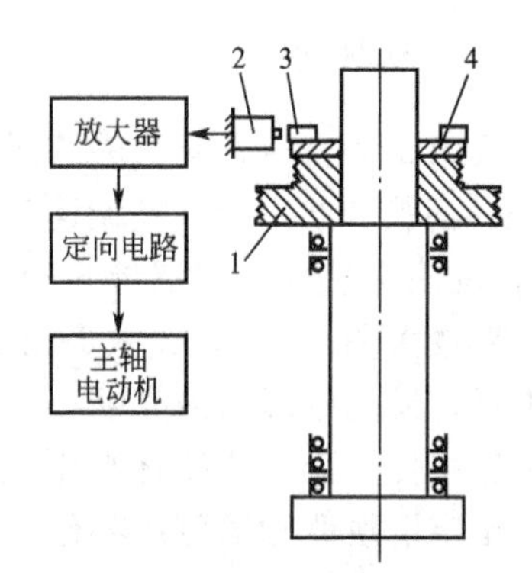

图 4.30 主轴定向准停装置

1—塔带轮；2—磁感应器；3—发磁体；4—垫片

4.2.5 伺服进给系统

1. 伺服进给控制系统

JCS－018 型机床 3 个方向的(X、Y、Z 轴)进给运动，都采用宽调速直流伺服电动机驱动的滚珠丝杠螺母副伺服进给系统(如图 4.31 所示)，任意两个坐标均可联动。该机床的伺服进给系统是半闭环系统，即在电动机上装有反馈装置，通常采用旋转变压器作为位置检测器，测速发电机作为速度环的速度反馈元件。旋转变压器的分解精度为 2000p/r，由电动机轴到旋转变压器的升速比为 5∶1，滚珠丝杠的导程为 10mm，因此，位置检测的分辨率为 10/2000×5＝0.001mm。

伺服进给控制系统的方块图如图 4.31 所示。从计算机来的位置指令脉冲 P_p 在位置偏差检测器内与位置检测器送来的反馈脉冲 P_l 比较，其差值为 P_e；再经数-模转换器(D/A)将差值转换为差值的模拟电压 U_e；然后经位置控制放大器把 U_e 放大为 U_c；再经速度误差检测器与速度检测器送来的速度(转速)模拟电压 U_g 比较，得到速度误差值 U_a；经速度控制放大器放大后的电压 U_m 送至伺服电动机，以控制伺服电动机的转速，再经联轴器、滚珠丝杠螺母副驱动工作台。

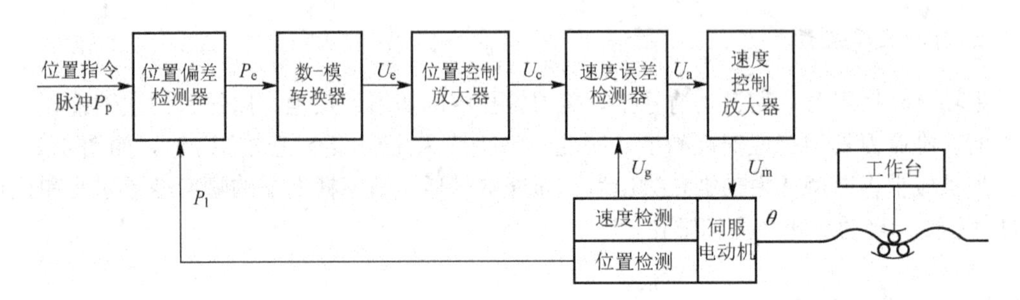

图 4.31　伺服进给控制系统的方块图

2. 传动机构

机床 3 个坐标方向的进给运动均采用相同的传动机构。图 4.32 所示为工作台纵向(*X* 轴)伺服进给系统。宽调速直流伺服电动机 1 经无键连接的锥环 2、十字滑块联轴器 3、传动滚珠丝杠 4 和螺母 5 和 6 使工作台实现纵向进给运动。无键连接的锥环的结构见局部放大图。图 4.32 中 *a* 和 *b* 是互相配合的内、外锥环，通过端盖上的螺钉压紧内、外锥环，使内锥环的内孔缩小，外锥环的外锥面胀大，靠摩擦力连接电动机轴与联轴器的左连接件，而右连接件则用键与滚珠丝杠相连。锥环的对数可根据所需传递的转矩选择。十字滑块联轴器可以补偿电动机轴与滚珠丝杠的径向偏移量，但两轴间不应有较大的角位移。

滚珠丝杠螺母副为外循环式，采用双螺母消除间隙。螺母座中安装有两个滚珠螺母，左螺母固定，右螺母可轴向调整位置。在两个螺母之间安装有两个半圆垫圈，借助改变半圆垫圈的厚度来消除丝杠、螺母间的间隙，并适当预紧，以提高传动刚度。滚珠丝杠的左支承为一对向心推力球轴承，背靠背安装，大口朝外，承受径向和双向轴向载荷；右支承为一个向心球轴承，外圈轴向不固定，仅承受径向载荷。这种支承方式结构简单，但丝杠温升后向右伸长，其轴向刚度要比两端轴向固定的方式低。

4.2.6　自动换刀装置

在加工中心(包括某些多工序数控机床)上，工件在一次装夹后，可完成多种工序的加工。因此，这类数控机床需设有自动换刀装置，以实现刀具的存储、选择、更换和装卸。

自动换刀装置一般应满足换刀时间短、刀具重复定位精度高、足够的刀具存储量、刀库占地面积小以及安全可靠等要求。

数控机床自动换刀的结构形式取决于机床的形式、工艺范围、刀具的种类和数量等。目前，多工序数控机床广泛采用刀库式自动换刀装置。

JCS-018 型机床采用刀库式自动换刀装置，将其安装在机床立柱左侧的前部，如图 4.26 所示，它由刀库和机械手两部分组成，刀库可容纳 16 把刀具。

该机床自动换刀的动作过程如图 4.33 所示。

(1) 在机床加工时，刀库预先按程序中的刀具指令，将准备更换的刀具转到换刀的位置上，即刀库的最下位置，如图 4.33(a)所示。

(2) 加工完毕时，按换刀指令将刀座逆时针转动 90°，主轴箱上升到换刀位置，机械手旋转 75°，分别抓住主轴和刀库刀座上的刀柄，如图 4.33(b)所示。

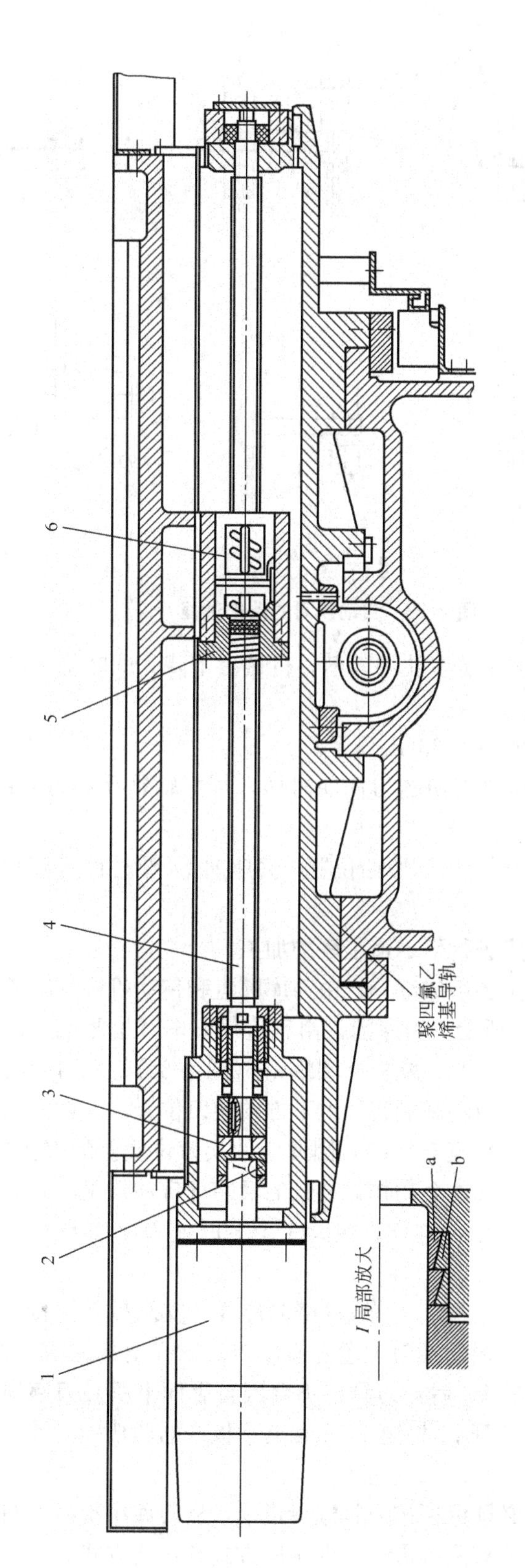

图4.32 工作台纵向伺服进给系统

1—伺服电动机；2—锥环；3—十字滑块联轴器；4—滚珠丝杠；5—左螺母；6—右螺母；a、b—内、外锥环

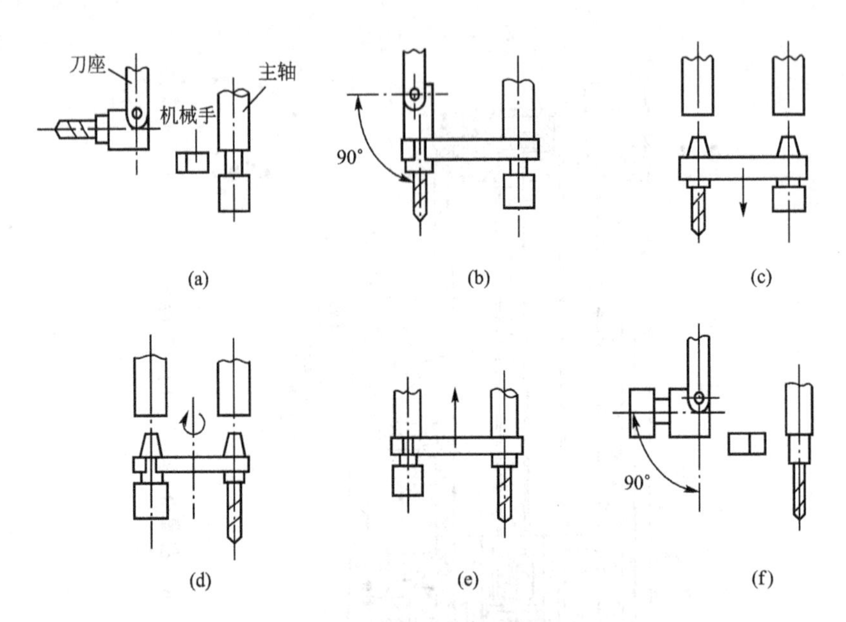

图 4.33　自动换刀的动作过程

(3) 主轴上的刀具自动夹紧装置放松刀柄，机械手下降，同时把主轴锥孔和刀库刀座内的刀柄拔出，如图 4.33(c)所示。

(4) 机械手回转 180°，如图 4.33(d)所示。

(5) 机械手臂上升，将需要更换的刀柄同时插入到主轴锥孔和刀库的刀座中并夹紧，如图 4.33(e)所示。

(6) 机械手反方向回转 75°，回到原始位置；刀座向上(顺时针)转动 90°，恢复至水平位置，如图 4.33(f)所示。

这时换刀过程完毕，机床进行下一道工序的加工。

刀库是自动换刀装置的主要组成部分，由刀库圆盘和传动机构等组成。

圆盘式刀库如图 4.34(a)所示。刀库圆盘由直流伺服电动机驱动，通过无键连接的锥环、十字滑块联轴器(图中未表示)、蜗杆 9 和蜗轮 8(图 4.34)带动刀库圆盘 7 和盘上的 16 个刀座 4 旋转，可使任意一个刀座都能转到最下方的换刀位置。但此时刀座在刀库上处于水平位置，由于该机床主轴是垂直布置的，因此应使换刀位置上的刀座旋转 90°，使刀头向下，以等待机械手换刀。实现这个动作靠气缸的活塞杆带动拨叉 1 上升，刀座 4 的顶部滚子 2 刚好处于拨叉 1 的缺口中，这样，拨叉 1 上升时使刀座连同刀具逆时针方向旋转 90°，则使刀头向下。

刀座的结构如图 4.34(b)所示。刀座以铰链的形式与支承板 3 连接，滚子 5 置于固定导盘 6 的槽中限位，并在最下端的换刀位置开有缺口。锥孔尾部的两个弹簧球头销 10 用来夹紧刀具，这样，刀座旋转 90°后，刀具也不会因自重而下落。刀座顶部滚子 2 用以刀座在水平位置时支承刀座，弹簧 11 将销 12 压在支承板 3 的凹槽中，使刀座定位在水平位置上。

数控机床自动换刀时，必须保证按刀具选择指令，从刀库中准确、自动地选择各工序所需要的刀具。自动换刀一般有两种形式，即顺序方式和任选方式。

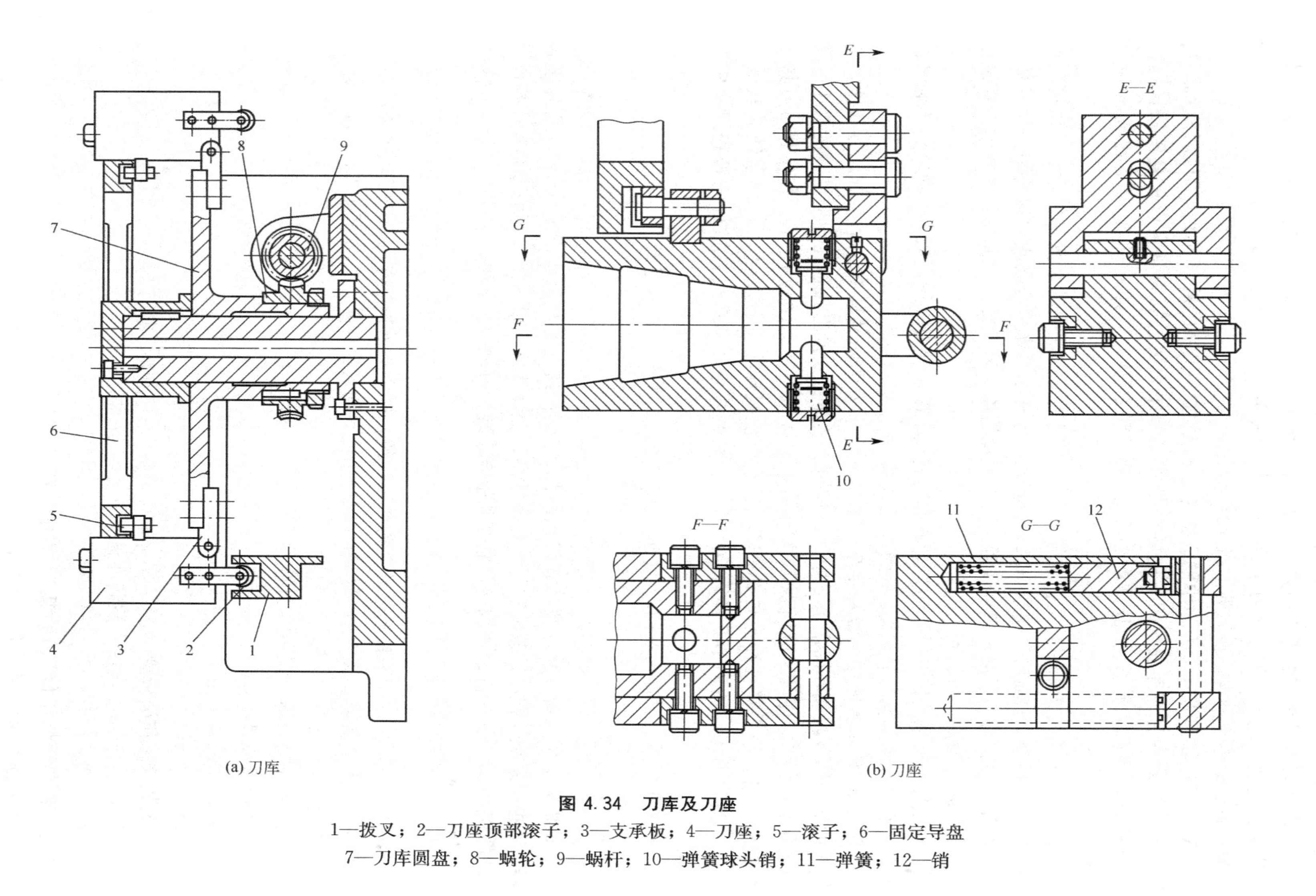

图 4.34 刀库及刀座

1—拨叉；2—刀座顶部滚子；3—支承板；4—刀座；5—滚子；6—固定导盘
7—刀库圆盘；8—蜗轮；9—蜗杆；10—弹簧球头销；11—弹簧；12—销

顺序选刀方式是按加工工序要求，依次将所用的刀具插入到刀库的刀座中，加工时按顺序进行更换。这种选刀方式刀库的驱动及控制简单，不需要刀具识别装置，一般用于刀具数量较少的中小型自动换刀数控机床。

对于任选换刀方式，刀库中的刀具不必按着加工工序的顺序排列，可以任意放置。这种选刀方式由于刀库安放刀具的顺序与加工顺序无关，故刀具可以重复使用，提高了刀具的利用率，减少了刀具的数量和刀库的容量，一般适用于加工比较复杂的工件。

JCS-018型机床采用的是任选换刀方式。刀具在刀库中的位置是任意的，由可编程序控制器(PLC)中的随机存储器(RAM)寄存刀具编号，故在刀座或刀柄上不需要任何识别开关和挡块，省去了编码识别装置，换刀机构简单。刀库转动由简易位置控制器控制定位，定位精度较高，可达到±0.1°。

在该机床上采用机械手作为刀具的交换装置，以实现刀库与机床主轴之间传递和装卸刀具，它的优点是换刀时间短、动作灵活可靠等。

图4.35所示为机械手臂和手爪的结构图。手臂的两端各有一个手爪。刀柄被带弹簧1的活动销5顶靠在固定爪6中。锁紧销3被弹簧2弹出，顶在活动销5的槽中，从而锁住活动销5，使其不能后退，这就保证了机械手在运动过程中，手爪中的刀具不致被甩出去。当手臂处在上位75°时，销4被该机床上的挡块压下，锁紧销3从活动销5的槽中退出，活动销5便可自由活动，使机械手可以抓住或放开主轴和刀座中的刀柄。

机械手的拔刀、插刀及回转75°或180°均由机械手驱动机构完成。

4.2.7 数控系统

该机床采用了软件固定型计算机控制的7CM系统，并配置JCS-018专用程序控制器。该控制系统体积小、故障率低、可靠性高、操作简便。机床的外部信号和程序控制器装置内部的运行具有自诊断机能，监控和检查直观、方便。

1. 系统的硬件结构

7CM系统是16位字长的微处理机数控系统，以中央处理器单元(CPU)为核心，用数据总线方式与存储器以及各种接口组合成一个完整的数控系统，总方框图如图4.36所示，其基本组成包括以下几部分。

(1) 中央处理器单元和存储器。

(2) 位置控制器。

(3) 纸带阅读器接口。

(4) 输入/输出接口。

(5) 数控操作面板接口。

(6) CRT显示器接口、控制和显示单元(选用件)。

(7) 外部操作面板接口(选用件)。

(8) 纸带存储器和穿孔机接口(选用件)。

(9) 工程师面板(生产厂用)。

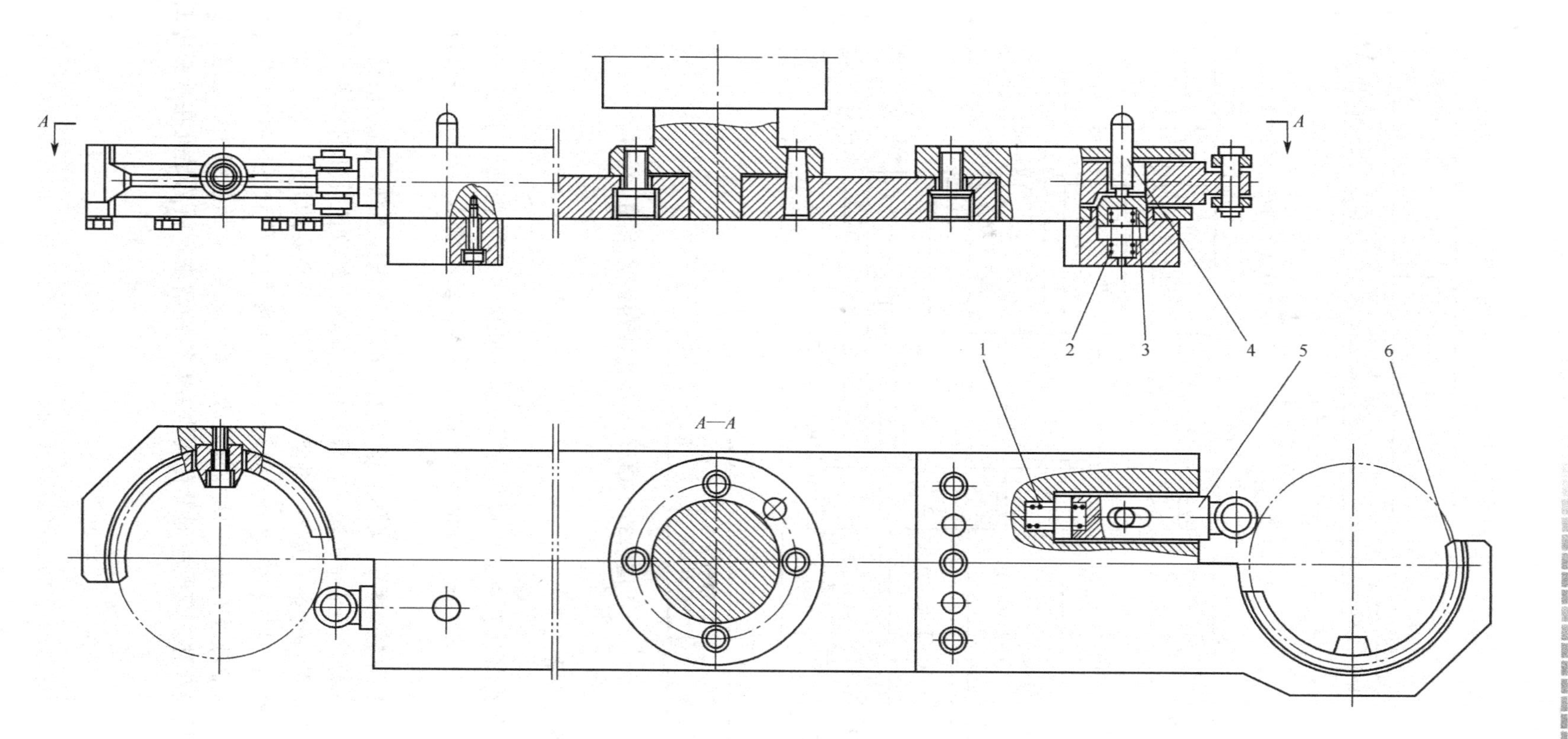

图4.35 机械手臂和手爪

1—弹簧；2—弹簧；3—锁紧销；4—销；5—活动销；6—固定爪

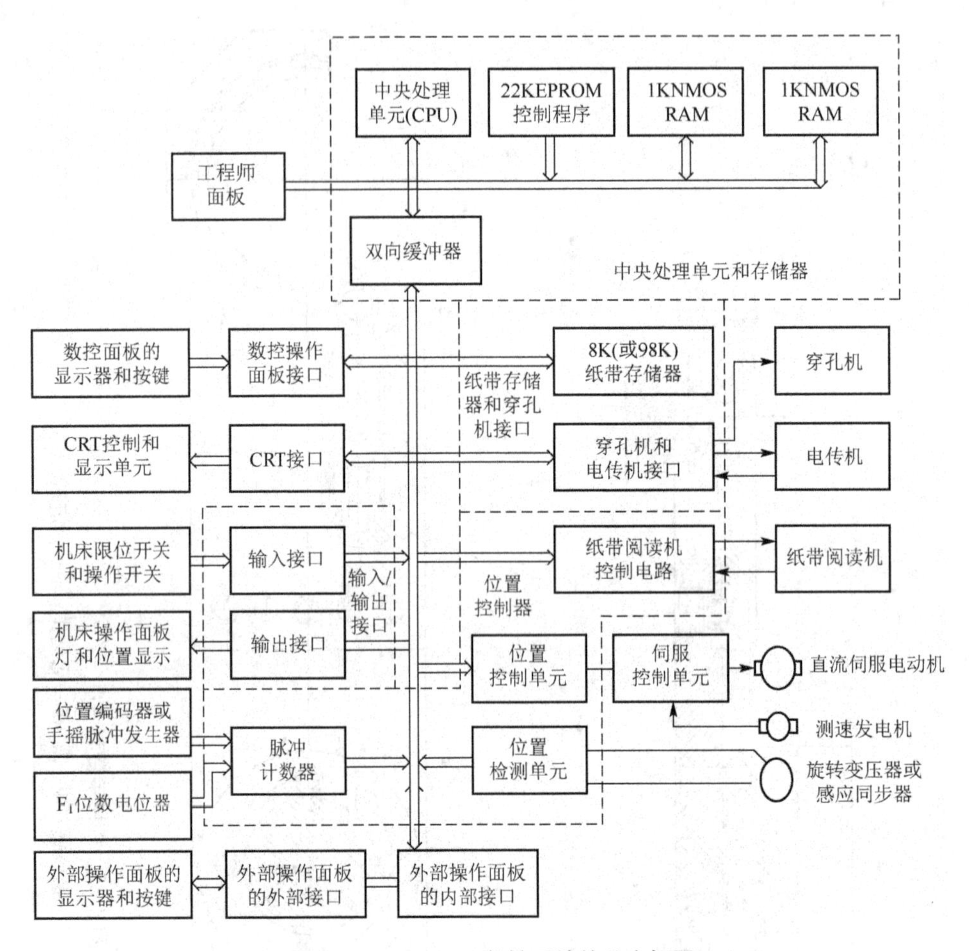

图 4.36　7CM CNC 数控系统的总方框图

2. 系统的软件结构

7CM 系统的全部功能由系统软件实现。系统软件由 22K 控制程序(三坐标两联动系统为 20K)、4K CRT 控制程序、诊断程序(由专用诊断纸带输入)及作为参数寄存和数据暂存的工件寄存器组成。

7CM 系统的整个控制程序实际上是一个大的多重中断系统。机床的插补、进给，数据的输入、输出和显示，纸带的输入，操作台开关状态的改变等任何一种动作和功能，都是由相应的中断服务程序来实施的。此外，为了做一些必要的处理，系统设置有一段“初始化”程序。CPU 在开机初始化后，就转入各级中断的工作状态。7CM 系统共分 8 级中断，其中，0 级为最低级中断，7 级为最高级中断。表 4-2 是各级中断功能一览表，其中 0 级中断请求始终存在，只要机器没有其他中断级别请求，就总是处在 0 级中断，即总是进行 CRT 显示。

表4-2 各级中断功能一览表

级 别	主 要 功 能	中断源
0	控制CRT显示	硬 件
1	数控指令译码处理、刀具中心轨迹计算、显示器控制	软件，16ms定时
2	NC键盘监控、I/O信号处理、穿孔机控制	软件，16ms定时
3	外部操作面板和电传机处理	硬件，8ms软件
4	插补运算、终点判别和转段处理	软件，8ms定时
5	纸带阅读器阅读纸带处理	硬件或软件
6	伺服系统位置控制处理	4ms实时时钟
7	通过测试板对存储器的数据进行读写，程序调试处理	硬件，随机中断

4.3 计算机直接数控、柔性制造系统和计算机集成制造系统

4.3.1 计算机直接数控(DNC)

计算机直接数字控制(DNC)系统是将一组数控机床与存储有零件加工程序和机床控制程序的公共存储器相连接，根据加工要求向机床分配数据和指令的系统，即用一台通用计算机直接控制和管理一群数控机床进行零件加工或装配的系统。在DNC系统中，基本保留着原来各数控机床的CNC系统，并与DNC系统的中央计算机组成计算机网络，实现分级控制管理。中央计算机并不取代各数控装置的常规工作。

DNC系统具有计算机集中处理和分时控制的能力；具有现场自动编程和对零件程序进行编辑和修改的能力，使编程与控制相结合，而且零件程序存储量最大；此外，DNC系统还具有生产管理、作业调度、工况显示监控和刀具寿命管理等能力。DNC系统可以分成间接控制型和直接控制型两大类。

间接控制型DNC系统是由已有的数控机床，配上集中管理和控制的中央计算机，并在中央计算机和数控机床的数控装置之间加上通信接口所组成的，如图4.37(a)所示。中央计算机配备有大容量的外存储器，以存放每台数控机床所需的零件加工计划和加工程序，适时调至计算机的内存中。计算机中存有扫描程序，顺次查询各台数控机床的请求信号，根据需要，计算机以中断方式向发出请求的某台数控机床的通信接口传送所需的加工程序。由于传递一个零件加工程序的时间很短，而机床的加工时间很长，所以一台中央计算机为多台机床服务时，不会发生等待现象。

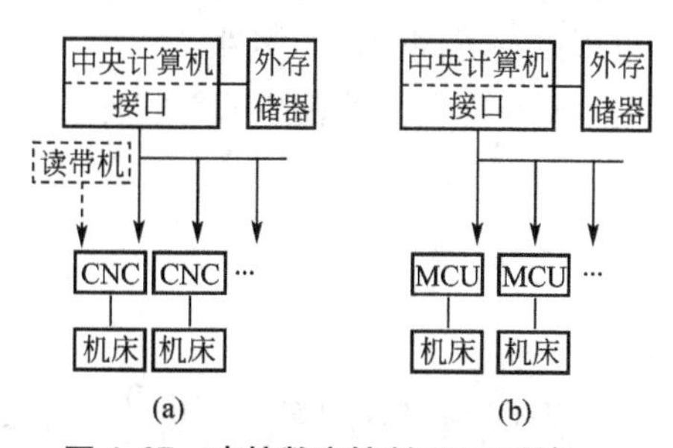

图4.37 直接数字控制DNC系统

在间接控制型DNC系统中，各数控机床的数控装置仍然承担着原来的控制功能，中央计算机与接口只起到原有数控机床的纸带阅读机的作用，这样的控制功能称之为读带机旁路控制。

间接控制型DNC系统比较容易建立，并且当中央计算机出现故障时，仍可用原有的纸带阅读机工作，由于机床的数控装置并未简化，故硬件成本较高。

组成直接控制型DNC系统的数控机床不再配置普通的数控装置，原来由数控装置完成的插补运算功能全部或部分由中央计算机集中完成，各台数控机床只需配置一个简单的机床控制器(Machine Control Unit-MCU)用于数据传递，驱动控制和手动操作的原理框图如图4.37(b)所示。

直接控制型DNC系统的数控机床的控制功能主要由计算机软件执行，所以灵活性大，适应性强，可靠性也比较高，但是投资比较大。在现有的DNC系统中，也有将直接控制型与间接控制型混合使用的情况。

4.3.2 柔性制造系统(FMS)

1. 柔性制造单元(FMC)

FMC是由加工中心(MC)与自动交换工件(AWC、APC)的装置组成的，同时，数控系统还增加了自动检测与工况自动监控等功能。FMC的结构形式根据不同的加工对象、CNC机床的类型与数量以及工件更换与存储的方式不同，可以有很多种形式，但主要有托盘搬运式和机器人搬运式两种。

图4.38所示的FMC-1型柔性制造单元采用了托盘搬运式的结构形式。托盘作为固定工件的器具，在加工过程中，它与工件一起流动，类似通常的随行夹具。FMC-1型柔性制造单元由卧式加工中心、环形工件交换工作台、工件托盘及托盘交换装置组成。环形工作台是一个独立的通用部件，与加工中心并不直接相连，装有工件的托盘在环形工作台的导轨上由环形链条驱动进行回转，每个托盘座上有地址编码。当一个工件加工完毕后，托盘交换装置将加工完的工件连同托盘一起拖回至环形工作台的空位，然后按指令将下一个待加工的托盘与工件转到交换位置，由托盘交换装置将它送到机床的工作台上，定位夹紧以待加工。已加工好的工件连同托盘转至工件的装卸工位，由人工卸下，并装上待加工的工件。托盘搬运的方式多用于箱体类零件或大型零件。托盘上可装夹几个相同的零件，也可以是不同的数个零件。

对于车削或磨削中心等机床，可以使用机器人搬运式的结构进行工件的交换。图4.39

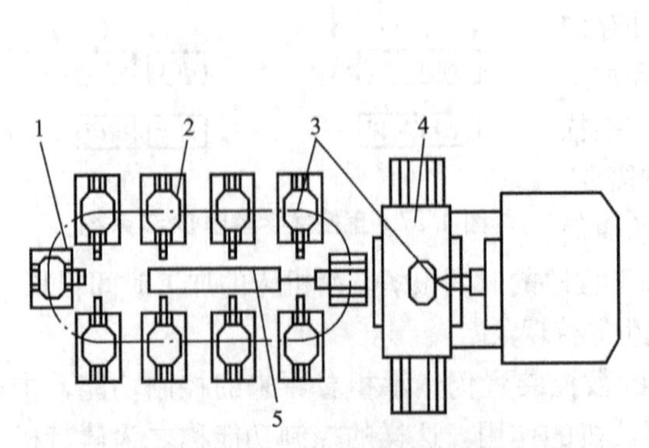

图4.38 FMC-1型柔性制造单元

1—环形交换工作台；2—托盘座；3—托盘；
4—加工中心；5—托盘交换装置

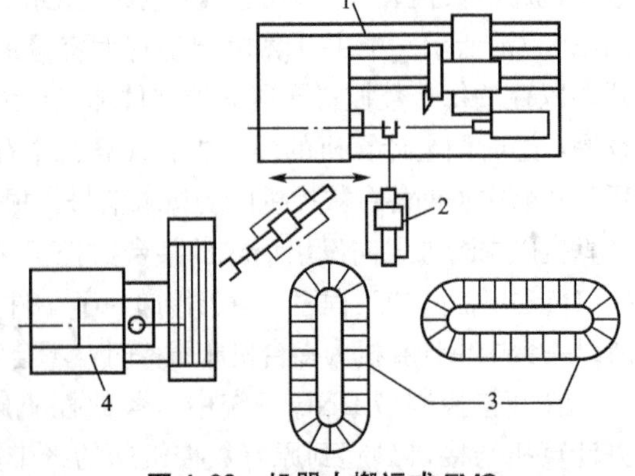

图4.39 机器人搬运式FMC

1—车削中心；2—机器人；
3—交换工作台；4—加工中心

所示为日立精工的一种 FMC，它由一个机器人为一台加工中心和一台车削中心服务，每一台机床用一台交换工作台作为输送与缓冲存储。由于机器人的抓重能力及同一规格的抓取手爪对工件形状与尺寸的限制，这种搬运方式主要适用于小件或回转件的搬运。

柔性制造单元可以作为独立运行的生产设备进行自动加工，也可以作为柔性制造系统的加工模块。由于柔性制造单元自成体系，占地面积小，便于扩充，成本低而且功能完善，加工适应范围广，所以特别适用于中小企业。因此，近年来 FMC 的发展速度很快。

2. 柔性制造系统(FMS)概述

1) FMS 的起源和发展

在大部分制造业中，都存在着设备利用率低、生产效率差的现象。由于采用了自动装夹技术、成组技术以及实现两班制和三班制，使得生产时间有所改善。因此，自动化初期把重点放在加工方法上，而后来把注意力集中到用于搬运和等待的 95%的非生产时间的利用上，如今又把注意力集中到如何减少机床闲置的时间上，以期提高机器设备的生产效率和利用率。

FMS 的概念诞生于 20 世纪 60 年代的伦敦，由一位做研究和开发工作的工程师大卫·威廉逊(David Williamson)提出。当时他使用 Flexible Machining System 这个名称，并在一个机加工车间里安装了第一套 FMS。它是在计算机控制下，每天工作 24h(实际上在中班和晚班的 16h 内进行无人化加工)，故称之为 24 系统，这就是 1967 年英国创建的世界上最初的柔性加工系统(Molinssy System-24)，由英国 Molins 公司将其公布于世。Williamson 在该系统中用人工将工件装到托盘上，然后托盘被送到各机床处，并在需要的时候自动安装工件，用数控机床加工一系列不同的零件。每台机床配置一个刀库，系统从刀库中选用刀具进行各种不同的加工操作，整个过程还包括清除切屑和清理工件，该系统用计算机控制机床的多种操作，无需人力介入。这种用计算机分散控制机床加工和每天 24h 加工相结合的思想就是 FMS 的起源。

随着计算机控制设备的发展以及在金属成形和装配方面的广泛应用，柔性加工系统(Flexibel Machining System)逐渐发展为柔性制造系统(Flexible Manufacturing System)，美国的 Kearney Trecher 公司首先使用这个名称来命名可以完成多品种、中小批量制造加工任务，并由计算机控制的自动加工线。

Williamson 提出的 FMS 在欧洲应用后，人们很快发现其中的许多原则对于加工小批量、多品种产品来说趋于理想化，于是进行了各种改进。20 世纪 70 年代初期，联邦德国、日本、民主德国、苏联、美国、意大利等国家相继开发了本国的第一代 FMS，经过 10 年的发展和完善，FMS 开始走出实验室而逐步成为先进制造企业的主力装备。由于 FMS 显著的经济效益，各国相继投入大量资金，竞相开发 FMS。

近年来，柔性制造系统作为一种现代化工业生产的科学“哲理”和工厂自动化的先进模式已为国际上所公认，可以这样认为：柔性制造系统是在自动化技术、信息技术及制造技术的基础上，将以往企业中相互独立的工程设计、生产制造及经营管理等过程，在计算机及其软件的支撑下，构成一个覆盖整个企业的完整而有机的系统，以实现全局动态最优化、总体高效益、高柔性、并进而赢得竞争全胜的智能制造技术。它作为当今世界制造自动化技术发展的前沿科技，为未来制造工厂提供了一幅宏伟蓝图，将成为21世纪制造业的主要生产模式。

2) FMS的定义和特点

目前，对于柔性制造系统(Flexible Manufacturing System，FMS)还没有统一的定义，它作为一种新的制造技术的代表，不仅限于零件的加工，而且在与加工和装配相关的领域里也得到了越来越广泛的应用，这就决定了FMS组成和机理的多样性，可以说，有关FMS的定义和描述，在许多情况下，与其说依赖于制造商的观点，不如说依赖于用户的看法。目前见到的一些权威性单位对FMS的定义很多，不下几十种。

美国国家标准局(United States Bureau of Standards)把FMS定义为："由一个传输系统联系起来的一些设备，传输装置把工件放在其他连接装置上送到各加工设备，使工件加工准确、迅速和自动化。中央计算机控制机床和传输系统，柔性制造系统有时可同时加工几种不同的零件。"

美国政府称FMS为"由一组自动化的机床或制造设备与一个自动化的物料处理系统相结合，由一个公共的、多层的、数字化可编程的计算机进行控制，可对事先确定类别的零件进行自由地加工或装配的系统。"

国际生产工程研究协会指出："柔性制造系统是一个自动化制造系统，它能够以最少的人工干预，加工任一范围的零件族工件，该系统通常用于有效加工中小批量的零件族，以不同批量加工或混合加工；系统的柔性一般受到系统设计时考虑的产品族的限制，该系统含有调度生产和产品通过系统路径的功能。系统也具有产生报告和系统操作数据的手段。"

FMS在"中华人民共和国国家军用标准"有关"武器装备柔性制造系统术语"中的定义为："柔性制造系统是由数控加工设备、物料运储装置和计算机控制系统组成的自动化制造系统，它包括多个柔性制造单元，能根据制造任务或生产环境的变化迅速地进行调整，适用于多品种、中小批量生产。"

为简单起见，不妨这么定义柔性制造系统，它是由CNC设备、物料运储装置和计算机控制系统组成的，并能够根据制造任务和生产品种的变化而迅速进行调整的自动化制造系统。

各种定义的描述方法虽然不同，但都反映了FMS应该具备的一些共同特点。

(1) 硬件的组成部分如下。

① 两台以上的数控机床或加工中心以及其他的加工设备(包括测量机、清洗机、动平衡机，各种特种加工设备等)。

② 一套能自动装卸的运储系统，包括刀具的运储和工件原材料的运储(具体结构可采用传送带、有轨小车、无轨小车、搬运机器人、上下料托盘、交换工作站等)。

③ 一套计算机控制系统。

(2) 软件的主要内容如下。

① FMS的运行控制。

② FMS的质量保证。

③ FMS的数据管理和通信网络。

(3) FMS的功能如下。

① 能自动地进行零件的批量生产。

② 简单地改变软件，便能制造出某一零件族中的任何零件。

③ 物料的运输和存储必须是自动的(包括刀具工装和工件)。

④ 能解决多机条件下零件的混合化，且无需额外增加费用。

3) FMS的组成

FMS的规模虽然差异较大，功能不一，但都必须包含3个基本部分，即加工系统、物料运送系统和计算机控制及管理系统。除此之外，还根据FMS的不同要求，配置不同的辅助工作站，如清洗工作站、监控工作站等，见表4－3。

表4－3 FMS的水平等级

应用领域水平等级	毛坯加工	机械加工	零件检查	特殊加工	装配	产品检查
Ⅰ		√				
Ⅱ		√	√			
Ⅲ		√	√	√		
Ⅳ	√	√	√	√		
Ⅴ	√	√	√	√	√	
Ⅵ	√	√	√	√	√	√

(1) 加工系统：实施对产品零件的加工，包括一群CNC机床。对于以加工箱体形零件为主的FMS，应配备数控加工中心(有时用CNC铣床)；对于以加工回转体零件为主的FMS，多数配备CNC车削中心和CNC车床(有时也配备CNC磨床)；对于既加工箱体形零件，又加工回转体零件的FMS，需既配备CNC加工中心，又配备CNC车削中心；对于加工特殊零件的FMS，需配备专用的CNC机床，如加工齿轮，则应配备有CNC齿轮加工机床；有的FMS还应根据需要配备焊接、喷漆等设备。根据规模的不同，加工系统中的机床数有2～20台不等或更多些。从目前的趋势看，加工系统中的机床数均较少，多数为2～4台。

(2) 物料运送系统：又称传递系统，实施对毛坯、夹具、工件、刀具等出入库的搬运、装卸工作。如果工件和刀具的传递分别由各自的传递系统完成，那么运送系统就分为工件运送系统和刀具运送系统。在大多数的FMS中，进入系统的毛坯在工件装卸站装夹到托盘夹具上，然后由工件传递系统进行输送和搬运。该系统包括工件在机床之间、加工单元之间、自动仓库与机床或加工单元之间以及托盘存放站与机床之间的输送和搬运。托盘存放站与机床之间的工件托盘装卸设备有托盘交换器(APC)、多托盘库运载交换器(APM)和机器人3种。装卸工件的机器人还分为内装式机器人、安装机器人和单置万能式机器人。

自动搬运设备包括滚柱式传送带、链式传送带、无人线导小车、地下链牵引线式小车、有轨小车、桥式行车机械手(或悬挂式机械手)等。

加工所需的各种刀具经刀具预调仪预调，将有关参数送到计算机后，由人工把刀具放置到刀具进出站的刀位上(或刀盒中)，由换刀机器人(或AGV)将它们送到机床刀库或中央刀库中。

(3) 计算机控制及管理系统：实施对整个FMS的控制和监督管理，由一台中央计算机(主机)与各设备的控制装置组成分级控制网络，构成信息流。

根据FMS规模的大小，系统的复杂程度有所不同。一般采用多级(通常是三级)递阶控制系统。第一级只要对各种机床、工件装卸机器人、坐标测量机、小车、传递装置以及储存检索系统等进行控制，包括对各种加工作业的控制和监测，这一级也称为设备级控制器。第二级相当于DNC的控制，它包括对整个系统运转的管理、零件流动的控制、零件程序的分配以及第一级生产数据的收集，又称为工作站控制器。FMS控制系统的第三级是单元控制器，通常也称为FMS控制器。作为制造单元的最高一级控制器，它是柔性制造系统全部生产活动的总体控制系统，全面管理，协调和控制单元内的制造活动。同时它还是承上启下，沟通与上级(车间)控制器信息连接的桥梁。图4.40所示是FMS的递阶控制结构图。

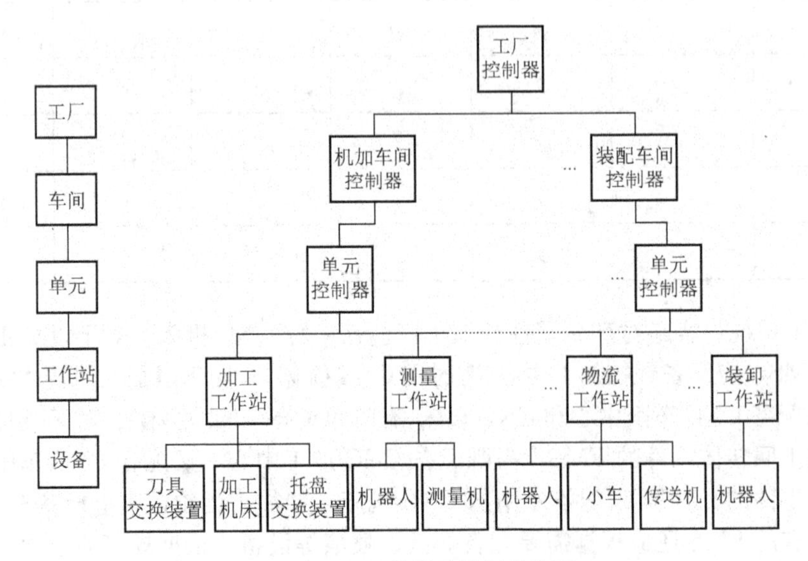

图4.40 FMS的递阶控制结构图

4) 典型的FMS系统及其主要组成

图4.41所示为美国麦道公司的FMS。该系统有5台CNC加工中心机床①，每台加工中心配有90把刀和一个换刀站②，用小车输送合格刀具的系统共有3辆由计算机控制的小车③，按导引线指示的路径运行，并设有小车保养站④，对小车进行维护。该系统有两台配有10个托盘的自动工件交换台⑤，通过90°倾斜和360°转动，使之具有两个装夹和拆卸工件的位置。物料检查站⑥用于检查工件是否合格。测量站⑦配有卧式坐标测量机，用于测量加工好的零件尺寸，测量前零件要经过清洗站⑧予以自动清洗。刀具装卸站⑨还能对刀具进行测量、预调。中央计算机使用DEC VAX8200，并置于高架机房⑩内。⑪是切削收集和切削再生系统，配有两条水槽。

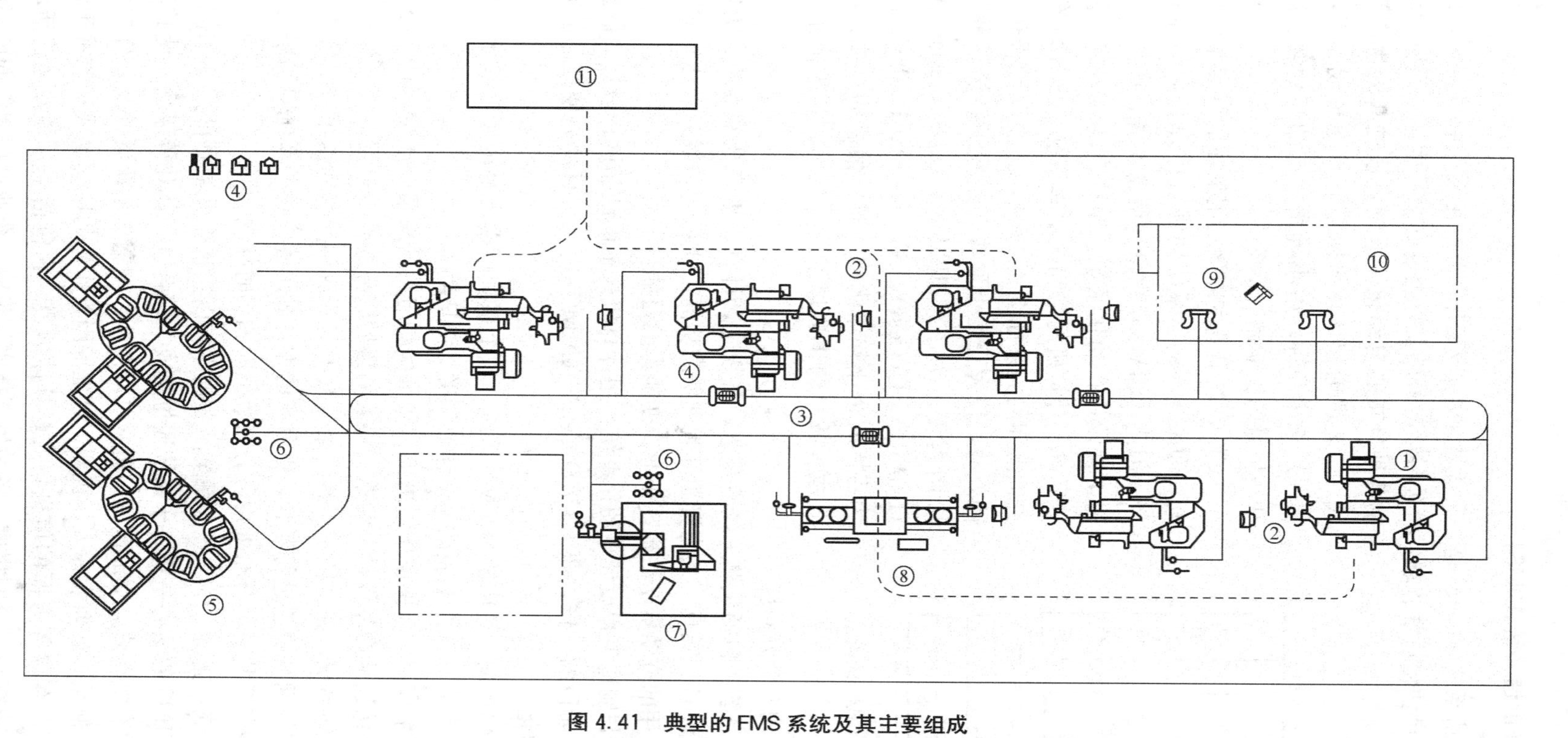

图4.41 典型的FMS系统及其主要组成

①—加工中心机床；②—刀具交换站；③—无人引导小车；④—小车维修站；⑤—工件装卸缓冲站；⑥物料检查站；
⑦—测量站；⑧—清洗站；⑨—刀具装卸、刀具测量、预调；⑩—VAX8200；⑪—切屑收集和切削液再生系统

4.3.3 计算机集成制造系统(CIMS)

计算机集成制造系统(CIMS)是一种先进的生产模式，它是在柔性制造技术、计算机技术、信息技术、自动化技术和现代管理科学的基础上将企业的全部生产、经营活动所需的各种分布的自动化子系统，通过新的生产管理模式、工艺理论和计算机网络有机地集成起来，以获得适用于多品种、中小批量生产的高效益、高柔性和高质量的智能制造系统。

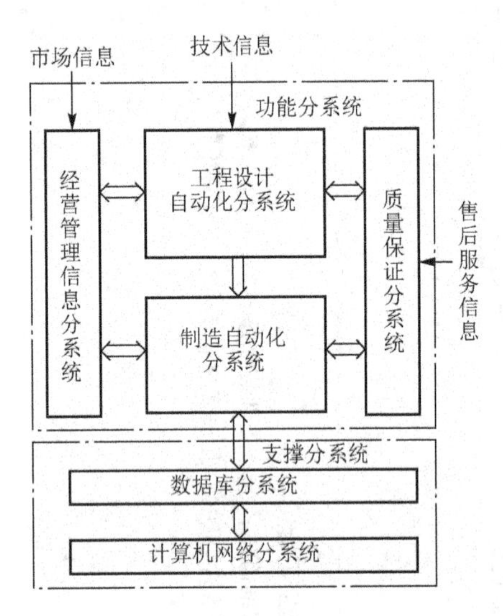

图 4.42 CIMS 的组成

CIMS 的最基本内涵是用集成的观点组织生产经营，即用全局的、系统的观点处理企业的经营和生产。因此，CIMS 可由管理信息系统、产品设计与制造工程设计自动化系统、制造自动化系统、质量保证系统、计算机网络和数据库系统 6 个分系统组成，它们之间的关系如图 4.42 所示。企业能否获得最大的效益，很大程度上取决于这些子系统各种功能的协调程度。为了实现以 T(Time to Market)、Q(Quality)、C(Cost)、S(Service)、E(Environment)为目标的企业整体优化，需要信息的集成、功能的集成、技术的集成以及人、技术、管理的集成。以下分别介绍 CIMS 的 6 个分系统。

(1) 管理信息系统：包括预测、经营决策、各级生产计划、生产技术准备、销售、供应、财务、成本、设备、工具、人力资源等管理信息功能，通过信息集成，达到缩短产品生产周期、减少占用的流动资金、提高企业应变能力的目的。

(2) 产品设计与制造工程设计自动化系统：用计算机来辅助产品进行设计、制造准备和产品性能测试等阶段的工作，即为 CAD/CAPP/CAM 系统，其目的是使产品的开发更高效、优质、自动化。

(3) 制造自动化系统：常用的是 FMS 系统，这个系统根据产品的工程技术信息、车间层的加工指令，完成对工件毛坯加工的作业调度、制造等工作。

(4) 质量保证系统：具有保证质量决策、质量检测与数据采集、质量评估、控制与跟踪等功能。该系统保证从产品设计、制造、检验到售后服务的整个过程。

(5) 计算机网络系统：是支持 CIMS 各个分系统的开放型网络通信系统，采用国际标准和工业标准规定的网络协议进行互联，以分布的方式满足各应用分系统对网络支持服务的不同需求，支持资源共享、分布处理、分布数据库和实时控制。

(6) 数据库系统：支持 CIMS 各分系统的数据库，以实现企业数据的共享和信息的集成。开发与实施 CIMS 的核心是将各子系统通过集成、综合及一体化等手段，使其融合成一个高效、统一的有机整体。集成范围的概念可以包括：侧重于系统硬件及软件技术平台构成的系统集成；侧重于如何发挥人、机器、过程等因素作用的应用集成；侧重于信息的采集、传递、加工、存取等方面的信息集成。具体地说，它包括企业各种经营活动的集成、企业各个生产系统与环节的集成、各种生产技术的集成、企业部门组织间的集成和各类人员的集成。集成的发展大体可划分为信息集成、过程集成和企业集成3个阶段。目前，CIMS的集成已经从原先的企业内部的信息集成和功能集成，发展到当前的以并行工程为代表的过程集成，并正在向以敏捷制造为代表的企业间集成发展。

虽然CIMS设计的领域很广泛，但是，数控机床仍是CIMS不可缺少的基本工作单元，高级自动化技术的发展将进一步证明数控机床的价值，并且正在更为广泛地开拓数控机床的应用领域。

思考和练习

1. 什么是数控机床？数控机床的特点是什么？
2. 数控机床主要由哪几部分组成？
3. 数控机床是如何进行分类的？
4. 数控加工中心与数控机床相比其特点是什么？
5. 何谓柔性制造系统？它由哪几个基本部分构成？
6. 何谓计算机集成制造系统(CIMS)？理想的计算机集成制造系统应具有哪些特征？

第5章 其他机床

切削加工是将金属毛坯加工成具有较高精度的形状、尺寸和较高表面质量零件的主要加工方法。金属切削机床是切削加工机器零件的主要设备。本章学习的目的在于开阔学生的眼界，并进一步学习机床的选用，从而为合理选择机器零件的加工方法奠定基础。

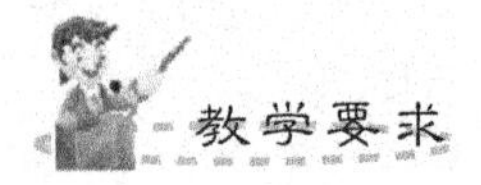

本章重点让学生了解各种金属切削机床的组成、功用、运动和加工特点，熟悉各种机床的构造，用途及工艺范围。使学生能够根据所要加工零件的工艺要求，结合本机床的特点，合理地选择机床。

5.1 钻　床

钻床主要用来加工一些尺寸不是很大、对精度要求不是很高、外形较复杂、没有对称回转线的孔。在钻床上可以进行的工作如图 5.1 所示。加工时，刀具一面旋转作主运动，一面沿其轴线移动作进给运动。加工前，须调整机床，使刀具轴线对准被加工孔的中心线；在加工过程中，工件是固定不动的。

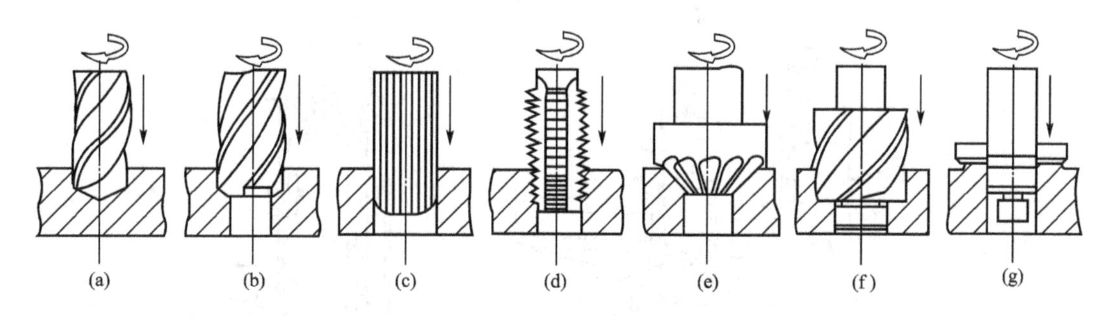

图 5.1　钻床的加工方法

通常，表明钻床加工能力的主参数是最大钻孔直径。钻床按结构的不同可分为立式钻床、摇臂钻床、深孔钻床等。

5.1.1　立式钻床

图 5.2 所示是立式钻床的外形图。立式钻床由底座 1、工作台 2、主轴箱 3、立柱 4 及进给操作手柄 5 等部件组成。主轴箱内有主运动及进给运动的传动机构，刀具安装在主轴的锥孔内，由主轴（通过锥面摩擦传动）带动刀具作旋转运动，即主运动；而进给运动是靠手动或机动使主轴套筒作轴向进给。工作台可沿立柱上的导轨作上下位置的调整，以适应不同高度工件加工。

在立式钻床上，加工完一个孔后再加工另一个孔时，需要移动工件，使刀具与另一个孔对准，这对于大而重的工件，操作很不方便，因此，立式钻床仅适用于在单件、小批量生产中加工中、小型零件。立式钻床的主参数是最大钻孔直径。

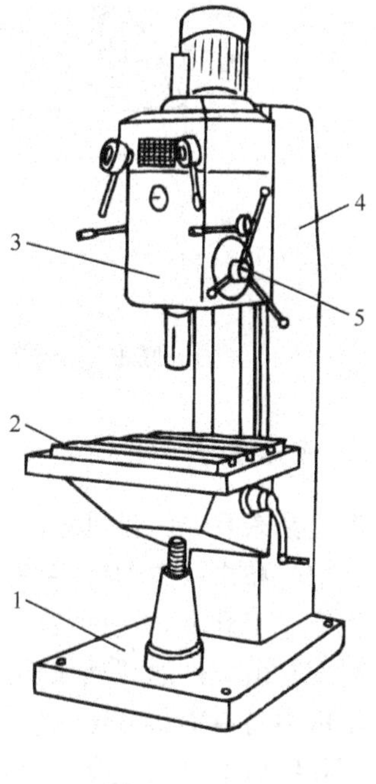

图 5.2　立式钻床

1—底座；2—工作台；3—主轴箱；4—立柱；5—进给操作手柄

5.1.2　摇臂钻床

一些大而重的工件在立式钻床上加工时很不方便，这时希望工件固定不动，而通过移动主轴使主轴中心对准被加工孔的中心，由此就产生了摇臂钻床。

图 5.3(a)所示是摇臂钻床的外形图。摇臂钻床是由外立柱 3、内立柱 2、摇臂 4、主

轴箱 5、主轴 6 和底座 1 等部件组成。主轴箱 5 可沿摇臂 4 的导轨横向调整位置，摇臂 4 可沿外立柱 3 的圆柱面上下调整位置，此外，摇臂 4 及外立柱 3 又可绕内立柱 2 转动至不同的位置，如图 5.3(b)所示。通过摇臂绕立柱的转动和主轴箱在摇臂上的移动，使钻床的主轴可以找正工件的待加工孔的中心。找正后，应将内外立柱、摇臂与外立柱、主轴箱与摇臂之间的位置分别固定，再进行加工。工件可以安装在工作台底座上。摇臂钻床广泛地应用于在单件和中、小批量生产中加工大、中型零件。摇臂钻床的第二主参数是最大跨距。

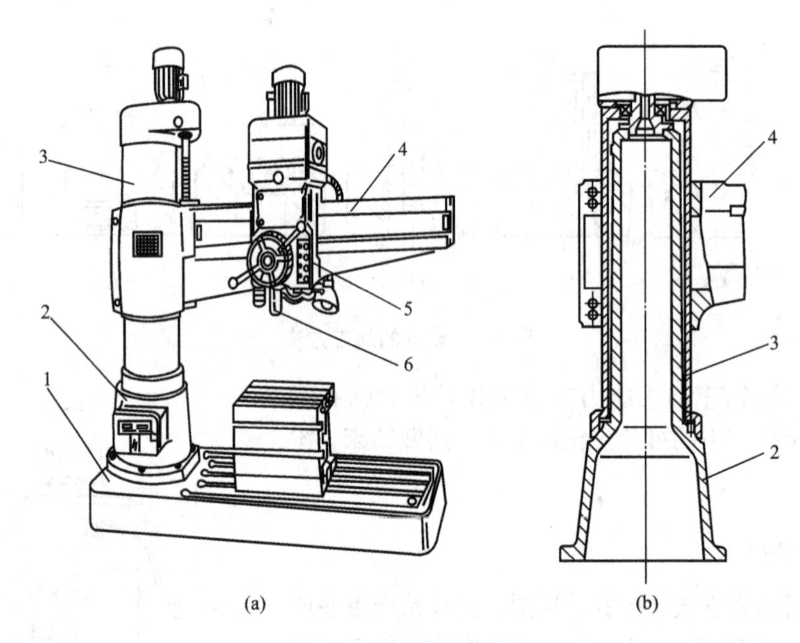

图 5.3　摇臂钻床

1—底座；2—内立柱；3—外立柱；4—摇臂；5—主轴箱；6—主轴

5.1.3　深孔钻床

深孔钻床是专门化机床，专门用于加工深孔(孔的长度是其直径的 5 倍以上)，如加工枪管、炮筒和机床主轴等零件的深孔。由于被加工孔较深且工件又较长，为了便于排屑及避免机床过于高大，这种钻床通常呈卧式布局，与车床类似。为了减少孔中心线的偏斜，加工时通常由工件的转动来实现主运动，而深孔钻头并不转动，只作直线的进给运动。在深孔钻床中备有冷却液输送装置及周期退刀排屑装置。

深孔钻床的第二主参数是最大钻孔深度。

5.2　镗　　床

镗床主要用于加工工件上已经有了铸造的孔或加工的孔，常用于加工尺寸较大及精度较高的场合，特别适宜加工分布在不同表面上、孔距尺寸精度和位置精度要求十分严格的孔系，如各种箱体、汽车发动机缸体的孔系。镗床主要用镗刀进行镗孔，还可进行钻孔、铣平面和车削等工作，适用于批量较小的加工。

镗床的主要类型有卧式镗床、坐标镗床、金刚镗床等。

5.2.1 卧式镗床

卧式镗床的加工范围很广，除镗孔外，还可以车端面、车外圆、车螺纹、车沟槽、铣平面、铣成形表面及钻孔等。对于体积较大的复杂的箱体类零件，卧式镗床能在一次安装中完成各种孔和箱体表面的加工，且能较好地保证其尺寸精度和形状位置精度。卧式镗床的主要加工方法如图 5.4 所示。

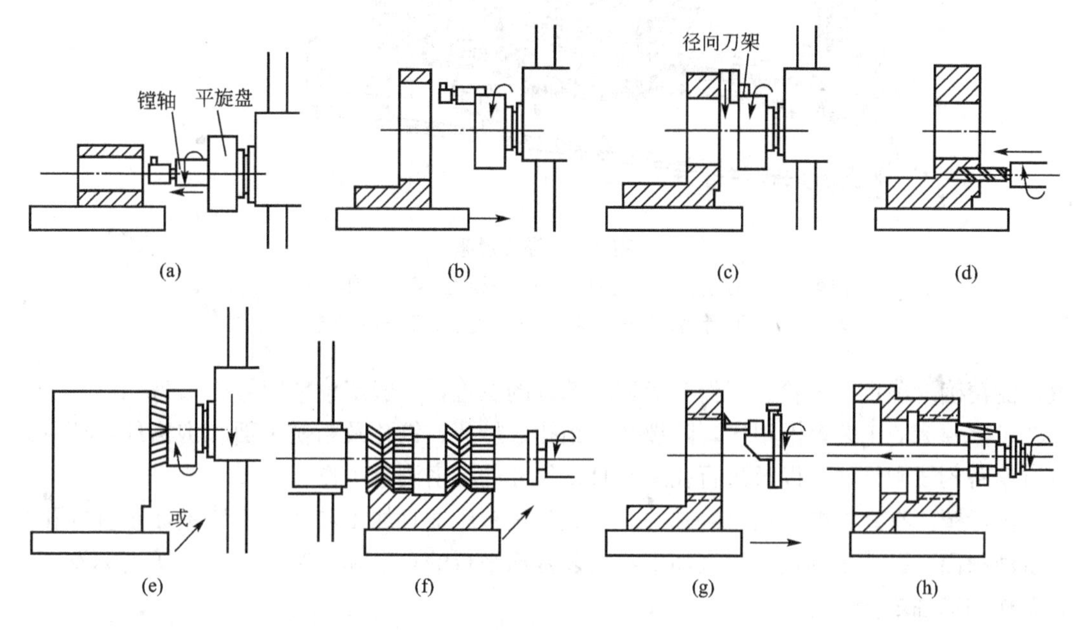

图 5.4 卧式镗床的工艺范围

图 5.5 所示是卧式镗床的外形图。卧式镗床是由主轴箱 1、前立柱 2、镗杆 3、平旋盘 4、工作台 5、上滑座 6、下滑座 7、床身、带后支承 9 的后立柱 10 等部件组成的。加工时，刀具装在主轴箱 1 的镗杆 3 或平旋盘 4 上，由主轴箱 1 可获得各种转速和进给量。主轴箱 1 可沿前立柱 2 的导轨上下移动。工件安装在工作台 5 上，可与工作台一起随下滑座 7 或上滑座 6 作纵向或横向移动。工作台 5 还可绕上滑座 6 的圆导轨在水平平面内调整至一定的角度位置，以便加工互相成一定角度的孔或平面。后立柱 10 上的后支承 9 用于支承悬伸长度较大的镗杆的悬伸端，以增加刚性。后支承 9 可沿后立柱 10 上的导轨与主轴箱同步升降，以保持后支承支承孔与镗杆在同一轴线上。后立柱 10 可沿床身 8 的导轨移动，以适应镗杆的不同悬伸。当刀具装在平旋盘 4 的径向刀架上时，径向刀架可带动刀具作径向进给，以车削端面。

卧式镗床的主参数是镗轴直径。

5.2.2 坐标镗床

坐标镗床属高精度机床，主要用在尺寸精度和位置精度都要求很高的孔及孔系的加工中。它的特点是：主要零部件的制造精度和装配精度都很高，而且还具有良好的刚性和抗振性；机床对使用环境温度和工作条件提出了严格要求；机床上配备有精密的坐标测量装

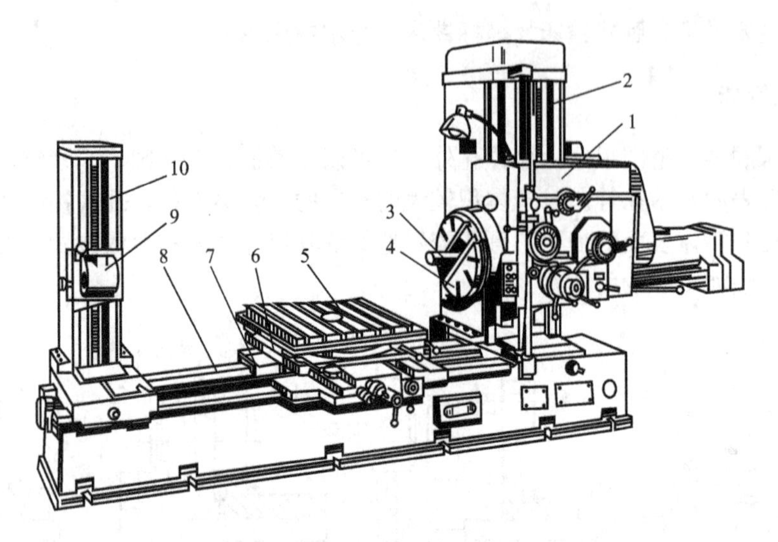

图 5.5 卧式镗床

1—主轴箱；2—前立柱；3—镗柱；4—平旋盘；5—工作台；6—上滑座；
7—下滑座；8—床身；9—后支承；10—后立柱

置，能精确地确定主轴箱、工作台等移动部件的位置，一般定位精度可达 0.2μm。

坐标镗床的工艺范围很广，除镗孔、钻孔、扩孔、铰孔及精铣平面和沟槽外，还可以进行精密刻线和划线，以及进行孔距和直线尺寸的精密测量工作。

坐标镗床有立式的，也有卧式的。立式坐标镗床适宜加工轴线与安装基面垂直的孔系和铣削顶面；卧式坐标镗床适宜加工与安装基面平行的孔系和铣削侧面。立式坐标镗床还有单柱和双柱之分。

1. 卧式坐标镗床

图 5.6 所示是卧式坐标镗床的外形图。坐标镗床是由横向滑座 1、纵向滑座 2、回转工作台 3、主轴箱 5、床身 6 及立柱 4 等部件组成的。横向滑座 1 沿床身 6 的导轨横向移动和主轴箱 5 沿立柱 4 的导轨上下移动来实现机床两个坐标方向的移动。回转工作台 3 可以在水平面内回转角度，进行精密分度。进给运动由纵向滑座 2 的纵向移动或主轴的轴向移动来实现。

卧式坐标镗床的主参数是工作台面的宽度。

2. 立式单柱坐标镗床

图 5.7 所示是立式单柱坐标镗床的外形图。立式单柱坐标镗床是由主轴箱 5、工作台 3、床身 1、立柱 4 及床鞍 2 等部件组成的。主轴由高精度轴承支承在主轴套筒中，它的旋转运动是由立柱 4 内的电动机经装在立柱内的变速箱及三角皮带传动的。主轴套筒可在垂直方向作机动或手动进给。立柱 4 是一个矩形柱，主轴箱 5 装在立柱 4 的垂直导轨上，可上下调整其位置，以适应不同高度工件的加工。工件固定在工作台 3 上，工作台 3 沿床鞍 2 的导轨作纵向移动，同时床鞍 2 可沿床身 1 的导轨作横向移动，实现了两个坐标方向的移动。这两个方向上均装有精密坐标测量装置。

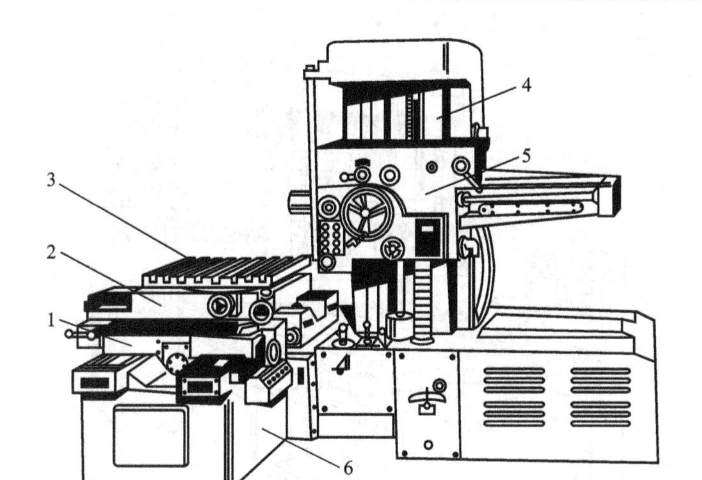

图 5.6 卧式坐标镗床

1—横向滑座；2—纵向滑座；3—回转工作；4—立柱；5—主轴箱；6—床身

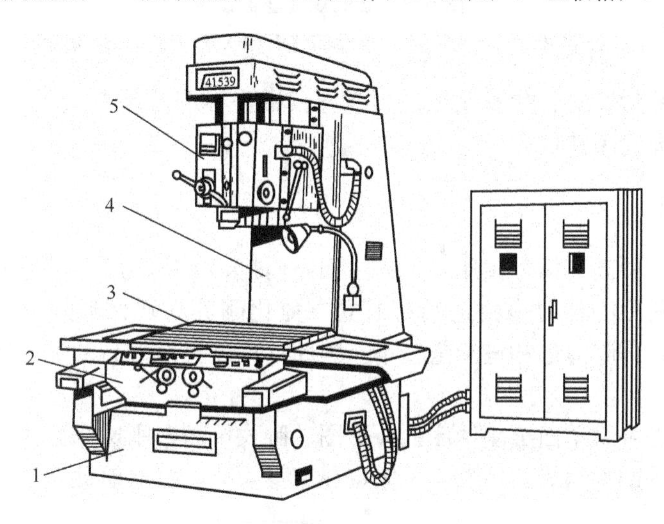

图 5.7 立式单柱坐标镗床

1—床身；2—床鞍；3—工作台；4—立柱；5—主轴箱

立式单柱坐标镗床属于中小型机床，它的主参数是工作台面的宽度。

3. 立式双柱坐标镗床

图 5.8 所示是立式双柱坐标镗床的外形图。立式双柱坐标镗床由主轴箱 2、工作台 4、双立柱 3、横梁 1 及床身 5 等部件组成。机床两个坐标方向的移动分别由主轴箱 2 沿横梁 1 导轨的横向移动和工作台 4 沿床身 5 导轨的纵向移动来实现。横梁 1 可沿立柱 3 的导轨上下调整位置，以适应不同高度工件的加工需要。

立式双柱坐标镗床的优点是：立柱 3 是双柱框架式结构，刚度好；工作台 4 和床身 5 之间的层次比单立柱式的少，增加了刚度；主轴中心线的悬伸距离也可以小一些，这对保证加工精度有利。因此，大型坐标镗床常采用双柱式结构。

坐标镗床的坐标测量装置是保证其加工精度的关键。常用在坐标镗床上的精密测量装

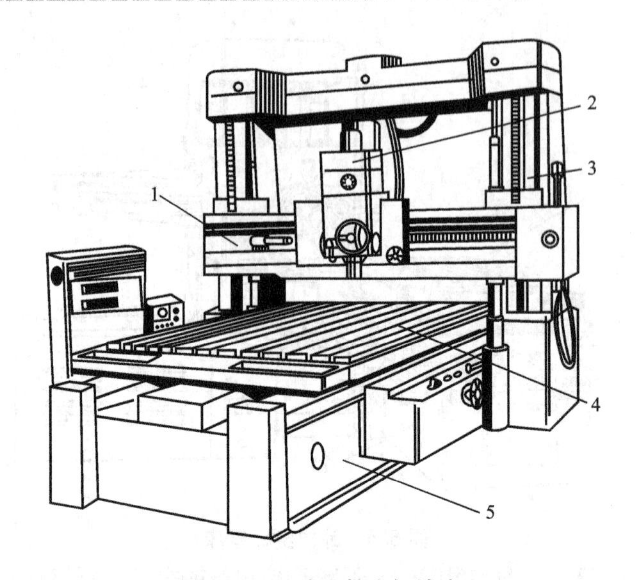

图 5.8 立式双柱坐标镗床

1—横梁；2—主轴箱；3—双立柱；4—工作台；5—床身

置有：光栅坐标测量装置、精密刻线尺（光屏读数坐标测量装置）、精密丝杠测量装置以及感应同步器、激光干涉仪等。

5.2.3 金刚镗床

金刚镗床是一种高速精密镗床，它的主轴短而粗，由电机经 V 带直接带动而作高速旋转，进行镗削，所用的镗刀多由金刚石或立方氮化硼等超硬材料制成。金刚镗床的特点是：切削速度高，背吃刀量和进给量较小，因此，可以获得很高的加工精度和很小的表面粗糙度。

图 5.9 所示是卧式单面金刚镗床的外形图。卧式单面金刚镗床由主轴箱 1、工作台 3、主轴 2 及床身 4 等部件组成。主轴箱 1 固定在床身 4 上，由电动机经 V 带传动直接带动而

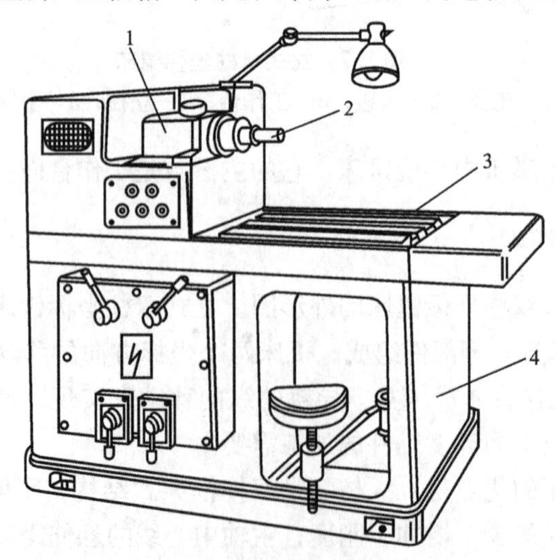

图 5.9 卧式单面金刚镗床

1—主轴箱；2—主轴；3—工作台；4—床身

做主运动，主轴2的端部设有消振器，由于其结构短粗，刚性好，故主轴运转平稳而精确。工件通过夹具安装在工作台3上，工作台沿床身导轨作平稳的低速纵向移动以实现进给运动。工作台上一般为液压驱动，可实现半自动循环。

金刚镗床的种类很多，按其布局形式可分为单面、双面和多面的金刚镗床；按其主轴的位置可分为立式、卧式和倾斜式金刚镗床；按其主轴的数量可分为单轴、双轴及多轴的金刚镗床。

5.3 铣　　床

铣床是用铣刀进行铣削加工的机床，它可加工平面、沟槽、齿轮、螺旋形表面及成形表面。它的切削速度较高，而且又是多刃连续切削，所以生产率较高。

铣床的主参数是工作台面的宽度。铣床的主要类型有：卧式升降台铣床、立式升降台铣床、龙门铣床等。

5.3.1 卧式升降台铣床

图5.10所示是卧式升降台铣床的外形图。卧式升降台铣床由床身1、悬梁2、悬梁上刀杆支架6、工作台4、升降台7、滑座5、底座8及装在主轴上的刀杆3等部件组成。加工时，工件安装在工作台4上，铣刀装在刀杆3上，一端插入主轴，另一端由悬梁上的刀杆支架6支承，铣刀旋转做主运动，工件移动作进给运动。升降台7连同滑座5、工作台4可沿床身1上的导轨上下移动，滑座及工作台可在升降台的导轨上作横向进给运动，工作台又可沿滑座上的导轨作纵向进给运动。悬梁2和支架6的位置可根据刀杆的长度进行调整，以较大的刚度支承刀杆。它通常适用于单件或批量生产。

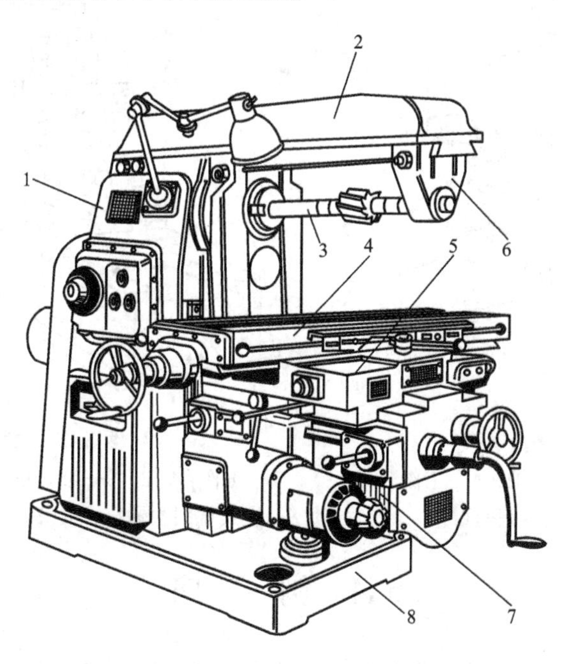

图5.10 卧式升降台铣床

1—床身；2—悬梁；3—刀杆；4—工作台；5—滑座；6—刀杆支架；7—升降台；8—底座

5.3.2 立式升降台铣床

图5.11所示是立式升降台铣床的外形图。立式升降台铣床由床身1、底座7、立铣头2、主轴3、工作台4、升降台6及床鞍5等部件组成。床身1安装在底座7上，立铣头2安装在床身上，可根据加工需要在垂直面内调整角度，其内的主轴3可以上下移动。可作纵向和横向运动的工作台4安装在升降台6上，升降台可做垂直运动。床鞍5及升降台6的结构和功能与卧式铣床基本相同，同样也适用于单件或批量生产。

5.3.3 龙门铣床

龙门铣床是一种大型高效的通用机床，常用于各类大型工件上的平面、沟槽等的粗铣、半精铣和精铣加工。

图5.12所示是龙门铣床的外形图。龙门铣床由横梁3、两个立式铣削主轴箱(立铣头)4和8、两个卧式铣削主轴箱(卧铣头)2和9、床身10、工作台1、顶梁6及两个立柱5和7等部件组成。床身10、顶梁6与立柱5和7使机床成框架结构，横梁3可以在立柱上升降，以适应工件的高度。4个铣削头均为独立的部件，内装主轴、主运动变速机构和操纵机构。工件安装在工作台1上，工作台可在床身10上作水平的纵向运动。立铣头4和8可在横梁上作水平的横向运动，卧铣头2和9可在立柱上升降。龙门铣床的生产率较高，适用于大批量生产。

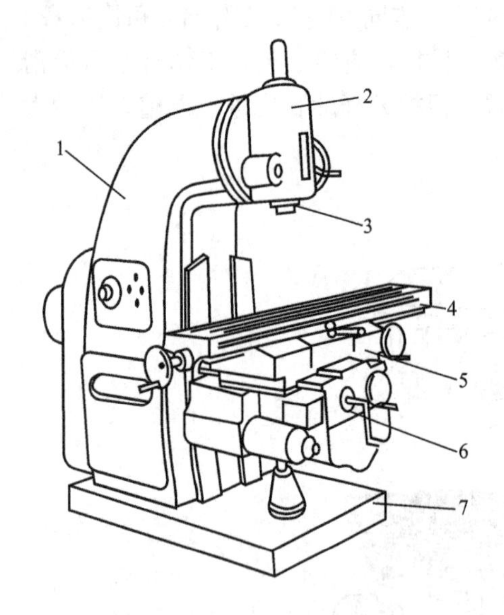

图5.11 立式升降台铣床

1—床身；2—立铣头；3—主轴；4—工作台；5—床鞍；6—升降台；7—底座

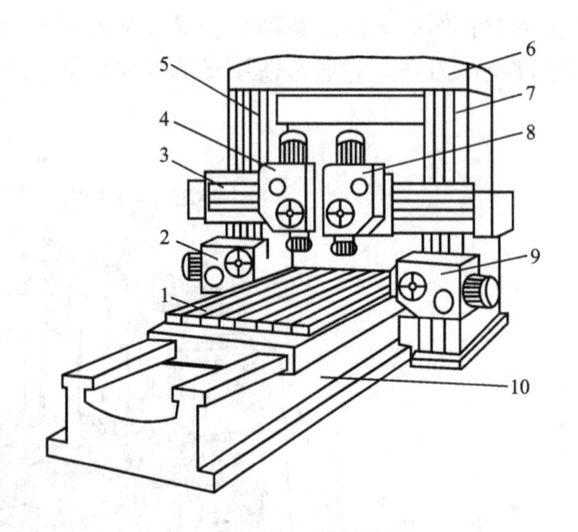

图5.12 龙门铣床

1—工作台；2、9—卧式铣削主轴箱；3—横梁；4、8—立式铣削主轴箱；5、7—立柱；6—顶梁；10—床身

5.4 刨 床

刨床是直线运动机床，刨床类机床主要用于加工各种平面和沟槽。刨床的主运动和进给运动均为直线运动，由刀具的移动实现主运动，由工件的移动实现进给运动。它的特点

是：机床和刀具的结构较简单，通用性较好，生产率较低，加工精度一般可达IT8～IT7，表面粗糙度可控制在$Ra6.3 \sim 1.0\mu m$。

刨床的主要类型有：牛头刨床、龙门刨床等。

5.4.1 牛头刨床

图5.13所示是牛头刨床的外形图。牛头刨床由床身5、滑枕4、刀架3、滑座2、工作台1及底座6等部件组成。床身5装在底座6上，滑枕4带动刀架3作往复主运动，滑座2带动工作台1沿床身上的垂直导轨上、下升降，以适应不同高度的工件加工。工作台1带着工件沿滑座2作间歇的横向进给运动。刀架3可在左、右两个方向上调整角度，以便加工斜面。牛头刨床适用于加工单件或小批量生产的中小件。

牛头刨床的主参数是最大刨削长度。

5.4.2 龙门刨床

图5.14所示是龙门刨床的外形图。龙门刨床由立柱3和7、床身10、顶梁4、横梁2、两个立刀架5和6、工作台9及两个横刀架1和8等部件组成。立柱3和7固定在床身10的两侧，由顶梁4连接；横梁2可在立柱上升降，从而组成一个“龙门”式框架。龙门刨床有3个进给箱：一个在横梁2的右端，驱动两个立刀架；其余两个分别装在左、右横刀架上。工作台、进给箱及横梁升降等，都由单独的电动机驱动。工作台9可在床身上作纵向直线往复运动。两个横刀架1和8可分别在两根立柱上作升降运动。

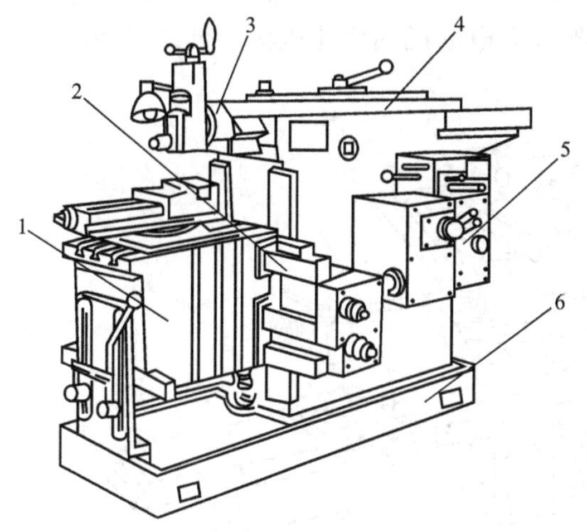

图5.13 牛头刨床

1—工作台；2—滑座；3—刀架；4—滑枕；5—床身；6—底

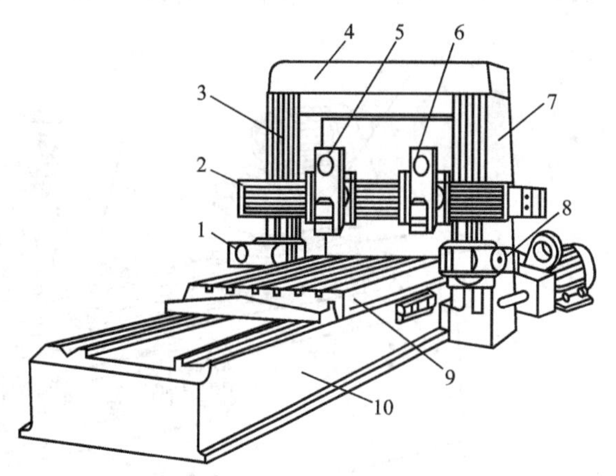

图5.14 龙门刨床

1、8—横刀架；2—横梁；3、7—立柱；4—顶梁；5、6—立刀架；9—工作台；10—床身

龙门刨床主要用于中、小批量生产及修理车间，加工大平面，特别是长而窄的平面；也可在工作台上安装几个中、小型零件，同时切削。

5.5 磨　　床

用磨料磨具为工具进行切削加工的机床都称为磨床。它是为了适应零件的精加工和硬表面加工的需要，才出现的以磨粒为切削刃的磨削加工。由于科学技术的发展，对现代机械零件的精度和表面粗糙度的要求越来越高，各种高硬度材料的应用日益增多。随着精密铸造和精密锻造工艺的发展，有可能将毛坯直接磨成成品。高速磨削和强力磨削工艺的发展，更进一步提高了磨削效率。因此，磨床的适用范围日益扩大，在工业发达的国家，磨床数占机床总数的30%~40%。

磨床主要用于零件的精加工中，应用范围非常广泛，可以磨削各种表面，如内、外圆柱面和圆锥面、平面、齿轮的轮齿表面、螺旋面及各种成形表面等，还可以刃磨刀具。

磨床的主要类型有外圆磨床、内圆磨床、平面磨床、各种工具和刀具刃磨床、专门化磨床等。

5.5.1 外圆磨床

图5.15所示是M1432A型万能外圆磨床的外形图。它由床身1、头架2、内圆磨具4、砂轮架5、尾座7、滑鞍及横向机构6、工作台3及脚踏操纵机构8等部件组成。它与普通外圆磨床的区别在于：砂轮架5和头架2都能按逆时针方向转角度，可用于磨削锥度较大、较短的圆锥面；多一个内圆磨具，用来磨圆柱内孔。工作时，头架2和尾座7一起支承长工件，头架2还可装卡盘夹持短工件，头架2有电动机和变速机构，带动工件旋转，

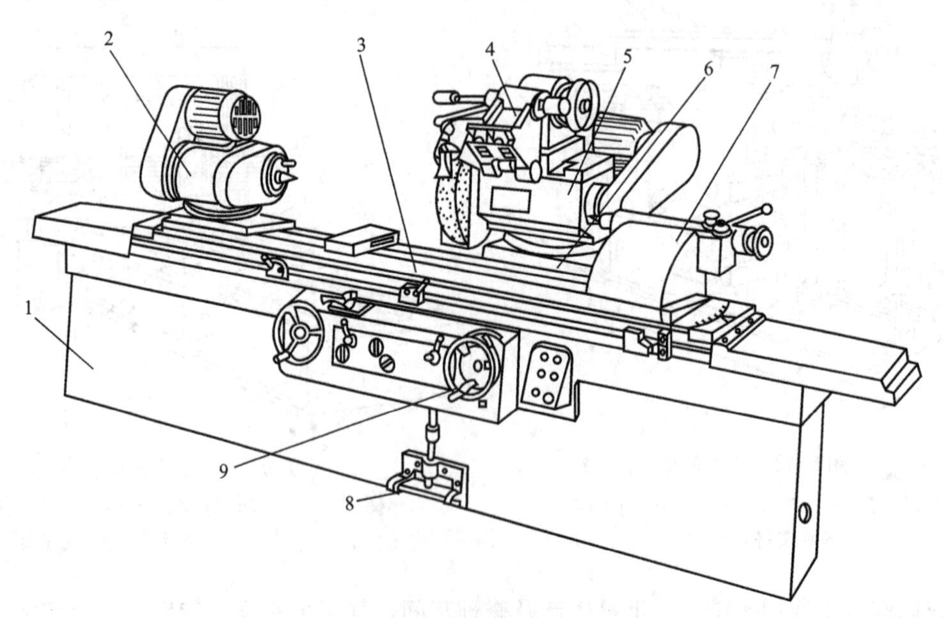

图5.15　M1432A型万能外圆磨床

1—床身；2—头架；3—工作台；4—内圆磨具；5—砂轮架；
6—滑鞍及横向机构；7—尾座；8—脚踏操作机构；9—手轮

它可在水平面内逆时针转 90°。砂轮架 5 用于支承并传动高速旋转的砂轮主轴，它可在滑鞍的转盘上转角度，转动手轮 9，可使横向进给机构带动滑鞍及其上的砂轮架作横向进给运动。工作台 3 由上下两层组成，上工作台可绕下工作台在水平面内回转一定角度以磨圆锥体，同时可沿床身导轨作纵向往复移动。内圆磨具 4 用于支承磨内孔的砂轮主轴，由单独的电动机驱动，转速较高，平时抬起，磨内圆时放下。

M1432A 型万能外圆磨床的主参数是最大磨削直径。

5.5.2 平面磨床

平面磨床主要用于磨削各种平面。根据砂轮工作面的不同，平面磨床可以分为用砂轮轮缘进行磨削和用砂轮端面进行磨削两类。用砂轮轮缘进行磨削的平面磨床，砂轮主轴为水平布置，即卧式，它的磨削精度较高，可得到较好表面质量的加工表面，但生产率较低；而用砂轮端面进行磨削的平面磨床，砂轮主轴为竖直布置，即立式，它的磨削精度较低，表面质量较差，但生产率较高。根据工作台形状的不同，平面磨床又分为矩形工作台磨床和圆形工作台磨床两类。矩形工作台平面磨床可方便地磨削各种零件，特别是加工长工件，工艺范围较广；而圆形工作台平面磨床适宜加工短工件和大直径的环形零件端面，不能磨削长零件。

图 5.16 所示是平面磨床的加工示意图，其中砂轮的旋转运动为主运动 n_0；矩台的直线往复运动或圆台的回转运动为纵向进给运动 f_w；而滑座和砂轮架一起沿着立柱导轨作间歇的竖直切入运动为垂直进给运动 f_r；当用砂轮的周边进行磨削时，通常砂轮的宽度小于工件的宽度，所以，卧式主轴平面磨床还需要横向进给运动 f_a，且 f_a 是周期性的运动。

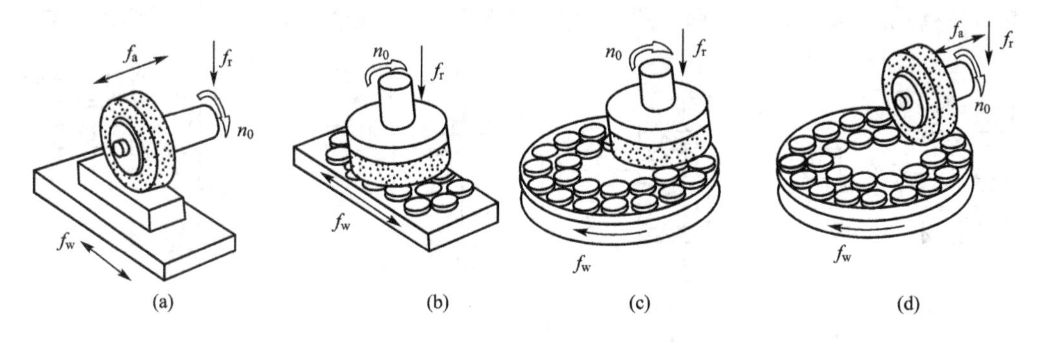

图 5.16 平面磨床的加工示意图

平面磨床的主参数是工作台面的宽度及工作台面的直径。

平面磨床中，应用较广的是卧轴矩台平面磨床，如图 5.17 所示，卧轴矩台平面磨床由床身 1、工作台 2、砂轮架 3、滑座 4 和立柱 5 等部件组成。工作台 2 沿床身 1 的导轨作纵向往复运动，由液压传动；砂轮架 3 沿滑座 4 的燕尾导轨作间歇的横向进给运动；滑座 4 和砂轮架 3 一起沿立柱 5 的导轨作间歇的垂直的进给运动；机床的砂轮主轴由内装式异步电动机直接带动，电动机轴与主轴同轴。

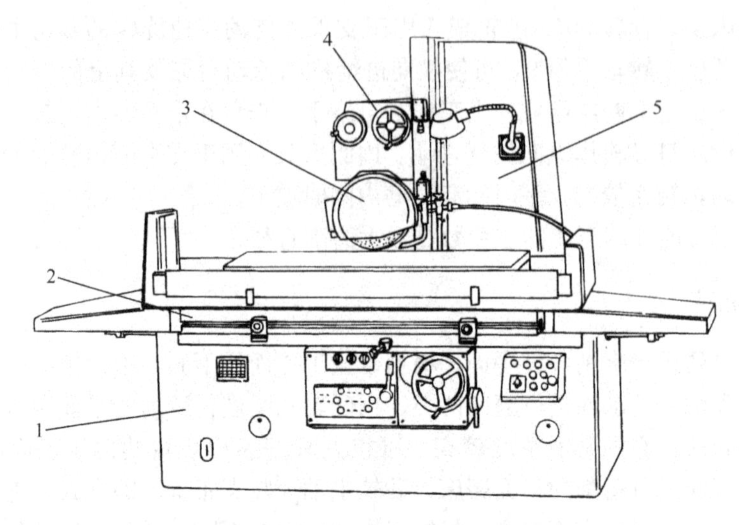

图 5.17　卧轴矩台平面磨床外形

1—床身；2—工作台；3—砂轮架；4—滑座；5—立柱

5.5.3　内圆磨床

内圆磨床的主要类型有普通内圆磨床、无心内圆磨床和行星运动内圆磨床。其中普通内圆磨床是应用最广的一种。

内圆磨床可以磨削圆柱形或圆锥形的通孔、盲孔和阶梯孔，有些内圆磨床还附有专门磨头，可以在工件的一次装夹中，用碟形砂轮同时磨出端面。

图 5.18 所示为普通内圆磨床的磨削方法，图 5.18(a)是用纵磨法磨孔，图 5.18(b)是用切入法磨孔，$f_{横}$ 是切入运动；图 5.18(c)和图 5.18(d)是磨削端面，$f_{纵}$ 是切入运动。

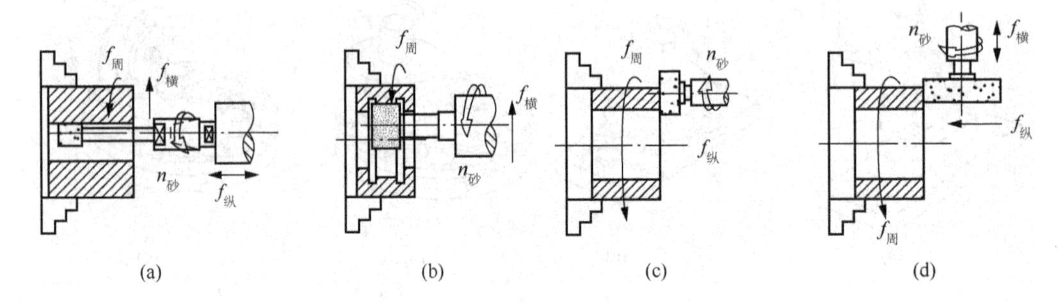

图 5.18　普通内圆磨床的磨削方法

普通内圆磨床的自动化程度不高，磨削尺寸通常是靠人工测量来加以控制的，因而适用于单件和小批生产。

5.6　齿轮加工机床

齿轮是现代机器和仪器中最常用的传动件，它具有传动比准确、传动力大、效率高、结构紧凑、可靠耐用等优点，在各种工业部门中得到了广泛的应用。用来加工齿轮轮齿表面的机床，称为齿轮加工机床。一般齿轮轮齿的加工，按加工方法的不同，大体分为两种，即仿形法和范成法。

采用范成法加工齿轮轮齿时，应用齿轮啮合的原理。切齿过程中，模拟某种齿轮副的啮合过程，如交错齿轮副、齿轮—齿轮副、齿轮—齿条副等，把其中的一个做成刀具来对另一个进行加工。被加工齿的齿廓表面是在刀具和工件包络过程中，由刀具切削刃的位置连续变化形成的。机床中，对切削刀具和工件毛坯之间的相对运动关系有严格的要求，属于内联系传动链。

范成法加工齿轮时，只要模数和压力角相同，一把刀具可以加工任意齿数的齿轮，生产率和加工精度也都比较高，是齿轮加工中应用最广的加工方法。

齿轮加工机床的种类很多，大致可分为圆柱齿轮加工机床和锥齿轮加工机床两类，圆柱齿轮加工机床主要有滚齿机、插齿机、车齿机等；锥齿轮加工机床中的直齿锥齿轮加工机床又有刨齿机、铣齿机、拉齿机等；此外，还有精加工齿轮轮齿表面的磨齿机、研齿机和剃齿机。

5.6.1 Y3150E型滚齿机

图5.19所示是Y3150E型滚齿机的外形图，它由床身1、前立柱2、后立柱8、滚刀主轴4、刀架溜板3、刀架5、支架6、工件心轴7及床鞍10等部件组成。工作时，刀架5可以沿前立柱2上的导轨上下直线移动，还可以绕自己的水平轴线转动，若加工直齿圆柱齿轮，滚刀刀架5应相对工件轴线旋转一个滚刀螺旋升角的角度，以保证滚刀切削刃的主运动方向与被切齿轮的齿槽方向一致。若加工斜齿圆柱齿轮。滚刀刀架5旋转的角度除应考虑滚刀螺旋升角的角度外，还应考虑工件齿槽的螺旋角。当滚刀与齿轮螺旋线方向相同时，滚刀刀架5旋转的角度应为齿轮的螺旋角减去滚刀的螺旋升角；当滚刀与齿轮螺旋线方向相反时，滚刀刀架5旋转的角度应为齿轮的螺旋角加上滚刀的螺旋升角。滚刀安装在滚刀主轴4上作旋转运动，后立柱8可以连同工作台一起作水平方向的移动，以适应不同直径的工件及在用径向进给法切削蜗轮时作进给运动。工件装在工件心轴7上随同工作台

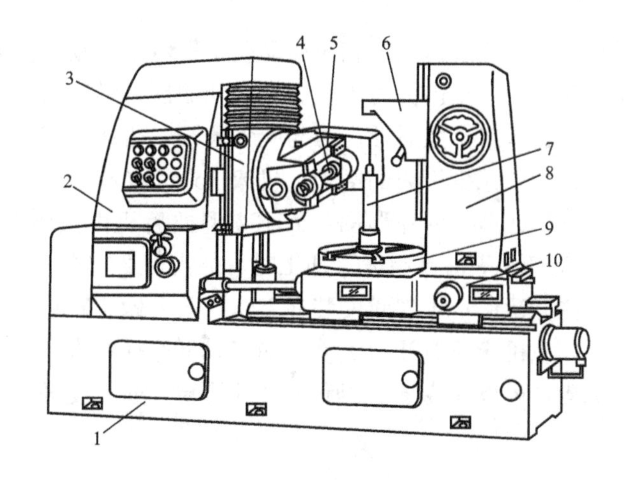

图5.19 Y3150E型滚齿机

1—床身；2—前立柱；3—刀架溜板；4—滚刀主轴；5—刀架；
6—支架；7—工件心轴；8—后立柱；9—工作台；10—床鞍

一起旋转。

Y3150E型滚齿机的主参数是最大工件直径。

5.6.2 插齿机

插齿机是用插齿刀来加工内、外啮合的圆柱齿轮的轮齿表面，特别适用于加工滚齿机无法加工的内齿轮和多联齿轮，如装上附件，还可以加工齿条，但不能加工蜗轮。

插齿机的加工原理类似于一对圆柱齿轮相啮合，其中一个是工件，另一个是齿轮形刀具(插齿刀)，它的模数和压力角与被加工齿轮相同，但每个齿的渐开线齿廓和齿顶上，都作成刀刃：一个顶刃和两个侧刃。

图5.20所示为插齿的工作原理及加工时所需的成形运动，其中插齿刀旋转B_1和工件旋转B_2组成复合的成形运动——范成运动，这个运动是形成渐开线齿廓所必需的。插齿刀的上下往复运动A_2是一个简单的成形运动，以形成轮齿齿面的导线——直线(加工直齿圆柱齿轮)。当需要插削斜齿齿轮时，插齿刀主轴在一个专用的螺旋导轮上移动，这样，在上下往复移动时，由于导轮的导向作用，插齿刀还有一个附加转动。

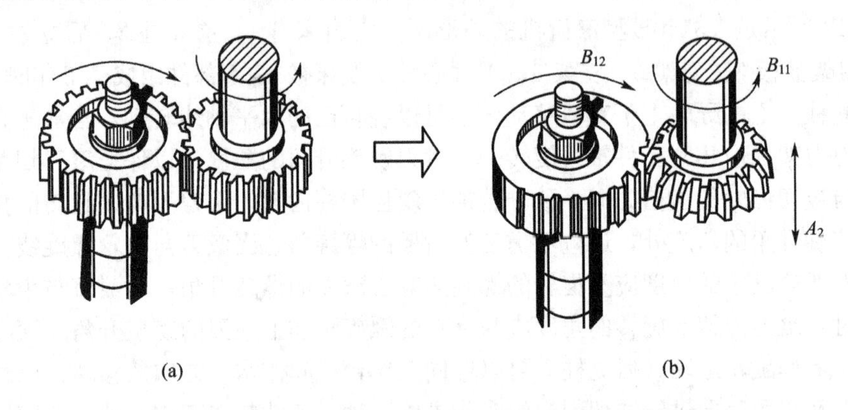

图5.20 插齿的工作原理及加工时所需的成形运动

插齿时，插齿刀和工件以范成运动的相对运动关系作对滚运动，同时，插齿刀相对于工件作径向切入运动，直到切入全齿深时停止。工件和插齿刀继续对滚，直到工件再转过一圈后，全部轮齿就被切削出来，然后插齿刀与工件分开，机床停机。因此，插齿刀在往复运动的回程时不切削，为了减少刀刃的磨损，机床上还需要有让刀运动。

图5.21所示为Y5132型插齿机外形图，Y5132型插齿机由主轴1、插齿刀2、立柱3、工件4、工作台5和床身6等部件组成。加工时，插齿刀2装在刀架主轴1上，旋转运动的同时随主轴做上下往复运动；工件4安装在工作台5上做旋转运动，并随工作台一起做径向直线运动。此外，该机床还有让刀运动。加工时可选择一次、两次和三次进给自动循环。机床设有换向机构，可以改变插齿刀和工件的旋转方向，使插齿刀的两个切削刃能被充分利用。

5.6.3 磨齿机

磨齿机常用于对淬硬的齿轮进行齿廓的精加工，也用来直接在齿坯上磨出模数不大的轮齿。由于磨齿能够纠正齿轮预加工的各项误差，因而加工精度较高，磨齿后，精度一般

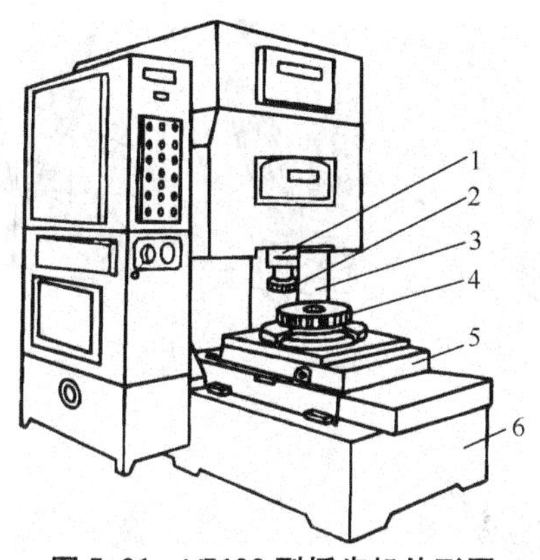

图 5.21　Y5132 型插齿机外形图

1—主轴；2—插齿刀；3—立柱；4—工件；5—工作台；6—床身

可达 IT6 级以上。

磨齿机通常分为成形砂轮法磨齿和范成法磨齿两大类。成形砂轮磨齿机应用较少，多数磨齿机用范成法磨齿。

1. 成形砂轮磨齿机的原理和运动

成形砂轮磨齿机砂轮截面的形状修正得与齿谷的形状相同，如图 5.22 所示，图 5.22(a)为磨削外啮合齿轮的示意图，图 5.22(b)为磨削内啮合齿轮的示意图。砂轮是根据专用的样板，由修正机构修正的。样板根据所磨齿轮的模数、齿数以及压力角等参数专门制造，所以这种磨齿机的工作精度相当高。它适用于在大批量生产中磨削大模数的齿轮。

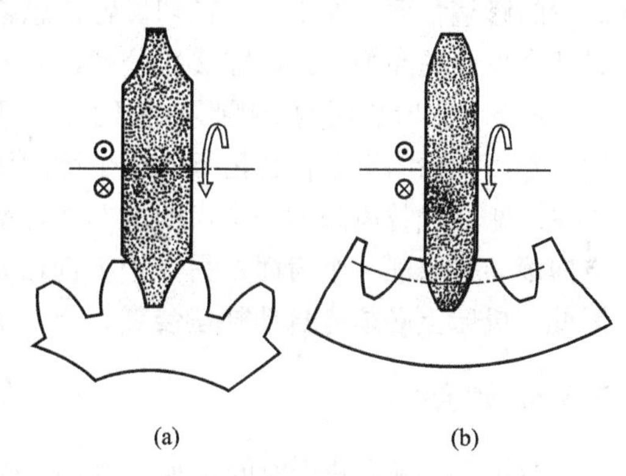

图 5.22　成形砂轮磨齿机的工作原理

磨齿时，砂轮高速旋转并沿工件轴线方向作往复运动。一个齿磨完后分度，再磨第二个齿。砂轮对工件的切入运动，由砂轮与安装工件的工作台作相对径向运动得到，这种机床的运动比较简单。

2. 范成法磨齿机的原理和运动

用范成法原理工作的磨齿机有连续磨齿和分度磨齿两大类，如图 5.23 所示。

(1) 连续磨齿。范成法连续磨削的磨齿机，其工作原理和滚齿机相似。砂轮为蜗杆形，称为蜗杆砂轮磨齿机。图 5.23(a)所示为它的工作原理，蜗杆形砂轮相当于滚刀，相对工件作范成运动，磨出渐开线。工件作轴向直线往复运动，以磨削直线圆柱齿轮的轮齿。如果作倾斜运动，就可磨削斜齿圆柱齿轮。在各类磨齿机中，这类机床的生产率最高，但修整砂轮较麻烦，因而常用于成批生产。

(2) 分度磨齿。这类磨齿机根据砂轮形状又可分为蝶形砂轮型、大平面砂轮型和锥形砂轮型三种，如图 5.23(b)～图 5.23(d)所示。它们的工作原理相同，都是利用齿条和齿轮的啮合原理，用砂轮代替齿条来磨削齿轮。齿条的齿廓是直线，其形状简单，易于保证

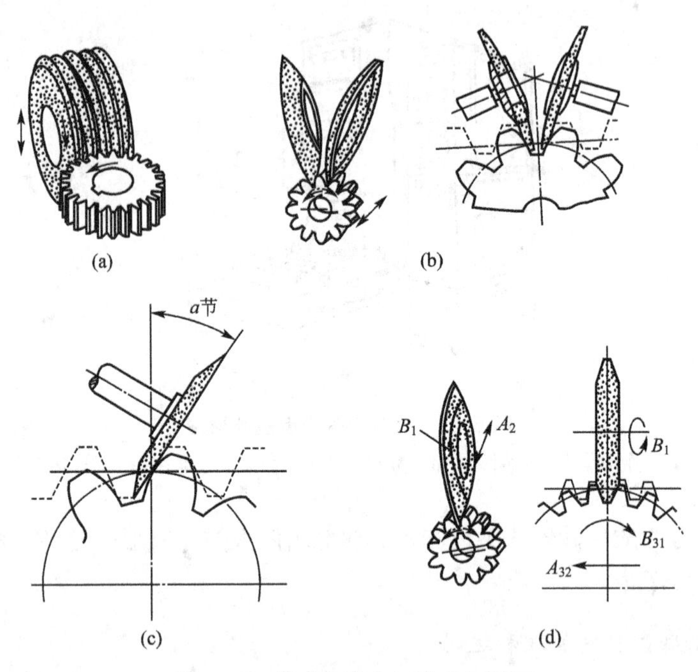

图 5.23　范成法磨齿机的工作原理

砂轮的修整精度。加工时，被切齿轮在想象中的齿条上滚动，每往复滚动一次，完成一个或两个齿面的磨削。因此需多次分度，才能磨完全部齿面。

图 5.23(b)是用两个蝶形砂轮代替齿条两个侧面的蝶形砂轮型磨齿机。图 5.23(c)是用大平面砂轮的端面代替齿条的一个齿侧面的大平面砂轮型磨齿机。图 5.23(d)是用锥形砂轮的侧面代替齿条的一个齿的锥形砂轮型磨齿机。一般砂轮比齿条的一个齿略窄，一个方向滚动时磨削一个齿面；另一个方向滚动时，齿轮略作水平窜动，以磨削另一个齿面，因此，机床上必须有自动补偿装置。

5.6.4　剃齿机

剃齿是一种齿轮齿面的精加工方法，剃齿后齿轮齿面的精度较剃齿前的精度可提高一级，若采用 A 级剃前滚刀滚齿并达到 IT7～IT8 级精度，则剃齿后齿轮齿面精度可达 IT6～IT7 级。所以，生产中常用剃齿来提高齿轮齿面的精度。剃齿的主要限制条件是要求齿轮齿面的硬度要低于 35HRC，因剃齿刀不能加工淬硬齿轮。因此，在工厂常规的齿轮齿部加工工艺过程中，剃齿放在滚齿或插齿之后，热处理之前进行。

剃齿刀有齿条型、齿轮型和蜗杆型三种类型，常用的是齿轮型盘形剃齿刀，盘形剃齿刀的外形很像渐开线齿轮，如图 5.24 所示。但在它的齿面上开了许多条有一定深度的小槽 δ，使小槽的垂直面与渐开线齿面的交界处形成切削刃。

剃齿加工如图 5.25 所示。剃齿加工前，剃齿刀 1 安装在剃齿机上，被剃削的齿轮 2 安装在工作台的心轴上，剃齿机主轴与安装齿轮的心轴交错成一角度，形成螺旋齿轮啮合状态。剃齿加工时，剃齿机主轴带动剃齿刀旋转，剃齿刀再带动工件齿轮旋转，实现剃齿运动。

螺旋齿轮啮合时，啮合着的两个齿面不像直齿圆柱齿轮那样形成线接触，而是点接

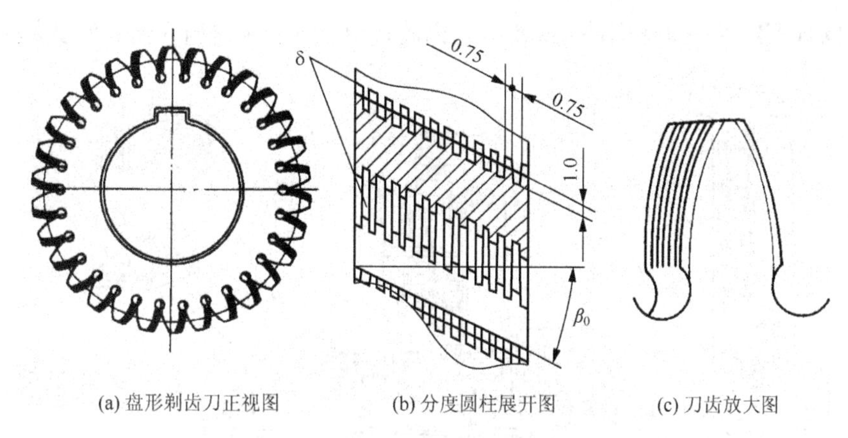

(a) 盘形剃齿刀正视图　(b) 分度圆柱展开图　(c) 刀齿放大图

图 5.24　盘形剃齿刀结构

触，即接触点附近的局部面接触，并且，在接触区域存在着相啮合的两齿面的切向速度差，这个速度差就是剃齿时的切削速度，所以，剃齿的切削速度很低。剃齿刀切削刃就是靠这一很低的切削速度来刮削并切除齿轮齿面上的余量的。为使齿轮两齿侧面都得到加工，剃齿机应定时改变旋转方向；为使整个齿长都得到加工，剃齿机工作台应实现沿工件轴向的往复运动；为控制剃齿刀与被剃削齿轮的中心距，剃齿机还设置了工作台垂直位置的调整机构。

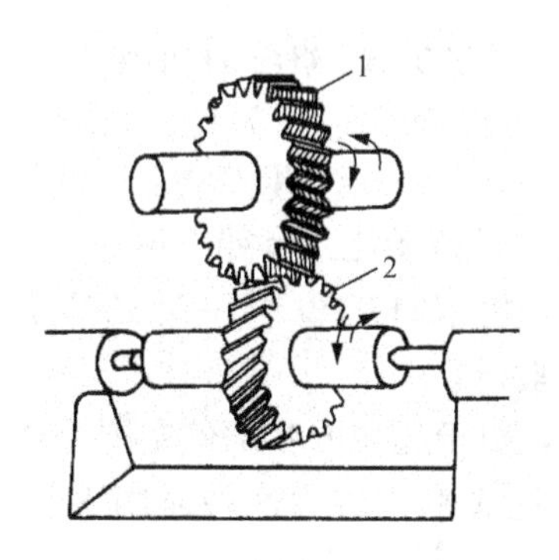

图 5.25　剃齿工作情况

1—剃齿刀；2—工件

5.7　组合机床

5.7.1　组合机床的特点和工艺范围

组合机床是以系列化、标准化的通用部件为基础，配以少量专用部件组成的专用机床。它既具有专用机床结构简单、生产率和自动化程度较高的特点，又具有一定的重新调整能力，以适应工件变化的需要。它适宜于在大批、大量生产中对一种或几种类似零件的一道或几道工序进行加工。组合机床一般是半自动的，可以对工件进行多面、多主轴加工。

图 5.26 所示为立卧复合式三面钻孔组合机床。机床由侧底座 1、立柱底座 2、立柱 3、动力箱 5、滑台 6 及中间底座 7 等通用部件以及主轴箱 4、夹具 8 等主要专用部件组成。其中

专用部件也有不少零件是通用件或标准件，因此，给设计、制造和调整带来很大的方便。

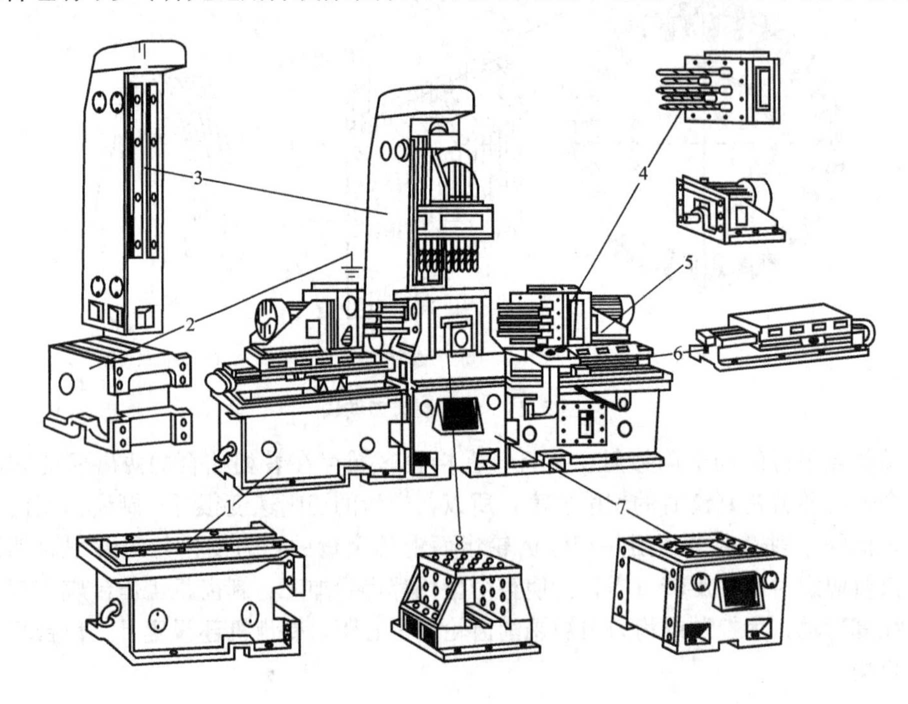

图 5.26　组合机床的组成

1—侧底座；2—立柱底座；3—立柱；4—主轴箱；5—动力箱；
6—滑台；7—中间底座；8—夹具

组合机床与专用机床、通用机床相比，有如下特点。

(1) 工作稳定且可靠。组合机床中有 70%～90%的通用零、部件，而这些零部件是经过精心设计和长期生产实践考验的。

(2) 设计周期短。设计时，对于通用的零部件主要是选用，不必重新设计。

(3) 生产周期短，并可降低成本。因为这些通用零部件可以预先制造出来并可成批生产。

(4) 有利于产品的更新。当被加工对象改变时，它的通用零部件可重新利用，组合成新的组合机床。

5.7.2　组合机床的配置形式

生产中，根据被加工工件的工艺要求，可将组合机床的通用部件和专用部件组合起来，配置成各种形式的组合机床。根据工位数的不同，组合机床可以分为单工位组合机床和多工位组合机床两大类。

1. 单工位组合机床

图 5.27 所示为单工位组合机床，在这种机床上加工时，工件安装在固定夹具里不动，由动力部件移动来完成各种加工，因此，能保证较高的位置精度，适用于大中型箱体件的加工。

根据被加工表面位置的不同，单工位组合机床有卧式[图 5.27(a)～图 5.27(c)]、立

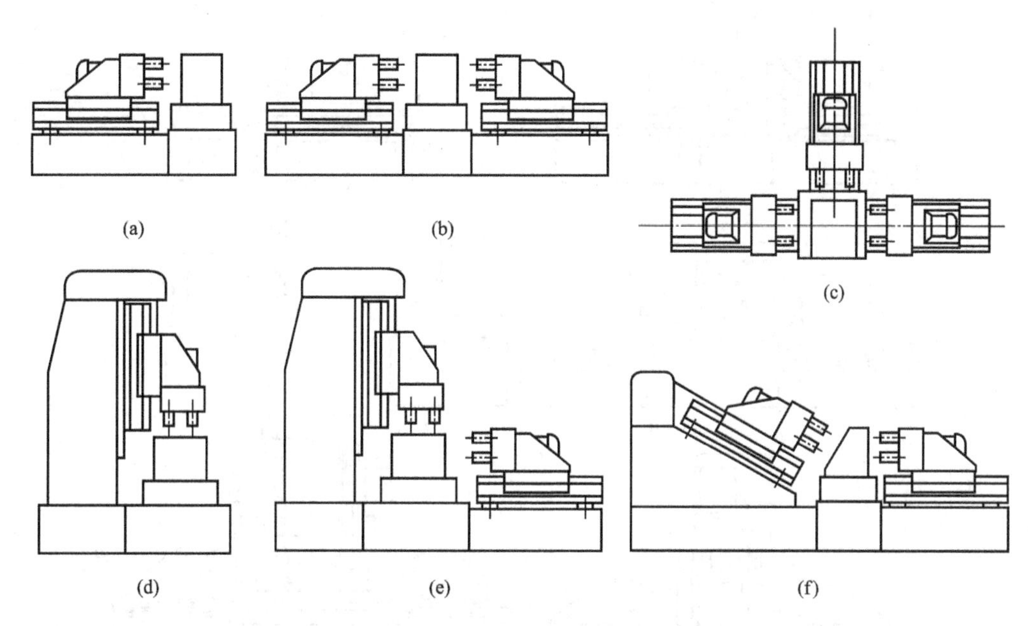

图 5.27　单工位组合机床的配置形式

式[图 5.27(d)]、倾斜式[图 5.27(f)]和复合式[图 5.27(e)、图 5.27(f)]等配置形式。按工件加工表面的数量分类，单工位组合机床有单面加工[图 5.22(a)、图 5.27(d)]、双面加工[图 5.27(b)、图 5.27(e)、图 5.27(f)]、三面加工[图 5.27(c)]和多面加工等。

2. 多工位组合机床

多工位组合机床有两个或两个以上的加工工位。工件可以依次在各个工位上完成各道工序的加工。多工位组合机床可以完成数道工序，生产率比单工位组合机床高。但由于存在移位或转位的定位误差，所以加工精度较单工位组合机床略低。多工位组合机床的价格也比较高，它适用于在大批、大量生产中加工较复杂的中小型零件。

图 5.28 所示为多工位组合机床的几种配置形式。图 5.38(a)是固定夹具式，机床可以同时加工两个相同工件上不同加工部位的孔，工件工位的变换是靠人工重新安装来完成的。图 5.28(b)是移动工作台式，在一个工位上加工完某些孔后，把工件输送到下一工位，加工另外一些孔，该机床适用于加工孔距较近的工件。一般工位数为 2～3 个。图 5.28(c)是回转鼓轮式，用绕水平轴间歇转位的回转鼓轮工作台输送工件，工位数一般为 3、4、5、6、8 个。图 5.28(d)是回转工作台式，用绕竖直轴间歇转位的回转工作台输送工件，工位数一般为 2、3、4、5、6、8、10、12 个。图 5.28(e)是中央立柱式，用绕竖直轴间歇转位的环形回转工作台输送工件，工位数一般为 3、4、5、6、8、10 个。这种组合机床一般都有几个竖直和水平配置的动力部件，分别安装在中央立柱上及工作台四周，工序集中程度及生产率都很高，但机床的结构较复杂，定位精度较低，通用化程度也较低。

上面介绍的是大型组合机床，电动机驱动功率一般为 1.5～30kW 的动力部件及其配置部件皆属此列。除此而外，还有小型组合机床，电动机功率一般为 0.1～2.2kW 的动力部件及其配套也属此列。

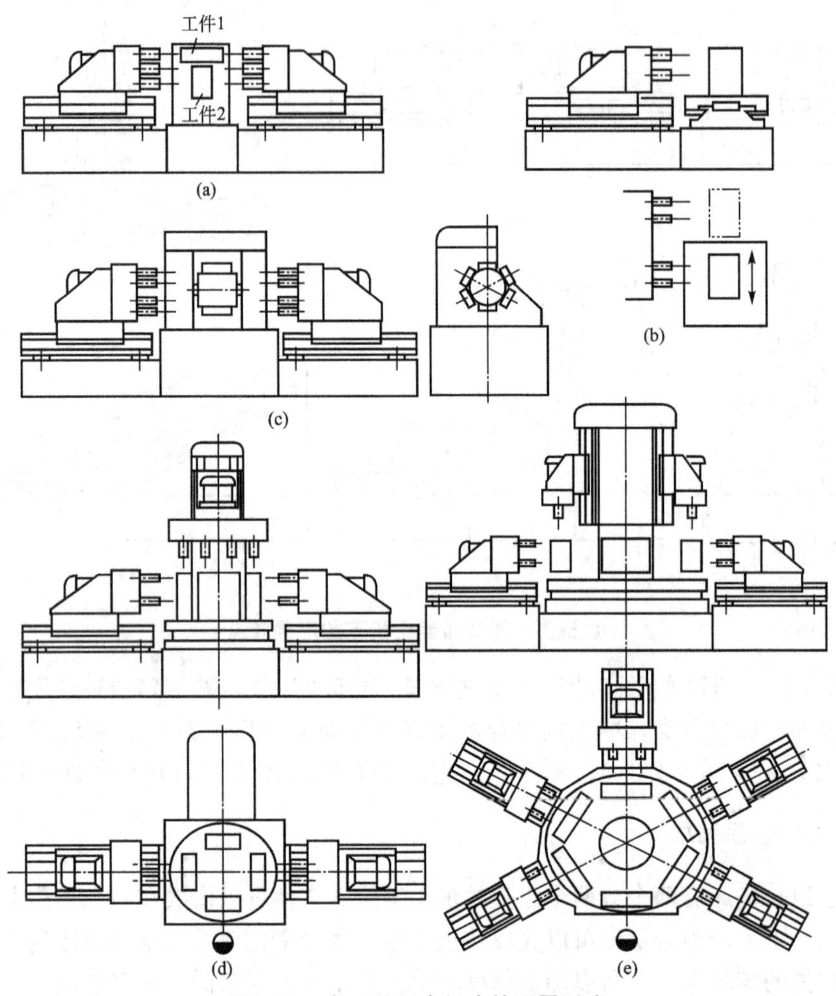

图 5.28　多工位组合机床的配置形式

5.7.3　卧式双面钻孔组合机床

图 5.29 所示为卧式双面钻孔组合机床的联系尺寸图(总布局)。

1. 机床的用途

该组合机床用于钻削某气缸体顶面和底面上的孔。

图 5.30 所示为被加工零件的工序图。工序图是为了在零件图的基础上突出本机床上的加工特点而绘制的，它是设计机床的主要依据，也是制造和调整机床的主要技术文件。工序图应按加工位置画出。在工序图上需标出：在本机床上加工部位的尺寸、精度和技术要求；加工用的定位基准、夹压点的方向、位置；在本机床加工前毛坯的状况等。在本机床上加工的部位用粗实线画出，在本机床上加工应保证的尺寸用方框(或在下部用粗实线)表示。图中还应注明被加工零件的名称、编号、材料、硬度以及加工部位的加工余量等。

从图中可以看出：加工时，工件以底面(限制 3 个自由度)、H 面(限制 2 个自由度)和

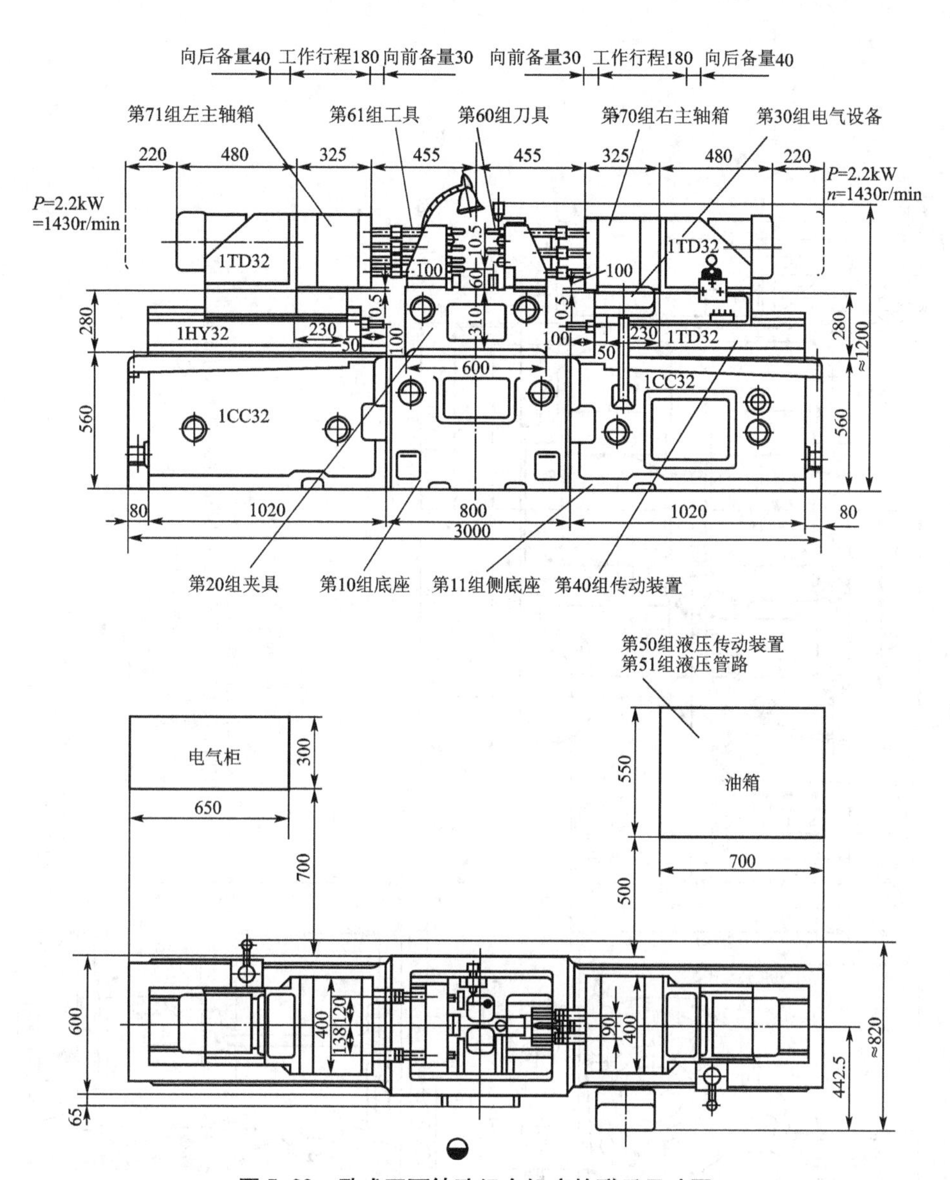

图 5.29 卧式双面钻孔组合机床的联系尺寸图

L 面(限制 1 个自由度)定位；并以顶面上的四点夹压；在顶面上钻 6 个 ϕ8.7mm 孔(孔 12～17)，在底面上钻 2 个 ϕ6.7mm 孔(孔 1 和孔 2)、2 个 ϕ8.2mm 孔(孔 3 和孔 4)、3 个 ϕ5mm 孔(孔 5～7)和 4 个 ϕ5mm 通孔(孔 8～11)。

2. 加工示意图

图 5.31 所示是被加工零件的加工示意图。

加工示意图是设计刀具、夹具、主轴箱以及选择动力部件的主要依据，也是调整机床和刀具的依据。图中表明了工件的加工部位、加工方法、切削用量；还表明了所用的导向形式、刀具、接杆的结构及主轴的数量(主轴数量多时，要标出轴号)和连接方式，以及它们之间的联系尺寸。

加工示意图按展开图的形式绘制，工件在图中允许只画出加工部分，加工部位的分布

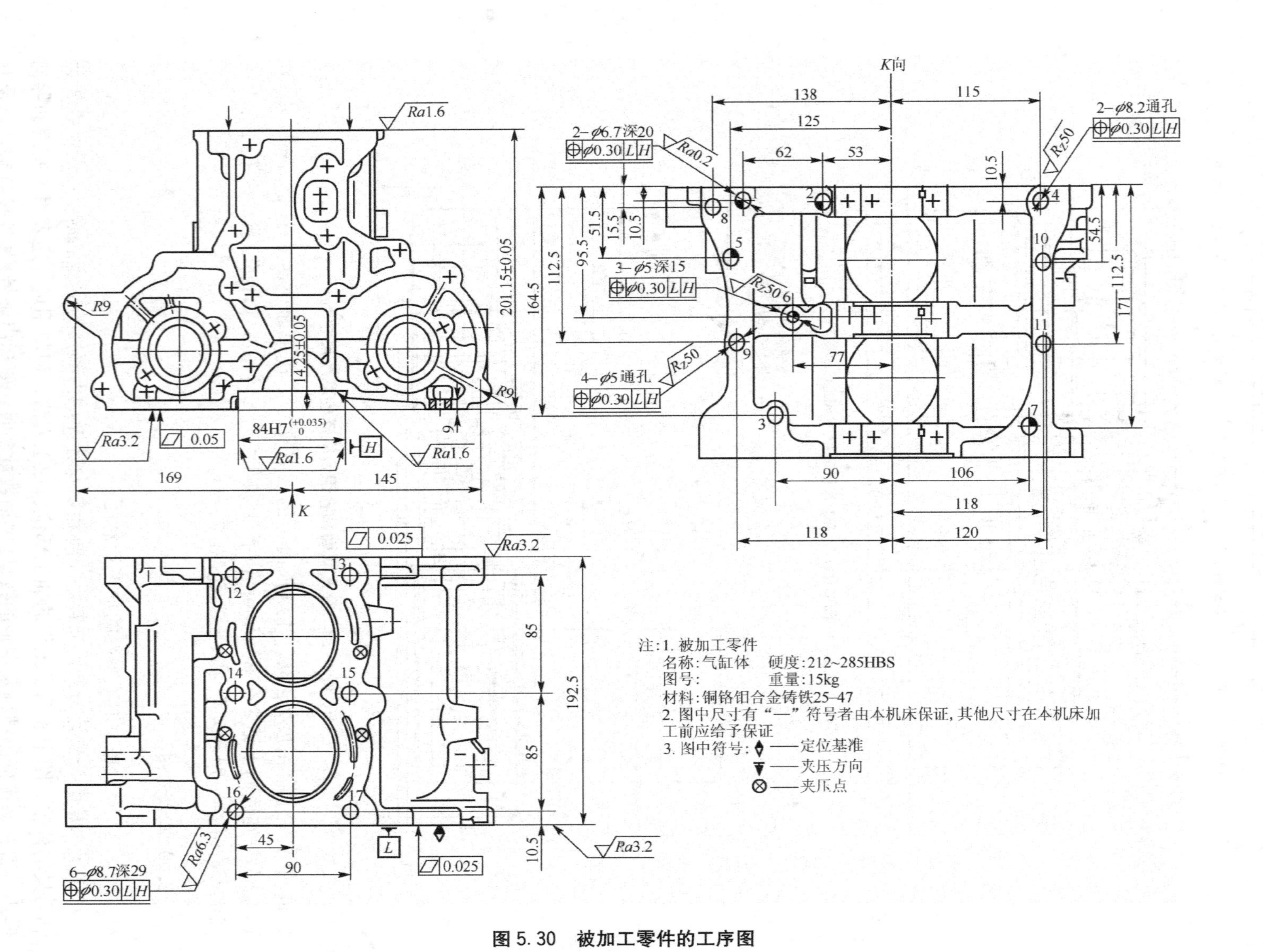

图 5.30 被加工零件的工序图

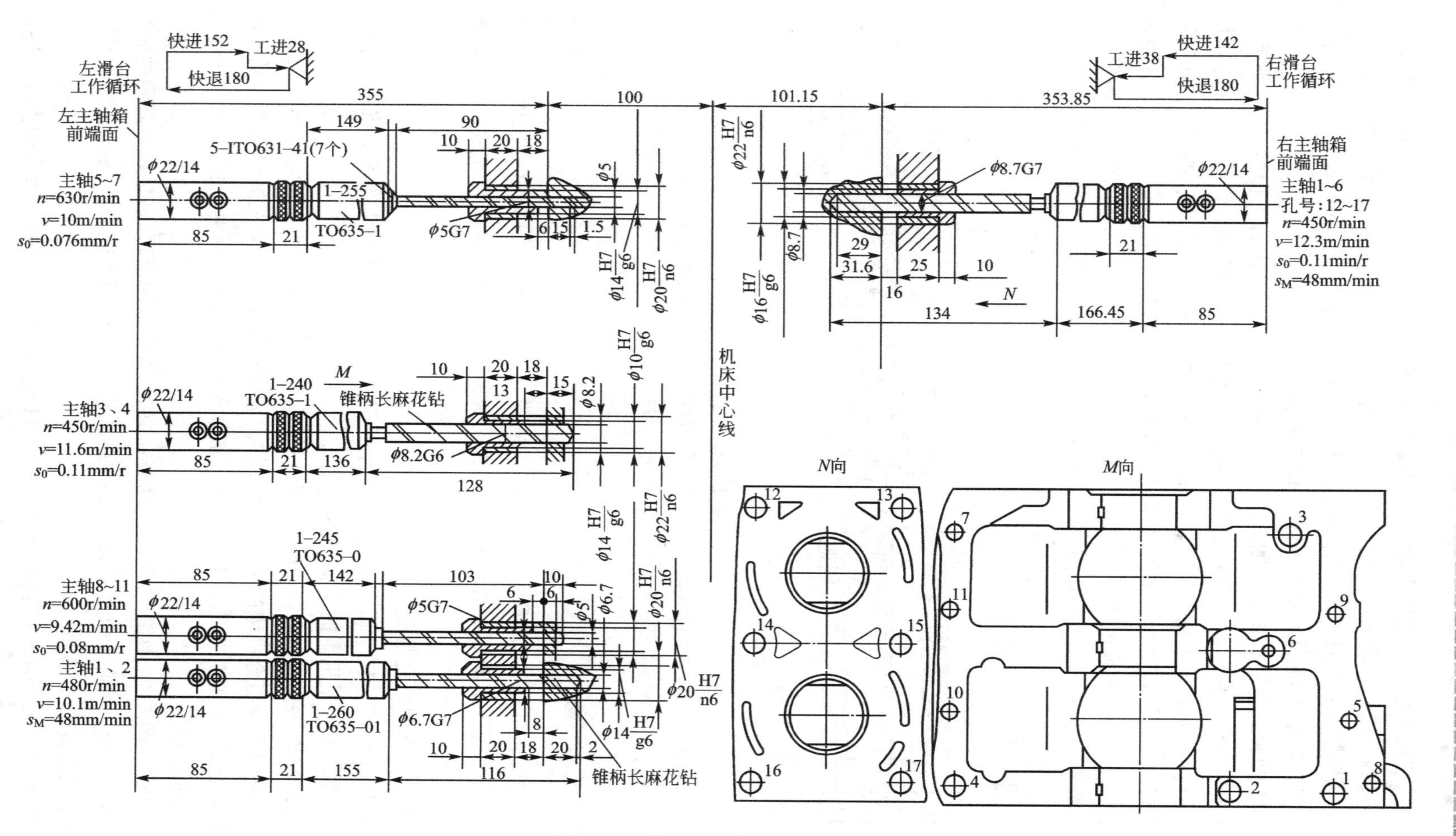

图5.31 被加工零件的加工示意图

情况由其中的“加工部位示意图”表示。刀具在图中的位置，是加工终了时的位置。结构相同的主轴只画一根，相距较近的主轴应画在一起，以便检查结构上是否可能相碰。

加工示意图应标出下列尺寸：主轴端部尺寸、刀具结构尺寸、导向尺寸、工件加工部位尺寸、工件至夹具之间的尺寸及工件至主轴端部的尺寸等。

各刀具主轴的结构基本相似，图 5.32 所示为加工工件 11 孔的主轴组件(只画伸出多轴箱盖之外的部分)，其中 7 为弹簧胀套(当用锥柄钻头时不需弹簧胀套)，9 为钻套，用以保证被加工孔的尺寸和位置精度。刀具的旋转主运动由主轴 1 经键 13、接杆 6、弹簧胀套 7 传入，进给运动由滑台带着多轴箱来完成，其循环为：快进→工作进给→死挡铁停留→快退→原位停止。钻孔的轴向力由刀具 8、弹簧胀套 7、螺母 5、止动垫片 4、螺母 3、主轴 1，经轴承传入箱体。钻头的轴向位置由螺母 3 调整，调好后用螺母 5 锁紧。

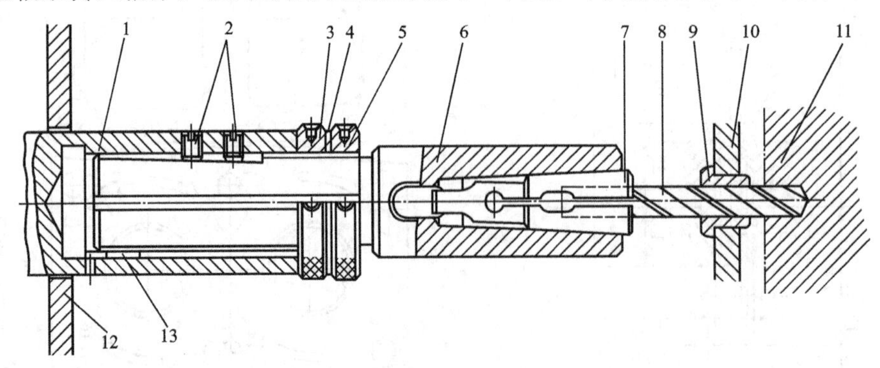

图 5.32 主轴

1—主轴；2—调节螺钉；3、5—调节螺母；4—止动垫片；6—接杆；
7—弹簧胀套；8—直柄钻头；9—钻套；10—钻模板；11—工作

3. 机床的总布局

机床的总布局如图 5.29 所示，它的配置形式是单工位卧式双面组合机床。加工时，工件装在夹具中固定不动，由水平布置在工件两侧的钻头实现主运动和进给运动，以完成对工件的钻削加工。

机床主要由下列部件组成。

(1) 夹具(图 5.29 中第 20 组)。夹具用于装夹工件，实现被加工零件的准确定位、夹压、刀具的导向等，是机床的主要专用部件之一。

(2) 传动装置(图 5.29 中第 40 组)。传动装置包括 TD32A 型动力箱和 HY32A－I 型液压滑台，它们都是组合机床的主要通用部件。动力箱用于把电动机的动力和运动传给多轴箱。液压滑台用于实现刀具的工作循环。液压滑台的工作循环为：快进→工进→死挡铁→快退→原位停止。

(3) 多轴箱(图 5.29 中第 70 组右主轴箱和第 71 组左主轴箱)。多轴箱中有和被加工孔位置相一致的主轴，它的功用是把动力箱的旋转运动传给各主轴，再经接杆传给钻头。多轴箱是机床的主要专用部件。

(4) 底座(图 5.29 中第 10 组中间底座和第 11 组侧底座)。底座是机床的支撑部件，其中 1CC32 型侧底座是机床的主要通用部件。

除此之外，组合机床还有电器设备(图 5.29 中第 30 组)、刀具和工具(图 5.29 中第 60 组和第 61 组)，以及第 50 组液压传动装置、第 80 组润滑装置和第 90 组挡铁(图中未标出)。其中挡铁安装在滑台上，与行程开关、行程调速阀配合，发出行程转换信号，控制液压滑台的工作循环。

表 5-1 是被加工零件的生产率计算卡。

机床可按半自动工作循环进行工作，也可以用手动操纵。每一个半自动工作循环的程序如下。

(1) 装卸工件(需 0.5min)。

(2) 左、右滑台快速向前(需 0.025min)。

(3) 左、右滑台工作进给(右滑台需时间最长，为 0.79min)。

(4) 左、右滑台死挡铁停留(约需 0.015min)。

(5) 左、右滑台快速退回(需 0.03min)。

(6) 左、右滑台退回至原始位置停止。

由上述可知，每一工作循环的时间(单件时间)为 1.36min。

手动操作用于调整机床。

被加工零件的工序图、加工示意图、联系尺寸图和生产率计算卡统称为“三图一卡”，是组合机床设计的基础。

4. 多轴箱

多轴箱的功用是带动各主轴按照加工示意图中规定的转速及转向旋转。

多轴箱上主轴的数量和位置是与被加工工件孔的数量和位置相一致的。

标准的多轴箱体如图 5.33 所示，它的主要组成部分是中间箱体、前盖及后盖。前盖和中间箱体的半成品(未加工轴孔)及后盖都是通用件。前盖及中间箱体应根据主轴及传动轴的数量和位置，加工出相应的孔。前盖和后盖用定位销和螺钉固定在中间箱体上(图 5.34 中的 A—A 剖面所示)。整个多轴箱部件用后盖的后端平面及两个定位销孔与动力箱的前端平面及两个定位销相配合，并用螺钉固定在动力箱上。

本机床有左、右两个多轴箱，它们的结构基本上是相同的，差别只是主轴的数量和位置不一样。下面以右多轴箱为例，说明多轴箱的传动和结构。

图 5.34 所示为右多轴箱的装配图，其中，左图是正视图，右图是各轴的结构形式。在左图中，其主轴位置与被加工零件图孔的位置相反，主轴数与被加工零件的孔数相同。

主轴用粗实线画出，传动齿轮用点画线画出。O 轴为多轴箱的输入轴，其高度方向的位置取决于动力箱的规格，水平方向则位于箱体中间。6 根主轴的运动是从动力轴 O 轴开始，经传动轴传来的。在右图中，相同结构的轴只画一根或一半(图中轴 8 的结构与上半面相同，只画了上半面；轴 10 的结构与下半面相同，只画了下半面)，齿轮在轴上的轴向位置有两种安装方式，一种是装有四排齿轮，即中间箱体内装Ⅰ、Ⅱ、Ⅲ三排齿轮、后盖与箱体间装一排齿轮。另一种是在中间箱体内装两排齿轮，后盖与箱体间仍装一排齿轮。具体采取哪种排布方式，根据传动系统的复杂程度而定。

表 5-1 被加工零件的生产率计算卡

被加工零件	图号		毛坯种类	铸 件
	名称	气缸体	毛坯重量	15kg
	材料	铜铬钼合金铸铁	硬 度	212～285HBS
工序名称		上下面钻孔	工 序 号	

序号	工步名称	被加工零件的数量	加工直径/mm	加工长度/mm	工作行程/mm	切削速度/(m/min)	转速/(r/min)	进给量		工时/min		
								(mm/r)	(mm/min)	机动时间	辅助时间	共计
1	装卸工件	1									0.50	0.50
2	左滑台钻孔											
	快进				152						0.025	
	钻 7 个 ϕ5mm 孔		5	15	28	9.42	600	0.08	48	0.52		
	钻两个 ϕ6.7mm 孔		6.7	20	28	10.1	480	0.1				
	钻两个 ϕ8.2mm 孔		8.2	15	28	11.6	450	0.105				
	死挡铁停留										0.015	
	快退				180						0.03	
3	右滑台钻孔											
	快进				142						0.025	0.025
	钻 6 个 ϕ8.7mm 孔		8.7	31.6	38	12.3	450	0.105	48	0.79		0.79
	死挡铁停留										0.015	0.015
	快退				180						0.03	0.03

备注		总计	1.36min
		单件工时	1.36min
		机床的生产率	30 件/时
		机床的负荷率	68%

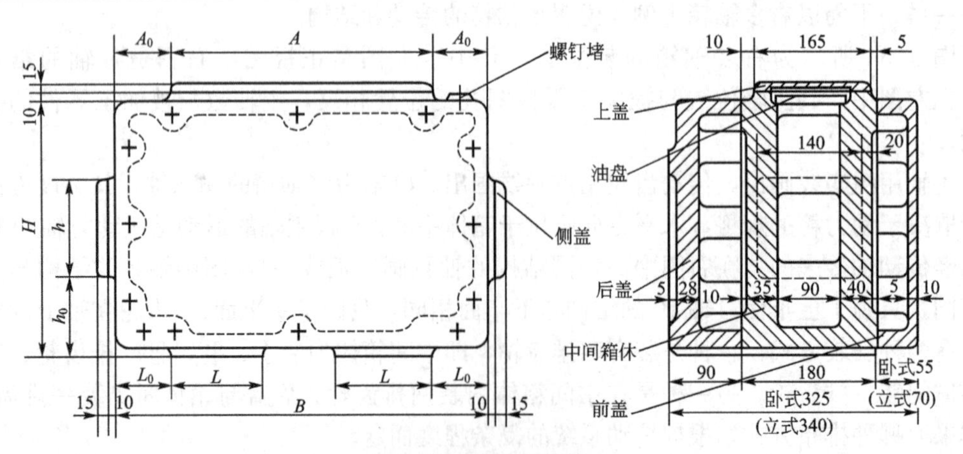

图 5.33 多轴箱箱体

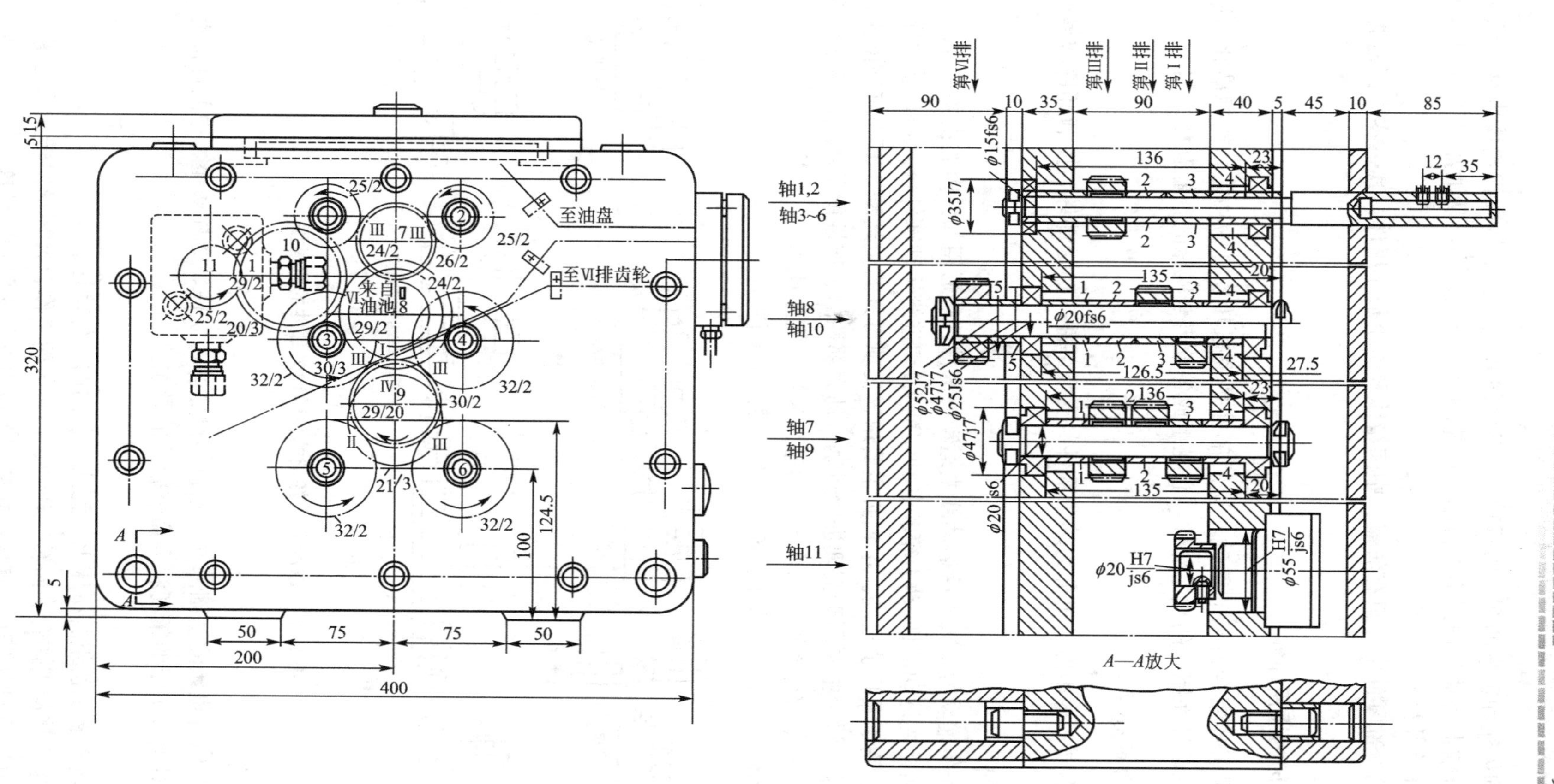

图 5.34　右多轴箱的装配图

多轴箱中的齿轮和轴承的润滑由 $R12-1$ 型润滑泵供油。液压泵把箱体内存的油送到分油器，再由分油器将油分送到第Ⅳ排啮合齿轮的上部及油盘中，从油盘淋下来的油润滑多轴箱体中的轴承及齿轮。

在多轴箱的全部零件中，只有前盖、中间箱体及齿轮是专用件，其余零件都是通用件或标准件。

5.7.4 组合机床的通用部件

通用部件是组成组合机床的基础。通用部件是根据其各自的功能，按标准化、系列化、通用化原则设计而制造的独立部件，它在组成各种组合机床时，能互相通用。

1. 通用部件的分类

按功能的不同，通用部件可分为动力部件、支承部件、输送部件、控制部件和辅助部件几类。

1）动力部件

动力部件是传递动力实现进给运动或主运动的部件，是通用部件中的主要部件。

动力部件包括主运动部件(动力箱和各种切削头)和进给运动部件(滑台)，动力箱与多轴箱配合使用，用于实现主运动。单轴头主要用于实现刀具的主运动，其中有钻削头、镗削头、铣削头等。滑台主要用于实现进给运动。动力部件的工作性能基本上决定了组合机床的工作性能，其他部件都要以动力部件为基础来进行配置使用。

图 5.35 所示为以滑台为基础的各种动力部件的示意图。

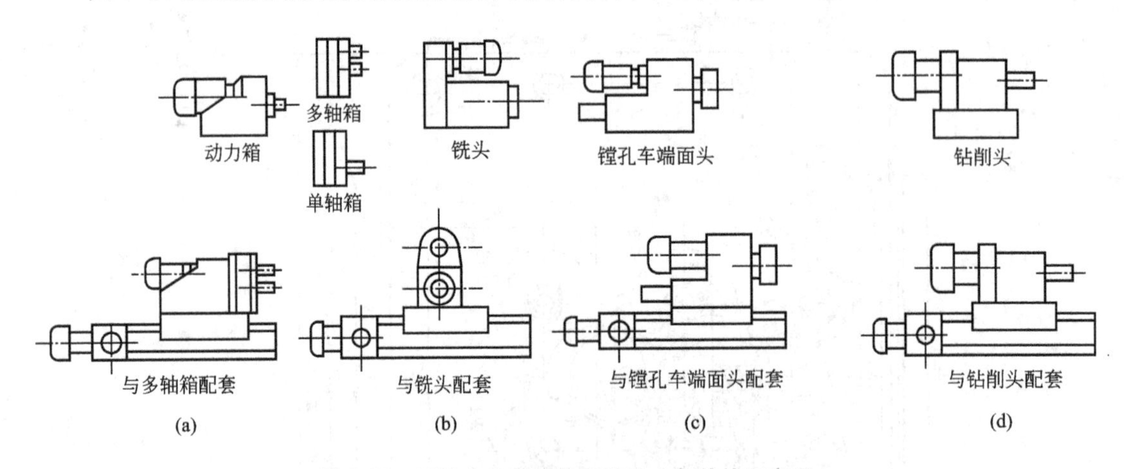

图 5.35 以滑台为基础的各种动力部件的示意图

2）支承部件

支承部件是组合机床的基础部件，它包括侧底座、立柱、立柱底座、中间底座等，它的结构和刚度对组合机床的精度和寿命有较大的影响。

3）输送部件

输送部件用于多工位组合机床上，完成工位间的工件输送。

输送部件包括移动工作台、回转工作台、回转鼓轮工作台及环形回转工作台等。输送部件转位或移位后的定位精度，直接影响着多工位组合机床的加工精度。

4) 控制部件

控制部件是组合机床的“中枢神经”，它控制组合机床，使机床按预定的程序完成工作循环。

控制部件包括各种液压操纵元件、控制板、气压元件、挡铁和电气元件等。

5) 辅助部件

辅助部件包括冷却、润滑、排屑等装置，以及各种自动夹紧工件的扳手等。

2. 滑台

滑台是用于实现进给运动的，它可分为液压滑台(1HY 系列)和机械滑台(1HJ 系列)两个系列。

1) 1HY 系列液压滑台

图 5.36 所示为液压滑台的结构，它主要由滑座 1、滑台体 2 和液压缸 3 这三个部分组成。液压缸固定在滑座上，活塞杆 4 通过支架固定在滑台 2 的下面，推动滑台移动。

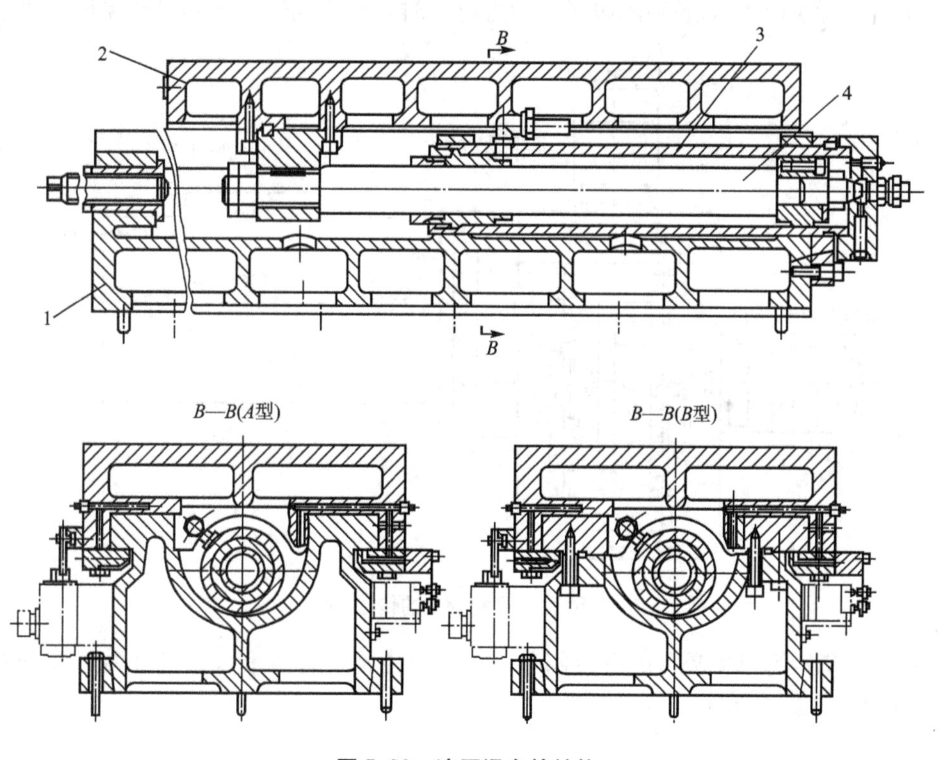

图 5.36 液压滑台的结构

1—滑座；2—滑台体；3—液压杆；4—活塞杆

滑座 1 的导轨截面的形状为矩形，具有刚度高、承载能力较强、当量摩擦系数低于三角形导轨等优点。采用一条导轨(右导轨，见 *B*—*B* 剖视)的两侧导向，增加了导向的长宽比，提高了导向精度。完整的液压滑台是由滑台和液压传动装置两部分组成的。液压滑台通常的典型工作循环为：原位停止→快速前进→工作进给(一次工作进给或二次工作进给)→快速退回等。液压滑台还可以实现死挡铁停留、分级进给、反向进给等工作循环。

液压滑台是采用液压电气联合控制的，这样可以避免纯电气控制不可靠及由快进转工进位置精度较低的缺点。

2）1HJ 系列机械滑台

机械滑台与液压滑台的作用相同，只是实现进给运动的方式不同，机械滑台是通过机械传动来驱动滑台的。

图 5.37 所示为机械滑台的传动系统。工作进给电动机经 20/56、交换齿轮 A/B×C/D、蜗杆蜗轮 2/34 驱动行星轮系的系杆，进行工作进给，快速电动机制动。恒星轮 Z_{20}不转，故恒星轮 Z_{28}转动，经 18/24，丝杠驱动滑台作工作进给。快速移动时，启动快速行程电动机，恒星轮 Z_{20}转动，恒星轮 Z_{28}得到的是恒星轮 Z_{20}和系杆的合成运动。因此，开动快速电动机时，可不管进给电动机转还是不转，同向转还是反向转。滑台运动的方向由电动机的转向决定。如要求滑台在工作结束后停留，则使滑台碰到预先调整好的死挡铁上，不能继续前进。这时丝杠及蜗轮便不能转动，但工进电动机仍在转动，迫使蜗杆克服弹簧力轴向移动，通过杠杆压下行程开关，发出快退信号，使快速电动机反转，滑台便快速退回到原位停止。在加工中如遇到障碍或切削力过大时，此机构还能起到过载保护的作用。

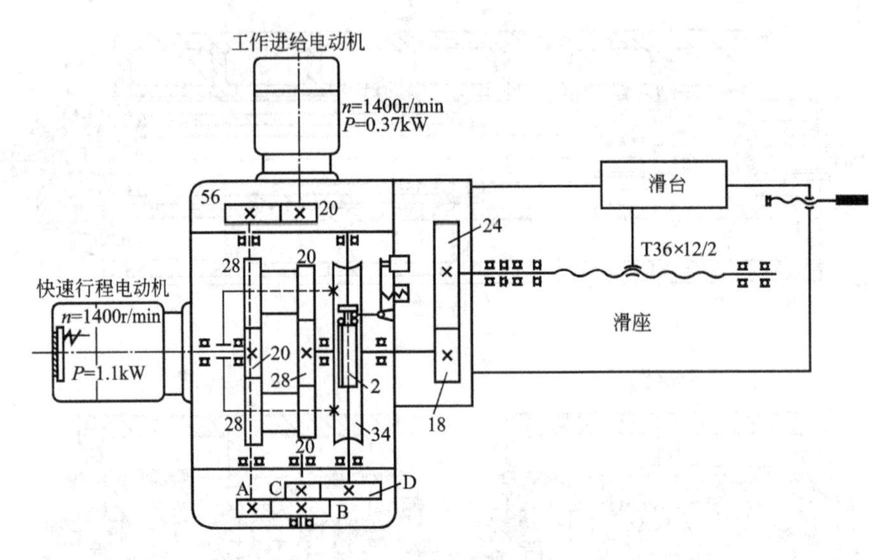

图 5.37　机械滑台的传动系统

图 5.38 所示为机械滑台的滑台部分，该部分由滑台体 3 和滑座 4 组成，由丝杠 2 和螺母 1 驱动，5 是死挡铁。

3. 动力箱

动力箱是主运动的驱动装置，在动力箱上安装多轴箱后，用于组成多轴的组合机床。

标准的动力箱有两种传动形式：齿轮传动和联轴器传动。

图 5.39 所示为 1TD 系列齿轮传动的动力箱，运动由电动机经一对齿轮传动到动力输出轴(即多轴箱的 O 轴)上。

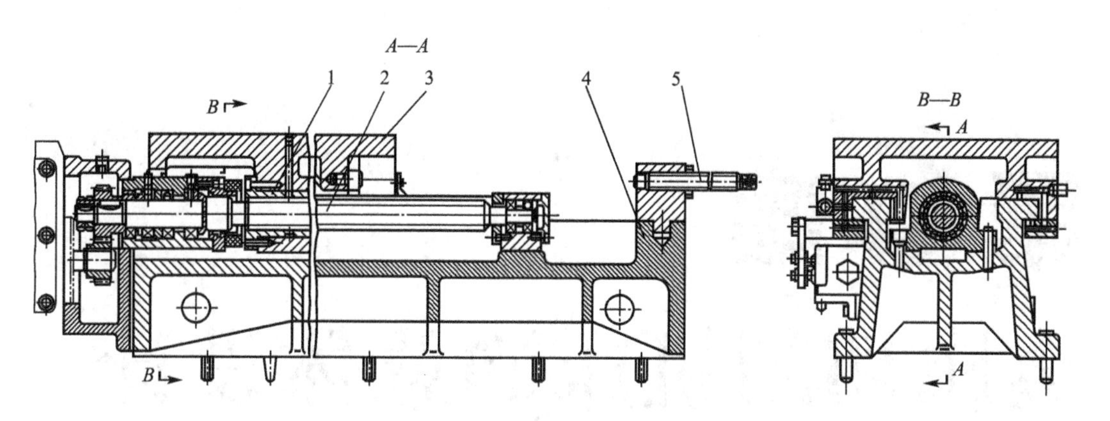

图 5.38　机械滑台的滑台部分

1—螺母；2—丝杠；3—滑台体；4—滑座；5—死挡铁

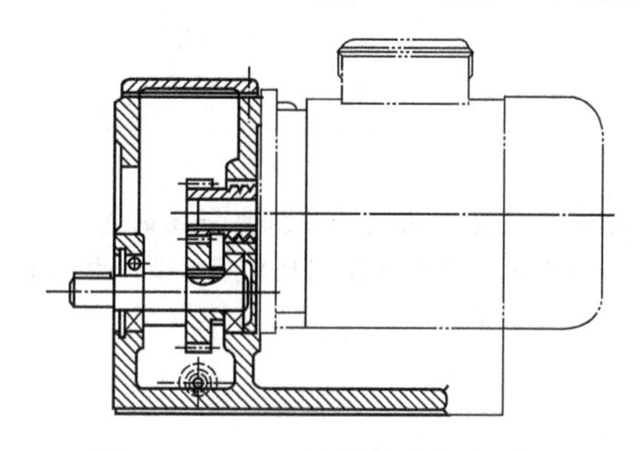

图 5.39　1TD 系列齿轮传动的动力箱

思考和练习

1. 钻床和镗床都是孔加工机床，试说明它们的区别在什么地方。

2. 摇臂钻床与立钻的主要区别在哪?

3. 为什么在金刚镗床和坐标镗床上能加工出精密孔? 这两种机床的应用范围有何区别?

4. 铣削加工的特点是什么?

5. 刨床、插床和龙门铣床在应用范围上有何区别?

6. 万能外圆磨床的前顶尖在工作时是否转动? 为什么?

7. 平面磨床按砂轮工作面和工作台形状的不同分为几类?

8. 试说明滚齿机、插齿机和磨齿机加工轮齿的加工原理。

9. 组合机床与通用机床、一般专用机床相比有何优点? 是否可以由它代替通用机床?

10. 何谓组合机床的“三图一卡”?

第6章 金属切削机床的总体设计

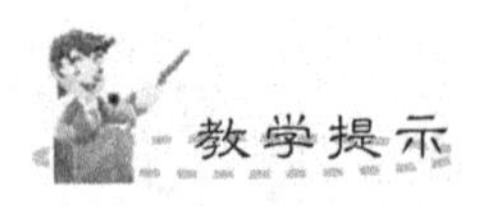

机床设计是创造性劳动，它是机床设计师根据市场的需要、现有的制造条件和新工艺，运用有关的科学知识进行的。在金属切削机床总体设计中，不但要考虑机床的总体布局，还要考虑机床的艺术造型和宜人学。

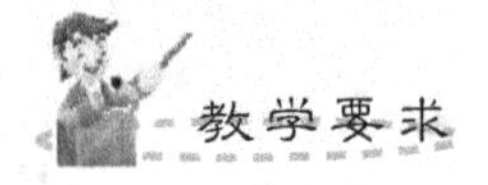

本章让学生了解机床产品系列化、通用化、标准化和模块化设计，熟悉机床产品的评定指标和机床产品设计的要求、方法及步骤，重点让学生掌握机床的总体布局。当在机床总体实际设计中遇到具体问题时，应根据机床总体布局的基本因素、艺术造型和人体功能要求，针对具体情况进行具体分析，合理地应用这些理论来解决问题。

6.1 概　　述

6.1.1 机床产品的设计要求

机械制造业在整个国民经济中占有重要的地位，机床制造是它的一个重要的组成部分，担负着机械制造业总工作量的40%～60%。因此，机床的质量和技术水平直接影响到机械产品的质量和进行经济加工的适用范围。评价机床性能的优劣，主要是根据技术经济指标来判断，即技术先进、经济合理才会受到用户的欢迎，在国内和国际市场上才有竞争力。机床设计的技术经济指标也从满足性能要求、经济效益和人机关系等方面进行分析。

1. 性能要求

1）工艺范围

机床的工艺范围是指机床适应不同生产要求的能力，它大致包含这些内容：机床可以完成的工序种类；所加工零件的类型、材料和尺寸范围；机床的生产率和加工零件的单件成本；毛坯的种类；适用的生产规模；加工精度和表面粗糙度。

一般来说，机床的工艺范围窄，可使机床的结构简单，容易实现自动化，生产率也可高一些。但是，如果工艺范围过窄，会使机床的使用范围受到一定的限制，并在一定程度上对加工工艺的革新起阻碍作用；如果工艺范围过宽，将使机床结构复杂，不能充分发挥机床各部件的性能，甚至有时会影响到机床主要性能的提高。所以必须根据使用要求和制造厂的条件，合理地确定机床的工艺范围。

用于单件或小批量生产的通用机床，要求在同一台机床上能完成多种多样的工作，以适应不同工序的需要，所以加工的工艺范围应该宽广一些，例如有较宽的转速范围和相适应的尺寸参数，也可以增设各种附件以便扩大机床的工艺范围。

专用机床和专门化机床多应用于大量或大批生产，因为它是为某一特定的工艺要求服务的，为了提高生产率，采用工序分散方法，一台机床只担负几道甚至一道工序的加工。加工工件的类型、材料和尺寸范围都限制在很小的范围内，毛坯的种类也是单一的。因此，合理地缩小机床的工艺范围以简化机床的结构、提高效率、保证质量、降低成本，是设计这一类机床的基本原则。

2）生产率和自动化程度

高效率机床是我国机床发展的一个重要方向。机床的生产率是指在单位时间内机床加工合格工件的数量，它直接反映了机床的生产性能，特别是专用机床和专门化机床的生产性能。要提高机床的生产率，应缩短加工一个工件的平均总时间，其中包括缩短切削加工时间、辅助时间及每一个工件的准备与结束时间。为了缩短切削加工时间，可以采用先进刀具，以提高切削速度、进给速度、加大切削深度。例如，空行程时采用快速移动，夹紧用气压或液压卡盘；采用自动测量、数值显示和不停车测量等方法。

生产率的要求根据生产纲领决定。

$$\theta=\frac{1}{T_{总}}=\frac{1}{T_{总}+T_{切}+T_{辅}+T_{准/n}}（件/小时）\qquad(6-1)$$

式中　θ——单位时间内加工合格工件的总数；

$T_{总}$——单件总时间；

$T_{切}$——单件切削时间；

$T_{辅}$——单件辅助时间；

$T_{准}$——加工一批工件的准备和结束时间；

n——一批工件的数量。

提高机床的自动化程度可以减轻工人的劳动强度和更好地保证加工精度及精度的稳定性。实现自动化所采用的手段与生产批量有很大的关系。目前，机床自动化还可以分为大批量生产的自动化和单件小批量生产的自动化。大批量生产的自动化常采用自动化单机(如自动机、组合机床)和由它们组成的自动生产线。单件小批量生产的自动化则采用数控机床、加工中心，或由它们组成的柔性制造系统和工厂自动化。

机床的自动化程度可以用自动化系数表示

$$K_{自}=\frac{t_{自}}{t_{循}} \tag{6-2}$$

式中　$t_{自}$——一个工作循环中自动工作的时间；

$t_{循}$——完成一个工作循环的总时间。

设计机床应根据实际情况确定自动化程度和所采用的手段，通用机床用途较广，加工对象变化较大，应尽可能实现局部的自动循环。

3) 加工精度和表面粗糙度

所谓机床的加工精度是指被加工零件在形状、尺寸和相互位置方面所能达到的准确程度，主要的影响因素是机床的精度和静刚度。

机床的精度包括几何精度、传动精度、运动精度和定位精度。几何精度决定于机床主要部件的几何形状和相互位置。传动精度是指机床工作部件和零件运动的均匀性与协调性，对内联传动链具有重要的意义。运动精度是指机床在以工作速度运转时主要零部件的几何位置精度。定位精度是指机床主要部件在运动终点达到实际位置的精度。

为了保证机床的加工精度，还要求机床有相当的刚度，刚度是指机床各零部件抵抗弹性变形的能力。此外，机床的热变形也会影响加工精度。

机床加工工件的表面粗糙度与工件和刀具的材料、进给量、刀具的几何形状和切削时的振动有关。机床的切削振动主要包括受迫振动和自激振动，机床抵抗受迫振动的能力称为机床的抗振性，它和机床的结构刚度、阻尼特性、主要零部件的固有频率有关。机床抵抗切削自激振动的能力称为切削稳定性。如果切削不稳定，则切削过的工件表面，其波纹度将会越来越大，振动越来越剧烈，将影响加工表面的质量。

4) 可靠性

机床的可靠性是指其在额定寿命期内，在特定工作条件下和规定时间内出现故障的概率，是一项重要的技术经济指标。由于故障会造成加工工件中的部分废品，故可靠性也常用废品率来表示，废品率低则说明可靠性好。例如，在自动化生产线中，如果一台机床出现故障而停车，往往会影响全线或部分的自动化生产，所以纳入自动线或局部自动化生产中的机床，对机床的可靠性有较高的要求。

衡量机床的可靠性是在使用阶段，但决定机床的可靠性却是在设计和研制阶段，所以必须将提高可靠性的重点放在机床的设计阶段。

5）机床的机械效率和寿命

机床的机械效率是指消耗于切削的有效功率与电动机输出功率之比，两者的差值即是损失，主要是摩擦损失，而摩擦损失转化为热量，引起机床的热变形，对机床的工作带来不良后果。对于功率较大的机床和精加工机床，其后果更为严重，更应予以注意。

机床的寿命是指机床保持它具有加工精度的使用期限。在寿命期内，在正常的工作条件下，机床不应丧失设计时所规定的精度性能，也称精度保持性。确保和提高机床寿命，主要是提高一些关键性零件的耐磨性，并使主要传动件的疲劳寿命和它相适应。中小型通用机床的寿命约为8年；大型机床和精密级、高精度级机床则要求更长的寿命。

6）噪声

不同频率和不同强度的声音无规律地组合在一起即成为噪声。通常从生理学观点出发，一切对人们生活和工作有妨碍的声音均称为噪声。噪声损伤人的听觉器官和生理功能，妨碍语言通信，降低劳动效率，是一种公害。由于现代机床切削速度的提高、功率的增大、自动化功能的增多和机床变速范围的扩大，降低机床噪声已经成为设计和制造中的一个不容忽视的问题。

机床噪声的测量应按照GB/T 16769—2008《金属切削机床　噪声声压级测量方法》的要求进行，一般机床的允许噪声不大于85dB，精密机床不大于75dB。

机床的主要噪声来源于齿轮、油泵、轴承和风扇等。噪声可直接从这些零部件发出，还可通过其周围的构件作二次发射，故应从控制噪声的生成和隔声两方面着手来降低噪声。控制噪声的生成应找出机床最主要的噪声源，并采取降低噪声的措施。如传动系统的合理安排、轴承及齿轮结构的合理设计、提高主轴箱体和主轴系统的刚度、避免结构共振、选用合理的润滑方式和轴承的结构形式等。又如将齿圈与幅板分离，在分层面加摩擦阻尼、通过减振达到消声的目的。从隔声方面降低噪声主要是根据噪声的吸收和隔离原理，采用隔声措施。如齿轮箱严格密封、选用吸声材料作箱体罩壳等。

2. 经济效益

在保证实现机床性能要求的同时，还必须使机床具有很高的经济效益。不仅要考虑机床设计和生产的经济效益，更重要的是从用户出发，提高机床使用厂的经济效益。

对于机床生产厂的经济效益，主要反映在机床成本上，机床的成本不仅包括材料、加工制造费用，而且还包括研制和管理费用。管理水平的高低是直接影响机床成本的重要因素。对于机床使用厂的经济效益，首先是机床的加工效率和可靠性，要使机床能够充分发挥其效能，减少能源消耗，提高机床的机械效率，特别是功率较大的机床和精加工机床，也是十分重要的。

为减少制造和维护成本，在设计时，应注重机床结构的设计，提高机床的工艺性，广泛地采用标准件和通用件，尽量进行模块化设计，缩小机床的占用面积，改善使用和维护条件，提高机床的效率和降低金属的消耗量。

3. 人机关系

人机关系已成为十分重要的问题，设计时应充分给予重视。机床的操纵必须方便、省力、容易掌握、不易出现操作上的错误和故障。这样既可提高机床的可靠性，又可减少工人的疲劳，保证工人的安全。

机床的外形必须合乎时代要求，美观大方的造型、适宜的色彩均能使操作者有舒适宜人的感觉。

上述的基本要求是紧密地与机床的技术和经济效益相联系的。设计机床时，必须从实际出发综合考虑，既要有重点，又要照顾其他，一般应充分考虑加工精度、表面质量、生产率和可靠性。

6.1.2 机床产品的设计方法

机床设计经历了由静态分析向动态分析，由定性分析向定量分析，由线性分析向非线性分析，由安全设计向优化设计，由手工设计向自动化计算的发展过程。

1. 理论分析计算和试验研究相结合的设计方法

理论分析计算和试验研究相结合的设计方法是机床设计的主要方法。这种方法首先是根据理论计算和局部试验确定结构尺寸，制造样机；对样机进行整机或局部薄弱环节的各种试验；最后补充修改定性。

实物试验比较直观和精确，但必须制造实物样机，花费大，时间长，有时不可能或不适宜制造实物。所以在设计中一般采用的是根据理论把构件实体按一定比例缩小，用有机玻璃或钢材做成模型进行试验。模型试验虽很有成效也比较成熟，但需要熟练的模型制作技术和一定的测试手段。

近代发展起来的模拟试验可以不需要模型，也不必画出详细的设计图，只要给出结构方案和主要参数就可通过电子技术模拟出符合要求性能的某些参数。

2. 分析计算法

随着电子计算机的广泛应用和先进测试技术的发展，机床设计中可以主要利用分析计算法来计算机床的静态和动态应力、变形等。在设计阶段，根据设计条件和图纸即可进行方案的比较和选择。分析计算法常用集中参数法、分布参数法和有限元法。

1) 集中参数法

用集中参数法计算机床的动态特性时，把机床构件看成由若干质量的质点和无质量的弹簧组成的振动系统。建立动力学模型，再按动力学模型建立数学模型，即列出振动系统的运动方程，最后求方程的解。集中参数法计算程序的规模小，使用的计算机容量可以较小，计算时间短，计算所需费用也低，但从原理上对实际结构的近似度较差，所以有时分析机床的整体结构不够精确。

2) 有限元法

有限元法是把结构假想分割成有限个单元，而把一个连续体作为这些离散单元的集合体来看。相邻单元在公共点(节点)处连接，在其他处则被假想分开。若必须保持相邻单元在公共边界处的全长上协调，就要仔细选择假定，尽可能使得沿公共边界的协调性成为节点协调性的自然结果。

利用有限元法时，要进行单元分析和系统分析。单元分析包括选择单元的大小和形状，以及用单元刚度矩阵或柔度矩阵来表示节点力和节点位移间的关系。系统分析可以写成不受单元类型影响的程序，这个程序适用于有刚度矩阵的任意类型的单元，能处理由不同类型单元组成的结构。有限元法的结构分析计算以矩阵分析为手段，大量的未知应力或变形是通过求解多元联立线性方程组获得的。

3. 优化设计

优化设计就是在一定的条件下，合理地选择有关参数，以获得一个技术经济指标最佳的设计方案。例如：最经济、质量最轻、体积最小、寿命最长、最可靠等都可以在一定的约束条件下构成设计追求的目标。

优化设计首先必须将工程设计问题转化为一个数学问题，然后利用规划论的方法，应用数值计算求得最佳方案。优化设计过程及其相互关系可用图 6.1 来说明。数学规划的方法是按一定的方向与步长，一步一步来搜索最优值。方案是否达到最优，是根据计算程序的逻辑判断功能来评价的，其评价方法是按照某项或几项设计指标所建立的目标函数最大或最小来进行的。

整个设计过程可分为两部分。一部分是利用数学规划论建立数学模型及优化方法；另一部分是利用计算机自动计算优化设计，包括程序的编制、数据的准备、结果分析与整理。

优化设计是设计方法上一个很大的变革，它为复杂设计问题求得最佳方案提供了可能，大大减轻了实际的工作量，提高了设计效率，保证了产品质量。

另外，在实际设计中，计算机辅助设计(CAD)可以通过其语言来描述机床本身与零部件的几何形状，使各种独立的任务集成化，通过简单的迭代过程实现优化设计。

4. 可靠性设计

可靠性设计是以可靠性作为评定设计质量的一项指标而进行的设计，它是使设计产品在使用中不产生故障的设计方法和技术。进行可靠性设计一要有可靠性资料；二要有可靠性设计方法，包括一般方法和特殊方法。图 6.2 所示为可靠性设计的顺序。

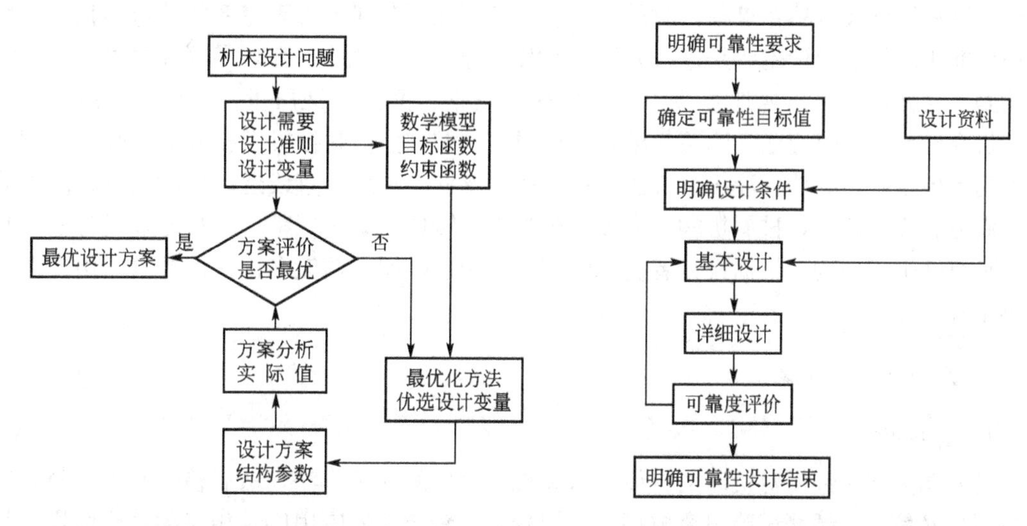

图 6.1 优化设计过程及其相互关系

图 6.2 可靠性设计的顺序

可靠性设计的一般方法是指根据以往积累的经验而形成的预防故障的设计方法，例如，结构力求简单、零件数要少，易于检修、调整和更换等。可靠性设计的特殊方法常用的有：可靠度分配、安全设计方式、安全寿命设计方式、防止故障设计方式、可靠性试验等。

6.1.3 机床产品开发的设计工作

1. 机床设计开发时应注意的问题

1）机床设计时要有创造性

机床设计是一种创造性劳动，机床产品的性能和质量反映了生产厂家的设计和制造水平。在设计中，一般应考虑以下几方面的工作。

(1) 要做好技术信息和市场预测工作，掌握机床发展的趋向和动态，拟定产品的长远发展规划。

(2) 坚持加强产品的试验研究和发展工作，保证有一定的技术储备，为改进产品以及更新换代创造条件。

(3) 注意新结构、新工艺、新材料的发展，并及时用于机床设计，以提高产品的水平。

(4) 博采众长，学习国内外的新技术，经过消化吸收，将其应用于产品设计中。

2）坚持为用户服务

生产的需求是机床发展的动力，用户的要求是机床设计的依据。根据各自用户的不同要求，设计和制造出各种各样的机床新品种，使机床制造业得以迅速发展。机床的设计与制造，不仅要着眼于机床的成本和利润，更应从整个社会的经济效益出发。用户的经济效益越大，对设计与制造单位来说，不仅利润越多，而且声誉也越高，竞争力也越强。机床制造厂为用户提供的机床品种越多，显示出它的技术实力越强。

3）重视机床零部件的外委与采购

机床设计和制造的发展，与发展机床零部件的专业化工厂有直接的关系。专业厂只专一行，容易做到技术精益求精，质量和数量都有保证，有利于机床零部件的通用化、模块化和标准化。机床设计主要是进行总体设计和关键部件的设计，许多零部件都可以从专业厂买到，这样，既能迅速地组成机床以缩短交货期，又能保证质量，还可降低成本。所以，机床设计开发时应建立购买与组合的思想。例如，生产数控机床和加工中心(MC)时，其中的数控系统，电器、液压、气压元件，滚珠丝杠，轴承，直线运动滚动支承、防护装置，润滑、冷却装置，排屑机构，刀库，机械手，转位刀架等，都可以从专业厂订购，甚至主轴组件也可外购。根据设计者提出的刚度、转速范围、精度和抗振性要求，由专业厂提供主轴单元。

2. 设计机床的步骤

1）调查研究

首先调查使用部门对机床的具体要求和现在使用的加工方法；然后检索有关资料，其中包括技术信息、预测试验研究成果、发展趋向、新技术的应用以及相应的结构图样资料等，还可以检索技术先进国家的有关资料和专利等。通过对上述资料的分析研究，拟定适当的方案，以保证机床的质量和提高生产率，使用户有较高的经济效益。

2）拟定方案

在调查研究和论证分析的基础上，对所设计的机床提出总体设计方案，通常拟出几个方案进行分析比较。每个方案所包括的内容有：工艺分析、主要技术参数、总体布局、传动系统、液压系统、控制操纵系统、电系统、主要部件的结构草图、试验结果及技术经济分析等。在制订方案时应注意以下几点。

（1）当使用和制造之间出现矛盾时，应首先满足使用要求，其次才是尽可能便于制造。要尽量采用先进的工艺和创造新的结构。

（2）设计必须以生产实践和科学实验为依据，凡是未经实践考验的方案，必须经过实验证明可靠后才能用于设计。

（3）继承与创造相结合，尽量采用先进技术，提高生产力。注意吸取前人和外国的先进经验，在此基础上有所创造和发展。

3）技术设计

根据机床的总体设计方案，绘制机床总图、传动系统图、部件装配图、液压与电气装配图、并进行运动计算和动力计算。技术设计时，为使各部件能够同时而且较为协调地进行，一般应画出机床的总体尺寸关系图，在图中确定各部件的轮廓尺寸和各部件间有联系的相关尺寸，以保证各部件在空间不发生干涉并能协调地工作。

4）工作图设计

绘制机床的全部专用件的工作图和通用件的补充加工图，并进行相应的计算。

5）编制技术文件

整理机床有关部件与主要零件的设计计算书，编制各类零件明细表，制定精度和其他检验标准，编写机床说明书等技术文件。具体技术文件的名称和内容如下。

（1）专用件、通用件、标准件和外构件明细表。

（2）设计说明书或技术设计书：包括机床总体方案的实现及主要结构的选择理由、各种计算所用的公式及结果等。

（3）机床使用说明书：包括机床的技术性能、用途，各部件的结构说明，机床的调整、润滑与维护，常见故障的消除方法，机床的运输、安装与试车，滚动轴承表，电气设备表，附件及备件清单，易损件目录及零件图，验收标准及验收纪录。

6）对图样进行工艺审查和标准化审查

对图样进行工艺审查和标准化审查，审查合格后才能使用。

3. 样机试制和鉴定

如果所设计的新产品是成批生产的产品，在工作图设计完成后，应进行样机试制以考验设计。对样机要进行试验和鉴定，合格后再进行小批试制，用以考验工艺。

在试制、试验和鉴定的过程中，根据暴露出来的问题，对图样进行修改，并可利用计算机对机床的结构进行优化设计，直到产品达到使用部门的要求为止。

在所设计开发的机床投产使用以后，还应经常收集使用部门和制造部门的意见，注意科学技术的新发展和总结新经验，以便对机床产品改进和更新。

6.2 机床产品的标准化

机床品种的系列化、零部件的通用化和零件的标准化统称为标准化，模块化是通用化的发展，其目的是便于机床设计、制造、使用和维修；提高标准化程度对机床产品的品种、规格、质量、数量和生产效率等有着重要的意义，它是技术经济政策。

6.2.1 机床品种的系列化

机床品种的系列化是对每一类型的通用机床确定同一类型的机床应有哪些尺寸规格和形式(基型和变型)，以便以较少品种的机床来满足各生产部门的需要。

机床品种的系列化工作包括3部分：制定机床的参数标准；编制机床的系列型谱；进行机床的系列设计。

制定机床的参数标准主要是确定某类型机床的主参数系列和第二主参数。机床的主参数系列通常是一个等比数列，公比为1.26、1.41、1.58等。有的机床采用混合公比的系列，例如摇臂钻床的最大钻孔直径系列为25mm、40mm、63mm、80mm、100mm、125mm，其中直径在63mm以下时，公比为1.58；直径大于63mm时，公比一般为1.26。

机床的系列型谱是在确定了机床的主参数系列后，根据加工零件的要求、零件的外形、生产批量的大小和机床的使用条件而编制的。它使机床以不同形式来适应不同的使用情况，机床系列型谱的编制包括确定某类型机床的品种、基型和变型、布局及应有的技术性能。例如，图6.3所示为摇臂钻床系列型谱的几种形式。

图6.3(a)是系列设计中的基型，这种基型用途最广，需求量最大，结构上容易和其他品种通用。以此为基础，根据生产的需要，可派生出具有不同功能的摇臂钻床。例如，图6.3(b)为万能性较强的摇臂钻床，它的摇臂可绕水平轴回转±90°，主轴箱可在摇臂上倾斜±30°～45°。此外，还有车式摇臂钻床，如图6.3(c)所示；吊式摇臂钻床，如图6.3(d)所示。

机床的系列设计是根据机床系列型谱进行的。它的工作内容包括整个系列型谱的技术任务书，进行系列内各产品的设计、样机试制、图样定型等工作。进行机床的系列设计，可以统一全面地考虑系列内的产品，把起同样作用的一些部件设计成同样的或相似的结构，使结构典型化，为机床部件的通用化、零件的标准化创造充分的条件。进行机床的系列设计可以缩短设计周期并加速品种发展，有利于提高产品的质量和技术水平，有利于机床的生产、使用、维修、配套和管理。

6.2.2 零部件的通用化

零部件通用化的设计，是在行业内部利用较少的几种结构，去适应较多的产品需要，以减少企业生产的零、部件种数，使设计和制造周期大大缩短，使制造厂的生产和管理过程简化，以获得较高的经济效益。

部件通用化是把相类似的机床的若干部件或零件相互通用起来，多数是指在系列型谱中，相同规格的基型与变型机床之间的通用。例如，在同一主参数的升降台铣床(万能、卧式和立式铣床)中，大多数的部件，如升降台、工作台、进给箱、主传动机构

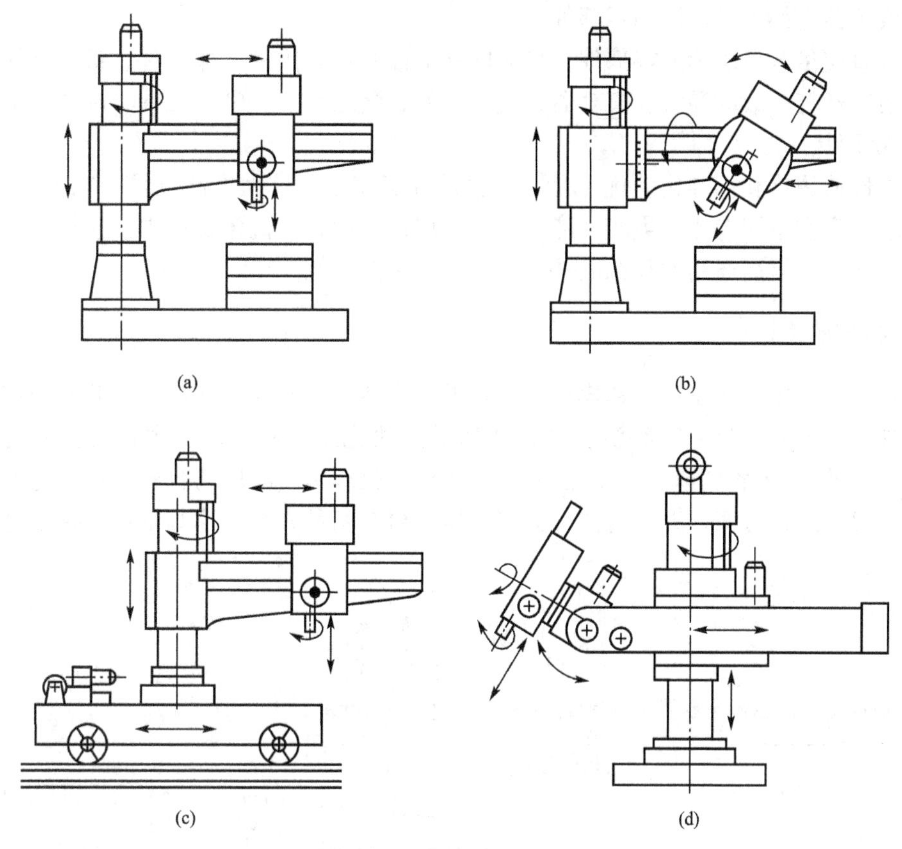

图 6.3 摇臂钻床的形式

等都是通用的。系列中相邻规格的机床之间也有可能实现部件的通用化，表 6－1 列出了普通摇臂钻床的通用化程度，表中通用件和专用件统称为基本件，标准件和外构件不计入基本件。

表 6－1 普通摇臂钻床的通用化程度

机床型号	通用零件的种数				通用件总种数	零　件总种数	通用化程度(%)
	被通用机床						
	Z3040×16	Z3063×20	Z3080×25	Z30100×31			
Z3063×20	135				135	386	35.0
Z3080×25	119	141			260	394	66.0
Z30100×31	57	18	21		96	446	21.0
Z30125×40	58	16	22	290	386	457	84.8

6.2.3 零部件的标准化

机床零部件一般可分为专用件、借用件、标准件和外购件等几种。专用件是某一型号机床所特有的零部件。借用件是在某机床或部件中采用了另一机床或部件中的专用件。外构件是由专门工厂生产的、可以购买的零部件。标准件是由国家或行业标准化了的，在各种机床或机器上都可以通用的零部件。

设计时应尽量采用标准零部件。机床的标准件有：紧固件、操作件、键、弹簧、滚动轴承、滚珠丝杠、滚动导轨、离合器、气动元件、液压元件、电气元件、冷却润滑件及数控装置和元件。

零部件通用化和标准化的优点是：减少设计工作量、扩大生产批量、减少工艺装备、便于管理生产和组织专业化生产、降低成本、保证质量。在机床设计中，应尽量多采用通用件和标准件，提高通用件和标准件在零件总量中的比例。

6.2.4 机床的模块化

模块化是通用化的发展，在模块化的初期，应使各个部件独立，并有几种方案可供选择。例如图 6.4 所示是一种经济型数控车床的模块化组合示意图。主轴箱模块有四种方案：手动变速(即齿轮变速、手动控制)、直流电动机调速、液压离合器变速和电磁离合器变速。卡盘有三种方案，刀架有四种方案，操作台有两种方案，这些都可以由设计者根据需要选用。

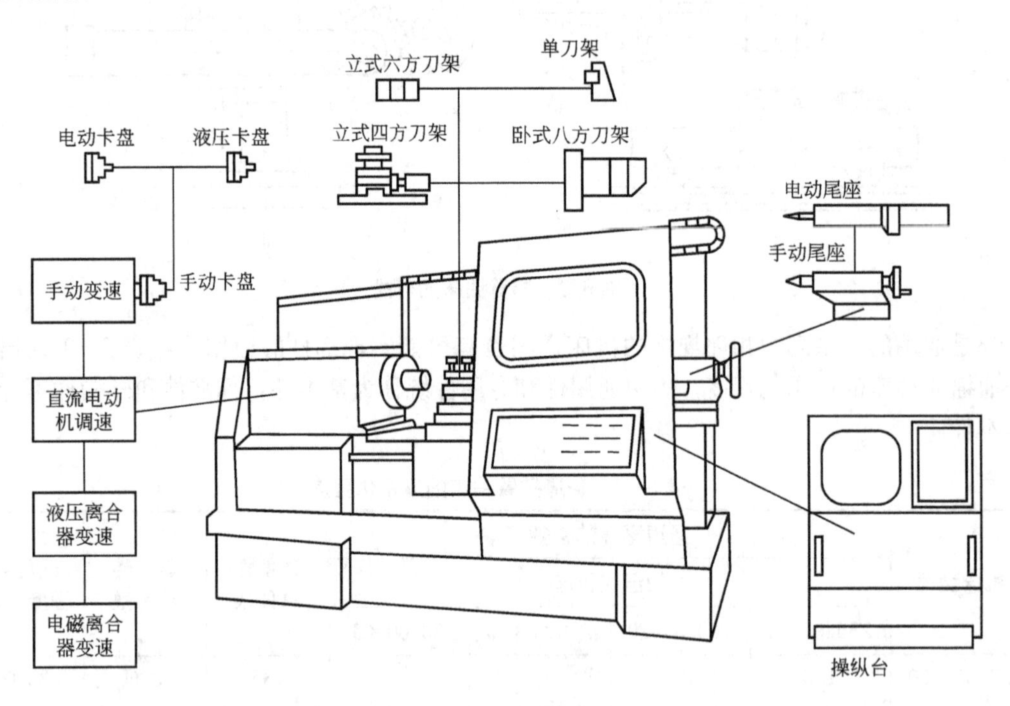

图 6.4 经济型数控车床的模块化组合示意图

模块化的进一步是生产的社会化，各种模块(也简称“单元”)可由专门的工厂制造，作为商品，向社会供应，机床制造厂可根据要求的功能、性能和规格采购。例如，主运动有变速箱和主轴单元；进给运动有驱动单元；导轨有直线运动滚动支承；刀具系统有转位刀架、刀库、机械手、加工中心主轴内的刀具夹持机构；控制系统有数控系统、伺服系统、可编程控制器；防护系统有防护罩、管缆防护套、拖链；此外，还有位置检测单元、润滑单元、冷却单元、切削搬运机构等。例如进给系统，只要提出技术要求，如最大最小进给速度、快移速度、行程长度、进给牵引力和所要求的刚度，专业厂就可据此为用户配套滚珠丝杠、两端支座、伺服电动机等全套供应。

由于各种模块由专门的工厂集中生产，质量易于保证。机床厂只需要设计和制造支承件(如床身、主轴箱、刀架、尾架、底座等)、各部件的“接口”、某些专用零部件以及进行装配和调试，而一些功能部件(模块)大都可以外购。这样，机床厂可减轻工作量，缩短交货期，提高竞争能力。

6.3 机床产品的性能评定指标与价值分析

6.3.1 机床产品的性能评定指标

在设计机床时，除了有几何精度要求外，相继地提出了一系列其他的评价指标，如运动精度、强度、刚度、抗振性、低速运动平稳性、耐磨性、热变性及噪声等，现简述如下。

1. 机床精度

机床精度包括几何精度、传动精度、运动精度及定位精度等几个方面。

几何精度是指机床在空载较低速运转时的精度，它规定了决定机床加工精度的主要零部件之间的相对位置允差，以及这些零部件的运动轨迹之间的相对位置公差。例如主轴端面跳动和径向跳动、主轴中心线相对滑座移动方向的平行度或垂直度等。几何精度是衡量机床精度的重要指标。

传动精度是指内联系传动链两末端件之间的相对运动精度，它取决于传动系统中机件的制造精度和装配精度及传动系统设计的合理性。例如，车床车削螺纹时，主轴每转一转，刀架的移动量应等于螺纹的导程。但是，实际上，由于主轴与刀架之间的传动链内、齿轮、丝杠及轴承等存在着误差，使得刀架的实际移动距离与要求的距离之间有了误差，这就是车床车螺纹传动链的传动误差。

运动精度是指机床的主要零部件在工作状态运动时的精度，这方面的误差称为运动误差，它与几何误差是不同的。例如主轴用动压轴承支承，由于轴颈不可能绝对正圆，而引起油楔处间隙不断改正，致使主轴轴心漂移，就产生了运动误差。运动精度对高精度机床是很重要的。

定位精度是指机床主要部件在到达运动终点时的实际位置精度。如铣床分度头的分度，六角车床回轮的转位，点位控制机床的定位精度，仿形机床及曲线轨迹数控机床等的每一步的定位都有一定的定位精度要求，才能保证准确定位。

机床的精度等级可分为三级：普通精度级、精密级和高精度级。这三种精度等级的公差，如以普通精度级为1，则它们之间的大致比例为1∶0.4∶0.25。各类机床的精度验收标准已由国家规定，它规定了检验项目、测量方法和公差。

2. 机床强度

机床上有许多零件，其中传动件在设计时应核算其强度。零件在受固定不变的或变动较小的工作载荷时，应进行静强度计算，其计算载荷即为额定载荷。如机床经常在电动机过载的情况下工作，则计算载荷等于额定载荷乘以过载系数。齿轮、滚动轴承及转轴等机床零件受交变接触载荷和弯曲载荷时，应进行疲劳强度计算，其计算载荷等于额定载荷乘以寿命系数。其中，机床的额定载荷是指传递机床全部功率时的最大交变载荷；寿命系数有传动件的功率利用系数、转速变化系数、工作期限系数及在变动工作量下的材料强化系数等。对机床进行疲劳强度计算通常是按有限寿命的原则进行的，即设计时希望各零件有大体一致的工作期限，到大修时这些零件一起换新。

3. 静刚度

机床的刚度是指作用载荷与变形的比值，它表示机床抵抗变形的能力。抵抗恒定载荷变形的能力称为静刚度；抵抗交变载荷变形的能力称为动刚度，后者是抗振性的一部分。习惯上所说的刚度，往往指静刚度。

机床必须保证受载后的加工精度和工作性能，也就是必须具有一定的刚度。由于机床允许的变形很小，根据强度计算，在许用应力下机床所产生的变形往往大于机床允许的变形，因此刚度比强度对机床更为重要。

机床的整机刚度(即综合刚度)是由各构件的结构刚度与构件间的接触刚度综合而成的，后者在大多数情况下是主要的，必须给以足够的重视。

如果机床刚度不足，则在重力、夹紧力、切削力和摩擦力的作用下，就会产生过大的变形，从而使机床在定位精度、加工精度、运动平稳性、抗振性、降低噪声等方面受到严重的影响。因此，在机床设计中对机床的刚度应予以足够的重视。

4. 抗振性

机床发生振动直接影响加工的表面质量、生产率，以及机床本身及刀具的寿命。当振源的频率与机床的固有频率或其倍数重合时，机床将发生共振，使振幅激增，严重时甚至会影响到运动件的损坏，产生强烈的噪声，影响工人的健康。因此，抗振性对机床也是一个重要的评价指标。

机床的抗振性与它的结构刚度、阻尼特性及固有频率有关。为了提高机床的抗振性，避免机床在使用范围内出现共振，应使机床系统的固有频率远离工作范围内存在的强迫振源的振动频率，并使机床在相同激振力的作用下变形较小。为此，可以采取提高系统的固有频率和系统的阻尼能力或采用各种消振器与阻尼器等措施。

5. 低速运动的平稳性

某些低速运动或微动进给机构如果发生爬行，也会影响加工精度和表面粗糙度。例如磨床砂轮架的横向进给发生爬行，将达不到要求的加工精度，严重时还可能发生事故；又如坐标镗床、数控机床的工作台或主轴箱发生爬行时，将不能保证定位精度。

爬行产生的原因，主要是在运动件速度很低时滑动面之间处于边界摩擦状态，存在着动、静摩擦系数的变化。在运动件质量大时，动、静摩擦力之差扩大，再加上传动系统刚度不足，传动件的弹性变形储放能量，引起摩擦自激振动，致使运动部件产生爬行。只有消除爬行，才能使低速运动保持平稳。

6. 耐磨性

为了使机床能在长期的工作中保持必要的精度，在设计机床时必须考虑耐磨性。磨损的形式很多，如腐蚀等，但主要的形式是磨粒磨损和拉伤。

磨粒磨损是接触零件相对运动时，由于两滑动表面的微观不平，少数接触点上比压很大，凸起的峰尖压破油膜，在相对滑动时相互剪切，被切下的金属屑末成为磨料，使运动表面造成不均匀的磨损；此外，滑动表面中侵入的尘土和砂轮磨屑也会引起磨损。拉伤是由于切屑挤入滑动表面而形成的，拉伤产生的颗粒及拉伤沟槽也会加剧表面的磨损。

对于以磨损失效为主要失效方式的零部件(如主轴轴承及导轨等)，考虑它们的耐磨性也应该以一个大修周期为依据。如果机床的耐磨性不够，则往往在传动件还没有疲劳破坏的情况下，机床已失去精度，不得不提前大修，这是很不经济的。提高耐磨性是提高机床质量的重要内容之一。

7. 热变形

机床在工作时受到机床内部热源及外界温度的影响会产生热变形。热变形能影响机床的精度，使配合间隙发生改变，油膜承载能力降低，支承件扭曲，严重时甚至会产生“抱轴”现象。

机床内部的热源有：电动机电能转变为热能，传动副间摩擦发热，液压系统中油池、油泵及控制元件的发热，由切屑或冷却润滑液带来的切削热等。外部的热源：有室温变化，日光、照明及供暖设备产生的辐射热。这些热源使机床各部分的温度发生差异，加之材料的膨胀系数不同，机床温升、热传导又有时延，各部分的变形就不一致，从而导致机床产生定位误差或加工误差。由于机床加工精度的要求提高，热变形问题越来越被重视，特别是对精密机床、大型机床和自动机床尤为重要。例如在自动车床温升前调整好的定距切削，定距会由于热变形而逐步改变；坐标镗床被加工孔间距的准确位移及其轴线的垂直度也会受机床热变形的影响而改变。

在设计机床时，应特别注意机床内部热源对机床的影响，一般可采用下列措施：减少热源的发热量，将热源置于易散热的位置，增加散热面积，强迫通风冷却，将热源的部分热量移至构件温升较低处以减少构件的温差，或使机床部件的热变形转向不影响精度处。在进行机床的结构设计时，还可以采用机床预热和自动温度控制，或采用温度补偿装置等。机床安装时也应注意并避免外部热源对机床的影响，精密机床最好放在恒温车间工作，并避免阳光直射等。

8. 噪声

随着机床功率和转速的提高以及自动化功能的增加，机床噪声问题日益突出。在无防护条件下，一定强度与频率的噪声不仅对听觉器官有损伤，同时对神经系统及心血管系统也有不良影响。为此，各国已把噪声列入机床性能的评价指标之一，并采取各种工业法律措施和技术措施加以控制。

噪声的主要来源有：机械噪声、液压噪声、电磁噪声及空气动力噪声等。机械噪声是齿轮、滚动轴承或其他传动件的振动所产生的噪声，以及箱体罩壳等静止件受运动部件激发而引起的振动噪声。液压噪声是指液压系统中液压油泵、溢流阀等引起的噪声。空气动力噪声是指风扇及转子等高速转动件对空气的搅动而引起的噪声。电磁噪声是由电动机及其他电气元件所引起的噪声。各种噪声源相互影响，特别是在发生共振的时候。

降低噪声的措施：降低机械噪声，如降低齿轮传动引起的噪声，主要应减少齿轮啮合的冲击振动，避免齿轮啮合频率的高次谐波与齿轮的固有频率重合。具体措施是减少啮合齿轮的对数，适当地降低齿轮的线速度，提高固有频率和增加阻尼，适当地选择齿轮精度，注意其工作平稳性及接触精度等。降低液压系统的噪声，可采用变量泵替代定量泵，采用噪声较小的溢流阀等。降低电动机的噪声，可对电动机转子进行精密平衡及采用较高精度的轴承等。在设计机床的托架、罩壳时也应注意提高其刚度，并可采用安装衰减器或使用消声器材的办法来降低噪声。用消声罩或隔音板对箱体进行屏蔽，也是降低噪声扩散的方法之一。

以上各种评价指标相互间都有一定的联系。例如：刚度不足，抗振性也就较差，噪声也会跟着加大，同时会对精度、运动平稳性产生不利的影响；由于刚度不足，会引起构件接触不良，局部压强加大，会导致局部剧烈磨损，降低机床的使用期限。

6.3.2 机床产品的价值分析

机床设计完成后，经过试制、生产，最终交付用户使用。为了提高使用价值，必须用最低的成本获得产品必要的功能。价值、功能、成本三者的关系可用式(6-3)表达

$$价值=\frac{功能}{成本} \tag{6-3}$$

由式(6-3)可知，功能一定的情况下降低成本，或成本一定的情况下增加功能，都使价值提高。功能主要包括机床产品的维护性能、使用性能、外观和使用寿命等。总之，这种机床产品的价值不仅取决于技术方面，而且还加入了用户的爱好、经济能力和使用目的等因素，所以价值不是绝对的。如果使生产的机床保持在社会的高水平上，就必须不断提高功能，降低成本，这要求设计开始时对机床进行全面的价值分析。

设计机床时，应认真考虑机床结构的工艺性，该工艺性是用机床上零件加工表面的数量、尺寸精度、复杂程度、对制造厂的适应性，以及标准化、通用化程度等来评价的。如果工艺性差，将使机床制造修理费用增加，周期加长，直接影响机床的成本。同时，尽量减少机床零件，降低机床金属的消耗量，也是改善零部件加工和装配的工艺性、降低成本的基本方法。

用户购买机床用于生产时，除考虑购入成本外，还要考虑使用时必须花费的操作和动力成本、维护修理成本以及作为废物处理时收回的成本。这4项成本构成所谓的“寿命周期成本”。

总之，机床成本与功能之间既互相关联又互相制约。如要求精度高，则生产率往往受限制；若进度和生产率都要求很高，则制造就可能困难，成本也将提高。因此，设计机床时必须从实际情况出发，合理地解决各项要求之间的矛盾，既要抓住重点，又要照顾一般，通常应优先考虑产品的加工质量、生产利率和可靠性。

应当指出的是，衡量机床产品价值的最终标准主要是应以用户厂所创造的技术经济效果为依据。

6.4 机床的总布局

机床总布局的设计是指按工艺要求设计机床所需的运动，确定机床的组成部件，以及确定各个部件的相对运动和相对位置关系，确定操纵、控制机构在机床中的配置，并使机

床具有协调美观、色彩清新的外形和宜人性。在设计中，被加工工件的形状、尺寸和重量，以及机床的生产率、经济性等在很大程度上也左右着机床的总布局。

6.4.1 机床的初步设计

机床初步设计的内容包括：机床运动的分配、支承形式的确定、传动形式的选择、机床性能的考虑等。上述内容之间有着密切的联系，有时可互相穿插进行或同时并进。

1. 机床运动的分配

机床上的工艺方案确定后，刀具与工件在切削加工时的相对运动也被随之确定了。但是，该运动可分配给工具，也可分配给工件，或者由刀具和工件共同来完成。机床运动的分配是由多方面因素决定的。

1）有利于保证加工精度

例如，一般钻孔时，主运动和进给运动均由刀具完成，如图6.5(a)所示，这样比较方便。但在钻深孔时，常采用工件作旋转主运动，钻头作轴向进给运动，深孔钻床的运动分配如图6.5(b)所示，这样有利于提高被加工孔中心线的直线度和便于润滑钻头、排屑。

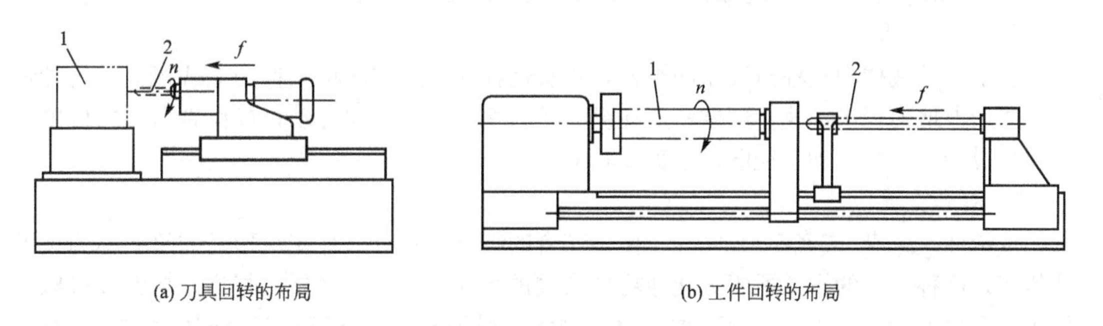

(a) 刀具回转的布局　　(b) 工件回转的布局

图6.5 钻床的运动分配

2）把运动分配给质量小的执行件

在其他条件相同的情况下，运动部件(工件或刀具执行件)的质量越小，所需电动机的功率和传动件的尺寸越小，从简化机床传动和结构的角度看，应让质量较轻的执行件运动。例如钻床，当工件较轻、较小时，可采用立式钻床的布局，即用手移动工件，使被加工孔对准钻头；当工件较重时，就采用摇臂钻床的布局，即移动主轴箱来对准工件的钻孔位置。升降台铣床、龙门铣床之间的关系也是如此。

3）提高刚度和缩小占地面积

设计大型机床时尤应考虑缩小机床的体积和占地面积。

图6.6所示为外圆磨床的两种布局。对于中小型外圆磨床，由于工件长度不大，占地面积较小，多采用工件进给的布局，即工作台纵向移动，如图6.6(a)；对于较长、较重的工件，则采用砂轮进给的布局，即砂轮座作纵向移动，如图6.6(b)，可以提高机床的刚度和加工精度，并缩小了占地面积。

2. 支承形式的确定

机床中常用的支承件有：床身、底座、横梁和横臂等。这些支承件或单独使用，或组

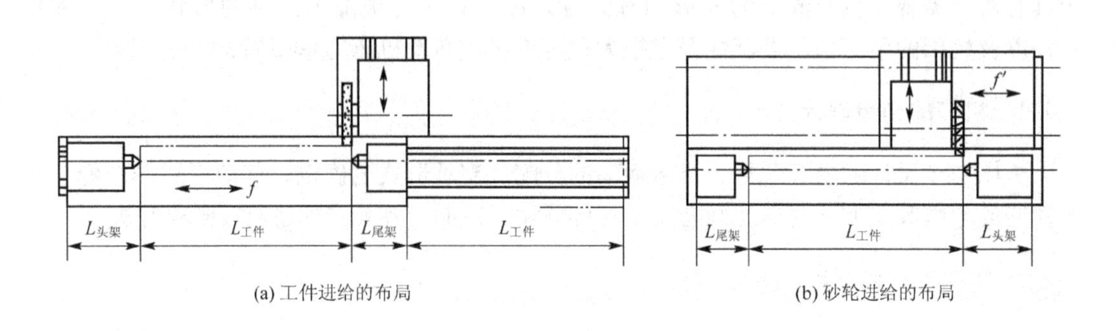

(a) 工件进给的布局　　(b) 砂轮进给的布局

图 6.6　外圆磨床的进给运动

合使用。根据机床的支承形式可归纳为以下四种机床的基本形式。

1）一字形支承

支承件是床身或床身与底座的组合，具有这种支承形式的机床称为卧式机床。这种形式的机床重心低，占地面积较大，执行部件一般在纵、横两个方向运动；通常操作者在机床的前面操作，适用于加工细而长的工件或需要加工行程较长的工件。

2）柱形支承

支承件是底柱和立柱与底座的组合，具有这种支承形式的机床称为立式机床。这种形式的机床占地面积小，执行部件一般在纵、横、垂直 3 个方向运动；操作者所处的位置可以比较灵活，适用于加工径向尺寸大而轴向尺寸小的工件。

3）槽形支承

支承件是床身(或底座)、立柱、横梁三者的组合，具有这种支承形式的机床称为单臂式机床。这种形式的机床适于方便地更换点位进行加工；与立式机床相比，单臂式机床可加工横向尺寸较大的工件，但可加工尺寸越大，横臂越长，横臂根部受到的弯矩也越大，因此设计时应注意提高横臂的刚度。

4）框形支承

支承件由床身、横梁及双立柱组合而成，形成封闭的框形结构，称为龙门式机床。这种形式的机床刚度较高，加工精度较好，一般可加工径向、轴向直径都很大的工件；但支承件较多，结构复杂，设计总体布局时，应注意操作机床的方便性。

如图 6.7 所示，当车削盘类工件时，工件的尺寸不同，可使机床的支承形式不一。当盘类工件 $d<1250$mm 时，可采用一字形支承形式的普通卧式车床来加工。当 1000mm$<d<$2000mm 时，考虑卧式布局不但给工件的装卸和调整带来困难，而且机床主轴在悬臂状态下承受重载，对机床的刚度和加工精度不利，故采用柱形支承形式的立式车床，其只有一个垂直刀架，横梁较短。当 2500mm$<d<$8000mm 时，采用框形支承形式的双柱立式车床。当直径更大时，往往要采用龙门移动式立式车床来加工。

3. 传动形式的选择

机床的传动有机械传动、液压传动、气动、电气传动等多种形式及上述形式的综合。合理的机床传动形式应满足下列要求。

(1) 运动功能要求。设计时需考虑机床的运动是简单运动还是复合运动，是直线运动

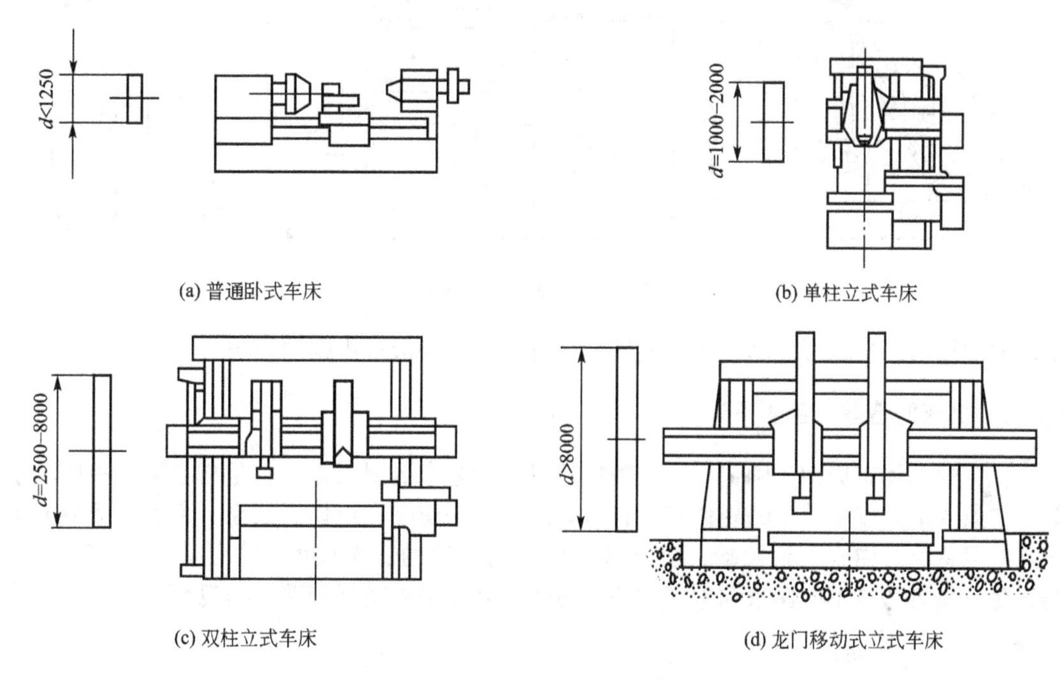

图 6.7 工件尺寸对支承形式的影响

还是回转运动；以及运动对变速、换向、定程、制动等功能的要求。

(2) 运动性能要求。设计时需考虑机床的传动精度、定位精度、运动平稳性的要求；以及运动速度、功率、传动力、行程等的要求。

(3) 经济性要求。经济性要求是指既要满足用户对传动装置成本的要求，又要适于机床传动装置的制造、维护、修理。

例如，对于回转运动的驱动，可以是机械传动，也可以是液压传动或电气传动。机械传动一般是齿轮变速机构，工作可靠，制造水平一般，可实现有级变速；液压马达驱动形式和直流电动机驱动形式能实现无级变速，与机械驱动相比简化了机械结构，增加了液压或电气装置。

4. 机床性能的考虑

对于高加工精度机床，在考虑机床布局时就要采取各种措施，尽量提高机床的传动精度和刚度，减少振动和热变形等。为了提高机床的传动精度，必须尽量缩短传动链，例如，在螺纹加工中，当加工精密丝杠时，为了缩短传动链，就取消了普通车床的进给箱，主轴到刀架直接用挂轮传动到丝杠，并把传动丝杠安装在床身两导轨之间，以减少刀架的侧转力矩。

数控车床的布局如图 6.8 所示，由于不需手动操作和为了便于排屑，往往将卧式支承做成倾斜式；刀架位于主轴之上，使主轴的旋转方向与卧式车床相反。当改为倾斜式床身后，车床的刚度也大幅度提高了。

为了减少振动和考虑热变形对加工精度的影响，对机床布局提出了新的措施。例如高速车床采用分离传动，将电动机和变速箱等振动较大的部件与主轴分装在两个地方。液压

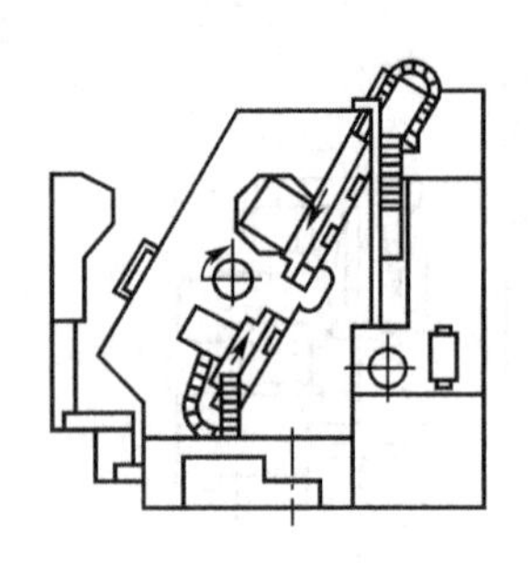
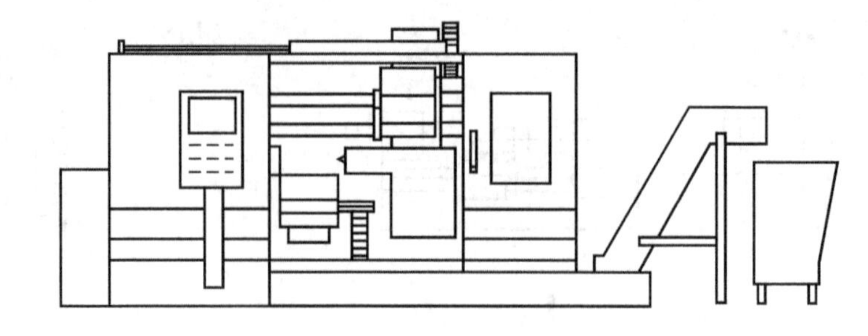

图 6.8　数控车床的布局

传动的油箱与床身分开，单独布置液压站，可减少热变形对机床的影响。

6.4.2　机床的造型与色彩设计

机床的总体布局初步确定以后，需进行机床的艺术造型工作，它是指在满足机床功能要求的条件下，按照美学的规律来设计机床的外形，使之在形体、线型、色彩、质感等方面具有美感。其内容大致包括：机床各部件几何形体的比例尺度是否协调；线型是否流畅；色彩是否适应不同国家和地区用户的习俗；外形是否新颖别致、美观大方。

1. 几何形体的确定

在机床的总体方案确定之后，就有了造型的基本轮廓，在此基础上要进一步按产品各部分的功能特点和互相的结构关系，将产品各部分结构功能所允许的、适宜的几何形体有机地组合在一起，构成产品的整体几何形象。还要注意形体间的衔接关系、体面转换和分割的空间效果，使产品达到功能要求的同时，又具有艺术性。

目前，机床产品造型的特点是简洁、大方、雅致、精细、层次分明。如现代设计的机床，整个床身的面棱清晰、衔接紧密、转换自然、线面呼应，显出简练单纯的造型风格。造型的特点是更多地运用直线和方角造型，以小圆角或直角代替了过去的大圆角，以直线和平面代替过去的弧线和曲面，给人以稳定而安全的感觉。这样有利于现代生产制造工艺和材料的需要，也有利于提高机体的刚度和满足经济要求。造型的另一个特点是向封闭式的造型方向发展，机身是全封闭或半封闭地被罩壳遮盖住，如加工中心机床。

2. 线型风格

线型是使产品外形合理、美观的一种艺术表现方法，好的造型要求线型简洁、明快、生动和舒适流畅。线型分为直线和曲线两个体系，直线几何形有静穆、浑厚、庄重的风格，令人感到工整、严肃、冷静；而曲线形体使人感到轻快、活泼自然，但显得笨重、加工复杂，因此对产品宜多采用直线型。在线型风格上要注意协调统一的原则。如主体线型风格统一协调，这是指构成机床大件轮廓的主体几何线型要大致一样，如是以直线为主调，则所有大件的主要轮廓均应以直线形成，直线之间过渡是用小圆角还是用折线也应一致。又如结构线型的统一协调，这是指机床各部件的连接所构成的线型应与主体线型一致。其他部位，如机床操作件和附件的线型也要和主体线型一致。

3. 比例与尺度

尺度是造型对象的整体或局部与人的生理或人所常见的某种特定标准之间的大小关

系。尺度也就是以人的身高尺寸作为量度标准，或是以某些固定装置(如控制柜、操纵手柄)的高度、尺寸为度量标准，因为虽然产品不同，用途不同，使用者的生理条件和使用环境不同，但它们的绝对尺寸是比较固定的，它们是和人体功能相适应的，而与机器大小无关，产品再大，手柄尺寸和操纵台仍要适应人体功能的需要，不能随产品尺寸的增大而增大。

现以机床小立柱的造型作为实例分析，图 6.9 所示为几种立柱造型。它们利用了线型的斜直转折、直曲结合、体面转折变换的造型方法。图 6.9(a)和图 6.9(b)所示造型的特点是立柱的上下截面相等，稳定感较差，线型单调，适用于高度尺寸较小的情况。图 6.9(c)所示的造型采用多段折线的转折过渡，造型生动活泼。图 6.9(d)～图 6.9(f)所示的几种造型均增大了支承面，加强了稳定感，同时应用了直线与曲线相结合的线型变化，造型自然活泼。

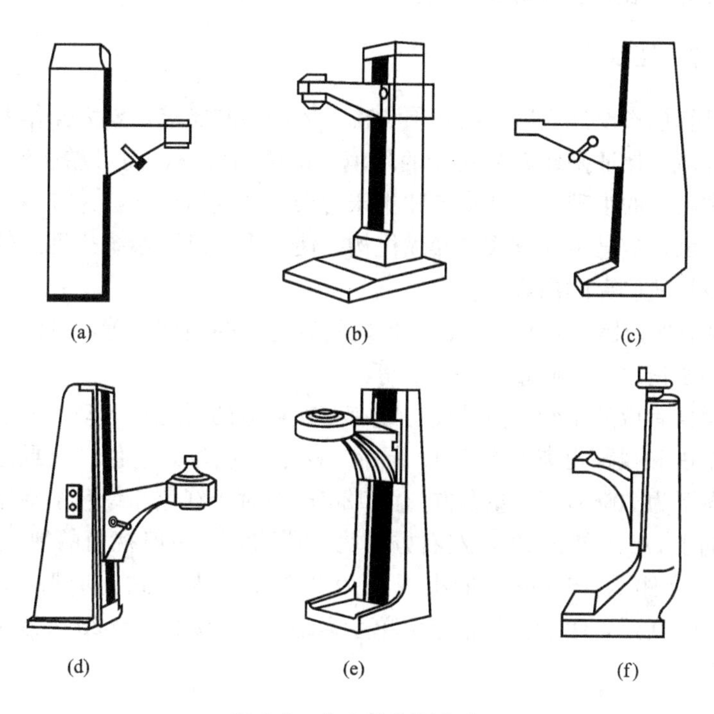

图 6.9　小立柱造型方案

4. 机床的色彩

机床的色彩是附着于机床形体之上的，往往比形体对人更具有吸引力，它在机床的造型设计中占有特殊地位。实验表明，人们在看物体时，首先色彩感觉占 80%，形体占 20%，而 5min 后则持续稳定为色彩、形体各占 50%，这足以说明色彩在造型中的效果。此外，色彩能更有效地发挥产品的功能效用，如机床采用较多的颜色是苹果绿，对人的视觉最为适应，且给人以贴近自然、舒适的感觉。色彩对工业环境起着重要的影响，宜人的色彩环境，可以陶冶人的情操，提高工作效率。因此，选择机床的装饰色彩，应当考虑到色彩对人们心理和生理的影响。

机床的色彩设计一般应注意下列几点。

1）适应环境与功能

机床的色彩应充分表达产品的功能特征并与使用环境相适应。如普通车床为了耐油污，一般用色宜深沉；加工中心一般用色清新、明快；机床面板则用色明显醒目，以单纯化为好，不要“花”，以免增加色彩对操作人员的不良刺激。

2）发挥工艺的理化性能

色彩要充分利用各种材料的质地，注意利用机械加工有色金属的效果，因为有色金属的闪耀性色彩是机制产品的特有色彩。例如，铝表面用不同处理方法(抛光、喷砂、电化处理)所获得的表面色光效果是不同的。

3）整体要协调、统一

首先在色彩安排上要有一个明确的基调，注意色彩配合的主次关系应明朗。一般常用两套色或单色处理，最多不宜超过 3 套色。

6.4.3 机床的宜人性设计

在机床造型和色彩设计之后，还必须考虑人体功能的要求，要为操作者创造一个良好的工作条件和环境，保证操作者在最佳的环境下能够高效率、高可靠性地操作机床设备。因此，必须考虑将人的生理、心理特点和机床的操纵系统相结合，并按照人的功能特点设计机床的操纵区域、信息传递方式和操纵机构，使“人—机”系统达到最佳状态，这就是机床的宜人性设计所研究的内容。

(1) 设计时应保证操作者与工件、刀具之间有合适的相对位置，以便于装卸工件、调整刀具、观察加工情况以及测量工件尺寸等。

工作时，操作者应处于较自然的姿势或有变换姿势的可能；运动应在视野的极限范围内。人的视野范围和视距距离如图 6.10 所示，对于黄色与天蓝色，视野范围最宽，向上为 55°～60°，向下为 70°～75°，左右方向为 120°；而对于红色与绿色的界限最窄。最有效的视野范围是向上 30°，向下 40°，左右方向为 15°～20°。一般视力的视距范围以 700mm 左右为佳，最大视距为 760mm，最小视距为 360mm。人体站立时肢体的工作区域如图 6.11 和图 6.12 所示，手的工作范围为单手运动 60°，双手运动 30°，双手运动较准确的方向为 0°。

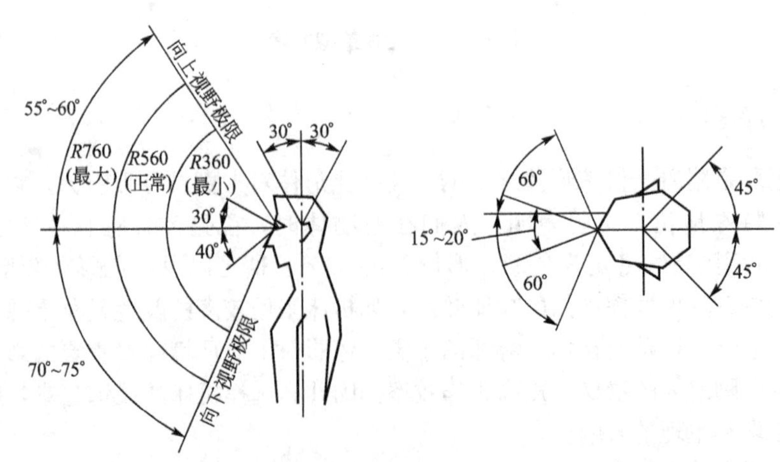

图 6.10 视觉的观察范围

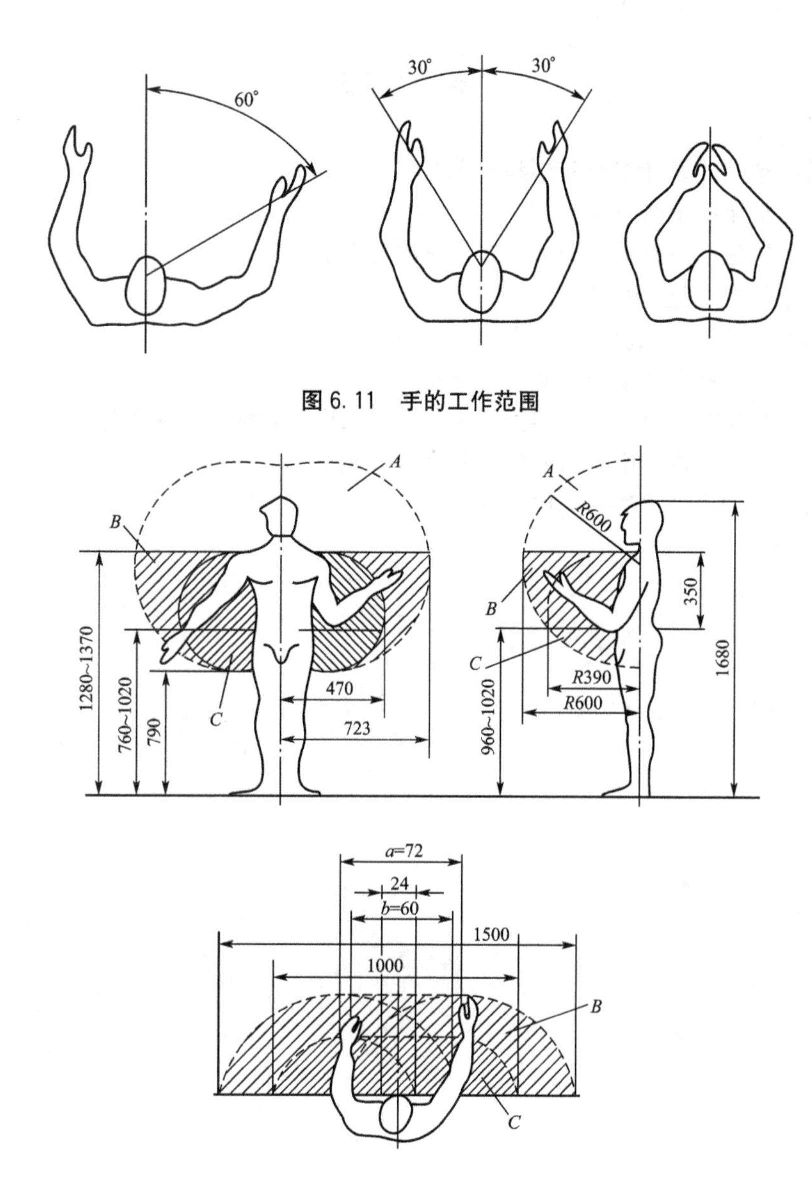

图 6.11 手的工作范围

图 6.12 工作区域

A—工作空间；*B*—手动装置的适宜分布区域；*C*—最佳工作空间；

a—双手方便的区域；*b*—最佳工作空间中心之间的距离

(2) 操纵机构应安排在便于操作的区域，应有合理的形状，且容易接近、检测，信号显示装置应精确、清晰、便于观察。彼此靠近的操纵机构应利用形状和颜色加以区别，利用触摸方法，人的手可以区别 8～10 个各种形状的手柄。

(3) 安排操纵手柄时，应使手柄与机床壁面、手柄与手柄之间留有一定的距离，以避免在操作时碰伤操作者的手，或误碰其他手柄。如磨床工作台在往复运动时，手动用的手轮便自动脱开。

(4) 施加于操纵机构的力不应超过许用数值。

思考和练习

1. 对机床产品的设计主要有哪些要求?
2. 什么是机床的工艺范围?
3. 在设计机床产品时，应如何选择机床的传动形式?
4. 机床精度主要包括哪几个方面?
5. 机床产品的标准化包括哪些内容?
6. 机床产品的性能评定指标主要有哪些?
7. 在设计机床时，可采用哪些措施来减少机床内部热源对机床的影响?
8. 为什么在机床设计中要对机床的刚度予以足够的重视?
9. 机床产品的设计方法有哪些?

第7章 主传动设计

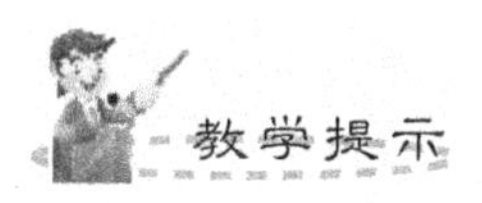

教学提示

机床的主传动是用来实现机床主运动的，它对机床的使用性能、结构和制造成本都有明显的影响。机床主传动设计的任务是运用转速图的基本原理，以拟定满足给定转速的、合理的传动系统方案，并根据传动系统图设计变速箱或主轴的部件装配图，进行必要的计算。本章是学习本课程的重点之一。

教学要求

本章让学生了解转速图的概念，使学生能根据转速图和公比求出各传动比的数值，了解几种特殊传动的概念和主要特点，以及齿轮的布置方法。让学生掌握机床运动参数和动力参数的确定方法、结构式和结构网的拟定方法、扩大变速范围的方法、计算转速的概念；熟悉主传动设计的要点及公用齿轮的优、缺点。使学生能够根据给定的条件，拟定出合理的结构式、结构网和转速图，确定出传动齿轮的齿数。

7.1 机床主要参数的确定

机床的主要参数包括机床的尺寸参数、运动参数和动力参数。

7.1.1 尺寸参数的确定

尺寸参数是指影响机床加工性能的一些尺寸，包括机床的主参数、第二主参数和其他一些尺寸参数。机床的尺寸参数，是根据零件的尺寸确定的。

机床的尺寸参数是代表机床规格大小的一种参数，各类机床以什么尺寸作为主参数已有统一的规定。

当主参数、第二主参数和其他一些尺寸参数确定后，就基本上确定了该机床所能加工或安装的最大工件的尺寸。因此，对绝大多数机床来说，尺寸参数的确定基本上是围绕着被加工零件的尺寸进行的。

7.1.2 运动参数的确定

运动参数是指机床执行件(如主轴、工作台、刀架等)的运动速度。

1. 主运动参数的确定

对于主运动为回转运动的机床，主运动参数是主轴的转速 n，它与切削速度的关系是

$$n=\frac{1000v}{\pi d} \tag{7-1}$$

式中 n——转速(r/min)；

v——选定的切削速度(m/min)；

d——工件(或刀具)的直径(mm)。

对于主运动是直线运动的机床，主运动参数是刀具的每分钟双行程数(次/分)。

对于不同的机床，主运动参数有不同的要求。专用机床和组合机床是为某一特定工序而设计制造的，每根主轴只需有一个转速，根据最有利的切削速度和切削直径而定，故没有变速要求。通用机床是为适应多种零件加工而设计制造的，主轴需要变速，因此，需要确定它的变速范围。如采用分级变速，还应确定它的转速级数及各级转速值。

1) 主轴最高和最低转速的确定

调查和分析所设计机床上可能加工的工序，从中选择要求最高和最低转速的典型工序。按照典型工序的切削速度和刀具(或工件)的直径，计算主轴最高和最低转速 n_{max} 和 n_{min}。

根据式(7-1)可知

$$n_{max}=\frac{1000v_{max}}{\pi d_{min}} \quad n_{min}=\frac{1000v_{min}}{\pi d_{max}} \tag{7-2}$$

应当指出，通用机床的 d_{max} 和 d_{min} 并不是机床上可能加工的最大和最小直径，而是指常用的经济加工的最大和最小直径。对于通用机床，一般取

$$d_{max}=k\cdot D \quad d_{min}=d_{max}\cdot R_d \tag{7-3}$$

式中 D——可能加工的最大直径(mm)；

k——系数，根据对现有同类型机床使用情况的调查确定（普通车床，$k=0.5$；摇臂钻床，$k=1$）；

R_d——计算直径的范围（$R_d=0.20\sim0.25$）。

在确定切削速度时应考虑到多种工艺的需要。切削速度主要与刀具和工件的材料有关，常用的刀具材料有高速钢、硬质合金和陶瓷。工件材料有钢、铸铁和铜铝等有色金属。切削速度可以通过切削试验、查切削用量手册和通过调查得到。

式(7-2)中，n_{max}和n_{min}的比值是变速范围R_n

$$R_n=\frac{n_{max}}{n_{min}} \tag{7-4}$$

在确定了n_{max}和n_{min}后，如采用分级变速，则应进行转速分级。

2）主轴转速数列

极限转速确定后，还需确定中间转速。为了获得合理的切削用量，最好转速能连续地变换，即能供给极限转速范围内的任何转速。这种使转速连续地、而不是间断地变换的变换方式，叫做无级变速。目前，无级变速方式在机床中的应用日益增多，但是，有的无级变速装置比较复杂，有的则变速范围太小，因而又限制了无级变速的应用。目前，在机床中应用最广泛的还是有级变速。

如某机床的分级变速机构共有Z级，其中$n_1=n_{min}$，$n_z=n_{max}$，Z级转速分别为n_1，n_2，n_3，…，n_j，n_{j+1}，…，n_z如果加工某一工件所需要的最有利的切削速度为v，则相应的转速为n。通常，分级变速机构不能恰好得到这个转速，而是n处于某两级转速n_j与n_{j+1}之间

$$n_j<n<n_{j+1}$$

如果采用较高的转速n_{j+1}，必将提高切削速度，刀具的耐用度将要降低。为了不降低刀具的耐用度，以采用较低的转速n_j为宜，这时转速的损失为$n-n_j$，相对转速损失率为

$$A=\frac{n-n_j}{n}$$

最大的相对转速损失率是当所需的转速n趋近于n_{j+1}时，也就是

$$A_{max}=\lim_{n\to n_{j+1}}\frac{n-n_j}{n}=\frac{n_{j+1}-n_j}{n_{j+1}}=1-\frac{n_j}{n_{j+1}} \tag{7-5}$$

在其他条件(直径、进给、切深)不变的情况下，转速的损失就反映了生产率的损失。对于普通机床，如果认为每个转速的使用机会都相等，那么应使A_{max}为一定值，即

$$A_{max}=1-\frac{n_j}{n_{j+1}}=\text{const} \quad 或 \quad \frac{n_j}{n_{j+1}}=\text{const}=\frac{1}{\varphi}$$

从这里可以看出，任意两极转速之间的关系应为

$$n_{j+1}=n_j\varphi \tag{7-6}$$

即机床的转速应该按等比数列(几何级数)分级，其公比为φ，各级转速应为

$$\begin{aligned} n_1&=n_{min}\\ n_2&=n_1\varphi\\ n_3&=n_2\varphi=n_1\varphi^2\\ &\vdots\\ n_z&=n_{z-1}\varphi=n_1\varphi^{z-1}=n_{max} \end{aligned} \tag{7-7}$$

最大相对转速损失率为

$$A_{max}=\left(1-\frac{1}{\varphi}\right)\times 100\%=\frac{\varphi-1}{\varphi}\times 100\% \tag{7-8}$$

变速范围为

$$R_n=\frac{n_{max}}{n_{min}}=\frac{n_1\varphi^{z-1}}{n_1}=\varphi^{z-1} \tag{7-9}$$

$$\varphi=\sqrt[z-1]{R_n}$$

$$Z=\frac{\lg R_n}{\lg\varphi}+1 \tag{7-10}$$

式(7-9)～式(7-10)是等比数列R_n、φ、Z三者的关系式。当已确定三个参数中的任意两个时，可利用关系式算出其余一个参数。由关系式算出的φ，应圆整为标准值，算出的Z，应圆整为整数，并按圆整后的φ和Z修改R_n。

如X62W型升降台铣床，主轴的转速为30、37.5、47.5、60、75、95、118、150、190、235、300、375、475、600、750、950、1180、1500共18级，公比为$\varphi=1.26$，则最大相对转速损失率

$$A_{max}=1-\frac{1}{\varphi}=1-\frac{1}{1.26}\approx 20.6\%$$

变速范围

$$R_n=1.26^{18-1}=1.26^{17}\approx 50$$

等比数列同样适用于直线往复主运动(刨床、插床)的往复次数数列、进给数列以及尺寸和功率参数系列。

3) 公比φ的标准值和标准转速数列

机床转速是从小到大递增的，因此$\varphi>1$。为使最大相对转速的损失率不超过50%，即$\frac{\varphi-1}{\varphi}\times 100\%\leqslant 50\%$，则$\varphi\leqslant 2$。

由此得出

$$1<\varphi\leqslant 2 \tag{7-11}$$

为了便于设计和使用机床，根据机床实际使用情况，规定了7个标准公比，分别为：1.06、1.12、1.26、1.41、1.58、1.78、2。

当采用标准公比后，转速数列可从表7-1中直接查出。表中给出了以1.06为公比的从1～10000的数值，其中，$1.12=1.06^2$、$1.26=1.06^4$、$1.41=1.06^6$、$1.58=1.06^8$、$1.78=1.06^{10}$、$2=1.06^{12}$。

例如，设计一台24级转速的卧式车床，其中$n_{min}=12.5$，$\varphi=1.26$。查表7-1，首先找到最低转速12.5，然后，因为$1.26=1.06^4$，每隔3个数取一个值，可得下列数列：12.5、16、20、25、31.5、40、50、63、80、100、125、160、200、250、315、400、500、630、800、1000、1250、1600、2000、2500等24级。

表7-1不仅可用于转速、双行程数列和进给量数列，也可以用于机床尺寸和功率参数等数列。表中的数列应首先选用。

4) 选用标准公比的一般原则和经验数据

当确定了最高与最低转速后，就应选取公比。从使用性能方面考虑，公比最好选得小一些，以便减少相对转速损失。但公比越小，级数就越多，将使机床的结构复杂。选用标

准公比的一般原则和经验数据如下。

表7-1 标准转速数列表

1.00	2.36	5.6	13.2	31.5	75	180	425	1000	2360	5600
1.06	2.5	6.0	14	33.5	80	190	450	1060	2500	6000
1.12	2.65	6.3	15	35.5	85	200	475	1120	2650	6300
1.18	2.8	6.7	16	37.5	90	212	500	1180	2800	6700
1.25	3.0	7.1	17	40	95	224	530	1250	3000	7100
1.32	3.15	7.5	18	42.5	100	236	560	1320	3150	7500
1.4	3.35	8.0	19	45	106	250	600	1400	3350	8000
1.5	3.55	8.5	20	47.5	112	265	630	1500	33550	8500
1.6	3.75	9.0	21.2	50	118	280	670	1600	3750	9000
1.7	4.0	9.5	22.4	53	125	300	710	1700	4000	9500
1.8	4.25	10	23.6	56	132	315	750	1800	4250	10000
1.9	4.5	10.6	25	60	140	335	800	1900	4500	
2.0	4.75	11.2	26.5	63	150	355	850	2000	4750	
2.12	5.0	11.8	28	67	160	375	900	2120	5000	
2.24	5.3	12.5	30	71	170	400	950	2240	5300	

(1) 对于通用机床，为使转速损失不大，机床结构又不过于复杂，一般取 $\varphi=1.26$ 或 1.41。

(2) 对于大批、大量生产的专用机床、自动化机床，公比应取小一些。因这些机床的生产率较高，转速损失的影响较显著，一般取 $\varphi=1.12$ 或 1.26。

(3) 对于大型机床，希望简化构造，公比应取小一些。因在大型机床上的切削加工时间较长，转速损失的影响较显著，一般取 $\varphi=1.26$、1.12 或 1.06。

(4) 对于非自动化小型机床，公比应取大一些。因在这些机床上，辅助时间较多，而切削加工时间所占的比例不大，转速损失的影响不是很显著，一般取 $\varphi=1.58$、1.78 或 2。

2. 进给运动参数的确定

大部分机床的进给量用工件或刀具每转的位移表示，即单位为 mm/r，如车床、钻床等。对于直线往复运动的机床，如刨床、插床则以每一双行程的位移表示。对于铣床和磨床，由于使用的是多刃刀具，进给量常以每分钟的位移量表示，即单位为 mm/min。

在其他条件(切速、切深)不变的情况下，进给量的损失也反映了生产率的损失。普通机床的进给多采用分级调整；数控机床和重型机床的进给为无级调整。进给传动链为外联系传动链时，为使相对损失为一定值，则进给量的数列也应取等比数列。对于往复主运动机床，如刨床、插床，它的进给运动是间歇的，为使进给机构简单，采用了棘轮机构，进给量由每次往复转过的齿数而定，是等差数列。对于大批、大量生产用的自动和半自动车床，常用交换齿轮来调整进给量，这时可以不按一定的规则，用交换齿轮选择最有利的进给量。卧式车床因为要车螺纹，进给分级就应根据螺纹的标准而定，它不是一个等比数列，而是一个分段的等差数列。

7.1.3 动力参数的确定

动力参数包括电动机的功率，液压缸的牵引力，液压马达、伺服电动机或步进电动机的额定转矩等。各传动件的参数都是根据动力参数设计计算的，如果动力参数定得过大，将使机床过于笨重，浪费材料和电力；如果定得过小，又将影响机床的性能。动力参数可以通过调查研究、试验和计算方法来确定。

1. 主传动功率的确定

1）调查研究法

调查研究法包括征求使用部门对现有机床电动机功率的反映和意见；统计和分析比较同类型机床的电动机功率；也可以在大量统计资料的基础上，总结出经验公式。例如，对于砂轮直径在 φ600mm 以下的外圆磨床，其砂轮驱动电动机功率的经验公式为：

$$P=1/10KB_{砂} \tag{7-12}$$

式中 P——砂轮驱动电动机功率（kW）；

K——系数(主轴轴承为滚动轴承时，$K=0.8\sim1.1$；主轴轴承为滑动轴承时，$K=1.0\sim1.3$)；

$B_{砂}$——砂轮宽(mm)。

2）实验法

选择一台在传动和结构上与所设计机床相近似的机床，进行特定工序或典型工序测量，测出电动机的输入功率。通常用电度表测得电动机在一定时间内输入的电功，则可算出电动机的平均输入功率。

$$P_{入}=\frac{W}{t} \tag{7-13}$$

式中 $P_{入}$——电动机的平均输入功率(kW)；

W——电度表上 t 时间内输入的总功(kW·h)；

t——测量时间(h)。

电机的输出功率为：

$$P=P_{入}\cdot\eta_{电}\ (\mathrm{kW}) \tag{7-14}$$

式中 $\eta_{电}$——电动机效率。

考虑被测机床与所设计机床在传动效率上的差异，可将电动机的输出功率 P 值加以调整，作为所设计机床的功率。

3）计算法

在主传动的结构方案尚未确定之前，可用式(7-15)进行估算

$$P_{主}=\frac{P_{切}}{\eta_{总}} \tag{7-15}$$

式中 $P_{主}$——主传动电机的功率(kW)；

$P_{切}$——消耗于切削的功率(kW)；

$\eta_{总}$——主传动链的总效率。

对于通用机床，一般可取 $\eta_{总}=0.75\sim0.85$，当机构简单和主轴转速较低时取大值；相反，机构复杂和主轴转速较高时取小值。

当主传动的结构方案确定后，可用式(7-16)进行估算

$$P_{主}=\frac{P_{切}}{\eta_{机}}+P_{空} \tag{7-16}$$

式中 $P_{空}$——消耗于空转的功率损失(kW)；

$\eta_{机}$——主传动链的总机械效率。

$$\eta_{机}=\eta_1\eta_2\eta_3\cdots \tag{7-17}$$

式中 η_1、η_2——为主传动链中各传动副的机械效率。

机床的空转功率损失只随主轴和其他各轴转速的变化而变化。引起空转功率损失的主要因素有：各传动件在空转时的摩擦、由于加工和装配误差而加大的摩擦以及搅油、空气阻力和其他动载荷等。中型机床主传动链的空转功率损失可用下列实验公式进行估算

$$P_{空}=\frac{k}{10^6}\left(3.5d_a\sum n_i+cd_{主}n_{主}\right) \tag{7-18}$$

式中 d_a——主传动链中除主轴外所有传动轴的轴颈的平均直径。如果主传动链的结构尺寸尚未确定，初步可按电动机功率 P 取

当 $1.5\text{kW}<P\leqslant2.8\text{kW}$ 时，$d_a=30\text{mm}$

$2.5\text{kW}<P\leqslant7.5\text{kW}$ 时，$d_a=35\text{mm}$

$7.5\text{kW}<P\leqslant14\text{kW}$ 时，$d_a=40\text{mm}$

$d_{主}$——主轴前后轴颈的平均值(mm)；

$\sum n_i$——当主轴转速为 $n_{主}$时，传动链内除主轴外各传动轴的转速之和(r/min)。如传动链内有不传递载荷而也随之作空运转的轴时，这些轴的转速也应计入；

$n_{主}$——主轴的转速，通常，计算的是最大空转功率，则 $n_{主}$为主轴最高转速；

c——系数，两支承的滚动轴承或滑动轴承，$c=8.5$，三支承滚动轴承 $c=10$；

k——润滑油黏度影响的修正系数，用N46号机油时，$k=1$，用N32号机油时，$k=0.9$，用N15号机油时，$k=0.75$。

2. 进给传动功率的确定

在进给传动和主传动共用一个电机的通用机床上，如普通车床和钻床，由于进给传动所消耗的功率与主传动相比是很小的，因此可以忽略进给所需的功率。在进给传动与空行程传动共用一个电机的机床上，如升降台铣床，也不必单独考虑进给所需的功率，因为使升降台快移所需的空行程的传动功率比进给传动的功率大得多。

对于进给传动采用单独电动机驱动的机床，如龙门铣床，以及用液压缸驱动进给的机床，如仿形车床、多刀半自动车床和组合机床等，都需要确定进给传动所需的功率。通常用参考同类型机床和计算相结合的办法确定功率，注意比较传动链的长短和低效率传动副(丝杠螺母、蜗杆蜗轮)的数量。进给传动链的机械效率 η_s会低至0.15～0.20。

进给功率可根据进给牵引力 F_Q(N)、进给速度 v_s(m/min)和机械效率 η_s确定

$$P_s=\frac{F_Q v_s}{60000\eta_s} \tag{7-19}$$

滑动导轨进给牵引力 F_Q的估算公式如下。

三角形或三角形与矩形综合导轨

$$F_Q=kF_Z+f'(F_Y+G) \tag{7-20}$$

矩形导轨

$$F_Q=kF_Z+f'(F_X+F_Y+G) \tag{7-21}$$

燕尾形导轨

$$F_Q=kF_Z+f'(F_Y+2F_X+G) \tag{7-22}$$

钻床主轴

$$F_Q=(1+0.5f)F_Z+f\frac{2T}{d}\approx F_Z+f\frac{2T}{d} \tag{7-23}$$

式中　G——移动部件的重力(N)，$G=mg$；

F_X、F_Y、F_Z——切削分力(N)，其中 F_Z为沿进给方向的分力(N)；

f'——当量摩擦系数；

f——钻床主轴套筒上的摩擦系数；

k——考虑颠覆力矩影响的系数；

d——主轴直径(mm)；

T——主轴上的扭矩(N·mm)。

在正常润滑条件下的铸铁—铸铁副导轨，k 与 f'可取如下数值：三角形和矩形导轨，$k=1.1\sim1.5$，$f'=0.12\sim0.13$(矩形)或 $f'=0.17\sim0.18$(直角三角形)；燕尾形导轨，$k=1.4$，$f'=0.2$。

3. 空行程功率的确定

空行程功率的确定应参考同类型的机床，辅之以计算，最好再经实验验证。

快速(空)行程电动机往往是满载启动，移动件较重，加速度也较大，因此计算时必须考虑惯性力。

各运动件在电机轴上的当量转动惯量(kg·m^2)可根据动能守恒定理，由式(7-24)确定

$$J=\sum_k J_k\left(\frac{\omega_k}{\omega}\right)^2+\sum_i m_i\left(\frac{v_i}{\omega}\right)^2 \tag{7-24}$$

式中　J_k——各旋转件的转动惯量(kg·m^2)；

ω_k——各旋转件的角速度(rad/s)；

m_i——各直线运动件的质量(kg)；

v_i——各直线运动件的速度(m/s)；

ω——电动机的角速度(rad/s)。

实心圆柱形件的转动惯量为

$$J=\frac{mD^2}{8}=\frac{\pi}{32}\rho D^4 l \tag{7-25}$$

空心圆柱形件的转动惯量为

$$J=\frac{m}{8}(D^2+d^2)=\frac{\pi}{32}\rho(D^4-d^4)l \tag{7-26}$$

式中　m——质量(kg)；

ρ——密度(kg/m³)，钢的 $\rho=7.8\times10^3\text{kg/m}^3$；

D、d 和 l——分别为外径、孔径和厚度(m)。

克服惯性的转矩(N·m)为

$$T_a=J\frac{\omega}{t_a}=\frac{2\pi n}{60t_a} \tag{7-27}$$

式中 t_a——电动机启动加速过程的时间(s)，数控机床可取 t_a 为伺服电动机机械时间常数的3～4倍；中小型普通机床可取 $t_a=0.5\text{s}$；大型普通机床可取 $t_a=1\text{s}$。

克服惯性需要的功率(kW)为

$$P_1=\frac{T_a n}{9550\eta} \tag{7-28}$$

式中 n——电动机的转速(r/min)；

η——传动机构的机械效率。

快速移动部件多半重量较大，如果是升降运动，则克服重量和摩擦力所需的功率(kW)为

$$P_2=\frac{(mg+f'F)v}{60000\eta} \tag{7-29}$$

如果是水平移动，则

$$P_2=\frac{f'mgv}{60000\eta} \tag{7-30}$$

式中 m——移动部件的质量(kg)；

g——重力加速度，$g=9.8\text{m/s}^2$；

F——由于重心与升降机构(如丝杠)不同心而引起的导轨上的挤压力(N)；

f'——当量摩擦系数，它的取值与进给传动功率时的当量摩擦系数相同；

v——移动速度(m/min)。

由此可得空行程电动机的功率(kW)为

$$P_{空}=P_1+P_2 \tag{7-31}$$

应注意的是，P_1 仅存在于启动过程，当运动部件达到正常速度时，P_1 即消失。交流异步电动机的起动转矩约为满载时额定转矩的1.6～1.8倍，工作时又允许短时间超载，最大转矩可为额定转矩的1.8～2.2倍，快速行程的时间又很短。因此，可根据式(7-31)计算出来的 P 和电动机转速 n 计算起动转矩，并根据起动转矩来选择电动机，使电动机的起动转矩大于计算出来的起动转矩就可以了。这样选择出来的电动机，其额定功率可小于式(7-31)的计算结果。

7.2 主传动方案的选择

机床的主传动是用来实现机床主运动的，它对机床的使用性能、结构和制造成本都有明显的影响。因此，在设计机床的过程中必须给予充分的重视。一般在选择主传动方案时应满足下列要求。

(1) 机床的主轴须有足够的变速范围和转速级数(对于主传动为直线往复运动的机床，则为直线运动的每分钟双行程数范围及其变速级数)，以便满足实际使用的要求。

(2) 主电动机和传动机构须能供给和传递足够的功率和扭矩，并具有较高的传动效率。

(3) 执行件(如主轴组件)须有足够的精度、刚度、抗振性和小于许可限度的热变形和温升。

(4) 噪声应在允许的范围内。

(5) 操纵要轻便灵活、迅速、安全可靠，并须便于调整和维修。

(6) 结构简单，润滑与密封良好，便于加工和装配，成本低。

7.2.1 主传动布局的选择

主传动的布局形式取决于机床的用途、类型和尺寸等因素。主传动的布局主要有集中传动式和分离传动式两种。传动系统的全部变速机构和主轴组件装在同一箱体内，称为集中传动式布局；传动系统的主要变速机构和主轴组件分别装在变速箱和主轴箱两个箱体内，而其间用皮带、链条等方式传动，称为分离传动式布局。

1. 集中传动式

大多数机床都是采用集中传动式布局。它的优点是：结构紧凑，便于实现集中操纵，箱体数少。它的缺点是：传动机构运转中的振动和发热会直接影响主轴的工作精度。集中传动式一般适用于主运动为旋转运动的普通精度的中、大型机床(CA6140 型普通车床、Z3040 摇臂钻床等)。

2. 分离传动式

有些高速、精加工机床，为了避免变速箱的振动和热变形对机床主轴的影响，常采用分离传动式布局。它的优点是：变速箱所产生的振动和热量不传给或少传给主轴，从而减少了主轴的振动和热变形；高速时不用齿轮传动，而由皮带直接传动主轴，运转平稳，加工表面粗糙度好，适应精密加工的要求；当采用背轮机构时，高速传动链短，传动效率较高，转动惯量小，便于启动和制动；低速时经背轮机构传动，扭矩大，适应粗加工的要求。它的缺点是：有两个箱体，箱体加工成本较高；低速时皮带负荷大，皮带根数多，容易打滑；当皮带安装在主轴中段时，调整、检修都不方便。这种布局方式适用于中、小型高速精密机床(C616 普通车床、CM6132 精密普通车床)。有些单轴自动车床，为了便于在主轴组件上安置自动送夹料机构，其主传动也有采用分离传动方式的。

7.2.2 变速方式的选择

大多数机床的主传动系统都需要进行变速，变速方式可以是有级的，也可以是无级的。目前应用较广的还是有级变速机构，按工件的工艺和生产批量的要求，常用的有级变速机构有以下几种。

1. 交换齿轮变速机构

这种变速机构的构造简单，结构紧凑，主要用于大批量生产中的自动或半自动机床、专用机床及组合机床等。

2. 滑移齿轮变速机构

滑移齿轮变速机构广泛应用在通用机床和一部分专用机床中，其优点是：变速范围大，变速级数也较多；变速方便又节省时间；在较大的变速范围内可传递较大的功率和扭矩；不工作的齿轮不啮合，因而空载功率损失较小。其缺点是：变速箱的构造复杂，不能在运转中变速，为使滑移齿轮容易进入啮合，多采用直齿圆柱齿轮传动，传动平稳性不如斜齿轮传动。

3. 离合器变速机构

在离合器变速机构中，应用较多的有牙嵌式离合器、齿轮式离合器以及摩擦片式离合器。

当变速机构为斜齿或人字齿圆柱齿轮时，不便用滑移齿轮变速，则需用牙嵌式或齿轮式离合器变速。其优点是：轴向尺寸小；可传递较大的扭矩；传动比准确；变速时齿轮不移动，故可采用斜齿或人字齿传动，使传动平稳；变速时，移动离合器比移动滑移齿轮轻便，操纵省力。其缺点是：不能在运转中变速；各对齿轮经常处于啮合状态，磨损较大，传动效率低。

摩擦离合器多用于自动或半自动机床中，这类机床往往须在运转过程中变换主轴转速，而机床的主轴转速又较高，故宜采用摩擦离合器变速机构、多速电动机或无级变速器等。摩擦离合器的操纵方式可以是机械的，也可以是电磁或液压的，后者便于实现自动化。

图7.1所示为摩擦离合器的变速机构。在设计时，对于安排离合器的位置应注意以下几个方面。

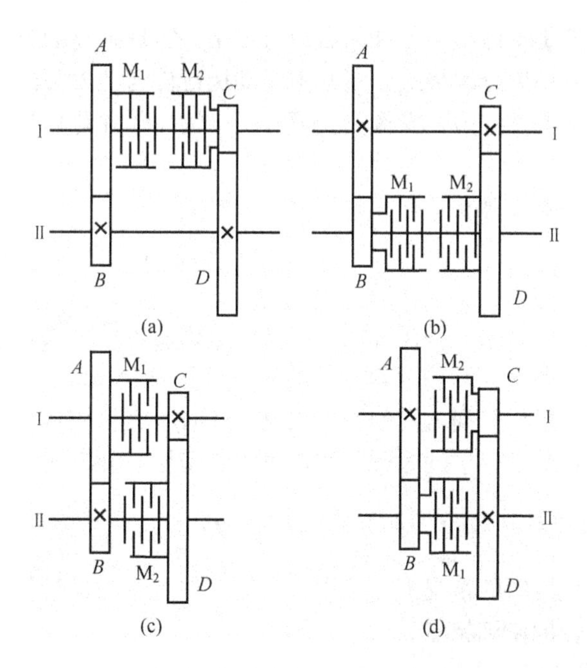

图7.1 摩擦离合器变速机构

(1) 尽量减小离合器的尺寸。在没有其他特殊要求的情况下，应尽可能将离合器安排在转速较高的轴上，以减少传递的扭矩，缩小离合器的尺寸。

(2) 避免出现超速现象。这里的超速是指当一条传动路线工作时，在另一条传动路线上出现高速空转的齿轮，这种现象在两对齿轮传动比相差悬殊时更为严重。

在图7.1中，若Ⅰ轴为主动轴，Ⅱ轴为被动轴，各个齿轮的齿数为$A=80$、$B=40$、$C=24$、$D=96$。当两个离合器都安排在主动轴上时[图7.1(a)]，在M_1接通、M_2断开的情况下，Ⅰ轴上的小齿轮$Z=24$就会出现超速现象。这时，空转转速为Ⅰ轴转速的8倍，由于Ⅰ轴与齿轮$Z=24$的转动方向相同，所以离合器M_2的内外摩擦片之间的相对转速为Ⅰ轴转速的7倍。相对转速很高，不仅为离合器正常工作所不允许，而且会使空载功率显著增加，齿轮的噪声和磨损也加剧。若离合器安排在被动轴上[图7.1(b)]，就可以避免超速现象。有时为了缩短轴向尺寸，把两个离合器分别安排在两根轴上，也会出现两种可能情况：若使离合器外片与小齿轮一起转[图7.1(d)]，则同样也会出现超速现象；但若与大齿轮轴一起转[图7.1(c)]，就不产生超速现象。

(3) 要考虑到结构上的因素。如当被动轴就是主轴时，一般不宜将电磁离合器直接装在主轴上。因为电磁离合器的发热和剩磁将直接影响主轴的旋转精度(剩磁使主轴轴承磁化，因而将磁性微粒吸附到轴承中，加剧轴承的磨损)。

(4) 各种变速机构的组合。根据机床的不同工作特点，通常，机床的变速机构往往是上述几种变速机构的组合。例如CA6140普通车床主传动系统，大部分变速组采用滑移齿轮变速机构，而在传动链的末端，为使主轴运转平稳，采用了斜齿圆柱齿轮；为了分支传动的需要，还采用了齿轮式离合器变速机构。

7.2.3 开停方式的选择

开停装置用来控制主运动执行件的启动与停止。实现开停的方式可直接开停机床主传动系统的动力源或者用离合器接通、断开主运动执行件与动力源间的传动链。对开停装置的基本要求是：开停方便省力，操作安全可靠，结构简单并能传递足够的扭矩，调整、维修方便。

机床上常用的开停装置有下列几种。

1. 直接开停电动机

这种开停方式的优点是：操作方便，可简化机床的机械结构，因此，得到了广泛的应用。但是在电动机功率大、开停频繁的情况下，这种开停方式将导致电动机发热、烧坏，甚至因启动电流大而影响车间电网的正常供电，此时不宜采用这种方式。另外，几个运动共用一个电动机，且又不要求同时开停时，也不可采用这种方式。

2. 采用离合器开停

在不停止电动机运转的情况下，可用离合器实现主运动执行件的启动或停止。下面简述常见的几种离合器的使用特点。

1) 锥式、片式摩擦离合器

锥式、片式摩擦离合器可用于高速运转的离合，离合过程比较平稳，并能兼起过载保护的作用；但结构较复杂，因尺寸关系，传递的扭矩不宜过大。中型普通车床、摇臂钻床等主传动系统，大多采用片式摩擦离合器。

2) 滑移齿轮、齿轮式离合器及牙嵌式离合器

这些离合器可用于低速运转的离合，结构简单，尺寸较小，能够传递大扭矩；但在离合过程中，齿(牙)端有冲击和磨损，有些立式多轴半自动车床的主轴就采用这种开停方式。

另外，也有同时采用上述两种开停装置的。例如，卧式多轴自动车床同时采用锥式摩擦离合器及齿轮式离合器；立式多轴半自动车床同时采用锥式摩擦离合器及牙嵌式离合器。

离合器在传动链中的位置是很重要的，若将离合器放置在转速较高的传动轴上，则传递的扭矩较小，结构紧凑；将它放置在传动链的前端，即靠近动力源的传动轴上，停车后可使传动链的大部分运动件停止不动，能够减少空载功率损失。因此，除了结构上的特殊需要外，这种开停装置一般宜放置在传动链前端转速较高的轴上。

7.2.4 制动方式的选择

某些机床在装卸工件、测量被加工面尺寸、更换刀具及调整机床时，要求机床的主运动执行件(如主轴)尽快地停止运动。但是，当开停装置断开主传动链后，由于传动系统中的传动件具有惯性，运动中的执行件是逐渐减速而停止的，为了减少这段时间，提高机床的生产率，对于经常启动与停止、传动件惯性大、运动速度较高的主传动系统，需安装制动装置。另外，机床能及时制动，还可避免发生事故或防止工件报废。制动装置的基本要求有：工作可靠、操纵方便、制动时间短、结构简单紧凑及制动器的磨损要小等。

机床上常用的制动装置有下列几种。

1. 电动机制动

制动时，电动机的转矩方向与电动机的实际旋转方向相反，使其减速而迅速停转。一般可采用反接制动、能耗制动及再生制动等，常见的是反接制动。反接制动的优点是：制动时间短，操作方便，并可简化机床的机械结构。但反接制动的制动电流较大，在制动频繁的情况下，将使电动机发热以致烧坏，且制动时传动链中的冲击力也较大。故这种方式适用于直接开停电动机、制动频率较低及电动机功率不大的机床。

2. 机械制动

1) 闸带式制动器

闸带式制动器结构简单，轴向尺寸小，操纵方便，但制动时闸轮受到较大的单侧压力，对所在的传动轴有不良影响，故用于中小型机床。闸带式制动器的工作原理如图7.2所示，图7.2(a)所示的操纵杠杆3作用于闸带2的松边，操纵力P所产生的对闸轮的切向拉力为T；而图7.2(b)所示的操纵杠杆3作用于闸带的紧边，若要求产生相同的制动力矩，则对闸轮的切向拉力T必须加大，所需要的操纵力P也增大，制动就不平稳。所以设计闸带制动装置时，应注意分析闸轮的转动方向及闸带的受力状态，操纵杠杆应作用于闸带的松边，使操纵力小且制动平稳。

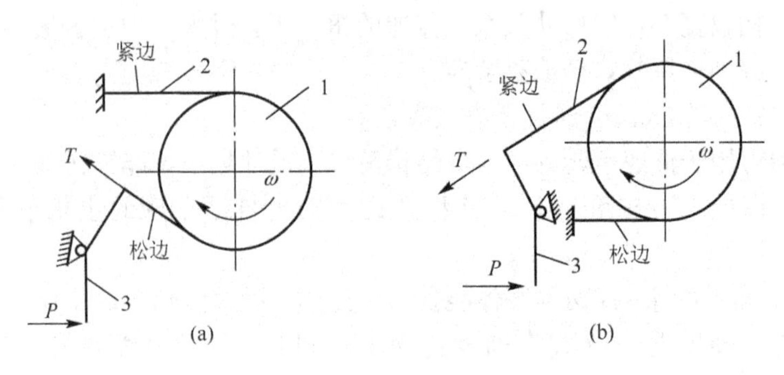

图 7.2　闸带式制动器的工作原理

1—闸轮；2—闸带；3—操纵杠杆

2）闸瓦式制动器

单块闸瓦式制动器的结构较简单，操纵较方便，制动时间短，但制动时闸轮也受到较大的单侧压力，单块闸瓦式制动器可采用机械、液压或电磁等方式操纵，图 7.3 所示是 CA7620 型多刀半自动车床上的制动器，电动机上装有闸轮 1，机床停车时电动机断电，接通压力油，使活塞带动闸瓦 2 压紧闸轮使之制动；开车时，断开压力油，靠弹簧使活塞带动闸瓦放松闸轮。

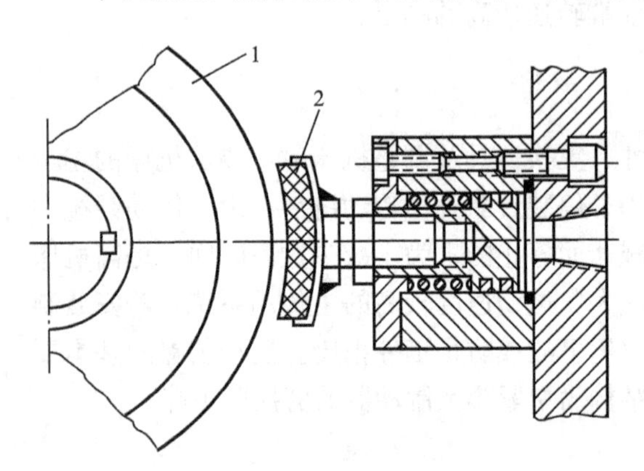

图 7.3　闸瓦式制动器

1—闸轮；2—闸瓦

为了不使单块闸瓦式制动器单侧压力过大，可采用双块闸瓦式制动器，使其作用于闸轮的对称位置，使侧压力平衡，但双块闸瓦式制动器的结构尺寸较大，一般放在变速箱的外面。

3）片式制动器

片式制动器与片式摩擦离合器相似，两者的不同点是：后者是将停止的被动件与正在运转的运动件相结合；前者则是将惯性运转的运动件与静止不动的固定件相结合。

片式制动器在制动时，没有单侧压力，但结构较复杂，轴向尺寸较大，且产生较大的轴向力。

片式制动器有单片式和多片式结构，可采用机械、液压或电磁等方式操纵，图 7.4 所示是 CW6163 普通车床床头箱内的单片式制动器，动片 1 与传动轴Ⅲ靠花键相连接，定片 2 在固定套 3 上可沿其槽口轴向移动，停车时断开传动链，接通压力油，使活塞 4 向右移动，将定片压紧动片，靠摩擦力矩使之制动；开车时断开压力油，靠弹簧 5 使活塞向左移开，放松定片。

制动器在传动链中的位置是很重要的，若要求电动机停止运转后才能制动，则制动器可安装在传动链中的任何传动件上；若电动机不停止运转而进行制动时，则必须断开主运动执行件(如主轴)与电动机的运动联系，此时制动器只能安装在被断开的传动链中的传动件上。

制动器若装在转速高的传动件(如传动轴、带轮及齿轮等)上，所需要的制动力矩较

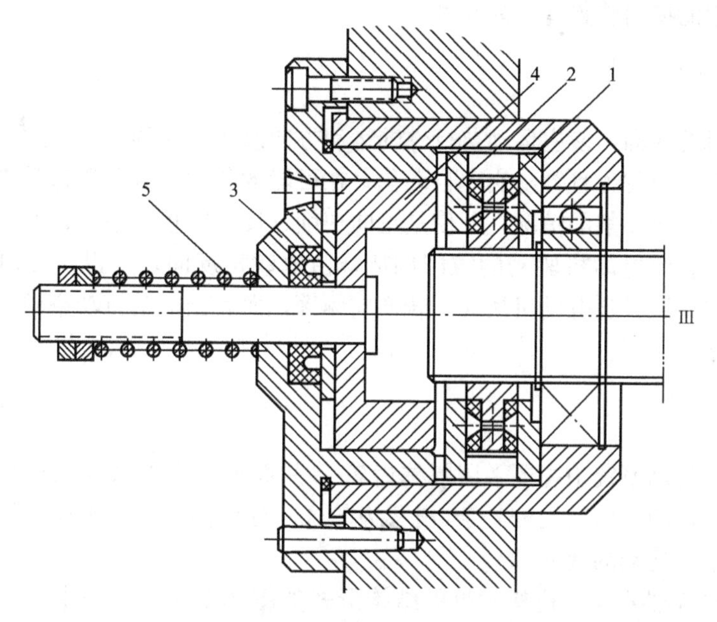

图7.4 单片式制动器

1—动片；2—定片；3—固定套；4—活塞；5—弹簧

小，从而制动器的尺寸也可减小；若装在传动链前面的传动件上，制动时的冲击力较大。因此，为了结构紧凑、制动平稳，应将制动器放在接近执行件且转速较高的传动件上。但在受到具体条件限制(如接近执行件时的转速一般较低或其他结构条件等原因)的情况下，一般是将制动器放在转速较高的传动件上。

制动器与开停装置的操纵须有可靠的连锁关系，即停车时制动器起作用，开车时则制动器须可靠地放松，以避免损坏传动件或造成过大的功率损失。

7.2.5 换向方式的选择

多数机床主运动的执行件(如主轴、工作台)需要有正反两个方向的运动。如普通车床、钻床等在加工螺纹时，主轴正转用于切削，反转用于退刀。此外，普通车床有时还利用反转进行切断和切槽。又如铣床为了能够使用左刃或右刃铣刀，主轴应作正反两个方向的转动。对于直线运动的机床则更为明显，工作行程结束后必须换向为返回行程(空程)。

由此可见，机床主运动的换向有两种不同情况：一种是正反两个方向都用于切削，当选用一个运动方向后，工作过程中不需要改变(如铣床)，这时正反两个方向所需要的运动速度、变速级数及传递功率应该相同；另一种是正向用于切削而反向用于空程，在工作过程中须反复地变换方向(如车床、钻床等)，这时为了提高生产率，反向运动应比正向运动的速度高，反向的变速级数则可比正向少一些，甚至有的机床只要求有一种固定速度，两个方向传递动力的大小也可以不同。

主运动执行件的换向，除了某些直线运动机床是由传动机构本身实现外，多数机床须设置专门的换向装置。换向装置的基本要求是：结构简单紧凑，换向方便，操纵省力；需要在运转中换向时，应减少冲击及磨损，换向时间要短，换向要平稳以及换向的能量损失要小等。

机床上常用的换向装置有下列几种。

1. 电动机换向

变换电动机的转向，使主运动执行件的运动方向改变，这种换向方式可简化机床的机械结构，使操作简单省力且容易实现自动化，在可能的条件下应采用这种方式。例如上述正反两个方向都用于切削的情况，即使是正向切削、反向空程的情况，有条件也应采用电动机换向。利用直流电动机驱动的龙门刨床，由电动机反向，并提高反向速度是很方便的。但是，采用交流异步电动机换向，若换向频繁，尤其当电动机功率较大时，易引起电动机过热，故不宜采用。

2. 机械换向

目前，在主传动系统中主要采用圆柱齿轮-多片摩擦离合器式换向机构，它可以在高速运转中平稳地换向，但结构较复杂(滑移齿轮式、牙嵌离合器及锥齿轮换向机构一般用于进给运动和辅助运动的换向)。

多片摩擦离合器式换向机构常见的结构形式如图 7.5 所示，图中Ⅰ轴为主动轴，Ⅱ轴为被动轴，经左边的一对齿轮使Ⅱ轴得到正向转动，传动比为 u；经右边的齿轮传动，由于存在中间传动齿轮使Ⅱ轴反向，传动比为 u'。由图可见，两组圆柱齿轮的转换是由多片式摩擦离合器操纵的。一般采用机械、液压或电磁等方式来操纵摩擦离合器，实现Ⅱ轴的正反向转动。图 7.5(a)是比较简单的一种形式，正反向的变速级数相同；图 7.5(b)左边为双联齿轮变速组，这时正向变速级数比反向多一倍；图 7.5(c)在齿轮 Z_5、Z_6 之间用一个双联齿轮当作惰轮，使反向的速度大于正向的速度；图 7.5(d)是离合器装在被动轴上的结构形式。

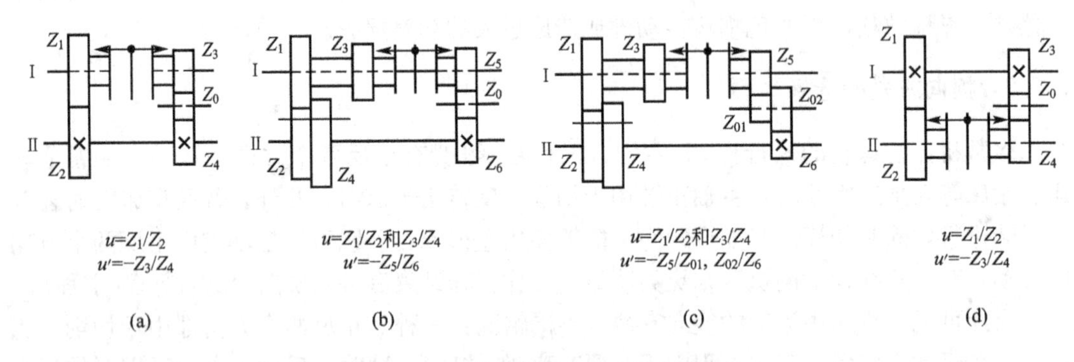

图 7.5　多片摩擦离合器式换向机构

通常这种多片式摩擦离合器兼起主运动的换向、开停作用，由于结构复杂、轴向尺寸较长，为了便于装卸，多做成组件装配，使轴上零件的径向尺寸沿轴向是递减的，在不拆卸其他传动轴的情况下可单独装卸。

换向装置在传动链中的位置是很重要的，一般遵循下列原则。

(1) 为了提高正向传动的效率，减少其功率损失，换向机构的中间齿轮放在反向传动中。

(2) 换向时先使运动减速或制动，再接通另一方向的运动，可减少换向的能量损失，这种方法已被大多数机床所采用。

(3) 换向机构若装在传动链前面的传动轴上，因转速一般较高，其传递的扭矩可以减小，结构紧凑；但传动链中的换向件较多，故折算到换向机构传动轴上的惯性矩较大，换向时的能量损失较大，将直接影响机构的寿命(如离合器的磨损速度增加)、功率损耗及发热等，有时也影响换向时间的长短。由于传动链中存在间隙，换向时的冲击也较大，因此有的机床传动链较前面的薄弱传动轴容易扭坏。若将换向机构放在传动链的后面，即接近被换向的执行件时，可使能量损失小、换向平稳，但因转速一般较低，会增大换向机构的尺寸。一般对于传动少、惯性小的传动链，换向机构宜放在前面；对于平稳性要求较高、能量损失要小的，宜放在后面。

7.2.6 润滑系统的选择

在机床的变速箱或进给箱中，凡是有相对运动引起摩擦的零件工作表面都需要有良好的润滑，如齿轮、轴承和轴上滑动零件的滑动表面等。润滑的基本作用是：降低摩擦阻力，提高机床传动效率；减少磨损，使机床保持原有的工作精度；带走热量，冷却摩擦表面保持正常的工作温度；防止生锈。总之，润滑是保证机床正常工作不可缺少的条件，设计机床传动系统时，必须给予足够的重视。

1. 润滑的要求

(1) 应保证在开动机床时能够立即供给润滑油，对润滑系统要求较高的机床，应保证只有在润滑系统正常工作，并保证一定的油压后才能启动机床。

(2) 润滑系统尽可能自动化，工作要可靠，以减轻工作人员的劳动强度。

(3) 润滑系统中应设有便于观察润滑工作是否正常的装置。

(4) 各摩擦面的润滑油量必要时应能调节，以保证被润滑零件的正常工作。

(5) 润滑系统的检修和清理应方便。

(6) 在满足使用要求的前提下，润滑系统中各组成件结构应简单，成本要低。

2. 润滑剂的选择

机床上常用润滑剂有两种：润滑脂和润滑油。

(1) 润滑脂。常用的润滑脂有钙基润滑脂和钠基润滑脂。在机床上主要应用钙基润滑脂，其特点是黏度大，具有耐水性，但熔点低，一般应用于工作温度不超过60℃的摩擦表面；用在外露表面及垂直表面也不易流失，密封简单，而且不必经常加换润滑脂，使用方便。但是润滑脂的流动性差，导热系数小，不能做循环润滑剂。此外，它的摩擦阻力大，机械效率低。所以润滑脂主要用于中、低速传动件，外露的齿轮及不易密封的立式主轴等。

(2) 润滑油。润滑油通常是各种矿物油，其物理和化学性能比较稳定。与润滑脂相比，润滑油的黏度小，摩擦系数低，冷却效果好，适用于高速运动的摩擦表面和集中的自动润滑系统，因此，在机床的变速箱或进给箱中广泛应用。

润滑油的主要特性是黏度，通常是用运动黏度或相对黏度来表示，主要根据对黏度要求来选择润滑油。

选择润滑油应考虑以下因素：

(1) 相对运动速度。机床部件和零件相对转动或滑动速度高，应选择黏度较小的润滑油以减少能量损失和温升。

(2) 单位面积上的压力越大，选用的润滑油黏度应越大。因为黏度大的油有较大内聚力，不易从摩擦表面中挤压出来。

(3) 工作温度高时，应选择黏度较大的润滑油，以免由于温度的升高使黏度降低。

润滑对主轴组件的工作性能与轴承寿命都有密切关系。通常润滑油的黏度可根据前轴颈 d(mm)和主轴最高转速 n_{max}(r/min)的乘积数 $d \cdot n_{max}$来选择。当主轴轴承与传动系统共用润滑系统时，黏度应增大。采用油雾润滑时，建议采用黏度小的润滑油。

3. 润滑方式

(1) 飞溅润滑。在箱体底部装有润滑油，利用最低位置传动轴上的齿轮或溅油盘浸入油内一定深度，当机床工作时，旋转的齿轮或溅油盘将润滑油向各方向溅出，直接落到润滑件的表面上或落到特制的油盘或油槽中，油液沿着油管或油槽流至需要润滑的表面上。当溅油齿轮或溅油圆盘的圆周速度适宜时，还能形成油雾，油雾的细小油珠会落到各摩擦面的间隙中进行润滑。

飞溅润滑的优点是结构简单，使用方便，而且油的消耗量少。但是这种方式需在一定的条件下才能有效地工作，即溅油齿轮或溅油盘的圆周速度不能太大或太小，最适宜的速度为0.8～6m/s。速度太小不能起飞溅作用，速度太大则容易引起发热并使润滑油起泡而影响润滑性能。一般溅油齿轮浸在油中的高度不应大于2～3倍齿高，以免引起过大的空载损失。油面高度一般不能高过箱体外露最低位置的孔。由于溅油元件的旋转直径较大，应注意既能保证正常溅油，又不能与其他元件相碰。这种方法只在一些要求不高的机床上使用。

(2) 循环润滑。这是比较完善的润滑方法，对于发热量较大或防止温升过高的某些摩擦表面，如油式多片摩擦离合器、精密机床主轴轴承等，需用油泵供油进行强制润滑，将摩擦面所产生的热量由润滑油带走，进行冷却。通常，油泵可由传动系统中的某轴带动。要求在机床启动前供油的高速、重载的机床，需要有专门的电动机带动油泵。循环润滑又分为体内循环和体外循环两种，体内循环润滑时变速箱兼作润滑油箱。结构简单，不需要另外设置油箱，但回油冷却效果较差，且温度较高的回油容易引起主轴组件等较大的热变形；体外循环润滑，油箱在变速箱外，润滑油可将热量带出变速箱，在油箱内冷却，润滑效果较好，但结构较复杂。

(3) 滴油润滑。采用油杯或绒线间断地供应少量的润滑油。优点是结构简单，使用方便。缺点是难于控制油量。这种方法主要用于需要油量不大的地方。

(4) 油雾润滑。利用压缩空气，通过专门的雾化器形成含少量油的油雾喷入润滑部位。油雾润滑的阻力小，散热性好，是一种很好的润滑方法。但设备复杂，价格高，在没有压缩空气的地方还需配备空气压缩机。这种方法主要用于高速主轴组件的轴承润滑。

(5) 喷射(注射)润滑。一般是通过轴承周围的3～4个喷嘴，将40N/cm^{2}的压力油喷射到轴承隔离器的空隙，周期性地把油送到润滑表面，供油量少，润滑效果好，但需要一套专门的设备。这种方法主要用于转速很高的主轴组件的轴承润滑。

各种润滑方式的选择见表7-2。

表 7-2 各种润滑方式的选择

润滑方式	飞溅	滴油	循环	油雾	喷射
$d \cdot n_{max}$/[mm·(r/mm)]	≤4	≤5	≤7.5	≤10	≤13

7.3 主传动的运动设计

主传动系统的运动设计是运用转速图的基本原理，来拟定满足给定转速数列的经济合理的传动方案。运动设计的主要内容包括：选择变速组及其传动副数，确定各变速组中的传动比，以及计算齿轮齿数和带轮的直径等。

7.3.1 转速图、结构网与结构式分析

1. 转速图

分析和设计传动系统时要用到转速图，转速图能直观地表明主轴每一种转速是通过哪些齿轮传动的，以及各对齿轮的传动比之间的内在联系。

1) 转速图的概念

图 7.6 所示是具有 12 级转速的中型车床的传动系统图，图 7.7 所示是它的转速图，主轴转速范围为 31.5～1400r/min，公比 φ=1.41，电动机的转速为 1440r/min，从图 7.7 中可以看出以下内容。

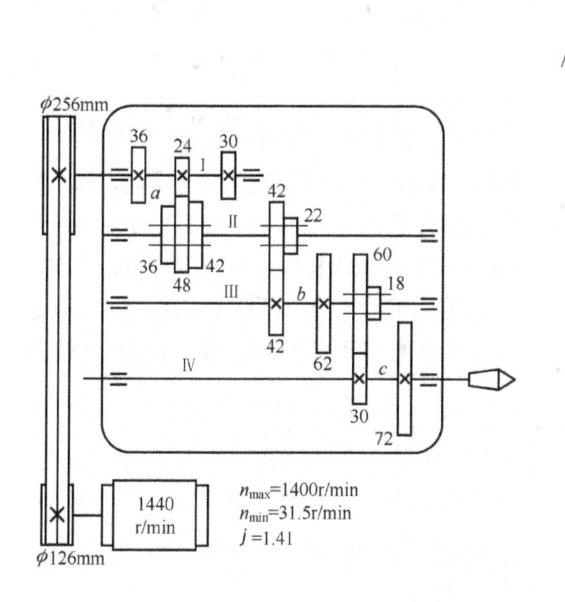

图 7.6 12 级转速的传动系统图

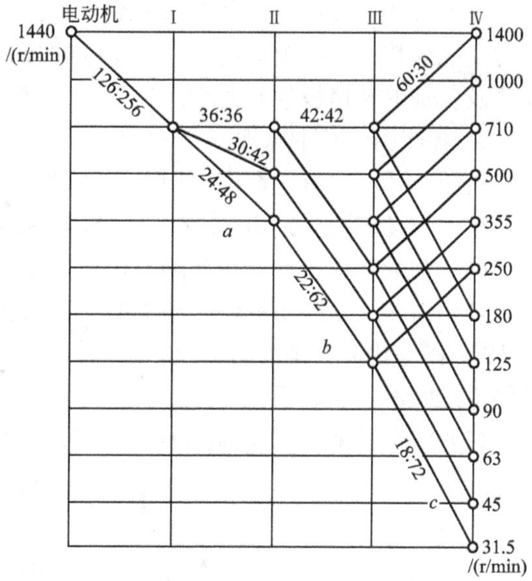

图 7.7 12 级传动系统的转速图

(1) 距离相等的一组竖直线代表各传动轴，轴号从左向右依次以Ⅰ、Ⅱ、Ⅲ、Ⅳ写在上面，其中Ⅳ轴为主轴。通常，电动机轴是以“0”或直接以电动机表示的。

注意：竖直线间的距离相等，并不表示各轴的中心距相等，目的在于使图面清晰。

(2) 距离相等的一组水平线代表各级转速，与各竖线的交点代表各轴的转速。若竖线与横线的交点用圆圈表示，则代表该轴所具有的转速。由于分级变速机构的转速是按等比级数排列的，因此，为使代表各级转速的水平线的间距相等，采用了对数坐标 $\lg\varphi$，一般习惯上在转速图上不写 lg 符号，而直接写出转速值。

(3) 转速图上相邻两轴之间对应转速的连线，表示一对传动副的传动比。传动比的大小以代表该传动副的连线的倾斜方向和倾斜程度表示。连线向右下方倾斜为降速传动；连线向右上方倾斜为升速传动；水平连线则为等速传动。如此例中，电机轴与Ⅰ轴之间的连线代表皮带定比传动，其传动比为 $i=\frac{126}{256}\approx\frac{1}{2}=\frac{1}{1.41^2}=\frac{1}{\varphi^2}$ 是降速传动，故连线向下倾斜两格。轴Ⅰ的转速 $n_1=1440\times\frac{126}{256}=710\text{r/min}$。Ⅰ～Ⅱ轴间有 3 对齿轮传动的传动组 a，其传动比为 $i_{a1}=\frac{36}{36}=\frac{1}{1}$，故连线是水平的；$i_{a2}=\frac{30}{42}=\frac{1}{1.41}=\frac{1}{\varphi}$，连线向下倾斜一格；$i_{a3}=\frac{24}{48}=\frac{1}{2}=\frac{1}{\varphi^2}$，连线向下倾斜两格。轴Ⅱ～Ⅲ间有两对齿轮传动的传动组 b，其传动比为 $i_{b1}=\frac{42}{42}=\frac{1}{1}$，连线是水平的；$i_{b2}=\frac{22}{62}=\frac{1}{2.82}=\frac{1}{\varphi^3}$，连线向下倾斜 3 格。轴Ⅱ的每一转速都有两条连线与轴Ⅲ相连，由于轴Ⅱ有 3 种转速，每种转速都通过上述两条连线与轴Ⅲ相连，故轴Ⅲ共得 3×2=6 种转速。连线中的平行线代表同一传动比。轴Ⅲ～Ⅳ间有两对齿轮传动的传动组 c，其传动比为 $i_{c1}=\frac{60}{30}=\frac{2}{1}=\frac{\varphi^2}{1}$，连线向上倾斜两格；$i_{c2}=\frac{18}{72}=\frac{1}{4}=\frac{1}{\varphi^4}$，连线向下倾斜 4 格，故轴Ⅳ共得 6×2=12 种转速。

综上所述，转速图可以很清楚地表示：主轴各级转速的传动路线；得到这些转速所需要的变速组数目及每个变速组中传动副的数目；各个传动比的数值；传动轴的数目，传动顺序及各轴的转速级数与大小。

2) 转速图的基本原理

由图 7.7 可以看出，该中型车床主轴的 12 级转速是通过 3 个变速组传动得到的。各变速组的传动副数分别为 3、2、2，即主轴的转速级数为 $Z=3\times2\times2=12$。其中，0～Ⅰ轴间的传动为定比传动，它起降速作用，使轴Ⅱ得到一种固定的转速；轴Ⅰ到轴Ⅳ(主轴)之间则为由 3 个变速组串联所组成的变速机构，通过不同啮合位置的齿轮传动，使主轴得到 12 种按等比数列排列的转速。下面分析一下各变速组的传动比与使主轴得到等比数列的转速之间的内在联系。

(1) 第一变速组(变速组 a)：有 3 对齿轮副传动，其传动比为

$$i_{a1}=\frac{36}{36}=\frac{1}{1}$$

$$i_{a2}=\frac{30}{42}=\frac{1}{1.41}=\frac{1}{\varphi}$$

$$i_{a3}=\frac{24}{48}=\frac{1}{2}=\frac{1}{\varphi^2}$$

则
$$i_{a1}:i_{a2}:i_{a3}=\frac{1}{1}:\frac{1}{\varphi}:\frac{1}{\varphi^2}=1:\varphi:\varphi^2$$

由此可见，在变速组 a 中相邻两连线之间相差均为一格，即相邻转速为 φ 倍的关系，

就是说通过这3个传动比使轴Ⅱ得到3种转速(710、500、355r/min)，是以φ为公比的等比数列；再通过其他变速组把转速传至主轴Ⅳ，使主轴获得连续等比数列的转速值，其中变速组a是实现主轴转速为等比数列最基本的变速组，因此，这个变速组称为基本组。

通常，将变速组相邻两传动比之比称为级比，传动比之比值的指数称为基比指数，即组内相邻两连线相距的格数称为级比指数，用x来表示。这样，变速组a(即基本组)内相邻传动比的关系也可写为

$$i_{a1}:i_{a2}:i_{a3}=1:\varphi:\varphi^2$$

式中，$x_0=1$，称该变速组的级比指数为1。

(2) 第二变速组(变速组b)：有两对齿轮副传动，其传动比为

$$i_{b1}=\frac{42}{42}=\frac{1}{1}$$

$$i_{b2}=\frac{22}{62}=\frac{1}{2.82}=\frac{1}{\varphi^3}$$

则$i_{b1}:i_{b2}=\frac{1}{1}:\frac{1}{\varphi^3}=1:\varphi^3$或写成$i_{b1}:i_{b2}=1:\varphi^{x_1}$

式中，$x_1=3$，即该变速组的级比指数为3。

由此可见，在变速组b中，相邻两连线之间相差为3格，即相邻转速为φ^3倍的关系，通过这两个传动比使轴Ⅲ得到6种连续的等比数列的转速(125～710r/min)，即从轴Ⅱ上的3种转速扩大为轴Ⅲ上的6种转速。这个变速组起了在基本组的基础上第一次扩大的作用，称为第一扩大组，其基本指数$x_1=3$。如转速图所示，基本组中3个传动副最上与最下两连线的相距为两格，并使轴Ⅱ上得到3种等比数列的转速，若再扩大其转速范围，就要通过第一扩大组的3个传动副，才能使Ⅲ轴上得到上述6种连续的等比数列的转速，这时第一扩大组相邻两连线必须拉开3格，即相邻转速为φ^3倍的关系，而这个数值同基本组的传动副数有关，即等于基本组的传动副数。若基本组的传动副数为p_0，则第一扩大组φ的指数x_1应为p_0，即相邻传动比为φ^{p_0}倍关系，这就是第一扩大组中传动比的内在规律。

(3) 第三变速组(变速组c)：有两对齿轮副传动，其传动比为

$$i_{c1}=\frac{60}{30}=\frac{2}{1}=\frac{\varphi^2}{1}$$

$$i_{c2}=\frac{18}{72}=\frac{1}{4}=\frac{1}{\varphi^4}$$

则$i_{c1}:i_{c2}=\frac{\varphi^2}{1}:\frac{1}{\varphi^4}=1:\varphi^6$或写成$i_{c1}:i_{c2}=1:\varphi^{x_2}$

式中，$x_2=6$，即该变速组的级比指数为6。

由此可见，在变速组c中相邻两连线之间相差为6格，即相邻转速为φ^6倍的关系，因此通过它变速后，在轴Ⅳ(主轴)上可以得到$3\times2\times2=12$种连续的等比数列的转速。这个在基本组和第一扩大组基础上，进一步扩大变速范围的变速组称为第二扩大组。同样，从转速图上可以看出：在第一扩大组中传动副最上与最下两连线相距为3格，若进一步扩大变速范围，使轴Ⅳ得到12种连续的等比数列的转速，则第二扩大组相邻两连线必须拉开6格，即相邻转速为φ^6倍的关系，而这个数值同基本组和第一扩大组的传动副数有关，即等于基本组和第一扩大组传动副数的乘积(3×2)。若基本组的传动副数为p_0，第一扩大组的传动副数为p_1，则第二扩大组φ的指数x_2应为$x_2=p_0\times p_1$，即相邻传动比为$\varphi^{p_0p_1}$倍关

系，这就是第二扩大组中传动比的内在规律。

若机床还需要第三、第四……次扩大变速范围，则相应还有第三、第四……扩大组。

通常，变速组按其级比指数 x 值，由小到大的排列顺序称为扩大顺序，即基本组、第一、第二……扩大组；而在结构上，由电动机到主轴传动的先后排列顺序为传动顺序，即变速组 a、b、c…。设计传动系统时，传动顺序和扩大顺序可能一致，也可能不一致。

通过上面的分析，若使主轴转速为连续的等比数列，则任意一个变速组中，各传动比之间的比例关系可列式为

$$i_1 : i_2 : i_3 : \cdots : i_p = 1 : \varphi^x : \varphi^{2x} \cdots : \varphi^{(p-1)x} \tag{7-32}$$

式中 p——该变速组的传动副数；

x——该变速组的级比指数。

若以 x_0、x_1、x_2…分别代表基本组、第一扩大组、第二扩大组……的变速组级比指数；以 p_0、p_1、p_2…分别代表基本组、第一扩大组、第二扩大组……的传动副数，则变速组级比指数与传动副数之间应存在下列关系

$$\begin{aligned} x_0 &= 1 \\ x_1 &= p_0 \\ x_2 &= p_0 p_1 \\ &\cdots \\ x_j &= p_0 p_1 p_2 \cdots p_{j-1} \end{aligned} \tag{7-33}$$

因此，各变速组的相邻传动比之间存在下列关系

基本组 $\varphi^{x_0} = \varphi$

第一扩大组 $\varphi^{x_1} = \varphi^{p_0}$

第二扩大组 $\varphi^{x_2} = \varphi^{p_0 p_1}$

…… …

第 j 扩大组 $\varphi^{x_j} = \varphi^{p_0 p_1 p_2 \cdots p_{j-1}}$ (7-34)

变速组中最大与最小传动比的比值，称为该变速组的变速范围，即

$$r = \frac{i_{\max}}{i_{\min}}$$

在本例中，基本组的变速范围

$$r_0 = \frac{i_{a3}}{i_{a1}} = \frac{1/1}{1/\varphi^2} = \varphi^2$$

第一扩大组的变速范围

$$r_1 = \frac{i_{b2}}{i_{b1}} = \frac{1/1}{1/\varphi^3} = \varphi^3$$

第二扩大组的变速范围

$$r_2 = \frac{i_{c2}}{i_{c1}} = \frac{\varphi^2/1}{1/\varphi^4} = \varphi^6$$

变速组变速范围的一般式可写为

基本组 $r_0 = \varphi^{x_0(p_0-1)}$

第一扩大组 $r_1 = \varphi^{x_1(p_1-1)} = \varphi^{p_0(p_1-1)}$

第二扩大组 $r_2 = \varphi^{x_2(p_2-1)} = \varphi^{p_0 p_1(p_2-1)}$

…　　　　…

第 j 扩大组　　　　$r_j=\varphi^{x_j(p_j-1)}=\varphi^{p_0p_1p_2\cdots p_{j-1}(p_j-1)}$　　　　(7-35)

传动系统最后一根轴的变速范围(或主轴的变速范围)应等于各变速组变速范围的乘积，即

$$R_n=r_0r_1r_2\cdots r_j \tag{7-36}$$

综上所述，可以得出下面结论：机床的传动系统，通常是由几个变速组串联组成的，其中以基本组为基础，然后通过第一、第二……扩大组把各轴的转速级数和变速范围逐步扩大，若各变速组中相邻传动比之间遵守本节所述的基本原理，则机床主轴得到的转速数列是连续而不重复的等比数列，这样的传动系统一般称为常规传动系统。

2. 结构网与结构式

研究机床传动系统的内部规律，分析和设计各种传动方案，除利用转速图外，还须利用结构网或结构式。结构网与转速图的主要区别是：结构网只表示传动比的相对关系，而不表示传动比和转速的绝对值。在结构网上代表传动比的线常画成对称形式(如图7.8所示)，所以结构网可以认为是转速图的一种形式，它只规定传动比的相对关系，不规定绝对值。

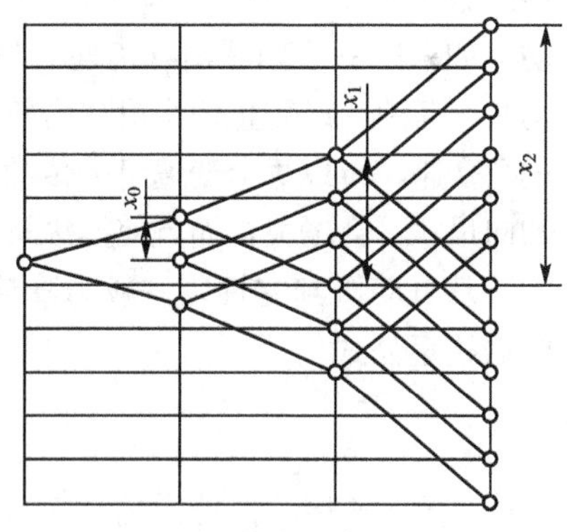

图7.8　12级传动系统的机构网

结构网也可以用结构式来表达，上述例题的结构式为

$$12=3_1\times2_3\times2_6$$

式中，12表示变速级数；3、2、2分别表示各变速组的传动副数；下角码1、3、6分别表示各变速组中相邻传动比的比值关系，即变速组的级比指数。

显然，变速组内相邻传动比的关系(即级比规律)可以表达在结构网或结构式上。结构式是转速图的通式，满足同一结构式可以有不同的转速图(如改变中间轴的转速)，而一个转速图只能对应一个结构式。

结构网或结构式所表达的内容如下。

(1) 传动系统的组成情况，例如 $Z=3_1\times2_3\times2_6$ 表示主轴得到12级按公比为 φ 的等比数列排列的转速。

(2) 各变速组的传动副数，即3、2、2。

(3) 各变速组中相邻传动比之间的关系，即各组分别为 φ、φ^3、φ^6 倍，级比指数为1、3、6。

(4) 传动顺序与扩大顺序，从动力源开始的3个变速组分别为基本组、第一扩大组、第二扩大组，由级比指数得出。

(5) 各变速组的变速范围，即 φ^2、φ^3、φ^6。

结构网和结构式表达的内容是相同的，但结构网更直观些。

7.3.2 转速图的拟定

拟定转速图是设计传动系统的重要内容，必须根据机床的性能要求和经济合理的原

则，在各种可能实现的方案中，选择较合理的方案。

1. 拟定转速图的一般原则

1）变速组及其传动副数的确定原则

实现一定的主轴转速级数的传动系统，可由不同的变速组来实现。例如，主轴为12级转速的传动系统有下列几种可能实现的方案

$12=3\times2\times2$　　$12=2\times3\times2$　　$12=2\times2\times3$

$12=4\times3$　　$12=3\times4$

在上列两组方案中，第一组需要的传动副数为3+2+2=7对齿轮。第二组需要的传动副数也为4+3=7对齿轮，但采用第二组方案时，由于同一变速组中有4对齿轮副传动，如果用一个四联滑移齿轮，则会增加轴向尺寸；如果用两个双联滑移齿轮，则操纵机构必须互锁，以防止两个滑移齿轮同时啮合。机床的传动系统通常采用双联或三联滑移齿轮进行变速，所以每个变速组的传动副数最好取2或3。这样不仅可使传动副数少，变速箱的轴向尺寸不会增大，而且使操纵机构简单，所以，上列两组方案中，应采用第一组方案。

从电动机到主轴，一般为降速传动，也就是说，越靠近主轴的轴，其最低转速越低。根据扭矩公式

$$M=9550\frac{P}{n}$$

式中　P——传动件传递的功率(kW)；

n——传动件的转速(r/min)。

当传递功率为一定时，转速 n 较高的轴所传递的扭矩 M 较小，在其他条件相同的情况下，传动件的尺寸就可以小一些，这对于节省材料、减小机床质量及尺寸都是有利的。因此，在设计传动系统时，应使较多的传动件在高转速下工作，应尽可能地使靠近电动机的变速组中的传动副数多一些，而靠近主轴的变速组中传动副数少一些，即所谓“前多后少”的原则。按此原则，第一组方案中应取 $12=3\times2\times2$ 为好。

2）基本组和扩大组排列次序的确定原则

根据上述原则，传动系统的变速组及传动副数虽已确定，但基本组和扩大组的排列次序不同，还可有许多种方案。例如 $12=3\times2\times2$，就可以有下列6种不同的排列方案，其结构式为

$$12=3_1\times2_3\times2_6$$
$$12=3_2\times2_1\times2_6$$
$$12=3_2\times2_6\times2_1$$
$$12=3_1\times2_6\times2_3$$
$$12=3_4\times2_1\times2_2$$
$$12=3_4\times2_2\times2_1$$

与上述6种结构式相对应，有6种结构网，如图7.9所示。一般情况下，为了使传动件尺寸较小，各变速组的排列应尽可能设计成基本组在前，第一扩大组次之，最后扩大组在后的顺序。也就是说，各变速组的扩大顺序应尽可能与运动的传递顺序相一致，即要求

$$x_0<x_1<x_2<\cdots<x_j$$

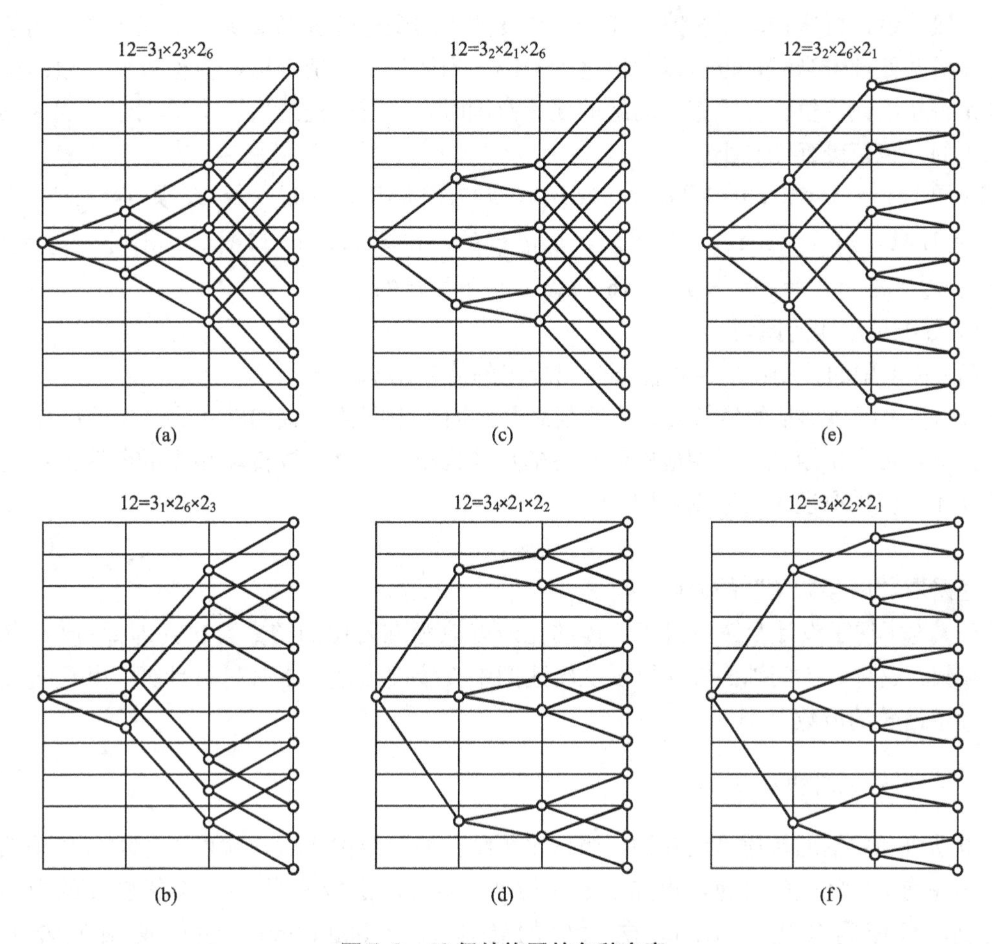

图 7.9　12 级结构网的各种方案

在图 7.9 中，虽然最终都使主轴获得连续的等比数列的转速值，但由于前面传动轴的转速较高，在最高转速相同的情况下，变速范围小的变速组，最低转速较高，转矩较小，传动件的尺寸也就可以小些。因此，各变速组的变速范围应逐渐增大，即所谓“前密后疏”的原则。按此原则，选择方案 a 为好。

3) 变速组中的极限传动比及变速范围的确定原则

设计机床传动系统时要考虑两种情况：降速传动应避免被动齿轮尺寸过大而增加变速箱的径向尺寸，一般限制降速传动比的最小值，使 $i_{min} \geqslant 1/4$；升速传动应避免扩大传动误差和减少振动，一般限制直齿轮升速传动比的最大值，使 $i_{max} \leqslant 2$；斜齿轮传动比较平稳，可取 $i_{max} \leqslant 2.5$。进给传动系统，由于传递的功率小，转速低，尺寸较小，上述传动比限制可适当放宽，即 $i_{min} \geqslant 1/5$，$i_{max} \leqslant 2.8$。所以，主传动各变速组的最大变速范围为

$$r=\frac{2\sim 2.5}{1/4}=8\sim 10$$

进给传动各变速组的最大变速范围为

$$r=\frac{2.8}{1/5}=14$$

一般在设计机床传动系统时，任何一个变速组的变速范围都应满足上述要求，当然在特殊需要并处理得当时，也可以超出这个范围。当初步方案确定后，应检查变速组的变速范围是否超出允许值。在检查传动组的变速范围时，只需检查最后一个扩大组，因为其他传动组的变速范围都比它小。

在图 7.9(a)～图 7.9(c)及图 7.9(d)中，第二扩大组 $x_2=6$，$p_2=2$，则 $r_2=\varphi^{6\times(2-1)}=\varphi^6$，$\varphi=1.41$，则 $r_2=1.41^6=8=r_{max}$，是可行的。在图 7.9(d)和图 7.9(f)中，$x_2=4$，$p_2=3$，$r_2=\varphi^{4\times(3-1)}=\varphi^8=1.41^8=16>r_{max}$，是不可行的。

4) 分配传动比的原则

(1) 传动副的传动比应尽可能不超出极限的传动比 i_{min} 和 i_{max}。

(2) 各中间传动轴的最低转速应适当高些。因为中间传动轴的转速高，则在一定的功率条件下，传递扭矩就小，相应的传动件的尺寸也小，因此，按传动顺序的各变速组的最小传动比，应采取递减的原则，即

$$i_{a\min}\geqslant i_{b\min}\geqslant i_{c\min}\geqslant\cdots$$

即降速采取“前缓后急”的原则。

(3) 为了便于设计及使用机床，传动比最好取标准公比的整数幂次，即 $i=\varphi^E$，其中 E 为整数，这样，中间轴的转速可以从转速图中直接读出来，不必另行计算，并可直接查表，确定齿轮的齿数。

2. 拟定转速图的步骤

电动机和主轴的转速是已知的，当选定了结构网或结构式后，就可以分配各传动组的传动比并确定中间轴的转速，再加上定比传动，就可画出转速图。以 12 级转速的中型车床为例，机床的公比为 1.41，电动机的转速 $n_0=1440$r/min，主轴的最低转速为 31.5r/min，设计步骤如下。

首先根据公比和主轴最低转速确定出主轴的各级转速值为：31.5、45、63、90、125、180、250、355、500、710、1000、1400，然后拟定转速图。

(1) 确定变速组的数目。大多数机床广泛采用滑移齿轮的变速方式，为满足结构设计和操纵方便的要求，通常都采用双联或三联齿轮，因此，12 级转速需要 3 个变速组，即 $Z=12=3\times2\times2$。

(2) 确定变速组的排列方案。变速组的排列可以有多种方案，如

$$12=3\times2\times2 \qquad 12=2\times3\times2 \qquad 12=2\times2\times3$$

由于结构上没有特殊要求，根据各变速组中传动副数应遵循“前多后少”的原则，选择 $12=3\times2\times2$ 的方案。

(3) 确定基本组和扩大组。根据“前密后疏”的原则，选择 $12=3_1\times2_3\times2_6$ 的方案，其中第一变速组为基本组(以 a 表示)，级比指数为 1；第二变速组为第一扩大组(以 b 表示)，级比指数为 3；第三变速组为第二扩大组(以 c 表示)，级比指数为 6。

(4) 确定是否增加降速传动。由于电动机的转速为 1440r/min，主轴的最低转速 31.5r/min，因此总降速比 $i=\frac{31.5}{1450}=\frac{1}{45}=\frac{1}{\varphi^{11}}$，即共需要降 11 个格，若每一个变速组的最

小降速比均取$\frac{1}{4}$，则3个变速组总的降速比可达到$\frac{1}{4}\times\frac{1}{4}\times\frac{1}{4}=\frac{1}{64}$，再加上定比传动，故无需增加降速传动。

(5) 检查变速组的变速范围。由于最后变速扩大组的变速范围最大，所以，只检查最后扩大组的变速范围是否在允许值的范围内，如果最后扩大组的变速范围合乎要求，其他变速组也就不会超出允许值。

最后扩大组的变速范围为：$r=\varphi^{p_0 p_1 (p_2-1)}=\varphi^{3\times2\times(2-1)}=\varphi^6=1.41^6=8$，是可进的。

(6) 分配降速比。前面已经确定，12＝3×2×2 共需3个变速组、4根传动轴，加上电机轴共5根传动轴、4个变速组。根据“前缓后急”的原则，且满足最小降速比大于$\frac{1}{4}$($1.41^4=4$，最多能降4个格)，因此最后一个变速组能降4个格，第3个变速组能降3个格，第二个变速组能降2个格，第一个变速组能降2个格，共计11个格，即$\frac{1}{\varphi^{11}}=\frac{1}{\varphi^2}\times\frac{1}{\varphi^2}\times\frac{1}{\varphi^3}\times\frac{1}{\varphi^4}$。

(7) 画转速图。画5根距离相等的竖线代表5根传动轴，画12根距离相等的水平线代表12级转速，这样形成了转速图格线。在主轴Ⅳ上标出12级转速，在第Ⅰ轴上标出电动机的转速——1440r/min，此时从电动机到主轴最低转速共降11个格。中间各轴的转速可以从电动机轴开始往后推，也可以从主轴开始往前推，通常，以往前推比较方便，即从主轴开始往前推。首先，画出各变速组中传动比最小的传动副，c变速组中传动比为$\frac{1}{\varphi^4}$，从主轴最低转速(31.5r/min)的点向上数4个格，在轴Ⅲ上找出相应的点(125r/min)连线，得到一对传动副；b变速组中传动比为$\frac{1}{\varphi^3}$，在轴Ⅲ上(125r/min)的点向上数3个格，在轴Ⅱ上找出相应的点(355r/min)连线，得到一对传动副；a变速组中传动比为$\frac{1}{\varphi^2}$，在轴Ⅱ上(355r/min)的点向上数两个格，在轴Ⅰ上找出相应的点(710r/min)连线，得到一对传动副；再连接电动机转速和轴Ⅰ上(710r/min)的点，得到一对传动副；这样就画出了各变速组中传动比最小的传动副。其次，画出各变速组中的其他传动副，根据确定的结构式$12=3_1\times2_3\times2_6$，c变速组中有两对传动副，级比指数为6(即两对传动副相距6个格)，从主轴最低转速(31.5r/min)向上数6个格得(250r/min)点与轴Ⅲ上(125r/min)的点相连，得到c变速组中的另一对传动副；b变速组中有两对传动副，级比指数为3，在轴Ⅲ上(125r/min)的点向上数3个格得(355r/min)点与轴Ⅱ上(355r/min)的点相连，得到b变速组中的另一对传动副；a变速组中有3对传动副，级比指数为1，在轴Ⅱ上(355r/min)的点向上数1个格得(500r/min)的点，再在(500r/min)的点向上数1个格得(710r/min)的点，两点分别与轴Ⅰ上(710r/min)的点相连，得到另两对传动副。最后，画出所有的连线，如前所述，转速图中两轴之间的平行线代表一对齿轮传动，所以画变速组中的连线时，应从主动轴各点分别画各对传动副，使主轴得到12级转速，如图7.7所示。

7.3.3 齿轮齿数的确定

拟定转速图后，可根据各传动副的传动比确定齿轮的齿数、带轮的直径等。变速组内齿轮齿数的确定方法如下。

1. 确定齿轮齿数时应注意的问题

(1) 齿轮的齿数和 S_z不应过大，以免加大两轴之间的中心距，使机床的结构庞大，一般推荐齿数和 $S_z \leqslant 100 \sim 120$。

(2) 最小齿轮的齿数要尽可能小，但应考虑以下因素。

① 最小齿轮不产生根切现象。机床变速箱中，对于标准直齿圆柱齿轮，一般取最小齿数 $Z_{min} \geqslant 18 \sim 20$。

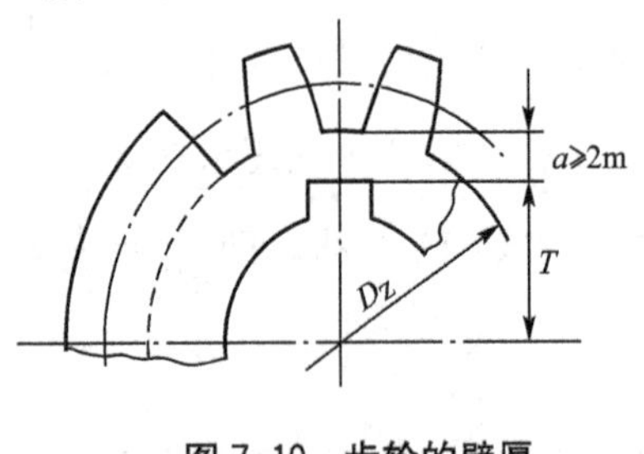

图 7.10　齿轮的壁厚

② 受结构限制变速组最小齿数的各齿轮(尤其是最小齿轮)，应能可靠地装到轴上或进行套装，齿轮齿槽到孔壁或键槽的壁厚 $a \geqslant 2m$(m 为模数)，以保证有足够的强度，避免出现变形、断裂，如图 7.10 所示。

由于$\frac{1}{2}D_z - T \geqslant 2m$，对于标准直齿圆柱齿轮，其最小齿根直径

$$D_z = mZ_{min} - 2.5m$$

得

$$Z_{min} \geqslant 6.5 + \frac{2T}{m}$$

式中　Z_{min}——最小齿轮的齿数；

m——齿轮的模数；

T——键槽到齿轮轴线的高度。

③ 两轴间最小中心距应取得适当。若齿数和 S_z 太小，则中心距过小，将导致两轴上的轴承及其他结构之间的距离过近或相碰。

另外，确定齿轮齿数时，应符合转速图上传动比的要求。实际传动比(齿轮齿数之比)与理论传动比(转速图上要求的传动比)之间允许有误差，但不能过大。确定齿轮齿数所造成的转速误差，一般不应超过$\pm 10(\varphi - 1)\%$，即

$$\frac{n_{理} - n_{实}}{n_{理}} < \pm 10(\varphi - 1)\%$$

式中　$n_{理}$——要求的主轴转速；

$n_{实}$——齿轮传动实现的主轴转速。

确定齿轮齿数时，首先须确定变速组内齿轮副的模数，以便根据结构尺寸判断其最小齿轮齿数或齿数和是否适宜。在同一变速组内的齿轮可取相同的模数，也可取不同的模数。后者只有在一些特殊的情况下，如最后扩大组或背轮传动中，因各齿轮副的速度变化大，受力情况相差也较大，在同一变速组内才采用不同模数，为便于设计和制造，主传动系统中所采用齿轮模数的种类尽可能少一些。

2. 变速组内齿轮模数相同时齿轮齿数的确定

在同一变速组内尽量取相同的模数，因为各齿轮副的速度变化不大，受力情况相差也不大，故采用同一模数。

1）查表法

若转速图上齿轮副的传动比是标准公比的整数次方，变速组内的齿轮模数相同时，齿数和S_z以及小齿轮的齿数可从表7-3中查得。例如图7.7所示的传动组a中，$i_{a1}=1$、$i_{a2}=\frac{1}{1.41}$、$i_{a3}=\frac{1}{2}$。可查i为1、1.4和2的三行，有数字的即为可能方案，结果为：

$i_{a1}=1$ $S_z=\cdots$ 60、62、64、66、68、70、72、74 …

$i_{a2}=\frac{1}{1.41}$ $S_z=\cdots$ 60、63、65、67、68、70、72、73、75 …

$i_{a3}=\frac{1}{2}$ $S_z=\cdots$ 60、63、66、69、72、75 …

从以上三行中可以挑出，$S_z=60$和72是共同适用的。如取$S_z=72$，则从表中查出小齿轮的齿数分别为36、30、24，即$i_{a1}=\frac{36}{36}$、$i_{a2}=\frac{30}{42}$、$i_{a3}=\frac{24}{48}$。

2）计算法

在同一变速组内，各对齿轮的齿数之比，必须满足转速图上已经确定的传动比；当各对齿轮的模数相同，而且不采用变位齿轮时，则各对齿轮的齿数和必然相等，在同一变速组内，各对齿轮的齿数之比必须满足转速图上已经确定的传动比，即

$$Z_j/Z_j'=i_j$$
$$Z_j+Z_j'=S_z \tag{7-37}$$

式中 Z_j、Z_j'——分别为j齿轮副的主动与被动齿轮的齿数；

i_j——j齿轮副的传动比；

S_z——齿轮副的齿数和。

由式(7-37)得

$$Z_j=\frac{i_j}{1+i_j}\cdot S_z$$
$$Z_j'=\frac{1}{1+i_j}\cdot S_z \tag{7-38}$$

因此，选定了齿数和S_z，便可按式(7-38)计算各齿轮的齿数；或者由上式确定出齿轮副的任一齿数后，用式(7-37)算出另一齿轮的齿数。

为了节省材料和使结构紧凑，确定变速组的齿数和S_z时，应使其尽可能地小，一般情况下S_z主要是受最小齿轮的限制。显然最小齿轮是在变速组内降速比或升速比最大的一对齿轮中，因此可先假定该小齿轮的齿数Z_{min}，根据传动比求出齿数和，然后按各齿轮副的传动比，再分配其他齿轮副的齿数；如果传动比误差较大，应重新调整齿数和S_z，再按传动比分配齿数。

齿轮齿数往往须反复多次计算才能确定，合理与否还要在结构设计中进一步检验，必要时还会改变。比如因中心距过小，两轴上的零件相碰或因齿轮(尤其应注意滑移齿轮)与其他件相碰时，就须改变齿数和，个别情况下只有改变有关齿轮副的传动比才能解决问题，如果根据传动比要求，按上述计算所得到的齿数和S_z过大以及传动比误差过大时，还可采用变位齿轮的方法来凑中心距，以获得要求的传动比值，这时齿数的计算比较灵活。

表 7-3　各种常用传动比的适用齿数

S_z / i	40	41	42	43	44	45	46	47	48	49	50	51	52	53	54	55	56	57	58	59
1.00	20		21		22		23		24		25		26		27		28		29	
1.06		20		21		22		23									27		28	
1.12	19							22		23		24		25		26		27		28
1.18					20		21		22		23					25		26		27
1.25		18		19		20					22		23		24					26
1.32			18		19					21		22			23		24		25	
1.4		17					19		20			21		22					24	
1.5	16					18					20		21			22		23		
1.6		16			17					19			20		21			22		23
1.7	15			16					18			19			20		21			22
1.8			15					17			18			19			20		21	
1.9				15			16			17			18			19			20	
2.0			14			15			16			17			18			19		
2.12					14			15			16			17			18			19
2.24			13			14				15			16			17			18	
2.36					13			14				15			16			17		
2.5			12				13			14				15			16			
2.65					12				13			14				15			16	16
2.8							12				13			14	14			15		
3.0									12				13				14			
3.15											12				13				14	
3.35													12				13			
3.55															12	12				13
3.75																		12		

S_z / i	60	61	62	63	64	65	66	67	68	69	70	71	72	73	74	75	76	77	78	79		S_z / i
1.00	30		31		32		33		34		35		36		37		38		39			1.00
1.06	29		30		31		32		33		34		35		36		37		38			1.06
1.12			29		30		31		32		33		34		35		36	36	37	37		1.12
1.18		28		29			30		31		32		33		34	34	35	35		36		1.18
1.25		27		28		29	29		30		31		32		33	33		34		35		1.25
1.32		26		27		28			29		30		31			32		33		35		1.32
1.4	25			26		27		28	28		29		30	30		31		32		33		1.4
1.5	24		25			26		27	27		28		29	29		30		31	31			1.5
1.6	23		24			25		26			27		28	28		29		30	30			1.6
1.7			23		24			25			26		27	27		28		29	29			1.7
1.8		22			23			24		25	25		26			27			28			1.8
1.9	21	21		22	22		23			24			25			26			27			1.9
2.0	20			21			22			23			24			25			26			2.0
2.12			20			21	21		22	22		23	23			24			25			2.12
2.24		19	19			20			21			22	22		23	23		24	24			2.24
2.36		18			19			20	20			21			22			23	23			2.36
2.5	17			18				19			20	20		21	21			22	22			2.5
2.65			17				18			19	19			20	20			21				2.65
2.8		16				17			18	18			19	19			20	20				2.8
3.0	15		15		16			17	17			18	18			19	19			20		3.0
3.15				15			16	16			17	17				18				19		3.15
3.35		14				15	15			16	16				17				18	18		3.35
3.55				14	14				15	15			16	16				17	17			3.55
3.75			13				14	14				15	15				16	16				3.75

（续）

S_z \ i	80	81	82	83	84	85	86	87	88	89	90	91	92	93	94	95	96	97	98	99	100	101	102	103	104	105	106	107	108	109	110	111	112	113	114	115	116	117	118	119	120	S_z \ i
1.00	40		41		42		43		44		45		46		47		48		49		50		51		52		53		54		55		56		57		58		59		60	1.00
1.06	39		40	41	41	42	42	43	43	43	44	44	45	45		46		47		48		49		50		51		52		53	53	54	54	55	55	56	56	57	57	58	58	1.06
1.12	38	38		39		40		41		42		43		44	44	45	45	46	46	47	47		48		49		50		51	51	52	52	53	53	54	54	55	55	56	56	57	1.12
1.18		37		38		39	39	40	40		41		42		43		44	45	45	45	46	46		47		48		49	49	50	50	51	51	52	52		53	54	54	54	55	1.18
1.25		36	36	37	37		38		39		40	40	41	41		42		43		44	44	45	45		46		47	47	48	48	49	49		50		51	51	52	52	53	53	1.25
1.32	34	35	35		36		37	37	38	38		39		40	40	41	41		42		43	43	44	44		45		46	46	47	47		48		49	49	50	50	51	51	51	1.32
1.4	33		34		35	35		36		37	37	38	38		39		40	40		41		42	42	43	43		44	44	45	45		46		47	47	48	48		49	49	50	1.4
1.5	32		33	33		34		35	35		36		37	37		38		39	39	40	40		41	41	42	42		43	43	44	44		45	45	46	46		47	47	48	48	1.5
1.6	31		32	32		33	33		34		35	35		36		37	37		38	38	39	39		40	40		41		42	42		43	43	44	44		45	45	46	46	46	1.6
1.7	30	30		31		32	32		33	33		34		35	35		36	36		37	37	38	38		39	39		40	40	41	41		42	42		43	43	44	44		45	1.7
1.8	29	29		30	30		31			32		33	33		34	34		35	35		36	36	37	37		38	38		39	39		40	40	41	41	41	42	42		43	43	1.8
1.9	28	28		29	29		30	30		31	31		32	32		33	33		34	34	35	35		36	36		37	37		38	38		39	39		40	40		41	41	42	1.9
2.0		27			28			29		30	30		31	31		32	32		33	33		34	34		35	35		36	36		37	37		38	38		39	39	39	40	40	2.0
2.12		26			27			28	28		29	29		30	30	31		31		32	32		33	33		34	34		35	35	35	36	36	36		37	37		38	38		2.12
2.24		25			26	26		27	27		28	28		29	29		30	30		31		31		32	32		33	33	33	34	34	34		35	35		36	36		37	37	2.24
2.36		24			25	25		26	26			27	27		28	28		29	29			30	30		31	31		32	32	32		33	33		34	34		35	35	35		2.36
2.5	23	23			24	24		25	25			26	26		27	27			28	28		29	29			30	30		31	31	31		32	32		33	33	33		34	34	2.5
2.65	22	22			23	23		24	24			25	25			26	26		27	27			28	28			29	29		30	30	30		31	31		32	32	32		33	2.65
2.8	21	21			22			23	23			24	24			25	25			26	26		27	27	27		28	28	28		29	29			30	30			31	31		2.8
3.0	20			21	21			22	22			23	23			24	24			25	25			26	26			27	27			28	28			29	29			30	30	3.0
3.15	19			20	20			21	21			22	22			23	23			24	24	24		25	25	25			26	26			27	27			28	28			29	3.15
3.35			19	19			20	20	20			21	21			22	22			23	23	23			24	24			25	25	25		26	26	26			27	27			3.35
3.55		18	18				19	19			20	20	20			21	21			22	22	22			23	23			24	24	24			25	25	25		26	26	26		3.55
3.75	17	17				18	18				19	19				20	20			21	21	21			22	22				23	23			24	24	24			25	25	25	3.75
4.0	16				17	17				18	18				19	19				20	20				21	21				22	22				23	23				24	24	4.0
4.25				16	16				17	17				18	18	18			19	19	19				20	20				21	21				22	22	22			23	23	4.25
4.5			15	15				16	16				17	17	17				18	18				19	19	19				20	20				21	21	21			22	22	4.5

3. 变速组内齿轮模数不同时齿轮齿数的确定

设一个变速组内有两对齿轮副$\frac{Z_1}{Z_1'}$和$\frac{Z_2}{Z_2'}$，分别采用两种不同的模数m_1和m_2，其齿数和为S_{z1}和S_{z2}，如果不采用变位齿轮，因各齿轮副的中心距A必须相等，可写出

$$A=\frac{1}{2}m_1(Z_1+Z_1')=\frac{1}{2}m_1S_{z1}$$

$$A=\frac{1}{2}m_2(Z_2+Z_2')=\frac{1}{2}m_2S_{z2}$$

所以

$$m_1S_{z1}=m_2S_{z2} \tag{7-39}$$

由式(7-39)可得

$$\frac{S_{z1}}{S_{z2}}=\frac{m_2}{m_1}=\frac{e_2}{e_1} \tag{7-40}$$

$$\frac{S_{z1}}{e_2}=\frac{S_{z2}}{e_1}=K$$

可得

$$S_{z1}=Ke_2$$

$$S_{z2}=Ke_1 \tag{7-41}$$

式中　e_1、e_2——无公因数的整数；

K——整数。

按式(7-41)计算不同模数的齿轮齿数时，往往需要几次试算才能确定。首先定出变速组内不同的模数值m_1和m_2；根据式(7-40)计算出e_1和e_2；选择K值，由式(7-41)计算各齿轮副的齿数和S_{z1}和S_{z2}(应考虑齿数和不致过大或过小)；按每个齿轮副的传动比分配齿数。如果不能满足转速图上的传动比要求，须调整齿数和重新分配齿数，因此经常采用变位齿轮的方法，改变两对齿轮副的齿数和，以获得所要求的传动比。

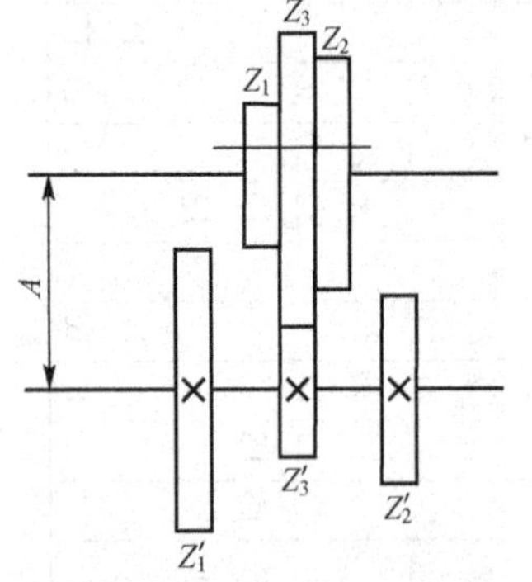

图 7.11　三联齿轮的齿数关系

4. 三联滑移齿轮的齿数

若变速组采用三联滑移齿轮变速，在确定其齿数后，还应检查相邻齿轮的齿数关系，以确保其左右移动时能顺利通过，不致相碰。如图 7.11 所示，当三联滑移齿轮从中间位置向左移动时，齿轮Z_2要从固定齿轮Z_3'上面跃过，为避免Z_2和Z_3'的齿顶相碰，须使Z_2与Z_3'两齿轮的齿顶圆半径之和小于中心距A，当向右移动时也有同样的要求。若齿轮的齿数$Z_3>Z_2>Z_1$，只要使Z_2和Z_3'不相碰，则Z_1必能顺利通过。

若齿轮齿数$Z_2>Z_1$，且采用标准直齿圆柱齿轮，则必须保证

$$\frac{1}{2}m(Z_2+2)+\frac{1}{2}m(Z_3'+2)<A$$

因为 $A=\frac{1}{2}m(Z_3+Z_3')$

代入上式可得 $Z_3-Z_2>4$

即三联滑移齿轮中，最大和次大齿轮之间齿数差应大于4，如果齿数差正好等于4时，可将Z_2或Z_3'的齿顶圆直径略减小一些仍可使用。

7.4 具有某些特点的主传动系统

前面所述为主传动变速系统设计的一些基本原则，但实际情况往往比较复杂，由于机床使用、设计要求的不同，出现了一些采用特殊变速方式的传动系统。

7.4.1 扩大变速范围的传动系统

1. 增加变速组的传动系统

由于机床传动系统的变速范围等于各变速组的变速范围乘积，因此，增加变速组的传动系统可以扩大机床的变速范围，但因受变速组传动比的限制，增加变速组就必然导致部分转速的重复，而不能充分地利用传动副。

例如，公比为$\varphi=1.41$的常规传动系统，最大变速级数$Z_{\max}=12$，受极限传动比的限制，其最大变速范围$R_{\max}=45$，结构式为

$$12=3_1\times2_3\times2_6$$

若须扩大其变速范围和变速级数时，可增加一个变速组，其传动副为2，作为最后一个扩大组。按前面所述变速组传动比的规律，则结构式应为

$$24=3_1\times2_3\times2_6\times2_{12}$$

由式(7-35)检验最后扩大组的变速范围，得

$$r_3=\varphi^{x_3(p_3-1)}=\varphi^{p_0p_1p_2(p_3-1)}=\varphi^{3\times2\times2\times(2-1)}$$
$$=\varphi^{12}=1.41^{12}=64$$

上式r_3的值已超出极限值($r_{\max}=8\sim10$)的范围，这是不允许的，须将这个新增加的最后扩大组的变速范围，缩小到许用的极限值，即

$$r_3=1.41^{(12-6)}=1.41^6=8$$

这时却出现6级重复的转速(图7.12)，其结构式为

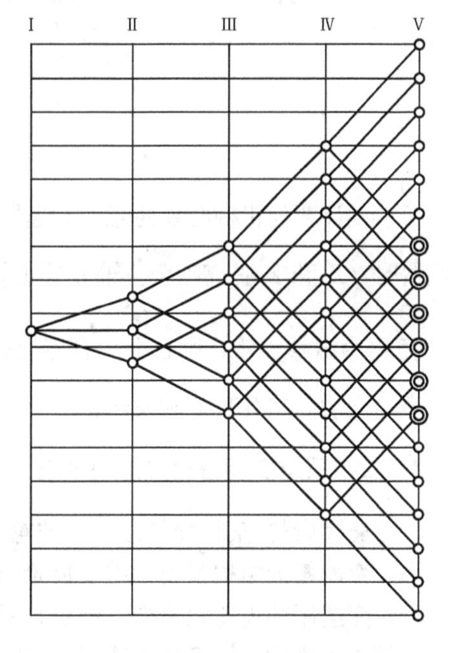

图7.12 6级重复转速的结构网

$$18=3_1\times2_3\times2_6\times2_{(12-6)}$$

式中，(12－6)表示最后扩大组的级比指数，按常规传动系统设计时为12，重复6级后为12－6＝6。转速重复时，级数$Z=3\times2\times2\times2-6=18$。

2. 采用背轮机构的传动系统

背轮机构又称单回曲机构，其传动原理如图7.13(a)所示，Ⅰ轴与Ⅲ轴同轴线，运动由Ⅰ轴传入，可经离合器M直接传动Ⅲ轴，传动比$i_1=1$；也可脱开离合器M，经两对齿轮$\frac{Z_1}{Z_2}$、$\frac{Z_3}{Z_4}$传动Ⅲ轴。若两对齿轮皆为降速，而且取极限降速传动比$i_{\min}=\frac{1}{4}$，则背轮机构的最小传动比$i_2=\frac{1}{4}\times\frac{1}{4}=\frac{1}{16}$。因此，背轮机构变速组的极限变速范围$r_{\max}=\frac{i_1}{i_2}=16$，这比一般滑移齿轮变速组的极限变速范围($r_{\max}=8\sim10$)要大得多，所以用背轮机构作为最后扩大组，可以扩大传动系统的变速范围。其转速图形式如图7.13(b)所示。

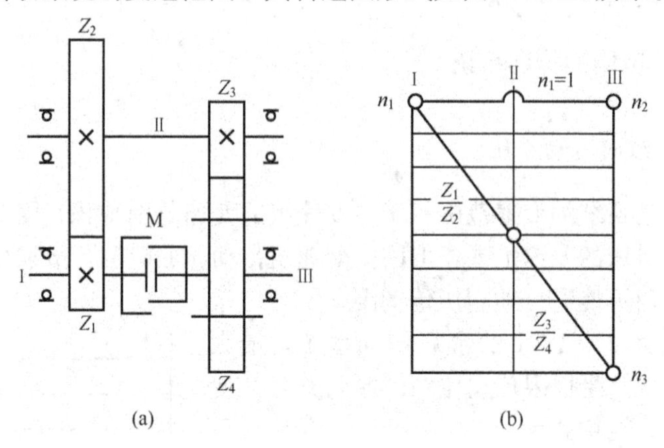

图7.13　背轮机构

设计背轮机构时要注意“超速”问题。在图7.13(a)中，Z_4为滑移齿轮，当合上离合器时，Z_3和Z_4脱离啮合。轴Ⅱ虽也转动，但齿轮副$\frac{Z_1}{Z_2}$是降速，轴Ⅱ的转速低于轴Ⅰ。如使Z_1为滑移齿轮，则合上离合器时，轴Ⅱ将经齿轮$\frac{Z_4}{Z_3}$升速，使轴Ⅱ高速空转，将加大噪声、振动、空载功率和发热。

7.4.2　采用交换齿轮的传动系统

交换齿轮(又称配换齿轮、挂轮)变速的特点是结构简单，不需要操纵机构；轴向尺寸小，变速箱的结构紧凑；主动齿轮与被动齿轮可以互换使用。与滑移齿轮变速相比，交换齿轮变速用的齿轮数量少。但是，更换齿轮费时费力，当交换齿轮装于箱外时，润滑条件也较差。因此，交换齿轮适用于不需要经常变速或变速时间的长短对生产率影响不大、却要求结构简单紧凑的机床，如用于成批或大量生产的某些自动或半自动车床、专用机床及组合机床等。

主传动系统中的交换齿轮机构，通常是轴心距固定不变的。为了充分利用交换齿轮，使相啮合的两齿轮互换位置可得到两种传动比，若一种位置是升速，互换位置后即为降速，即$i_{降}=\frac{1}{i_{升}}$，因此在转速图上各传动比的连线是对称分布的。

若结构允许，交换齿轮变速组一般放在传动链的前面，这可使被动轴的转速不致过低，传递的扭矩较小，故交换齿轮及传动轴的尺寸小，结构紧凑。

7.4.3 采用多速电动机的传动系统

采用多速交流异步电动机进行变速，可以简化机床的结构，使用方便，并能在运转中变速，适用于自动机床、半自动机床以及普通机床。但是，多速电动机在高、低速时的输出功率不同，若按低速功率选定电动机，则高速时功率偏大；随着电动机变速级数的增加和转速的降低，其体积也变大，价格也变高；而且电器控制较为复杂。因此，采用多速电动机时要做具体分析。

多速电动机一般与其他变速方式联合使用。机床上常用的有双速、三速电动机，其同步转速为1500/3000或750/1500r/min、750/1500/3000r/min，即同步转速之比为$\varphi_{电}=2$；也有采用同步转速为1000/1500r/min、750/1000/1500r/min的双速和三速电动机，同步转速之比为$\varphi_{电}=1.5$。由于多速电动机参加变速，本身具有两级或三级转速，因此，在传动系统中多速电动机就相当于具有两个或三个传动副的变速组，故又称为电变速组。

当$\varphi_{电}=2$时，传动系统的公比只能是$\varphi=1.06$、1.12、1.26、1.41、2。因为这些公比的整数次方等于2，可以保证转速数列实现等比数列。其中，常用的公比$\varphi=1.26$和1.41，这时$\varphi_{电}=2=1.26^3=1.41^2$，故电变速组通常为第一扩大组，其级比指数即为基本组的传动副数。若$\varphi=1.26$，基本组的传动副数必须为3；若$\varphi=1.41$，基本组的传动副数必须为2。

多速电动机总是在传动系统的最前面，按传动顺序来说，这个电变速组是第一个变速组，基本组在它的后面，因此其扩大顺序不可能与传动顺序一致。

如公比为$\varphi=1.41$的双速电动机系统，转速级数为8，其结构式为$8=2_2\times2_1\times2_4$，电变速组为第一扩大组，基本组的传动副数为2，是电变速组的级比指数，即$1.41^2=2$。

当$\varphi_{电}=1.5$时，不可能得到标准公比的等比数列，可用于实现非标准公比以及混合公比的转速数列。

7.4.4 采用混合公比的传动系统

对于有些机床的主轴转速数列，并不希望按着一个公比均匀分布，而是有些转速排列得密一些，公比较小，有些转速排列得疏一些，公比较大。这种整个主轴转速数列采用几个公比的传动系统，称为混合公比或多公比传动系统。

采用混合公比可根据机床的实际要求来安排转速数列，将常用的转速排列得密一些，不常用的转速排列得疏一些，这样，既扩大了机床的变速范围，又满足了使用要求，且结构紧凑又不致复杂。图7.14所示是Z3040型摇臂钻床的主传动系统和转速图。图中中间各级转速的公比$\varphi_1=1.26$，两端转速的公比则为$\varphi_2=1.26^2=1.58$，因此，机床主轴转速数列是公比φ和φ^2所组成的双公比的等比数列。

下面简要介绍对称型混合公比传动系统的拟定方法。在转速图上，主轴转速排列呈现中间密、两端疏的布局，并且当高、低端的级数相同时，称为按对称型混合公比排列。对称型混合公比的传动系统，可借助改变基型(常规)传动系统基本组的级比指数x_0来实现。一般来说，基本组的传动副数为2，首先按级比规律写出基型传动系统的结构式，再把其基本组的级比指数变成$1+x_0'$，则可获得对称型混合公比传动系统。

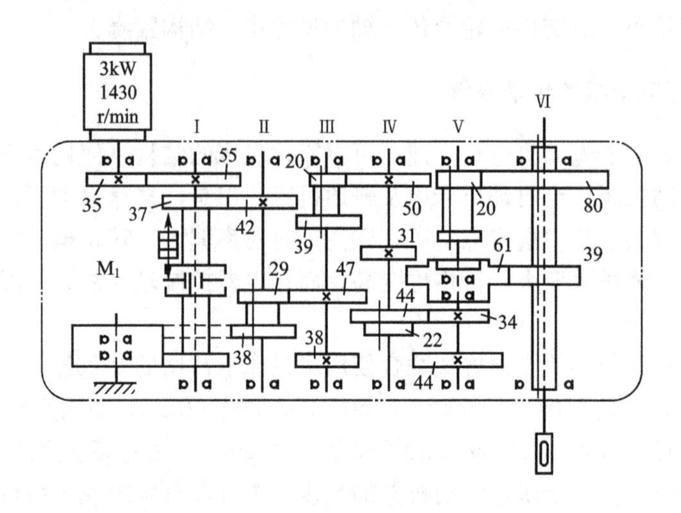

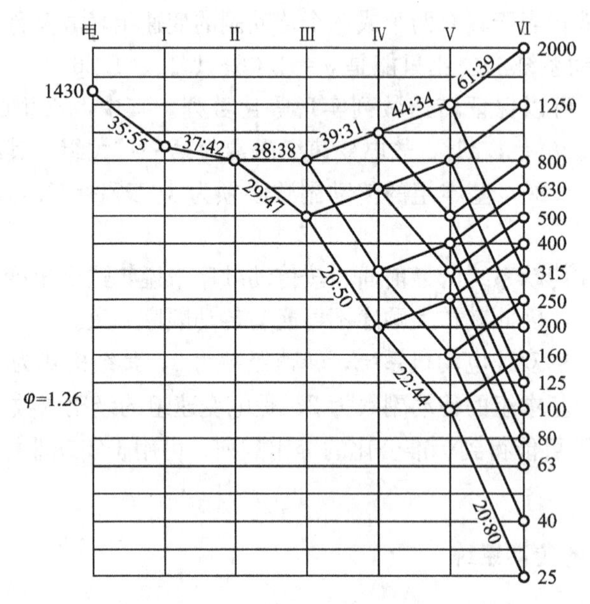

图 7.14　Z3040 型摇臂钻床的主传动系统

系数 x_0' 为转速图上高端或低端按大公比的总格数。大公比 $\varphi_2=\varphi_1^2$，φ_1 为小公比。在选择 x_0' 时应注意以下几点。

(1) x_0' 应为偶数。因为只有 x_0' 为偶数，才能使主轴高、低端按大公比的格数各为 $x_0'/2$。

(2) x_0' 的取值范围应为 $2\leqslant x_0'<Z-1$，Z 为变速级数。

(3) 原基型传动系统基本组的级比指数变成 $1+x_0'$ 后，应检查该组的变速范围是否仍在允许范围内，即应满足

$$\varphi_1{}^{(1+x_0')(p_0-1)}\leqslant 8$$

对于 $p_0=2$，　$\varphi_1{}^{1+x_0'}\leqslant 8$

(4) 原基本组的级比指数变成 $1+x_0'$ 后，主轴的变速范围应为

$$R_n=\varphi_1{}^{(Z-1)+x_0'}$$

所以

$$x_0'=\frac{\lg R_n}{\lg \varphi_1}-Z+1$$

【例7-1】 已知主轴转速 $n_{max}=2000r/min$，$n_{min}=40r/min$，小公比 $\varphi_1=1.26$，大公比 $\varphi_2=1.58$，转速级数 $Z=12$，试拟定对称型双公比转速图。

(1) 确定系数 x_0'

$$x_0'=\frac{\lg R_n}{\lg \varphi_1}-Z+1=\frac{\lg 50}{\lg 1.26}-12+1=6$$

(2) 确定基本组的传动副数。一般取 $p_0=2$。

(3) 基型传动系统的结构式应为

$$12=2_1\times 3_2\times 2_6$$

(4) 变型传动系统的结构式。应在原结构式的基础上，将原基本组级比指数加 x_0' 而成，即

$$12=2_{1+6}\times 3_2\times 2_6=2_7\times 3_2\times 2_6$$

根据"前多后少"、"前密后疏"的原则，对称型双公比传动系统的结构式应为

$$12=3_2\times 2_6\times 2_7$$

(5) 验算原基本组变型后(第三变速组)的变速范围

$$r_3=\varphi_1^{1+x_0'}=\varphi_1^{7}=1.26^7=5.04<8$$

从验算可知其变速范围是合适的。

7.4.5 采用公用齿轮的传动系统

在传动系统中的某个齿轮，既是前变速组的从动齿轮，又是后变速组的主动齿轮，这种同时可与前后传动轴上的两个齿轮相啮合的齿轮，称为公用齿轮。采用公用齿轮可以减少齿轮的个数，简化了传动机构，缩短了轴向尺寸。但是，采用公用齿轮后可能引起径向尺寸增大，并且由于公用齿轮使用的机会较多，齿轮磨损较快，设计时应予注意。

在通用机床中，采用单公用和双公用齿轮较多，三公用齿轮用得较少。

设计采用单公用齿轮的传动系统时，确定传动副的传动比的方法与一般传动系统没有区别，只要在计算公用齿轮的齿数时，注意到这个齿轮同属于前后两个变速组就可以了。

采用双公用齿轮的传动系统，拟定转速图时应注意其特殊情况。即采用公用齿轮传动所得到的转速全部或部分为降速时，则称为降速传动，反之，称为升速传动。

采用降速传动的双公用齿轮，在拟定转速图时，若为降速传动，须将前一个变速组作为扩大组，后一个变速组作为基本组。反之，若为升速传动，则须将前一个变速组作为基本组，后一个变速组作为扩大组。就是说，基本组在前面还是在后面，取决于变速组是升速还是降速传动。

7.4.6 采用无级变速的传动系统

采用无级变速传动，不仅可以获得最有利的切削速度，而且能在运转中变速，便于实现机床变速自动化，这对于提高机床生产率和被加工零件的质量，都具有重要意义。

选择无级变速传动方案时，必须注意无级变速机构的功率特性和扭矩特性要同传动的工作要求相适应。如机床的主运动要求恒功率传动，而机床的进给运动则要求恒扭矩传动。因此，对于主传动应选择恒功率无级变速机构。

机床上采用的无级变速机构的类型很多，主要有机械无级变速机构、电气无级变速机构和液压无级变速机构三大类，下面介绍无级变速机构在机床上应用时传动链设计应遵循的原则。

(1) 如果无级变速机构的功率特性和扭矩特性符合传动链的要求，调速范围也能满足传动链的要求，则可直接或经某些定比传动副驱动执行器件。如龙门刨床用直流电动机经减速齿轮、齿轮齿条机构或蜗杆齿条机构驱动工作台；落地镗铣床和龙门铣床进给链由直接电动机经减速齿轮、蜗轮蜗条机构驱动立柱或工作台以及其他部件。

(2) 如果无级变速机构的功率特性和扭矩特性符合传动链的要求，但调速范围较小，不能满足传动链调速范围的要求，则可在无级变速机构之后串联一个分级变速箱以扩大其变速范围。一般机械无级变速机构的变速范围都较小，调速范围比不超过10，这远远不能满足现代通用机床变速范围(50～100，甚至更大)的要求，若机床传动系统的变速范围为R_n，无级变速器的变速范围为$R_{无}$，串联的有级变速机构的变速范围为$R_{有}$，则

$$R_n = R_{无} \cdot R_{有}$$

$$R_{有} = R_n / R_{无}$$

这时变速箱的公比φ理论上应等于无级变速器的调速范围$R_{无}$。事实上，考虑到机械摩擦传动会产生滑动，为了得到连续的无级变速，应使变速箱的公比略小于无级变速器的调速范围，即$\varphi=(0.94\sim0.96)R_{无}$，使转速之间有一段重复。

(3) 如果无级变速机构的功率特性和扭矩特性不完全符合传动链的要求，例如旋转主运动链用直流电动机时，主运动链要求恒功率调速范围大于恒扭矩调速范围，而直流电动机则恒功率调速范围远小于恒扭矩调速范围，这时必须串联变速箱。变速箱的公比φ原则上应等于无级变速机构的恒功率调速范围，如果为了简化变速机构，取公比φ略大于恒功率的调速范围，则电动机功率应取得比要求的功率大一些。

7.5 主传动的计算转速

设计机床时，须根据不同机床的性能要求，合理地确定机床的最大工作能力，即主轴所能传递的最大功率或扭矩。对于所设计机床的传动件，应该核算其强度，而决定其强度的条件是传动件所受的载荷。传动件的尺寸主要是根据它所传递的最大扭矩进行计算，传动件传递的扭矩大小与它所传递的功率和转速两个因素有关。

对于专用机床，在特定的工艺条件下，各传动件所传递的功率和转速是固定不变的，所传递的扭矩也是一定的。对于工艺范围较广的通用机床或某些专门化机床，由于使用条件复杂，变速范围较大，传动件所传递的功率和转速是经常变化的。将传动件的传递扭矩确定得偏小或过大，都是不经济、不合理的，所以，对于这类机床传动件传递扭矩大小的确定，必须根据对机床实际使用情况的调查分析。通用机床在最低的一段转速范围内，经常用于切削螺纹、铰孔、切断、精镗等工序，所消耗的功率较小，不需要使用电动机的全部功率，即使用于粗加工，由于受刀具、夹具和工件刚度的限制，不可能采用过大的切削

用量，也不会使用到电动机的全部功率。所以，这类机床只是从某一转速开始，才有可能使用电动机的全部功率，如果按最低转速时传递全部功率来进行计算，将会不必要地增大传动件的尺寸。

综上所述，按传递全部功率时的转速中的最低转速进行计算，即可得出该传动件需要传递的最大扭矩。传递全部功率时的最低转速，称为该传动件的计算转速。

当传动件的传递功率为一定时，若转速取得偏低，则传递的扭矩就偏大，使传动件的尺寸不必要地增大。因此，须根据机床的实际工作情况，经济合理地确定计算转速并计算传动件的尺寸是机床设计工作的一个重要问题。

7.5.1 主轴计算转速的确定

主轴计算转速 n_j 是主轴传递全部功率时的最低转速。从计算转速起至主轴最高转速间的所有转速都能够传递全部功率，而扭矩则随转速的增加而减少，此为恒功率的工作范围。低于主轴计算转速的各级转速所能传递的扭矩与计算转速下的扭矩相等，它是该机床的最大传递扭矩(功率则随转速的降低而减少)，此为恒扭矩的工作范围，如图 7.15 所示。

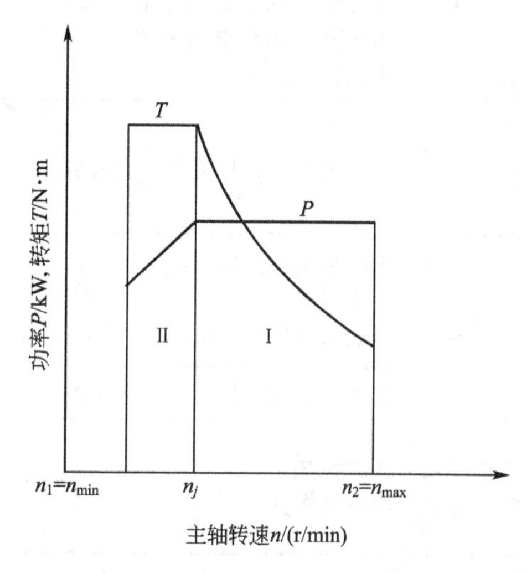

图 7.15 主轴的功率、转矩特性

主轴的计算转速在主轴调速范围中所居的地位，是因机床的种类而异的。对于大型机床，由于应用范围很广，调速范围很宽，计算转速可取得高一些。对于精密机床、钻床、滚齿机等，由于应用范围较窄，调速范围较小，计算转速应取得低一些。表 7－3 列出了各类通用机床主轴计算转速的统计公式。轻型机床的计算转速可比表中的推荐高。数控机床由于考虑切削轻金属，调速范围比普通机床宽，计算转速也可比表中的推荐值高些。

7.5.2 其他传动件计算转速的确定

主轴从计算转速起至最高转速间的所有转速都传递全部功率，因此，实现上述主轴转速的其他传动件的实际工作转速也传递全部功率，这些实际工作转速中的最低转速，就是其他传动件的计算转速。

当主轴的计算转速确定后，就可以从转速图上确定其他各传动件的计算转速。确定的顺序通常是由后往前，即先定出位于传动链后端(靠近主轴)的传动件的计算转速，再顺次由后往前定出各传动件的计算转速。一般可先找出该传动件有几级实际工作转速，再找出其中能够传递全部功率的那几级转速，最后确定能够传递全部功率的最低转速，即为该传动件的计算转速。

1. 传动轴的计算转速

以图 7.7 为例确定传动轴的计算转速。由表 7－4 可得主轴计算转速为第一个 1/3 转速范围内的最高一级转速，即为 $n_4=90\text{r/min}$。轴Ⅲ可从主轴为 90r/min 按$\frac{72}{18}$的传动副找上去，应为 355r/min。但由于轴Ⅲ的最低转速 125r/min 经传动组 c 可使主轴得到 31.5r/min 和 250r/min 两种转速。而 250r/min 能够传递全部功率，所以轴Ⅲ的计算转速应为 125r/min。轴Ⅱ的计算转速可按传动组 b 推上去，得 355r/min。轴Ⅰ的计算转速为 710r/min。

表 7-4　各类通用机床主轴的计算转速

机床类型		计算转速 n_j	
		等公比传动	双公比或无级传动
中型机床	车床、升降台铣床、转塔车床、仿形半自动车床、多刀半自动车床、单轴和多轴自动和半自动车床，卧式铣镗床(ϕ63～ϕ90mm)	$n_j=n_{\min}\varphi^{\frac{z}{3}-1}$ 计算转速为主轴从最低转速算起，第一个 1/3 转速范围内的最高一级转速	$n_j=n_{\min}R_n^{0.3}$
	立式钻床、摇臂钻床、滚齿机	$n_j=n_{\min}\varphi^{\frac{z}{4}-1}$ 计算转速为主轴第一个 1/4 转速范围内的最高一级转速	$n_j=n_{\min}R_n^{0.25}$
大型机床	卧式车床(ϕ1250～ϕ4000mm) 立式车床 卧式和落地式镗铣床≤(ϕ160mm)	$n_j=n_{\min}\varphi^{\frac{z}{3}}$ 计算转速为主轴第二个 1/3 转速范围内的最低一级转速	$n_j=r_{\min}R_n^{0.35}$
	落地镗铣床(ϕ160～ϕ260mm)	$n_j=n_{\min}\varphi^{\frac{z}{2.5}}$	$n_j=r_{\min}R_n^{0.4}$
高精度和精密机床	坐标镗床 高精度车床	$n_j=n_{\min}\varphi^{\frac{z}{4}-1}$ 计算转速为主轴第一个 1/4 转速范围内的最高一级转速	$n_j=r_{\min}R_n^{0.25}$

2. 齿轮的计算转速

传动组 c 中，有两对齿轮副传动，$\frac{18}{72}$齿轮副中，$Z=72$ 齿轮的计算转速为 90r/min，则 $Z=18$ 齿轮的计算转速为 355r/min；$\frac{60}{30}$齿轮副中，$Z=60$ 齿轮的计算转速为 125r/min，则 $Z=30$ 齿轮的计算转速为 250。传动组 b 中，有两对齿轮副传动，$\frac{22}{62}$齿轮副中，$Z=62$ 齿轮的计算转速为 125r/min，则 $Z=22$ 齿轮的计算转速为 355r/min；$\frac{42}{42}$齿轮副中，两齿轮的计算转速均为 355r/min。传动组 a 中，有 3 对齿轮副传动，其 3 对齿轮副中的$Z=36$，$Z=30$ 和 $Z=24$ 齿轮的计算转速均为 710r/min；$Z=48$ 齿轮的计算转速为 355r/min；$Z=42$齿轮的计算转速为 500r/min；$Z=36$ 齿轮的计算转速为 710r/min。

由前述已知，提高传动件的计算转速，可使其尺寸缩小，结构紧凑，因此，当有转速重复时，应选用传动件计算转速较高的传动路线，并由操纵机构予以保证。

7.6 变速箱内各传动件的布置

7.6.1 齿轮的布置与排列

1. 滑移齿轮的轴向布置

在变速组内，应尽量使较小的齿轮成为滑移齿轮，并布置在主动轴上，使齿轮重量轻，操纵省力；但有时由于具体结构上的考虑，须将滑移齿轮放在被动轴上。有时则为了变速操纵方便，将两个相邻变速组的滑移齿轮放在同一根轴上。

为避免同一滑移齿轮变速组内的两对齿轮同时啮合，两个固定齿轮的间距，应大于滑移齿轮的宽度 b，即一对处于啮合状态的齿轮完全脱开后，另一对齿轮才开始啮合。因此，双联滑移齿轮传动组占用的轴向长度为 $L>4b$，三联滑移齿轮传动组为 $L>7b$，如图 7.16 所示。

齿轮在轴向位置的排列，如没有特殊情况，应尽量缩短轴向尺寸。滑移齿轮通常有窄式和宽式两种。窄式排列所占用的轴向长度较小($L>4b$)，如图 7.16 所示。宽式排列所占用的轴向长度较大($L>6b$)，如图 7.17 所示。因此，在相同的载荷条件下，采用宽式排列，须增大轴径，相应轴上的小齿轮的齿数增加，使其径向尺寸加大，一般宜采用窄式排列。

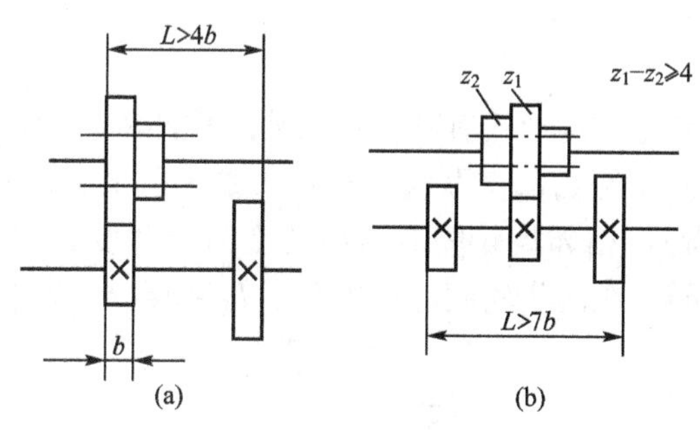

图 7.16 双联和三联滑移齿轮的轴向长度

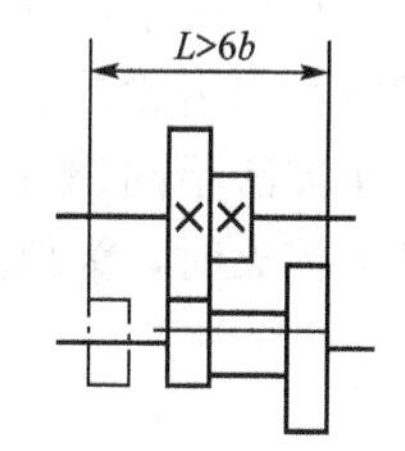

图 7.17 宽式双联滑移齿轮的轴向排列

2. 两个变速组内齿轮的轴向位置的排列

两个变速组的齿轮并行排列方式，其总长度等于两个变速组的轴向长度之和，此时可采用齿轮交错排列的方式，其总的轴向长度较短，但对固定齿轮的齿数差有要求。如图 7.18 所示，并行排列时，其总长度为 $L>8b$，交错排列只要 $L>6b$。

采用公用齿轮可以缩短轴向长度。如图 7.19 所示为 4 级变速机构，采用单公用齿轮时，总长度为 $L>5b$。采用双公用齿轮时，总长度可缩短为 $L>4b$。因此，采用公用齿轮不仅减少了齿轮的数量，而且缩短了轴向尺寸。

3. 缩小径向尺寸

减小变速箱的尺寸，须缩短轴向尺寸，又要缩小径向尺寸，它们之间往往是相互联系

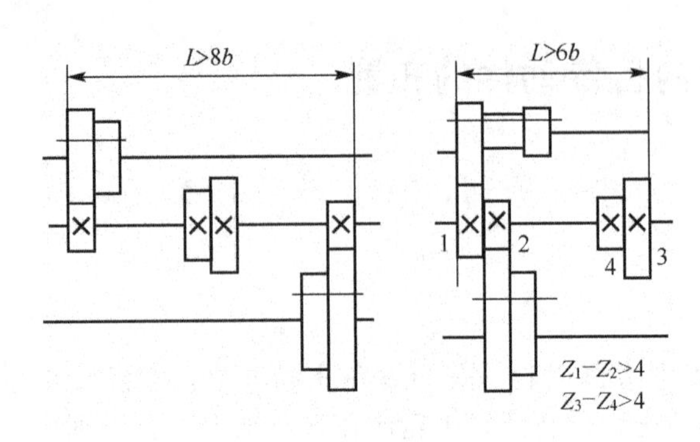

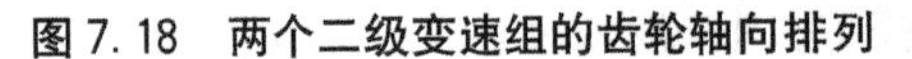

图 7.18　两个二级变速组的齿轮轴向排列

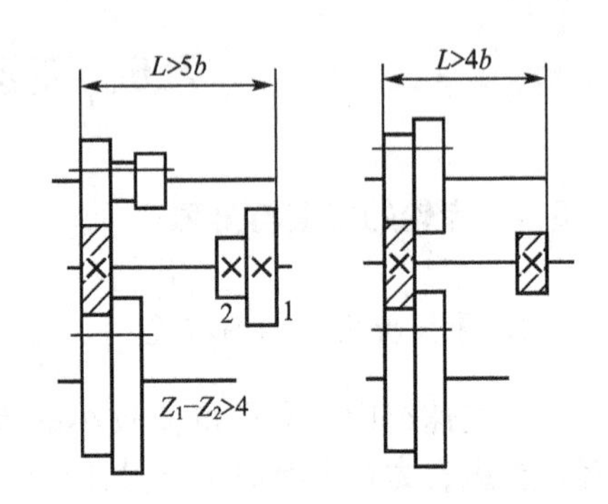

图 7.19　采用公用齿轮二级变速组的齿轮轴向排列

的，应根据具体情况综合考虑。缩小径向尺寸的方法有：缩小轴间距离，在强度允许的条件下，尽量选用较小的齿数和，并使齿轮的降速传动比大于$\frac{1}{4}$，以避免采用过大的齿轮；采用轴线相互重合，在相邻变速组的轴间距离相等的情况下，可将其中两根轴布置在同一轴线上，则径向尺寸可大为缩小，如图 7.20 所示，且减小了箱体上孔的排数，箱体孔的加工工艺性也得到改善；合理安排变速箱内各轴的位置，在不发生干涉的条件下，尽可能安排得紧凑一些。

4. 滑移齿轮传动的结构形式

机床主传动系统中常见的滑移齿轮结构形式有整体式和装配式两种。设计滑移齿轮的结构，一般应考虑齿轮的工艺方法。不磨齿的多联齿轮可以做成整体式的，如图 7.21 所示。由于加工方法不同(插齿、剃齿)，相邻齿轮间应留出的空刀槽宽度 b_1 也不同。当小齿轮需要高频淬火时，为放置感应圈，在两齿轮间应留出宽度 $b_1 \geqslant 8$mm。安装拨叉处的槽

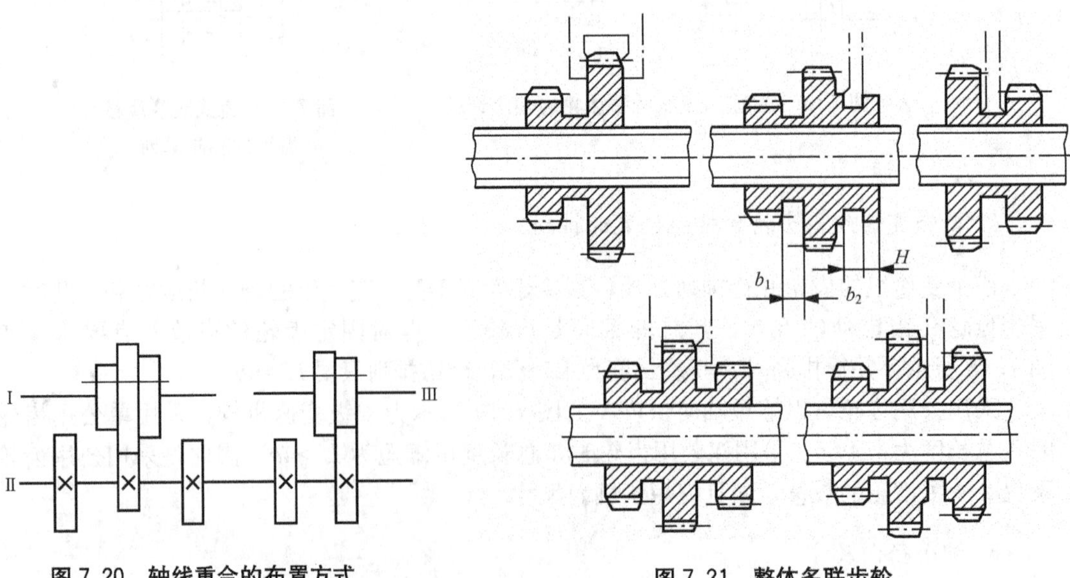

图 7.20　轴线重合的布置方式

图 7.21　整体多联齿轮

宽 b_2 通常取 12mm 左右。拨叉槽至齿轮端面的厚度 H 应大于 5mm。

如要求磨齿，或要求缩小传动组的轴向尺寸时，可采用拼装结构。如图 7.22 所示。图 7.22(a)～图 7.22(c)采用键联接或销联接，图 7.22(d)采用电子束焊或氩弧焊的联结方式。为保证两齿轮的同心和对准花键孔，可将两齿轮装在花键心轴上焊接。图 7.22(e)是在齿轮 1 上装两个短销 2，从齿轮 3 的缺口 H 处轴向装入，经旋转对准花键孔就拼接起来了。图 7.22(f)是齿轮 5 的左端有凸块 M，在齿轮 4 的右端有槽 K，将凸块 M 对准齿轮 4 的槽轴向插入并旋转，使两齿轮的花键孔对准则可将两齿轮拼装在一起。

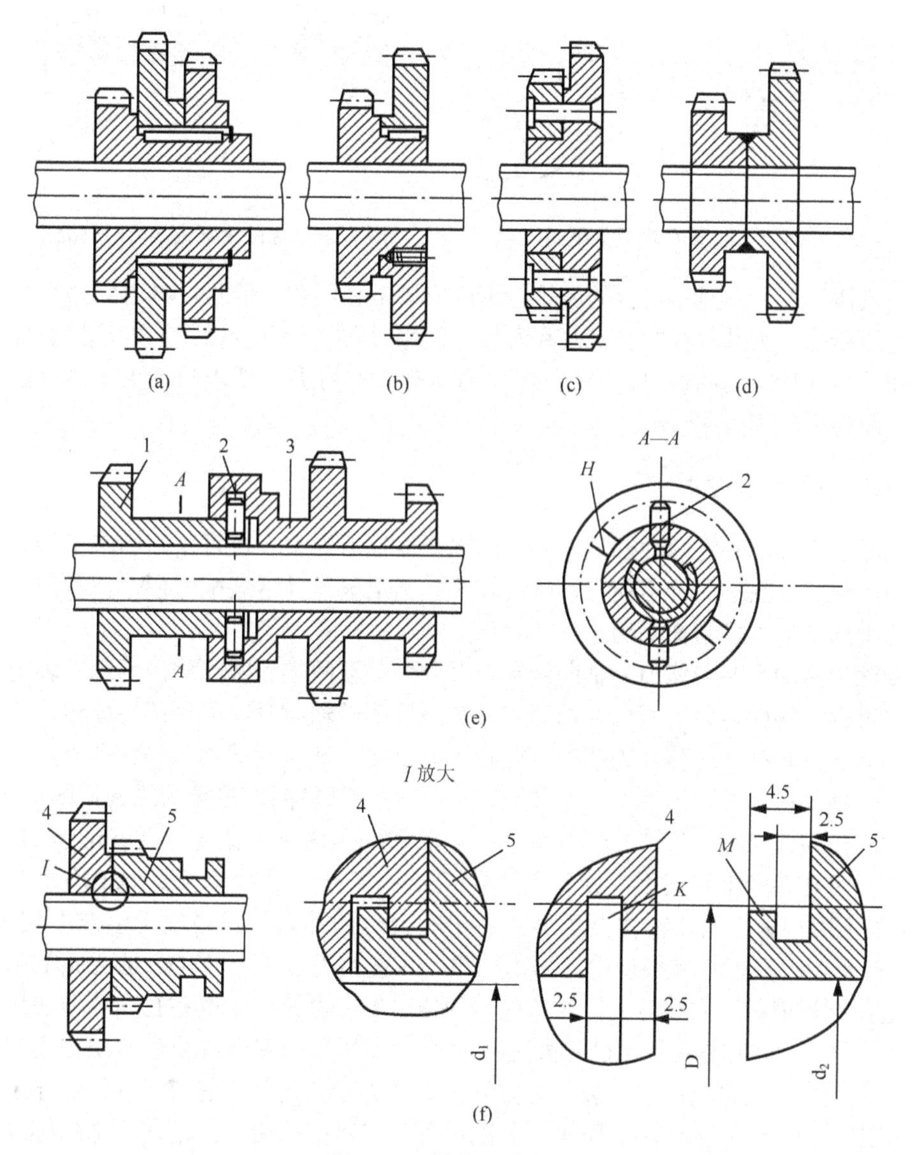

图 7.22 拼装多联齿轮

1、3、4、5—齿轮；2—短销；H—缺口；M—凸块；K—槽

为使滑移齿轮与固定齿轮能顺利进入啮合，应对啮合端面的轮齿倒 12°圆角，如图 7.23 所示。

齿轮与轴相配合的孔的长度，最好是直径的 1.5～1.7 倍，如果太窄，应加凸缘，如

图 7.24(a)所示；如果太宽，可把中间一段镗大，如图 7.24(b)所示；如果齿轮直径较大，为避免端面中凸，可在端面上挖空，如图 7.24(b)右端所示。

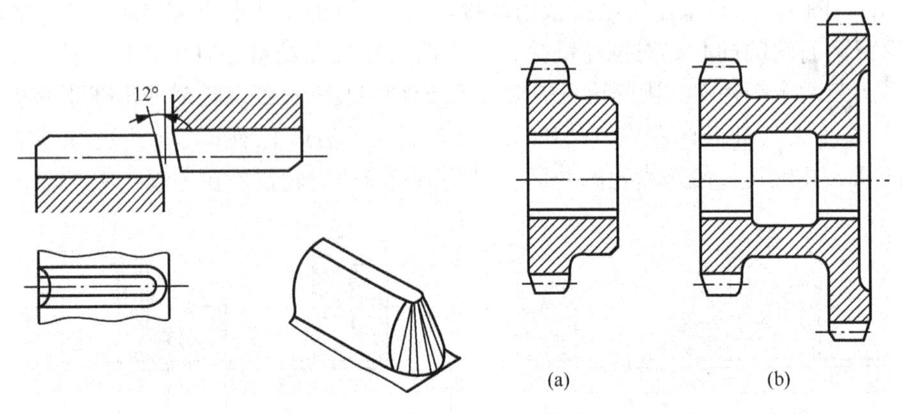

图 7.23　滑移齿轮的倒角　　　　图 7.24　齿轮太窄或太宽时的处理

在一般情况下，一对相啮合的齿轮，宽度应该是相同的。但是，考虑到操纵机构的定位不可能很精确，拨叉也存在着误差和磨损，使用时往往会发生错位。这是只有部分齿宽参与工作，会使齿轮局部磨损，降低寿命。如果轴向尺寸并不要求很紧凑，可以使小齿轮比相啮合的大齿轮宽 1～2mm。

7.6.2　传动轴的安装方式

传动轴上大多都装有滚动轴承，一般以深沟球轴承为主，也可用圆锥滚子轴承。深沟球轴承噪声小、发热小、价格便宜，应用较多。圆锥滚子轴承装配方便，承载能力大，还可以承受轴向载荷，也常被采用。

传动轴通过轴承在箱体内的轴向固定，可分为一端固定和两端固定两种。轴上装深沟球轴承时可以一端固定，也可以两端固定。装圆锥滚子轴承时则必须两端固定。考虑到工作时，轴的温度将高于箱体，为使轴有热膨胀的余地，装深沟球轴承的传动轴，常一端轴向固定，一端轴向自由。图 7.25(a)～图 7.25(e)所示为轴向固定端的结构，图 7.25(f)所示为轴向自由端的结构。图 7.25(a)是采用衬套和端盖将轴承固定，并一起装到箱壁上，它的优点是可在箱壁上镗通孔，便于加工，但结构复杂，对衬套又要加工内外凸台。图 7.25(b)虽不用衬套，但在箱体上要加工一个有台阶的孔，因而在成批生产中较少应用。图 7.25(c)是用弹簧挡圈代替台阶，结构简单，工艺性好。图 7.25(d)是两面都用弹簧挡圈的构造，结构简单、安装方便，对箱壁面的加工要求也较低，但在孔内挖槽需用专门的工艺设备。图 7.25(e)是在轴承的外圈上有沟槽，将弹簧挡圈卡在箱壁与压盖之间，箱体孔内也不必挖槽，构造更简单，装配更方便，但需轴承厂专供。图 7.25(f)是外圈在孔内轴向不固定，为了防止漏油和和防尘，装配后可用堵塞把孔堵住，堵塞中部的螺纹孔用于拆卸。螺纹孔不能钻通，否则会漏油。

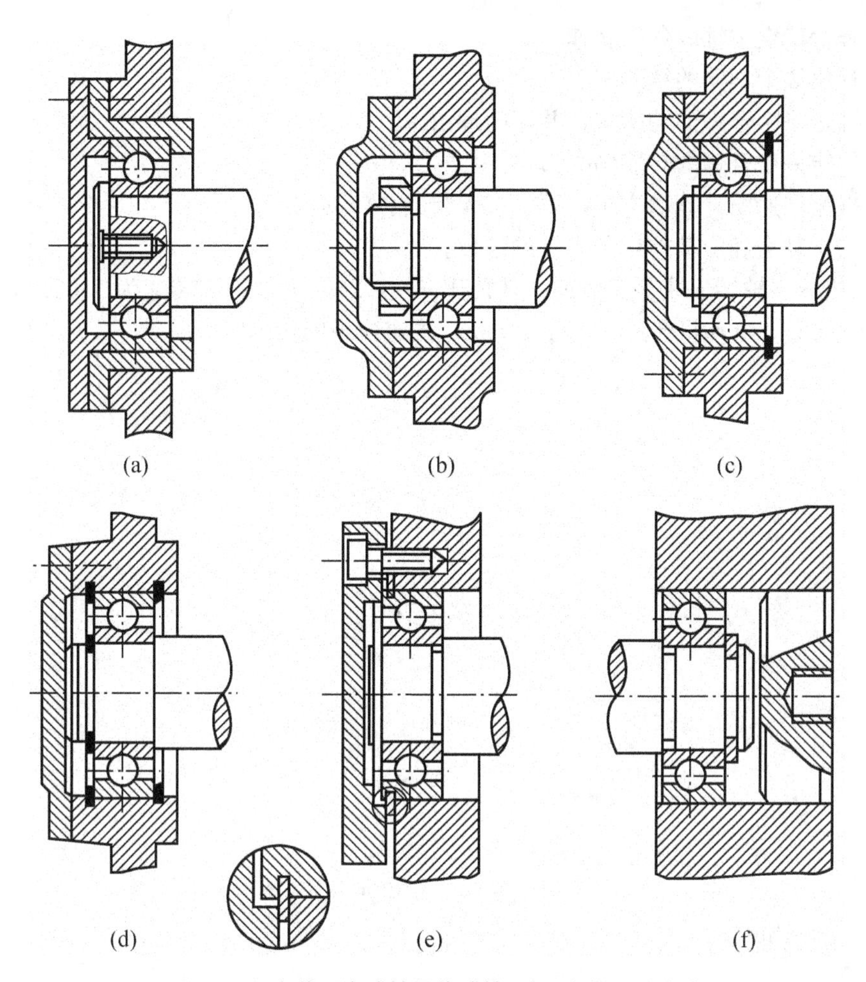

图7.25 安装深沟球轴承传动轴-端固定的几种方式

思考和练习

1. 机床的主要参数包括哪些?

2. 机床的标准公比有哪些?

3. 根据机床的用途、类型和尺寸等因素，机床主传动的布局主要有哪些?

4. 机床主运动的变速和换向方式有哪些?

5. 写出采用二联、三联滑移齿轮，具有18级转速的主传动的所有可能的结构式，确定出一个合理的结构式，并说明其合理性的理由。

6. 画出 $18=3_1\times3_3\times2_9$ 和 $18=3_3\times3_1\times2_9$ 方案结构式对应的结构网。

7. 什么是计算转速? 它的作用是什么?

8. 欲设计一普通卧式车床的主传动系统，给定条件为：主轴的转速范围为37.5～1700r/min，从结构及工艺考虑，要求 $Z=12$ 级机械有级变速，试完成下述内容。

(1) 求出机床主轴的变速范围 R_n。

(2) 确定主轴的转速公比 φ。

(3) 查表确定主轴的各级转速。

(4) 写出3个不同的结构式。

(5) 确定一个合理的结构式，并说明理由。

(6) 拟定一个合理的转速图。

(7) 根据转速图计算基本组、第一扩大组的各传动比。

(8) 用计算法确定基本组各齿轮的齿数。

9. 某机床主轴转速取等比数列，其公比$\varphi=1.26$、主轴最高转速为1500r/min，最低转速为30r/min，电动机转速为1440r/min，拟定合理的转速图。

第 8 章 进给传动设计

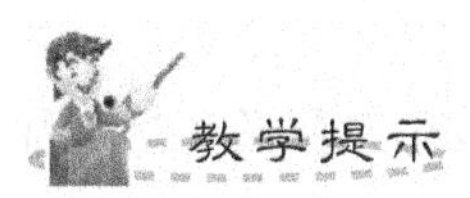

进给传动系统用来实现机床的进给运动和辅助运动。进给传动系统设计也是本课程的重点之一。研究机床内联系传动误差的来源和传递规律，以便有效、经济地控制其对加工精度的影响。

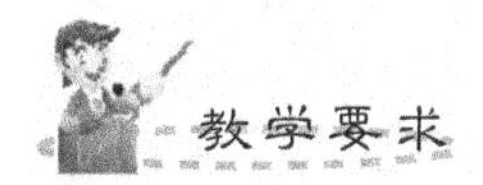

本章重点让学生了解进给传动系统的组成和特点，掌握机床进给传动系统的设计原则及内联系传动链的误差分析方法。使学生能够根据具体的传动要求，合理地确定传动副的精度和传动比。

8.1 概　　述

8.1.1 进给传动的类型及其应用

进给传动系统用来实现机床的进给运动和辅助运动。机床的进给传动按其驱动元件可分为以下几种类型。

1) 机械传动

机械进给传动采用滑移齿轮、交换齿轮、离合器、齿条机构、丝杠—螺母机构及无级变速器等传动零件或装置传递动力和运动。由于进给传动传递的功率较小、速度较低等原因，有时还采用拉键机构、曲回机构、凸轮机构、棘轮机构等。机械传动工作可靠、维修方便，但结构较复杂，制造工作量较大。目前，在很多机床(如中小型机床)中应用广泛。

2) 液压传动

液压进给传动采用油液作为介质，通过液压元件(如动力油缸)传递动力和运动。这种传动结构简单、工作可靠、传动平稳，便于实现自动化。它在机床中的应用日益广泛，如广泛应用于磨床、组合机床、自动车床等的进给传动中。

3) 电气传动

电气进给系统采用可调速电动机(一般是无级调速电动机)直接驱动执行件，或经简单的齿轮变速箱驱动执行件。这种传动的机械结构简单，可在工作中无级变速，便于自动控制，但成本较高。

机床的进给传动属于恒转矩传动，直流电动机则用调压调速满足这一要求，对于通用机床，要求具有较大的进给量范围，还需要配置简单的齿轮变速箱，这种传动方式主要应用在大型机床上。对于数控机床，在开环系统中，可用功率步进电动机或电液步进电动机作为伺服驱动元件，目前，该系统多用在精度要求不高、功率较小的经济型数控机床上；在闭环系统中，则用直流伺服电动机。当采用小惯量直流伺服电动机时，为了达到转速与惯量匹配，必须设置齿轮变速箱；当采用大惯量直流伺服电动机时，由于其转矩大、转速低，可直接与驱动丝杠连接。目前，该系统已在数控机床上得到了较为广泛的应用。

8.1.2 进给传动的特点

1. 进给传动速度低、受力小、消耗功率少

一般机床的进给量都比较小，最小进给量可达 0.01mm/r。为了实现这样低的速度，须解决降速问题，常采用降速很大的传动机构，如丝杠螺母、蜗杆蜗轮、行星机构等，以便缩短进给传动链。虽然这些机构传动效率较低，但因功率小，实际上功率的损失也很小。对于精密机床，有时进给速度很低，运动部件容易产生爬行(即运动部件出现时走时停或时快时慢的现象)，影响机床的加工精度、表面粗糙度及刀具寿命，因此，须考虑防止爬行问题。

进给传动受力比较小，因此各传动件的尺寸比较小，箱体内结构较紧凑。由于进给速

度低，齿轮的圆周速度也较低，故除内联系传动齿轮外，对进给传动齿轮的精度要求不高，一般可采用8级精度。

2. 进给传动中对传动链换接的要求比较多

多数机床进给运动的数目比较多。例如，卧式车床有纵、横两个方向的进给运动；升降台铣床有纵、横及铅垂3个方向的进给运动；卧式镗床的进给运动多达4～5个。进给运动一般需要换向，执行进给运动的部件往往还需作快速运动和调整运动等。因此，进给传动中传动链换接要求比较多，如接通快速或进给传动链、接通纵向或横向进给传动链、运动的启动或停止、运动的换向等。

3. 进给传动的载荷特点为恒转矩工作

进给传动的载荷特点与主传动不同，当粗加工进给量较大时，一般采用较小的切削深度，当切削深度较大时，多采用较小的进给量。所以，在各种不同进给量的情况下，产生的切削力大致相同，即都有可能达到最大进给力，因此，最后输出轴的最大转矩基本不变，这就是进给传动的恒转矩工作特点。

4. 进给传动系统的计算转速

进给传动系统是在恒转矩(在各种转速下最大传动扭矩相等)条件下工作的，因此，确定进给传动系统的计算转速，主要是为了确定所需要的传动功率。

进给传动系统的计算转速(计算速度)可按下列三种情况来确定。

(1) 对于具有快速运动的进给系统，传动件的计算转速(计算速度)是取在最大快速运动时的转速(速度)。

(2) 对于运动部件沿进给运动方向的摩擦力大于进给方向的切削分力的大型机床和高精度、精密机床的进给系统，传动件的计算转速(计算速度)是取在最大进给速度时的转速(速度)。

(3) 对于进给方向的切削分力远大于运动部件沿进给运动方向的摩擦力的中型机床的进给系统，传动件的计算转速(计算速度)是由该机床以最大切削力工作时所用的最大进给速度决定的，一般为机床规格中规定的最高进给速度的1/3～1/2。

8.1.3 进给传动的组成

由图8.1和图8.2所示的典型实例可以看出，进给传动一般是由动力源、变速系统、换向机构、分配机构、安全机构、快速运动传动链、变换回转运动为直线运动的机构和执行件等组成的。

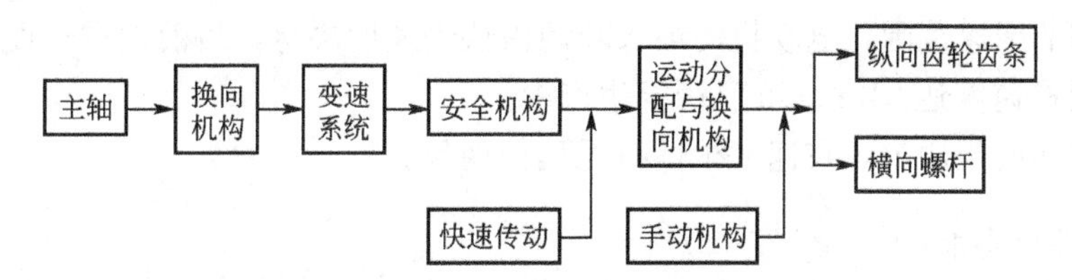

图8.1 CA6140型卧式车床进给传动系统框图

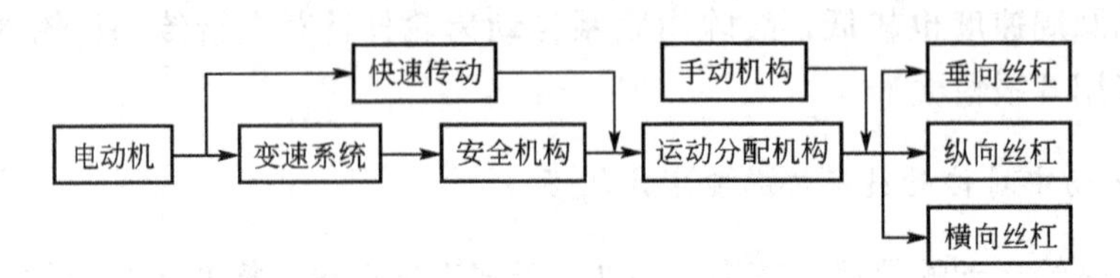

图 8.2　XA6132A 型铣床进给传动系统框图

进给传动可与主传动共用一台电动机或采用单独的电动机作为动力源。对于车床、钻床、镗床等机床，其进给量以主轴每转毫米来表示(mm/r)，进给传动一般与主传动共用一台电动机；对于铣床类机床，其进给量以工作台每分钟毫米表示(mm/min)，由于它与主轴转速无关，一般采用单独的电动机驱动，有利于简化机床结构，便于实现机床的自动化；对于重型机床，为简化机构，进给传动多采用单独驱动，每个方向的进给都由相应的单独电动机驱动。

对于液压传动的机床，进给传动则由单独的动力源(包括电动机、油泵等)驱动。进给传动中的变速系统用来改变进给量的大小。若几个进给传动链共用一个变速系统，则应使变速系统设置在运动分配机构之前，以简化机床结构。对于进给量采用等比数列的变速系统，其设计方法与主传动系统相同。

换向机构和分配机构在进给传动中的布局有两种方案。CA6140 型卧式车床是采用先分配、后交换的方案，其纵、横向进给运动的换向可分别为独立控制，换向后的传动链较短，传动件少，传动链的惯性也较小，可减少换向时的冲击，换向迅速方便，其缺点是换向机构多，结构较复杂。对于换向冲击要求不高的机床，为了简化机床结构，可采用先换向、后分配的方案。

安全机构一般放在变速系统之后、运动分配机构之前，以使各传动链共用一个安全机构，为了使安全机构的结构尺寸紧凑，通常安全机构安排在转速较高的轴上，并尽可能靠近变速系统。

8.1.4　进给伺服系统的设计要求

机床的位置调节对进给伺服系统提出了很高的要求。

1. 静态设计要求

(1) 能够克服摩擦力和负载。当加工中的最大切削力为 20000～30000N 时，电动机轴上需要转矩为 10～40N·m。

(2) 很小的进给位移量。目前最小的分辨率为 0.1μm。

(3) 高的静态扭转刚度。

(4) 足够的调速范围。电动机的最大转矩由快进速度决定，目前快进速度通常为 10～12m/min，快进速度达 24m/min 已用于生产中。

(5) 进给速度要均匀，在速度很低时无爬行现象。

2. 动态设计要求

(1) 具有足够的加速和制动转矩，以便快速地完成启动和制动过程。目前带有速度调节的伺服电动机的响应时间通常为20～100ms。在整个转速范围内，加速到快进速度或对快进速度进行制动时，需要转矩20～200N·m；而在换向时加速到加工进给速度，需要转矩10～150N·m。驱动装置应能在很短的时间内达到4倍的额定转矩。

(2) 具有良好的动态传递性能，以保证在加工中获得高的轨迹精度和满意的表面质量。

(3) 负载引起的轨迹误差应尽可能小。

3. 数控机床机械传动部件的设计要求

(1) 被加速的运动部件具有较小的惯量。

(2) 高的刚度。

(3) 良好的阻尼。

(4) 传动部件在拉压刚度、扭转刚度、摩擦阻尼特性和间隙等方面具有尽可能小的非线性。

8.1.5 快速空行程运动

在机床上，为了缩短辅助时间和减轻工人的体力劳动，通常在进给传动中设有快速空行程传动链，以实现机床的刀架、工作台、主轴箱等移动部件的快速移近和快速返回等。

快速空行程传动有机械、液压和电气等方式。液压方式适用于液压传动的机床，此时，实现快速空行程比较简单和方便。对于一般机械传动的机床，快速运动可与进给运动共用一台电动机或采用单独的电动机。

1. 快速运动与进给运动共用一台电动机

XA6132A型铣床是快速运动与进给运动共用一台电动机的实例。该系统利用高、低速电磁离合器使机床工作台分别获得快速运动和进给运动。机床进给传动有两条传动路线，当电磁离合器M_1接通时，实现工作进给；当电磁离合器M_2接通时，则实现快速运动。设计时应注意，两个离合器必须互锁，不能同时接通，以防止产生运动干涉。

2. 快速运动采用单独的电动机

采用单独电动机实现快速运动时，应将快速电动机与进给传动链的接点设在进给变速机构之后，并力求靠近执行件，以便缩短快速传动链和减少惯性矩。快速运动与工件进给的转换一般都在工作过程中进行，由于这两种运动速度不同，运动方向往往也不一致，为了避免产生运动干涉，可采用下列几种方法。

(1) 采用超越离合器。超越离合器可以使快、慢速同时接通，而不会产生两种运动速度相互干扰的现象，这种机构多用于卧式车床和自动机床上。根据要求可采用单向或双向超越离合器。

(2) 采用差动机构。图8.3所示为龙门铣床的一种进给传动方案。当工作进给时，进给电动机经变速装置、蜗杆蜗轮传入差动轮系。由于快速电动机不转，差动轮系同一般定轴轮系一样，实现工作进给。当需要快速运动时，则可启动快速电动机，经蜗轮蜗杆传入差动轮系的系杆，实现快速运动。这种方式可在不断开工作进给的情况下接通快速运动，其方向取决于快速电动机的转向，其速度取决于快速和慢速的合成速度。

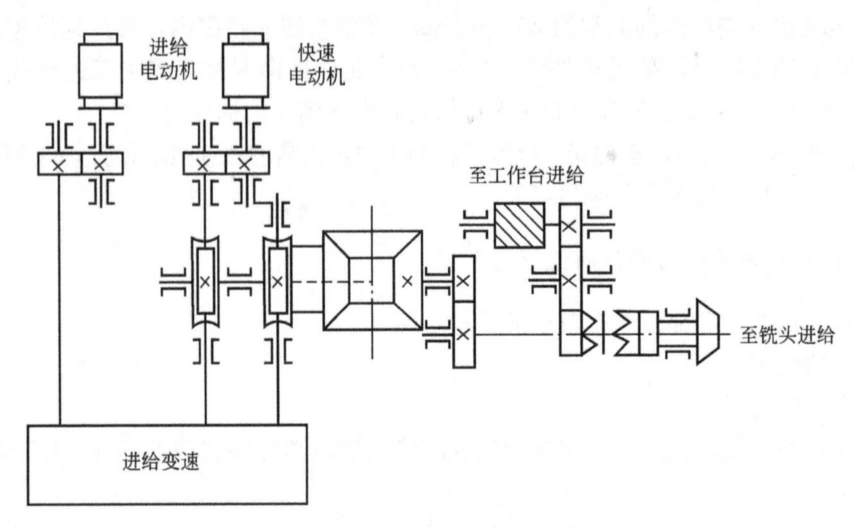

图 8.3 龙门铣床的进给传动方案

(3) 采用差动螺母。图 8.4 所示是组合机床机械动力头的传动系统。动力头的主运动与进给运动共用一个电动机，而快速运动由单独的电动机驱动。工作进给是由蜗轮蜗杆$\frac{Z_1}{Z_2}$、交换齿轮$\frac{Z_A}{Z_B}$、蜗杆蜗轮$\frac{Z_3}{Z_4}$，以及传动进给丝杠螺母机构的螺母实现的。如果丝杠不转就可实现工作进给运动。快速运动时，由快速电动机经一对齿轮直接带动丝杠回转，实现快速运动。由于快速和慢速运动分别传到丝杠和螺母上，两个运动可以同时接通，不发生相互干涉。

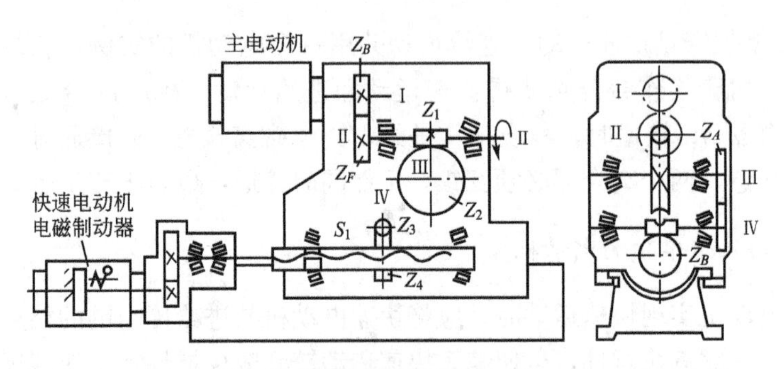

图 8.4 机械动力头的传动系统图

8.2 数控机床的伺服进给传动系统

8.2.1 数控机床伺服进给传动系统的特点

数控机床的进给运动是由数控装置经伺服系统控制的，数控机床的进给传动属于伺服进给传动。所谓伺服，就是要迅速而又准确地跟踪控制指令。为了加工出符合精度要求的零件，机床工作台或刀架等执行部件不仅要保证合理的进给速度，而且要保证准确定位或保证刀具与工件之间具有严格的相对运动关系。因此，数控机床的进给传动必须满足调速范围宽、传动精度高、动态响应速度快和稳定性好等要求，一般应具有以下特点。

(1) 数控机床的进给传动由伺服电动机经简单的齿轮降速传动或直接驱动运动转换机构来实现，对于闭环系统，还要有位移测量装置。伺服电动机在伺服系统的控制下，实现进给运动的变速、换向及行程控制等，因此机械传动机构比较简单。

(2) 在数控机床的进给传动机构中，运动转换机构一般采用滚珠丝杠传动，工作台等执行部件普遍采用滚动导轨、塑料导轨或静压导轨等，以便减少运动件的摩擦力和动静摩擦力之差，保证传动灵活，避免产生爬行。

(3) 为了避免伺服系统失步和反向时的死区，必须尽可能消除传动齿轮副、丝杠螺母副、联轴器及支承件的间隙。

(4) 传动机构应有足够的刚度，在满足刚度要求的前提下，尽可能减少运动部件的质量。

8.2.2 滚珠丝杠螺母副

1. 工作原理及其特点

滚珠丝杠螺母机构是回转运动与直线运动相互转换的传动装置，其工作原理如图 8.5 所示。在丝杠和螺母上分别加工出圆弧形螺旋槽，这两个圆弧形螺旋槽合起来便形成了螺旋滚道，在滚道内装入滚珠。当丝杠相对螺母旋转时，滚珠在螺旋滚道内滚动，迫使二者发生轴向相对位移。为了防止滚珠从螺母中滚出来，在螺母的螺旋槽两端设有回程引导装置，如图中的插管，使滚珠能返回丝杠螺母之间构成一个闭合回路。由于滚珠的存在，丝杠与螺母之间是滚动摩擦，仅在滚珠之间存在滑动摩擦。滚珠丝杠螺母机构具有下列特点。

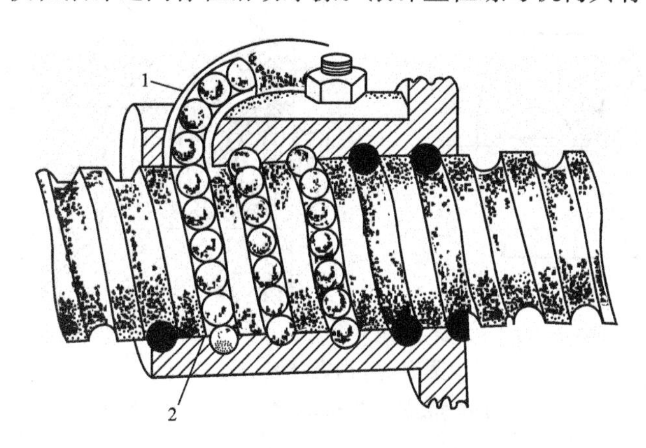

图 8.5 滚珠丝杠螺母副

1—外滚道；2—内滚道

(1) 摩擦损失小、传动效率高。滚珠丝杠螺母的传动效率可达 0.92～0.96，是普通滑动丝杠螺母机构的 3～4 倍，而驱动转矩仅为滑动丝杠螺母机构的 1/4。

(2) 运动灵敏、低速时无爬行。由于滚珠丝杠螺母主要存在的是滚动摩擦，不仅动、静摩擦系数都很小，且其差值很小，因而启动转矩小，动作灵敏，即使在低速情况下也不会出现爬行现象。

(3) 轴向刚度高、反向定位精度高。由于滚珠丝杠螺母可以完全消除丝杠与螺母之间的间隙并可实现滚珠的预紧，因而轴向刚度高，反向时无空行程，定位精度高。

(4) 磨损小、寿命长、维护简单。

(5) 传动具有可逆性、不能自锁。由于滚珠丝杠螺母的摩擦系数小、不能自锁，因而使该机构的传动具有可逆性，即不仅可以把旋转运动转化为直线运动，而且还可以把直线运动转化为旋转运动。由于不能自锁，在某些场合，如传动垂直运动时必须附加制动装置或防止逆转的装置，以免工作台等因自重下降。

(6) 结构和工艺均较复杂，因而成本较高。目前滚珠丝杠不仅广泛应用于数控机床，而且越来越多地代替普通滑动丝杠螺母机构，用于各种精密机床和精密装置。

2. 结构类型

滚珠丝杠螺母机构的类型很多，主要表现在滚珠循环方式和轴向间隙的调整预紧方法两个方面。

1) 滚珠循环方式

滚珠的循环方式可分为内循环和外循环两大类。

(1) 内循环。滚珠在循环过程中与丝杠始终保持接触的循环称为内循环，如图 8.6 所示。在螺母 3 和 4 上装有回珠器(又称反向器)2，迫使滚珠在完成接近一圈的滚动后，越过丝杠外径返回到前一个相邻的滚道，形成滚珠的单圈循环。为了保证承载能力，一个螺母中要保证有 3～4 圈滚珠工作。内循环滚珠的回路短，滚珠数目少，流畅性好，摩擦损失小，传动效率高，且径向尺寸紧凑，轴向刚度高；但此种循环方式不能用于多头螺纹传动，回珠器槽形复杂，需用三坐标数控机床加工。

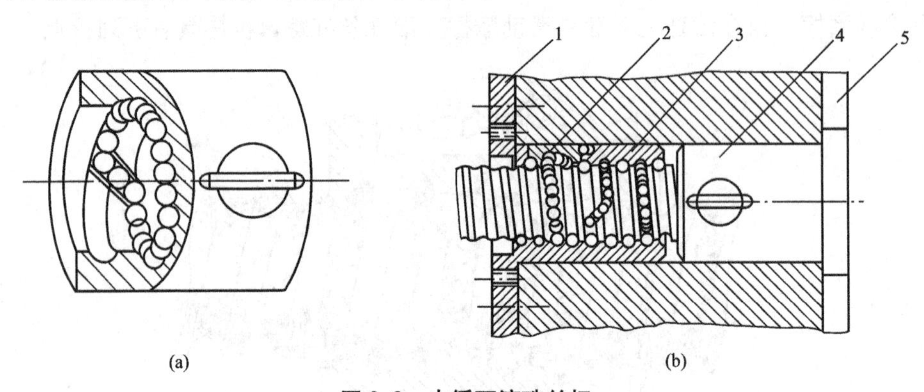

图 8.6　内循环滚珠丝杠

1、5—内齿轮圈；2—回珠器；3、4—滚珠螺母

(2) 外循环。滚珠在循环回路中与丝杠脱离接触的循环称为外循环。根据滚珠循环回路结构形式的不同，外循环可分为螺旋槽式、插管式和盖板式等。螺旋槽式如图 8.7 所示，在螺母 3 外圆上铣有回珠槽 4，两个挡珠器 1 分别位于回珠槽 4 与滚珠螺母的螺旋滚道的连接处，利用挡珠器一端修磨的圆弧引导滚珠离开螺旋滚道进入回珠槽，以及引导滚珠由回珠槽返回到螺旋滚道，形成外循环回路。螺旋槽式滚珠循环回路转折平缓，便于滚珠循环，同时结构简单、加工方便，因此在数控机床中应用较为广泛。

插管式滚珠螺母如图 8.5 所示，利用插入螺母的管道作为回珠槽，加工方便，应用也较广泛，但管道突出到螺母外面，径向尺寸较大。

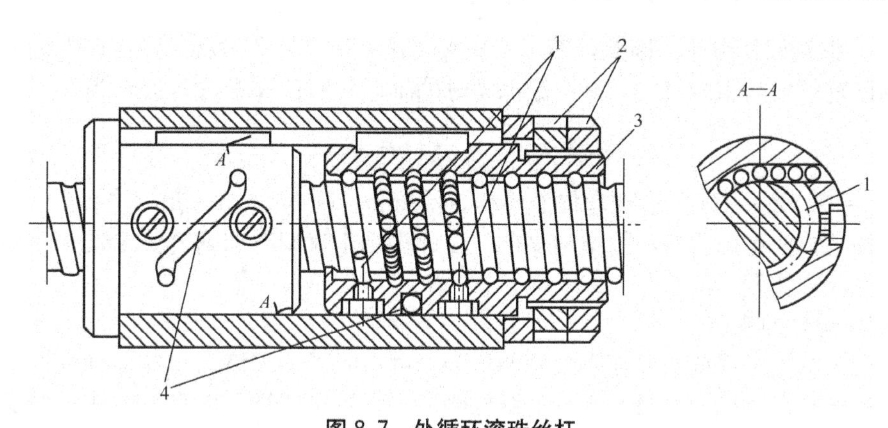

图 8.7　外循环滚珠丝杠

1—挡珠器；2—双螺母；3—螺母；4—回珠槽

滚珠每一个循环称为一列。每一列内每个导程称为一圈。内循环每列只有一圈，外循环每列则有 1.5 圈、2.5 圈、3.5 圈等几种，剩下的半圈用作回珠。通常，内循环每个螺母有 3 列、4 列、5 列等几种。外循环种类较多，有 1 列 2.5 圈、1 列 3.5 圈，2 列 1.5 圈，2 列 2.5 圈等。

2) 轴向间隙的调整和预紧方法

滚珠丝杠螺母轴向间隙调整和预紧方法的原理与普通丝杠螺母相同，即通过调整双滚珠螺母的轴向相对位置，使两个螺母的滚珠分别压向螺旋滚道的两侧面，如图 8.8 所示。但滚珠丝杠螺母机构间隙调整的精度要求高，要求能作微调以获得准确的间隙或预紧量。常用的调隙方法有下列几种。

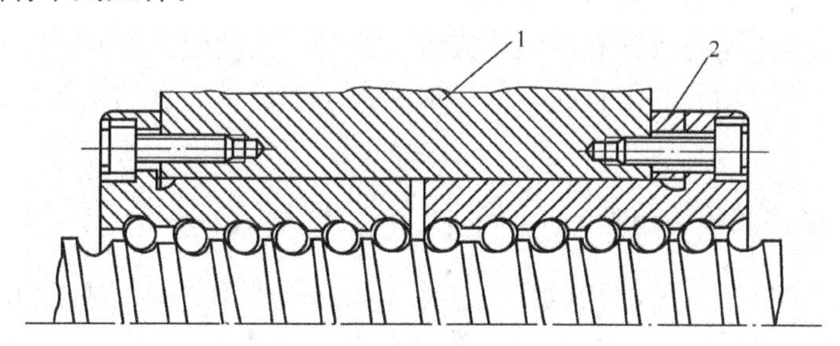

图 8.8　垫片调隙式滚珠丝杠螺母

1—套筒；2—垫片

(1) 垫片调隙式，如图 8.8 所示。如果用螺钉来连接双螺母的凸缘，则可在凸缘和套筒 1 之间加一垫片 2(一般为剖分式)，通过修磨来改变垫片 2 的厚度，则可使两个滚珠螺母产生少许的轴向相对位移。这种方法结构简单、刚性好、装卸方便，但调整时常需对垫片反复修磨，工作中不能进行随时调整。因此垫片调隙式适用于一般精度的机构。

(2) 螺纹调隙式，如图 8.7 所示，一个滚珠螺母的外端有凸缘，而另一个的外端没有凸缘而制有螺纹，用双螺母 2 对双滚珠螺母进行轴向位置的调整和固定。旋转前螺母可使双螺母产生相对位移，达到调整轴向间隙的目的，而后用螺母进行锁紧。这种方法结构简单、调整方便，因此应用广泛。其缺点是调整量难以精确控制。

(3) 齿差调隙式，如图 8.6 所示。两个滚珠螺母 3、4 的凸缘上各制有圆柱齿轮，其齿数分别为 Z_1 和 Z_2，$Z_1-Z_2=1$，这两个圆柱齿轮分别插入到两个内齿轮圈 1、5 中而被锁紧。调整时，先取下两个内齿圈，然后使两个圆柱齿轮沿相同方向转过 k 个齿，再装入内齿圈1、5，锁紧圆柱齿轮。因此，两个滚珠螺母产生了相对角位移，进而产生轴向相对位移，达到调整轴向间隙的目的。两个滚珠螺母的轴向相对位移量Δ可表示为

$$\Delta=k\left(\frac{1}{Z_1}-\frac{1}{Z_2}\right)S=\frac{kS}{Z_1Z_2} \qquad (8-1)$$

若齿数 $Z_1=99$，$Z_2=100$，滚珠丝杠的导程 $S=8\mathrm{mm}$，则 $\Delta=0.58k\mu\mathrm{m}$。

此种调整方法精确可靠，但结构复杂，因此多用于对调整准确度要求较高的场合，在数控机床中应用比较广泛。

3）滚珠丝杠的安装

数控机床的进给系统要求获得较高的传动刚度，除了加强滚珠丝杠螺母机构本身的刚度外，滚珠丝杠的正确安装及其支承的结构刚度也是不可忽视的因素。滚珠丝杠螺母机构安装不正确及支承刚度不足，还会使滚珠丝杠的使用寿命大大下降。

对于行程小的短丝杠，可用悬臂支承结构。对于较长的丝杠，为了防止热变形造成丝杠伸长的影响，常采用一端轴向固定的支撑方式，即丝杠固定端承受径向力和两个方向的轴向力，而另一端只承受径向力，并能作微量的轴向浮动。为了给丝杠施加预紧拉力，也可采用两端固定的方式，并可在丝杠一端安装碟形弹簧和调整螺母，既可能对丝杠施加预紧力，又可能让弹簧来补偿丝杠的热变形，保持预紧力近似不变。

丝杠的支承轴承应采用滚珠丝杠专用轴承，这是一种特殊的向心推力球轴承，其接触角增大到60°，增加了滚珠数目，并相应减少了滚珠直径，使轴向刚度增大到普通向心推力球轴承的两倍。该轴承一般是成套出售，出厂时已调好预紧力，使用极为方便。若选用通用轴承，可采用向心推力球轴承或向心球轴承同推力球轴承的组合，一般会增加轴承支座的结构尺寸，增加轴承的摩擦力和发热。

丝杠两端的轴承座孔与滚珠螺母座孔应保证严格的同轴度，同时要保证滚珠螺母与座孔的配合良好以及孔对端面的垂直度，保证轴承支座和螺母支座的整体刚度、局部刚度和接触刚度等。

8.2.3 传动齿轮齿侧间隙的消除

对于数控机床进给系统中的减速齿轮，除了要求有很高的运动精度和工作平稳性外，还要求消除啮合齿轮之间的传动间隙。齿轮间隙使换向后的运动滞后于指令信号，产生换向“死区”，直接影响位移精度。齿轮传动间隙的消除方法很多，一般分刚性调整法和柔性调整法。

1. 刚性调整法

刚性调整法是指调整后的齿侧间隙不能自动补偿的调整方法。该方法结构比较简单，传动刚度较高，但要求严格控制齿轮的齿厚及齿距公差，否则将影响运动的灵活性。常见的刚性调整结构有下列几种。

1）偏心轴套调整法

偏心轴套调整法如图8.9所示。电动机1是通过偏心轴套2安装在箱体上的，转动偏心轴套可一定程度地消除因齿厚误差和中心距误差引起的齿侧间隙，结构简单，但不能消除齿轮偏心误差引起的齿侧间隙。

2）变齿厚调整法

变齿厚调整法如图8.10所示。加工齿轮1、2时，将假想的分度圆柱面修正为带有小

锥度的圆锥面，使其齿厚在轴向稍有变化，装配时改变垫片3的厚度，调整齿轮对轴向的相对位置，从而消除齿侧间隙，圆锥面的角度不能大，以免恶化啮合条件。

3）斜齿轮轴向垫片调整法

斜齿轮轴向垫片调整法如图8.11所示。将一个斜齿轮制成两片，并在其中加一垫片，垫片厚度为B，将三者装成一体，加工出齿形。装配时改变调整垫片的厚度，使两片薄齿轮的螺旋线错位，使其左右齿面分别与宽齿轮齿槽的左右齿面贴紧，达到消除侧隙的目的。垫片厚度的变动量δ与齿侧间隙量Δ和齿轮螺旋角β之间的关系由式(8-2)确定

$$\delta=\Delta \mathrm{ctg}\beta \tag{8-2}$$

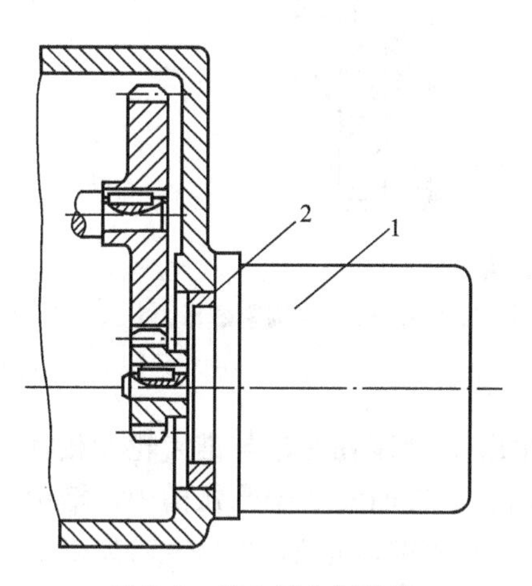

图8.9 偏心轴套调整法

1—电动机；2—偏心轴套

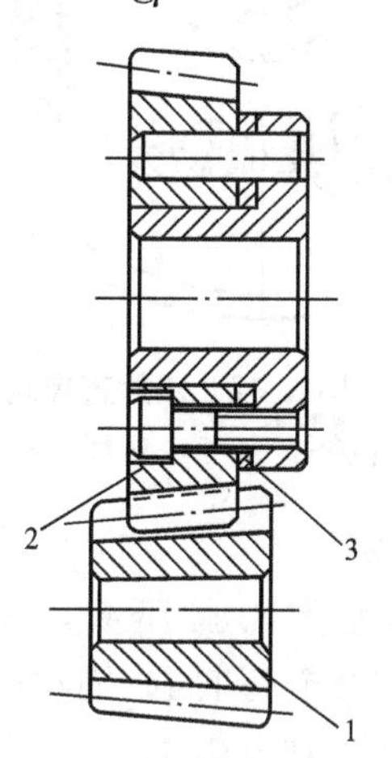

图8.10 变齿厚调整法

1、2—齿轮；3—垫片

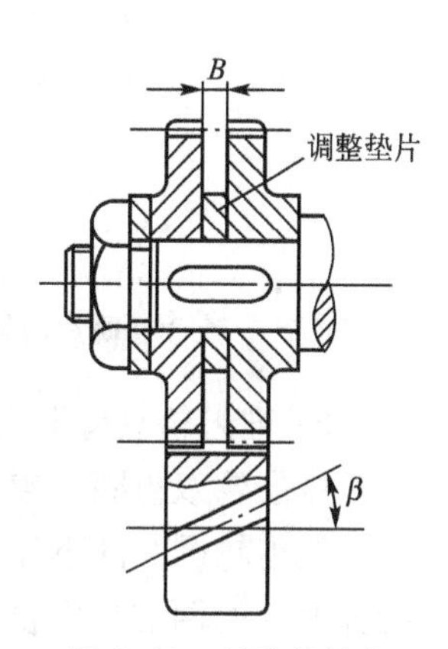

图8.11 斜齿轮轴向垫片调整法

该方法结构简单，但调整时必须多次修磨调整垫片进行试调，比较麻烦，又由于只有一片薄齿轮承载，承载能力有所下降。

2. 柔性调整法

柔性调整法是指调整后的齿侧间隙可以自动补偿的调整方法。在齿轮的齿厚和周节有差异的情况下仍可始终保持无间隙啮合。但这种调整方法结构比较复杂，传动刚度低，会影响传动的平稳性。柔性调整的结构主要有下列几种。

1）双片直齿轮错齿调整法

双片直齿轮错齿调整法如图8.12所示。两个齿数相同的薄片齿轮1、2套装在一起，同另一宽齿轮(图中未画出)相啮合，薄片齿轮1、2的端面分别装有凸耳4、8，并用拉簧3连接，其中齿轮2上的凸耳8从齿轮1上的通孔中穿过。弹簧力使两薄片齿轮1、2产生相对转动，即错齿，使两薄片齿轮的左、右齿面分别贴紧在宽齿轮齿槽的左右齿面上，消除齿侧间隙。弹簧预紧力的大小可通过螺钉5上的螺母6来调节，用螺母7锁紧。

2）斜齿轮轴向压簧调整法

斜齿轮轴向压簧调整法如图8.13所示。该方法是将图8.11所示的刚性调整法的轴向垫片取出，采用轴向压簧使两齿轮片产生轴向相对位移，使齿轮的螺旋线产生错位，消除齿侧间隙的。该方法中薄片齿轮内孔必须具有合适的导向长度，保证左右移动时不产生偏斜，因此轴向长度较大，此外，弹簧力必须合适，过大会加剧齿轮磨损。

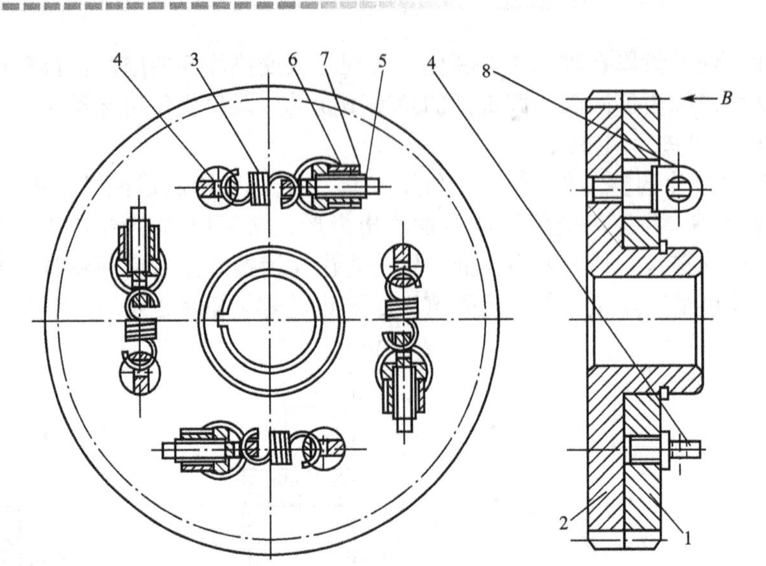

图 8.12　双片直齿轮错齿调整法

1、2—薄片齿轮；3—拉簧；4、8—凸耳；5—螺钉；6—调节螺母；7—锁紧螺母

3）锥齿轮双齿圈错齿调整法

锥齿轮双齿圈错齿调整法如图 8.14 所示。锥齿轮圈 1、2 套装在一起与锥齿轮 3 相啮合。锥齿轮圈 2 的下端面上有 3 个凸爪 4，插在锥齿轮圈 1 上端面的 3 个圆弧槽中，槽中的弹簧 6 的两端分别顶在凸爪 4 和槽内镶块 7 上，靠弹簧力使锥齿轮 1、2 产生错齿来消除齿侧间隙。图中的螺钉 5 是为方便安装而设置的，用于将锥齿轮圈 1、2 连成一体，安装

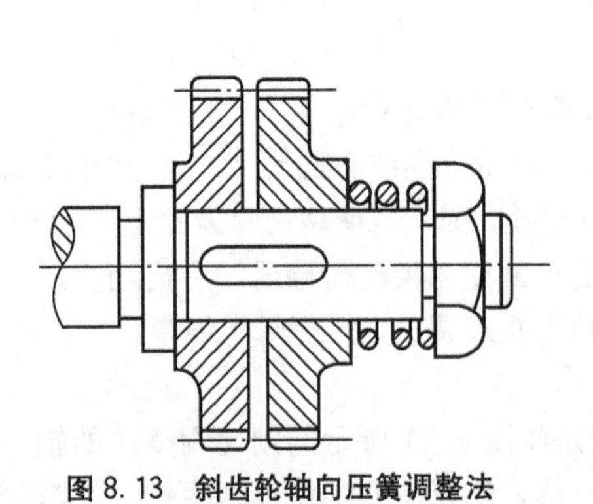

图 8.13　斜齿轮轴向压簧调整法

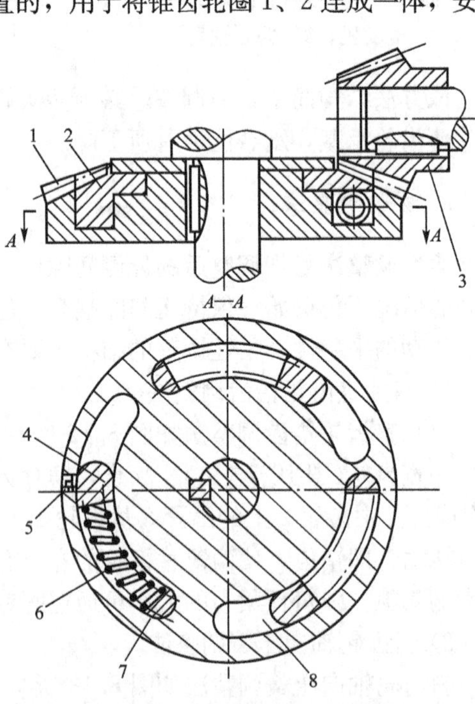

图 8.14　锥齿轮双齿圈错齿调整法

1、2—锥齿轮圈；3—锥齿轮；4—凸爪；5—螺钉；6—弹簧；7—镶块；8—圆弧槽

完毕，将螺钉拧出。由于这种埋入式周向压簧的尺寸受到限制，因此这种结构仅用于轻载齿轮。

4）双齿轮弹簧预紧调整法

对于工作行程较大的大型数控机床，通常采用齿轮齿条机构代替滚珠丝杠螺母机构来实现进给运动，可采用双齿轮弹簧预紧机构来消除齿轮和齿条间的齿侧间隙，其工作原理如图8.15所示。进给运动由轴2输入，经过两对斜齿轮分别将运动传给轴1和轴3，由齿轮4、5传动齿条实现进给运动。借助弹簧，在轴2上施加一个轴向预紧力F，使轴2产生微量的轴向移动，经过两对斜齿轮，分别使轴1和轴3产生微量转动，使齿轮4、5的轮齿分别同齿条的左右齿面贴紧、消除齿侧间隙。

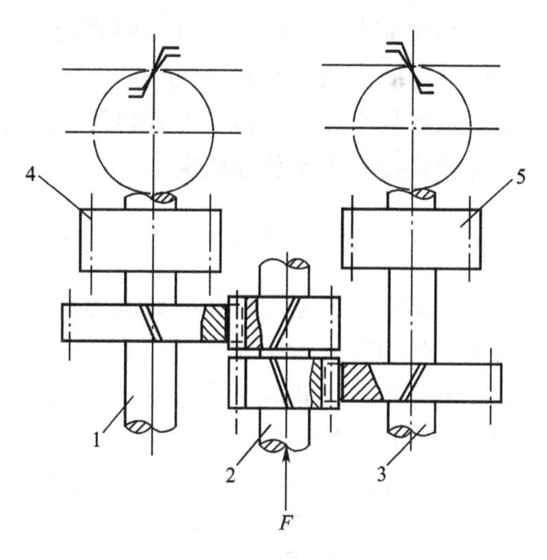

图8.15 双齿轮弹簧预紧调整法

1、2、3—轴；4、5—齿轮；F—弹簧预紧力

8.2.4 驱动电动机

数控机床进给传动系统的驱动元件称为伺服驱动元件，是伺服系统控制的直接对象，是数控机床的重要组成部分。随着数控机床的发展，伺服驱动元件的发展很快，种类也很多。目前使用的主要是各种类型的驱动电动机，如步进电动机、小惯量直流电动机和大惯量直流电动机。此外，交流伺服电动机在机床上开始得到应用，并具有良好的发展前途。除了驱动电动机之外，由步进电动机和液压马达组成的电液脉冲马达和由伺服阀控制的液压马达也可作为数控机床的伺服驱动元件。

为了满足数控机床的加工质量和生产率等方面的要求，伺服电动机应具有下列性能。

（1）速度范围宽并具有良好的稳定性，尤其是低速时的平稳性。

（2）过载能力强，特别是低速时应有足够的负载能力。

（3）响应速度快。

（4）可频繁启动、停止及换向。

1. 步进电动机

步进电动机又称脉冲电动机，每接受数控装置所输出的一个电脉冲信号，电动机轴就转过一定的角度，称为步距角。步进电动机的角位移与输入脉冲的个数成正比，在时间上与输入脉冲同步。因此只需控制输入脉冲的数量、频率及脉冲的分配方式，使其可获得所需的转角、转速和转动方向。无脉冲输入时，在绕组电源的激励下，气隙磁场能使电动机转子处于定位状态。

2. 小惯量直流电动机

直流伺服电动机的类型很多，主要有小惯量直流电动机和大惯量直流电动机等，它广泛应用于各类数控机床的闭环和半闭环控制系统中。

小惯量直流电动机是由一般直流电动机发展起来的，其特点是转动惯量小、反应快。但该类电动机的额定转矩较小，一般必须与齿轮降速装置相匹配；由于转子直径小、散热差，当负载增加时，转子温升很快，因此电动机过载能力较差。小惯量直流电动机一般用于高速轻载的小型数控机床。

3. 大惯量直流电动机

大惯量直流电动机又称宽调速直流电动机，有电励磁和永久磁铁励磁两种类型，其中永久磁铁励磁式由于不需要励磁功率，效率较高，电动机低速时输出的转矩较大，温升低、尺寸小，因此应用较为普遍。永磁式大惯量直流电动机的定子是由高性能的磁性材料制成的，直径较大，长度较短，与一般直流电动机基本相似。大惯量直流电动机具有输出转矩大、响应速度快、过载能力强、调速范围宽、运转平稳、调试简单等特点。

4. 交流伺服电动机

随着微机的发展和新型大功率晶体管的研制成功，使用交流电动机对数控机床进行伺服驱动已经变得越来越普遍。实现交流伺服驱动一般采用一种新型的磁场矢量变换控制技术，对交流电动机作磁场的矢量控制，将电动机定子的电压矢量或电流矢量作为操作量，控制其幅值和相位，使交流电动机按规定的转速运转，同时输出所要求的转矩。与直流伺服驱动相比，交流伺服具有以下突出优点。

(1) 交流电动机没有电刷和换向器，因此不需要经常维修。

(2) 因为没有换向器，交流电动机的转速不像直流电动机那样受到换向火花的限制，因此转速可进一步提高，而且在高速情况下仍有较大的输出转矩。

(3) 因为没有换向火花问题，电动机的使用环境可以不受限制。

(4) 交流电动机结构简单、体积小、质量轻，相同功率的电动机质量仅为直流电动机的70%～90%，相同体积的情况下，输出功率可提高110%～170%。

(5) 交流电动机的线圈在定子上，这样绝缘可靠、散热容易，使整个系统的可靠性进一步提高。

(6) 利用伺服系统可以抑制交流电动机的噪声和振动。

8.2.5 位移检测装置

在数控机床的闭环或半闭环系统中，必须要有检测装置对运动件的运动加以检测，向控制系统提供反馈信号，并与控制脉冲进行比较来准确地控制机床运转。位移检测系统用来检测和控制运动部件的移动量，它是保证机床工作精度和效率的关键。

1. 位移检测装置的要求与工作方式

1) 位移检测装置的要求

(1) 工作可靠。应保证该装置的抗干扰能力强，受温度和湿度等环境因素的影响小。

(2) 满足精度和速度要求。位移检测装置的分辨率应在0.0001～0.01mm内，测量精度应满足±(0.0001～0.02)mm/m，运动速度应满足0～20m/min。

(3) 使用维修方便，成本低。

2）位移检测装置的工作方式

（1）数字式和模拟式。数字式测量时，被测量以数字的形式表示，测量信号一般为电脉冲，数字信号可以直接送到数控装置进行比较和处理；模拟式测量时，被测量用连续变量来表示，如电压或相位的变化等，数控机床采用模拟式测量，主要用于小量程的测量。

（2）增量式测量和绝对式测量。增量式测量时，量程范围内的任一点都可作为测量的起点，测量信号反映的是相对测量起点的位移值，不反映被测件的绝对位置；绝对式测量时，有一个固定的零点作为测量基准，因此，每一个被测点都有一个相对应的测量值。

（3）直接式和间接式。直接式测量是将检测装置安装在执行件上，测量信号直接反映执行件的位移；间接式测量是将检测装置安装在丝杠轴或伺服电动机轴上，测量信号间接地反映执行件的位移。

2. 位移检测装置的类型

位移检测装置有感应同步器、光栅传感器、编码器、旋转变压器、磁栅传感器、激光干涉仪等多种。

8.3 机床内联系传动链设计

内联系传动链是从保证传动精度的角度出发进行设计的，因此，内联系传动链的设计原则与外联系传动链是不同的。

8.3.1 误差的来源及传递规律

机床的内联系传动链中各传动链存在一定的误差，包括传动件的制造和装配误差、因受力和温度变化而产生的误差等，要完全消除这些误差是不经济的，也是不可能的。因此，机床设计人员的任务是：研究误差的来源和传递规律，以便有效、经济地控制其对加工精度的影响。

1. 误差的来源

在机床传动链中，传动误差主要来自齿轮、蜗杆蜗轮及丝杠螺母等传动件的制造和装配误差。这些传动件的误差分别计算如下。

1）齿轮传动副

圆柱齿轮的制造误差中，影响传动精度较大的主要是齿距累积误差 Δt_{Σ}，而齿形误差、齿距误差、相邻齿距误差、齿向误差等相对来说对传动精度影响不大，所以一般可忽略不计。齿距累计误差 Δt_{Σ} 是一种线值误差，如图 8.16 所示，$\Delta t_{\Sigma}=PP'$。由于传动件上的线性误差可借助于半径转化为角度误差，所以，该齿距累积误差在主动齿轮上相当的角度误差为 $\Delta\phi_1=\dfrac{\Delta t_{\Sigma}}{r_1}$。

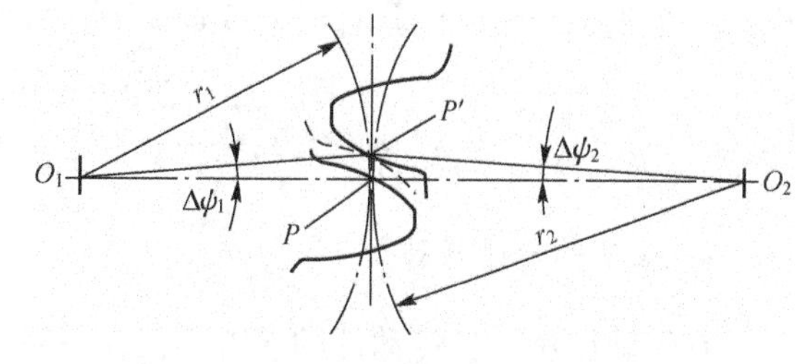

图 8.16 齿距累计误差

因而使从齿轮多转(或少转)一个角度为 $\Delta\psi_2=\frac{\Delta t_{\Sigma}}{r_2}$，这样就引起瞬时传动比的变化。

齿圈径向跳动在压力角 α 较大时，也会影响传动精度。齿圈的径向跳动量 Δe_j(图 8.17)在齿轮的周向将引起线值误差 Δl 为

$$\Delta l=\Delta e_j \mathrm{tg}\alpha \tag{8-3}$$

这一线值误差 Δl 也同周齿距误差 Δt_{Σ} 一样，可转换成角度误差，同样影响传动精度。

对于斜齿圆柱齿轮，齿轮的轴向窜动 Δb(图 8.18)，也将引起周向线值误差 Δl 为

$$\Delta l=\Delta b \mathrm{tg}\beta \tag{8-4}$$

式中　β——斜齿轮的螺旋角。

齿轮在轴上或轴在轴承中的装配误差以及轴承的误差等，将引起齿轮附加的径向跳动和轴向窜动，这同上述 Δe_j 和 Δb 对传动精度的影响是一样的，在分析时可同等看待。

2) 丝杠螺母传动副

丝杠的螺距误差和轴向窜动，都会以线值误差的形式直接传递给螺母。梯形螺纹的径向跳动(图 8.19)则与齿轮的齿圈径向跳动相似，传递给螺母的轴向线值误差 Δl 为

$$\Delta l=\Delta e_j \mathrm{tg}\alpha \tag{8-5}$$

式中　α——螺纹半角。

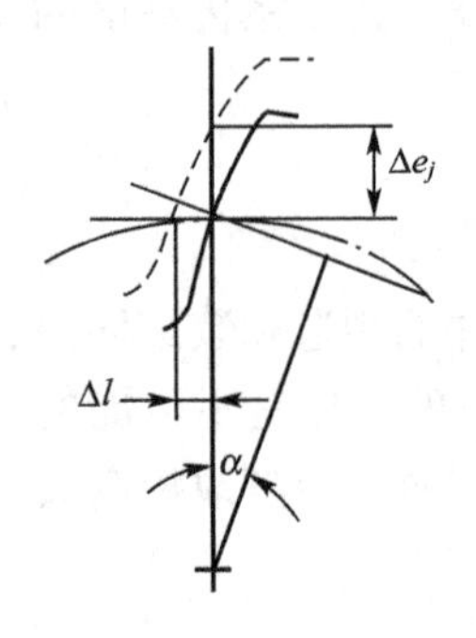

图 8.17　齿圈径向跳动

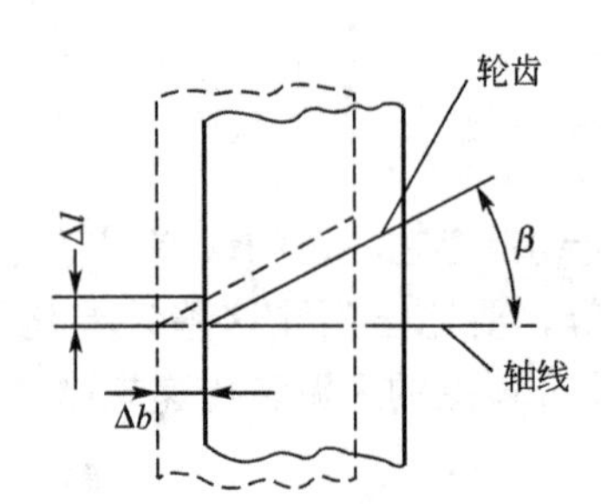

图 8.18　齿轮的轴向窜动

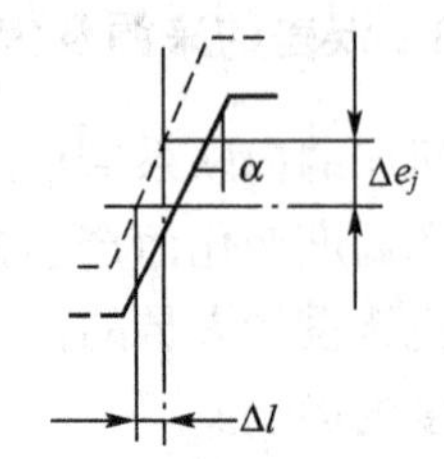

图 8.19　梯形螺纹的径向跳动

3) 蜗杆蜗轮传动副

对于蜗轮，其误差分析同斜齿轮一样；对于蜗杆，其误差分析同丝杠一样。

4) 传动件的总误差

若某一传动件同时存在多项独立误差，既有制造误差又有装配误差，根据概率原理，设误差按正态分布，则其总误差可近似取均方根值为

$$\Delta\psi=\sqrt{\Delta\psi_1^2+\Delta\psi_2^2+\Delta\psi_3^2+\cdots}$$

式中　$\Delta\psi_1$、$\Delta\psi_2$、$\Delta\psi_3$ 等——与某传动件上的各项独立误差相当的角度误差。

2. 误差的传递规律

在传动链中，各传动件的误差不仅在一对传动副中互相传递，而且在整个传动链中按传动比依次传递，最后反映到末端件上，使工件或刀具产生传动误差。

例如，在图8.20所示的齿轮传动链中，如果齿轮1存在总的角度误差为$\Delta\psi_1$，这一误差必将传递给齿轮2，使其产生角度误差$\Delta\psi_2$，它们的关系为

$$\Delta\psi_2 \cdot r_2 = \Delta\psi_1 \cdot r_1 \qquad (8-6)$$

$$\psi_2 = \Delta\psi_1 \frac{r_1}{r_2} = \Delta\psi_1 u_{1-2} \qquad (8-7)$$

式中　r_1、r_2——齿轮1和2的节圆半径；

u_{1-2}——齿轮1到齿轮2的传动比。

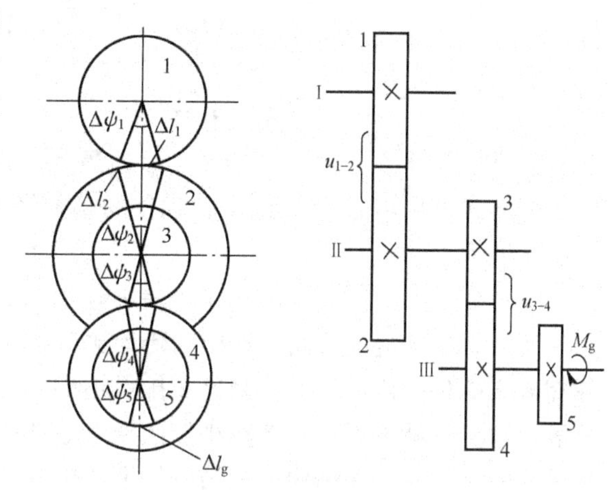

图8.20　误差的传递

如果不考虑传动轴的扭转变形，装在同一根轴上的齿轮2与齿轮3，其角位移相同，且$u_{1-2}=u_{1-3}$，所以齿轮1的角度误差使齿轮3产生的角度误差为

$$\Delta\psi_3 = \Delta\psi_2 = \Delta\psi_1 u_{1-2} = \Delta\psi_1 u_{1-3}$$

同理，在齿轮4上产生的角度误差为

$$\Delta\psi_4 = \Delta\psi_1 u_{1-3} \frac{r_3}{r_4} = \Delta\psi_1 u_{1-3}$$

$$u_{3-4} = \Delta\psi_1 u_{1-4} \qquad (8-8)$$

式中　r_3、r_4——齿轮3和4的节圆半径；

u_{3-4}——齿轮3到齿轮4的传动比；

u_{1-4}——齿轮1到齿轮4的传动比。

齿轮1的角度误差一直传递到末端件5，引起的角度误差$\Delta\psi_5$为

$$\Delta\psi_5 = \Delta\psi_4 = \Delta\psi_1 u_{1-4} = \Delta\psi_1 u_{1-5} \qquad (8-9)$$

在末端件5与加工精度有关的半径r_5上的线值误差为i

$$\Delta l_5 = \Delta\psi_5 r_6 = \Delta\psi_1 u_{1-6} r_5 \qquad (8-10)$$

由此可见，齿轮1的角度误差传递到末端件5时，反映在末端件5上的误差不仅与$\Delta\psi_1$的大小有关，而且与总传动比u_{1-5}有关。如为降速传动，$u_{1-5}<1$，则误差在传递过程中缩小；如为等速传动，$u_{1-5}=1$，则误差值不变；如为升速传动，$u_{1-5}>1$，则误差值将被放大。依此类推，不难证明传动链中任意传动件i到末端件n的误差传递规律为

$$\Delta\psi_n = \Delta\psi_i u_{i-n} \qquad (8-11)$$

$$\Delta l_n = r_n \Delta\psi_n = r_n \Delta\psi_i u_{i-n} \qquad (8-12)$$

式中　$\Delta\psi_n$、Δl_n——由传动件i的误差引起的末端件n的角度误差和线值误差；

$\Delta\psi_i$——传动件i的角度误差；

u_{i-n}——由传动件i到末端件n的传动比；

r_n——末端件n中与加工精度有关的半径。

由于传动链是由若干传动件所组成的，所以每一传动件的误差都将传递到末端件上，而引起误差$\Delta\psi_n$或Δl_n。根据概率原理，假定误差为正态分布，则从传动件1到末端件n之间的各传动件i传递到末端件上总的误差为$\Delta\psi_\Sigma$或Δl_Σ，可用均方根误差表示为

$$\Delta\psi_{\Sigma}=\sqrt{(\Delta\psi_1 u_{1-n})^2+(\Delta\psi_2 u_{2-n})^2+\cdots+(\Delta\psi_n u_{n-n})^2}$$
$$=\sqrt{\sum_{i=1}^{n}(\Delta\psi_i u_{i-n})^2} \tag{8-13}$$
$$\Delta l_{\Sigma}=r_n\Delta\psi_{\Sigma} \tag{8-14}$$

由上式可见，$u_{i-n}<1$ 时，传动件的误差将通过传递过程缩小。

又因为

$$u_{i-n}=u_{1-2}u_{2-3}u_{3-4}\cdots u_{(n-1)-n}$$

所以，传动链中后面传动副的传动比，将对前面各传动件的误差传递起作用。如果把越靠近末端件的传动副的传动比安排得越小，对减小其前面各传动件的误差影响的效果越显著，这样，就可以有效地减小传递到末端件的总误差 $\Delta\psi_{\Sigma}$ 或 Δl_{Σ}。由此可见，应用传动比递降原则，甚至在结构可能的条件下，把全部减速比集中在最后一个或几个传动副，对提高传动精度是非常有效的。

8.3.2 内联系传动链的设计原则

1）缩短传动链

设计传动链时，应尽量减少串联传动件的数目，以减少误差的来源。

2）合理分配传动副的传动比

根据误差的传递规律，传动链中传动比应采取递降原则。在内联系传动链中，运动通常是由某一中间传动件传入，若向两末端件的传动采用降速传动时，则中间传动副的误差反映到末端件上可以缩小，并且末端件传动副的传动比应该是最小的，所以，在传递旋转运动时，末端传动副应采用蜗轮副；在传递直线运动时，末端传动副应采用丝杠—螺母副。

3）合理选择传动件

在内联系传动链中，不应采用传动比不准确的传动副，如摩擦传动等。斜齿圆柱齿轮的轴向窜动会使从动齿轮产生附加的角度误差；梯形螺纹的径向跳动会使螺母产生附加的线值误差；圆锥齿轮、多头蜗杆和多头丝杠的制造精度较低。因此，在传动精度要求高的传动链中，应尽量不用或少用这些传动件。

为了传动平稳必须采用斜齿圆柱齿轮传动时，应把螺旋角取得小一些；采用梯形螺纹的丝杠时，应把螺纹半角取得小一些。为了减少蜗轮的齿圈径向跳动引起节圆上的线值误差，在齿轮精加工机床上，常采用较小压力角的分度蜗轮副，还应尽可能选择直径较大的蜗轮，以便缩小反映到工件上的误差。

4）合理确定传动副的精度

根据误差传递规律可知，末端件上的传动副误差直接反映到执行件上，对加工精度影响最大。因此，末端传动副的精度要高于中间的传动副。例如，滚齿机的工作台蜗轮副误差是影响加工精度的关键，通常，蜗轮副的精度要比加工齿轮的精度提高 1～2 级。

5）采用校正装置

在传动链中采用校正装置是补偿传动误差的有效措施，它利用校正元件(校正尺、校正凸轮)使末端传动副获得必要的补偿运动，以校正传动链的传动误差，进一步提高机床的加工精度。

图 8.21 所示为精密蜗轮滚齿机的校正装置原理图。根据传动误差实测值制成的校正凸轮 1 安装在工作台下(也可安装在其他位置，通过传动机构使其与工作台同步转动)，当分度蜗杆 3 和分度蜗轮 2 转动时，工作台便带动校正凸轮 1 同步转动，校正凸轮曲线通过杠杆 4、齿条 5、齿轮 6、差动挂轮 u_c、合成机构 7，将校正运动附加到分度传动链中去，再经过分度挂轮 u_f 和分度蜗轮副，使工作台得到附加转动，以补偿分度传动链的传动误差。

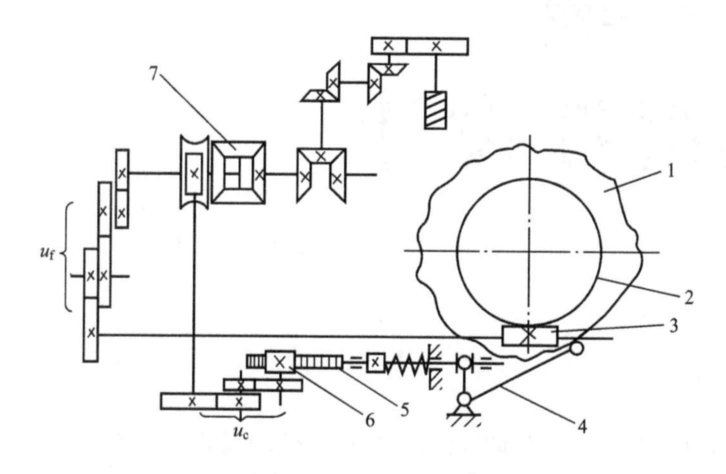

图 8.21　滚齿校正装置

1—校正凸轮；2—分度蜗轮；3—分度蜗杆；
4—杠杆机构；5—齿条；6—齿轮；7—合成机构

随着光、电技术的发展和计算机的应用，发展了多种不同结构的校正装置，除上述机械校正装置外，还有光学校正装置、感应同步器校正装置，激光—光栅反馈校正装置及数控校正装置等。例如，加工螺纹时，采用激光—光栅反馈校正装置，在主轴上安装圆光栅，作为角度基准，用激光干涉仪测出刀架的实际距离，二者进行比较，根据其误差使刀架得到补偿运动，以校正螺距加工误差。

思考和练习

1. 机床进给传动有哪几种类型？有何特点？

2. 机床进给传动系统由哪几部分组成？

3. 在机床传动链中，传动误差主要来自于何处？

4. 机床内联系传动链的设计原则是什么？

5. 数控机床的进给传动必须满足哪些条件？

6. 在数控机床的进给传动中，为什么要采用滚动丝杠螺母机构？为什么一定要消除传动装置中的间隙？怎样消除传动齿轮的齿侧间隙？

7. 如何确定机床进给传动系统的计算转速？

第9章 主轴组件设计

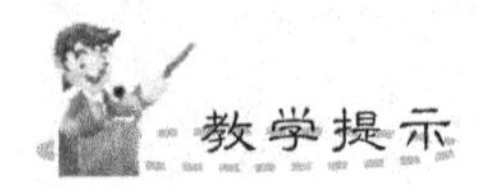

主轴组件是机床中的一个关键组件，它的工作性能直接影响到机床的加工质量和生产率。对机床主轴组件分析的目的在于：保证主轴在工作载荷下，应能长期保持所需要的稳定的工作精度，从而保证工件的加工质量。在机床主轴组件的设计中，不但要考虑主轴的结构、尺寸，还要考虑主轴的材料和热处理方法。

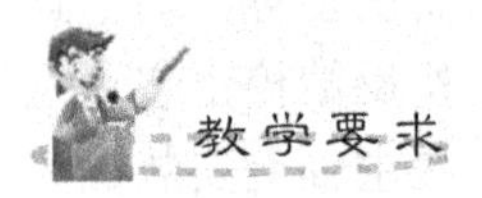

本章重点让学生掌握主轴组件的定义、组成和功用，掌握主轴组件的要求，各参数及支承形式对主轴组件的影响关系，了解主轴外形的特点，内孔的用途及主轴端部的结构形状。熟悉两支承主轴轴承的配置形式，三支承主轴组件的要求，滚动轴承调整和预紧的原因，明确主轴组件验算的内容。使学生在实际设计中，能够设计出满足要求的主轴组件。

9.1 概　　述

凡是主运动为回转运动的机床都具有主轴组件。通用机床一般只有一个主轴组件，而多轴自动或半自动机床、专用机床(包括组合机床)等则有多个主轴组件。

主轴组件是机床的一个重要组成部分，主轴组件的功用是夹持刀具或工件转动进行切削，传递运动、动力以及承受切削力，并保证刀具或工件具有准确、稳定的运动轨迹。

主轴组件是由主轴、轴承、传动件、密封件和固定件等组成的。为了适应不同的使用要求和工作性能，机床主轴组件的结构形式是多种多样的。不同类型的机床主轴组件会有不同的运动方式，多数机床(如车床、铣床、磨床等)的主轴组件仅作旋转运动，而有些机床(如钻床、镗床等)的主轴组件既作旋转运动又做轴向移动；另外，主轴组件还有卧式、立式和倾斜式的不同布置方式。即使同一类型的机床，由于工作性能的要求不同，其主轴组件的结构形式也会有较大的差异。

机床主轴除了传递运动和转矩外，还直接带着工件或刀具进行切削，主轴直接承受切削力，通用机床和数控机床主轴的转速又要求有很大的变速范围，因此，机床的加工质量在很大程度上要靠主轴组件来保证，对机床主轴组件的要求，除了一般传动轴的要求外，还要有很多特殊要求。

1. 旋转精度

主轴组件的旋转精度是指在机床低速、空载运行时，主轴前端安装刀具或工件部位的径向跳动、端面跳动和轴向窜动的大小。旋转精度是在主轴手动或空载低速旋转下测量的，如图 9.1 所示，主轴组件的旋转精度主要取决于主轴、轴承及其调整螺母、支承座孔等的制造精度和装配质量。

2. 刚度

主轴组件的刚度是指在外加载荷的作用下抵抗变形的能力，通常是以主轴前端产生单位位移时，需在位移方向上施加作用力的大小来表示，即刚度 $K=F/y$(N/μm)。如图 9.2 所示，位移量 y 一般是在静态下加载进行测量的。如果主轴组件的刚度不足，在一定切削力的作用下，主轴就会因产生较大的弹性变形而造成不良后果。

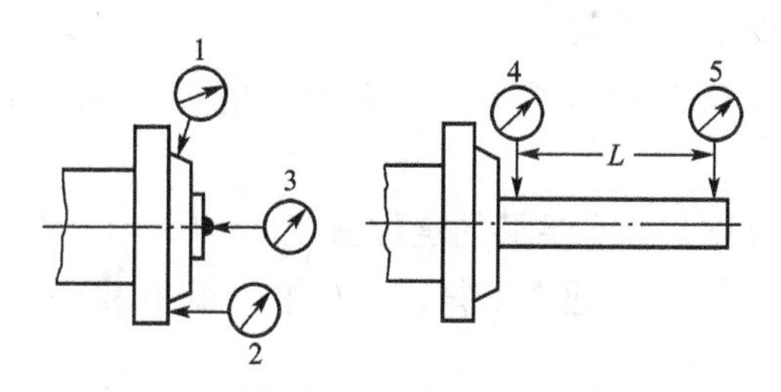

图 9.1　卧式车床主轴组件的旋转精度

1、2、3、4、5—百分表

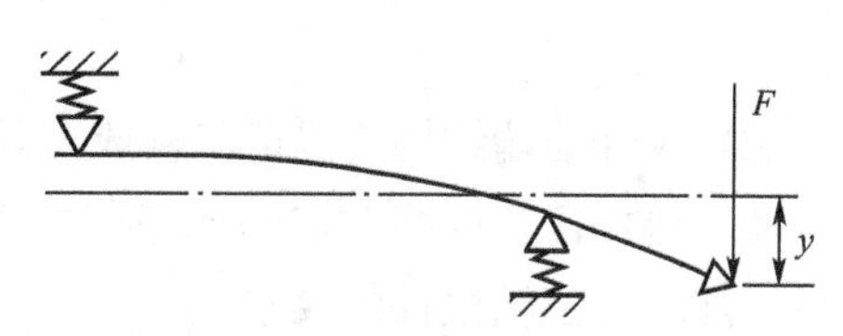

图 9.2　主轴组件的前端位移量

影响主轴组件刚度的因素很多，如主轴的结构形状及尺寸、轴承的类型及配置、轴承的间隙量、传动件的布置、主轴组件的制造和装配质量等。

3. 抗振能力

工作时主轴组件的振动，会造成工件表面质量和刀具耐用度的下降，使机床的生产率降低，加剧机床零件的损坏，产生噪声、恶化工作环境等。如果产生切削自激振动，不仅严重影响加工表面的质量，还会使切削无法进行下去，因此，要求主轴组件必须具有抵抗振动(受迫振动和自激振动)、保持稳定运转的能力。

主轴组件的抗振能力主要取决于它的刚度、阻尼和固有频率、轴承类型及配置、轴承的间隙量、主轴组件的结构尺寸及质量分布、主轴的传动方式、各传动件及轴承的制造与装配质量等。

4. 热稳定性

主轴组件的热稳定性是指运转中抵抗热位移而保持准确、稳定旋转的能力。由于摩擦和搅油所产生的热量，使主轴组件的温度升高。温升过高，主轴组件和箱体等的热变形，将改变轴承的间隙，引起主轴较大的径向热位移和轴向热位移，会降低主轴的旋转精度，增大被加工工件的形位误差。主轴组件的温升主要是轴承温升，前后轴承温度不同，还会使主轴倾斜。主轴温升与转速有关，当主轴在空载状态下高速连续运行时，允许的温升为：普通机床 30～40℃，精密机床 15～20℃，高精度机床 8～10℃。

主轴组件的热稳定性主要取决于轴承的类型及配置、轴承的间隙量、润滑与密封方式、散热条件、支承座及有关元件的结构等。

5. 耐磨性

主轴组件的耐磨性是指抵抗磨损而能长期保持其原始制造精度的能力。易磨损的部位是主轴轴承、主轴前端安装刀具或工件的工作表面以及其他各滑动表面。为了提高耐磨性，这些表面应具有一定的硬度，通常需要淬火。

主轴组件的耐磨性主要取决于主轴、轴承的材料及热处理、轴承(或衬套)的类型与润滑方式等。

6. 其他

主轴组件除应保证上述基本要求外，还应满足下列要求：

(1) 主轴的定位可靠，主轴在切削力和传动力的作用下，应有可靠的径向和轴向定位。

(2) 主轴前端结构应保证工件或刀具装夹可靠，并有足够的定位精度。

(3) 结构工艺性好，在保证好用的基础上，尽可能地做到好造、好装、好拆和好修，并尽可能降低主轴组件的成本。

9.2 主轴传动件

9.2.1 主轴传动件类型的选择

常用的传动件有：齿轮、蜗轮、带轮和原动机等。主轴传动件类型的选择主要取决于传递动力的大小和转速的高低。

1. 齿轮

在变转速、变载荷工作的情况下，一般普遍采用齿轮传动，它结构简单、紧凑，并能传递较大的转矩。但是，当齿轮线速度较高时，会增大噪声；在间断切削的机床上，会增加传动系统的动载荷，降低主轴旋转的平稳性；齿距误差会影响表面加工质量的提高。因此，齿轮传动件一般适用于转速 $n\leqslant 2100\mathrm{r/min}$，线速度 $v\leqslant 12\sim15\mathrm{m/s}$ 及载荷较大但表面加工质量要求不高的场合。为了提高承载能力及运转的平稳性，降低齿轮的噪声，可采用斜齿圆柱齿轮，斜齿圆柱齿轮在工作中要产生轴向分力，当确定齿轮螺旋线的方向时，应考虑下述情况。

(1) 粗加工时，齿轮轴向分力的方向应与切削力的方向相反，因为普通精度机床在粗加工时，所产生的轴向切削力较大，齿轮的轴向分力抵消一部分轴向切削力，减轻轴承所受的载荷。

(2) 精密、高速加工时，齿轮轴向分力的方向应与切削力的方向相同。精密、高速加工时，由于切削力较小，齿轮轴向分力和轴向切削力的合力的方向可能出现正反变化，使主轴产生轴向窜动，会影响主轴组件的轴向精度。

2. 蜗轮

在低速、小功率且表面加工质量要求较高的场合，一般采用蜗轮传动，它传动平稳、噪声小，但效率低，容易发热和磨损。

3. 带轮

在转速较高且表面加工质量要求较高的场合，一般采用带传动，带轮的结构简单，运转平稳，但传动带容易拉长和磨损，需要定期调整及更换。当线速度 $v\leqslant 30\mathrm{m/s}$ 时，可采用V带、多楔带或同步带传动；当 $v>30\mathrm{m/s}$ 时，可采用各种高速平带传动。如果带轮转速过高($v>100\mathrm{m/s}$)，传动带将在带轮上产生气垫而失去工作可靠性，为了避免振动，带轮应进行动平衡。带传动所产生的压轴力能引起主轴的较大弯曲变形，因此，安装在主轴上的带轮一般应采用卸荷装置，仅向主轴传递转矩。

4. 原动机

主轴转速很高时，可采用原动机直接传动主轴。它传动链最短，只传递转矩，可减小主轴的弯曲变形。如果主轴转速不算太高，可采用普通的异步电动机(如平面磨床的砂轮轴)。

9.2.2 主轴传动件的布置

传动件的位置及受力方向能直接影响主轴变形和轴承受力的大小，通常主轴除了在前端承受切削力外，还承受传动件传来的传动力。主轴端部的位移不仅由切削力 F 引起，也受传动力 Q 的影响。根据主轴承受传动力情况的不同可分成下述四种情况。

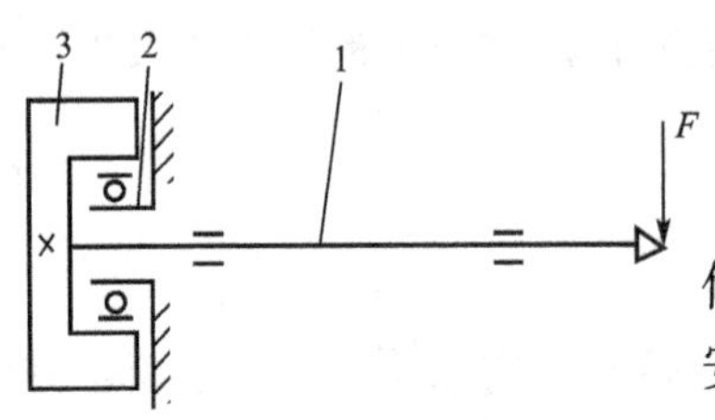

图 9.3 主轴不承受传动力

1. 主轴不承受传动力(即卸荷主轴)

高精度或精密机床的主轴上，往往采用“卸荷式”传动件，如图 9.3 所示。传动件(带轮或齿轮)3 并不直接安装在主轴 1 上，而是装在独立支承 2 上(如固定在箱体上的法兰套)，通过键连接或离合器等传动主轴。因此，传动件通过独立支承把传动力传给箱体，而不能作用在主轴上，也就不会引起主轴的弯曲变形。把这种只传递转矩而卸掉径向力的主轴称为卸荷主轴。

2. 主轴尾端承受传动力

将带轮装在主轴的外伸尾端上，使主轴承受传动力 Q，如图 9.4 所示。传动力 Q 和切削力 F 同向。不能使切削力 F 和传动力 Q 所引起的主轴前端变形部分地相互抵消。这种布局常用于传动力 Q 较小的场合。

3. 主轴前端承受传动力

大型、重型机床的主轴前端悬伸部分同时承受传动力 Q 和切削力 F 时，应使 Q、F 方向相反，如图 9.5 所示。Q、F 可互相抵消一部分，减小了前支承的支反力和主轴前端的总位移量；此外，因 Q、F 均作用于主轴前端，使受扭长度变得很短，扭转变形减小。因此提高了主轴组件的刚度、抗振性，同时改善了轴承、传动件的工作条件。但是，传动件的这种布置方式增加了主轴的悬伸长度，结构也较复杂，在中小型机床上不易实现。

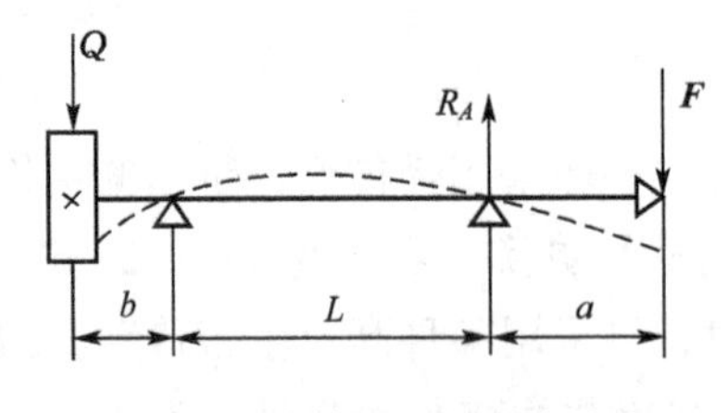

图 9.4 主轴尾端承受传动力

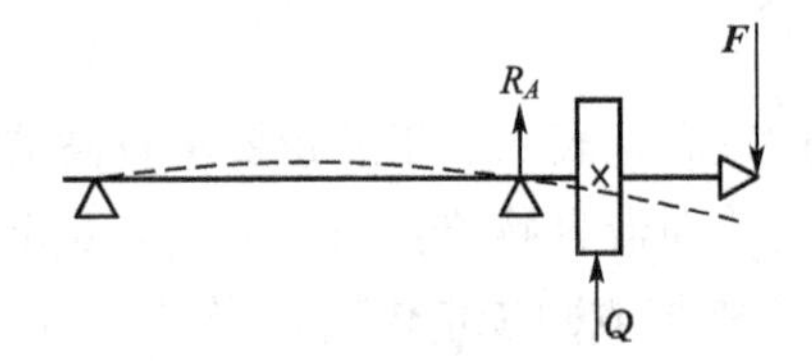

图 9.5 主轴前端承受传动力

4. 主轴两支承间承受的传动力

这是机床上最常见的一种情况，为了减小主轴的弯曲变形和扭转变形，提高固有频率，应将传动齿轮布置在靠近前支承的位置上；如需安装两个大小不同的齿轮时，由于大齿轮用于低速传动，作用力较大，所以安放位置应更加靠前。

当传动力 Q 与切削力 F 的方向相反时，如图 9.6(a)所示，主轴前端的位移量增大，而前轴承的支反力减小，这适用于普通精度机床。

当 Q_y 和 F_y 同向时，如图 9.6(b)所示。使主轴前端的位移量减小，但前轴承的支反力增大，这适用于加工精度要求较高的精密机床。

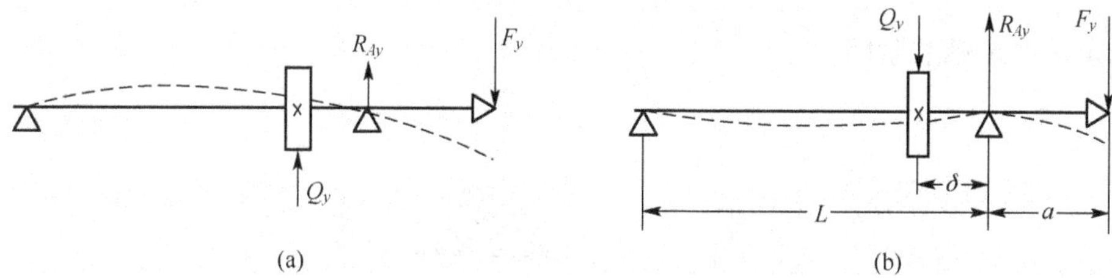

图 9.6 主轴两支承间承受的传动力

9.3 主 轴

9.3.1 主轴的结构形状

主轴的结构形状主要取决于主轴上所安装的传动件、轴承和密封件等零件的类型、数目、位置和安装定位方法等，同时还要考虑主轴加工和装配的工艺性。一般机床在主轴上装有较多的零件，为了满足刚度要求和能得到足够的止推面及便于装配，常把主轴设计成一个阶梯轴，即轴颈尺寸从前轴颈起向后逐渐缩小。对于不同类型的机床，有的主轴是空心轴，有的主轴是实心轴。

主轴的端部是指主轴前端。它的形状取决于机床的类型、安装夹具或刀具的形状，并应保证夹具或刀具安装可靠、定位准确，装卸方便和能传递一定的扭矩。由于夹具和刀具都已经标准化，因此，通用机床主轴端部的形状和尺寸也已经标准化，设计时具体尺寸可以参考机床制造标准。

图 9.7 所示为几种常见的主轴端部结构形状。

图 9.7(a)是普通车床常用的结构形式，x、y 为定位面用螺纹锁紧卡盘。这种结构装卸卡盘比较方便，但由于采用圆柱面配合，卡盘定位精度低，当主轴迅速制动时，卡盘有自动松动的可能，因此须有防松装置。主轴是空心的，便于加工棒料。主轴前端有锥孔，供安装顶尖和心轴用。图 9.7(b)是图 9.7(a)结构的变形，主轴定心轴颈面 x 移到紧固螺纹的前端，增加了径向定位精度。图 9.7(c)是目前广泛应用与车床、六角车床和内圆磨床等机床的短锥带法兰结构，这种结构用短锥面定心，用法兰面上的端面键传递扭矩，卡盘悬伸量小，刚度好，主轴制动时不会松脱。图 9.7(d)是图 9.7(c)的结构变形，采用长锥，增加了定位的稳定性。这种结构的主轴，悬伸量虽然比图 9.7(c)的大，但仍比图 9.7(a)的小。它靠锥体上的键传递扭矩，用螺栓拉紧。图 9.7(e)是铣床常用的主轴端部结构形式。主轴端面上有 4 个螺孔和 2 个长槽，用来固定铣刀和传递扭矩。主轴是空心的，前端有 7∶24 锥度的锥孔，供插入铣刀尾部的锥柄或刀杆尾锥时定位用，再由拉杆从主轴后端拉紧，防止切削时铣刀和主轴之间有相对松动。图 9.7(f)是钻床和镗床的端部结构形式。

孔加工刀具直接插入主轴的锥孔中。由于钻床切削力主要是轴向力，所以结构比较简单。图 9.7(g)是坐标镗床常用的结构形式。定心轴颈 x 的直径较大，定心精度高，主轴端部悬伸量比较小。图 9.7(h)是外圆磨床砂轮主轴端部常用的结构形式。为了在砂轮主轴上安装砂轮，保证其对中精度和工作安全可靠，主轴端部做成锥度为 1∶5 的锥形，并用半圆键传递扭矩。图 9.7(i)是内圆磨床砂轮主轴前端常用的结构形式。主轴直径小，砂轮接杆以锥孔定位，借螺纹紧固。。

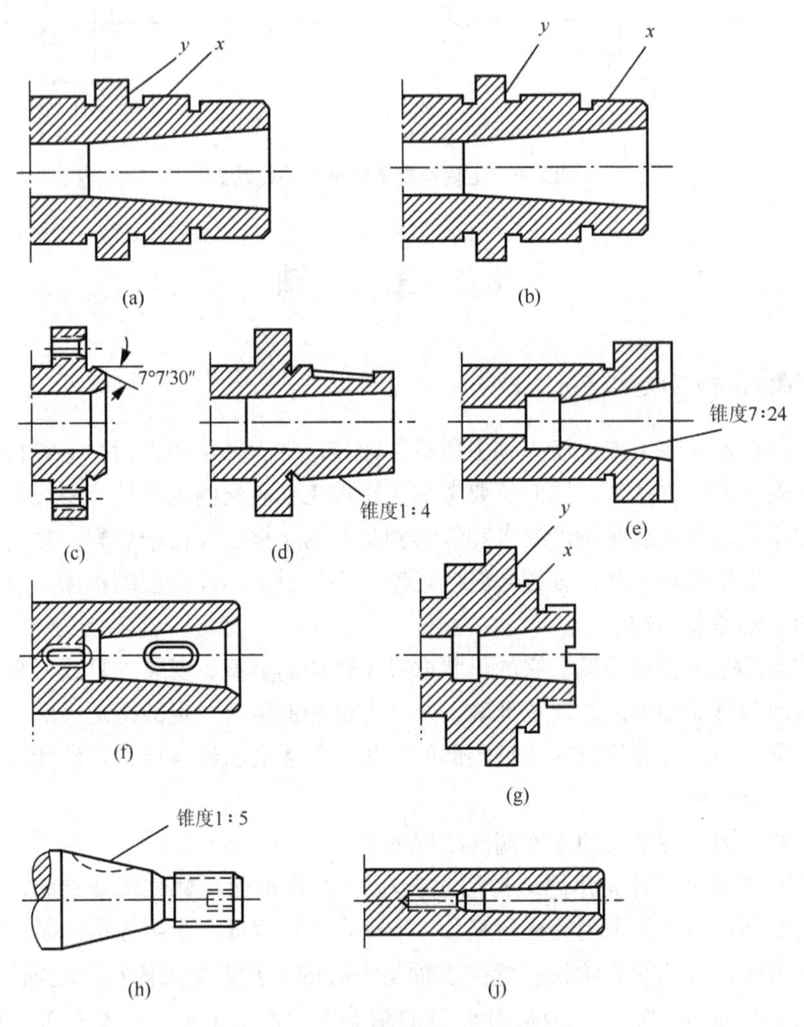

图 9.7　通用机床主轴端部的形状

9.3.2　主轴的材料和热处理

主轴的材料应根据主轴的耐磨性、热处理方法和热处理后的变形来选择。因为在主轴结构形状和尺寸一定的条件下，材料的弹性模量 E 越大，主轴的刚度也越高。由于钢材的 E 值较大，故通常采用钢质主轴。因为各种钢材的弹性模量几乎没有多少差别，所以刚度不是选材的依据。主轴的载荷相对来说不大，引起的应力通常远小于钢的强度极限，因此，强度一般也不是选择材料的依据。

如无特殊要求，一般机床的主轴应选用价格便宜、性能良好的45钢或60钢，调质到220～250HB左右，主轴与滚动轴承配合处，通常淬火硬度为40～50HRC，在主轴头部的锥孔、定心轴颈或定心锥面等部位，高频淬硬至50～55HRC；若主轴的载荷较大、转速较高、精度要求较高而且工作中承受冲击载荷时，可选用40Gr或42MnVB钢，转速及精度要求再高时，还可选用45Cr或42CrMo钢；主轴与滑动轴承配合使用时，若载荷大，可选用65Mn或GCrl5及9Mn2V钢，高频淬火硬度应大于50HRC；精密机床的主轴，希望淬火变形和淬火应力要小，可用40Cr或低碳合金钢20Ct、16MnCr5、12CrNi2A等渗碳淬硬至大于60HRC；支承为滑动轴承的高精度磨床砂轮主轴，镗床、坐标镗床、加工中心的主轴，要求有很高的耐磨性，这时可用渗氮钢如38CrMoAlA，调质后渗氮，表面硬度可达1100～1200HV(相当于69～72HRC)；高速中载、要求具有高的表面硬度时，可选用20Cr或20MnVB及20Mn2B钢；要求再高，可选用20CrMnTi或12CrNi3钢，经渗碳后淬火，表面硬度高可达58～63HRC；对于精度要求不高、转速较低或大型机床的主轴，也可选用球墨铸铁。

9.3.3 主轴技术条件

主轴的技术条件首先要满足设计要求，即满足主轴精度及其他性能的技术规定；其次要满足工艺性要求，即考虑制造的可能性和经济性，并尽量做到工艺基准与设计基准相一致；第三要满足检测方法要求，即采用简便、准确而可靠的测量手段和计算方法，并尽量做到检验、设计、工艺基准的一致性。

主轴和壳体孔的直径公差和形状公差可参考表9-1制订。

表9-1 主轴颈与外壳孔技术要求

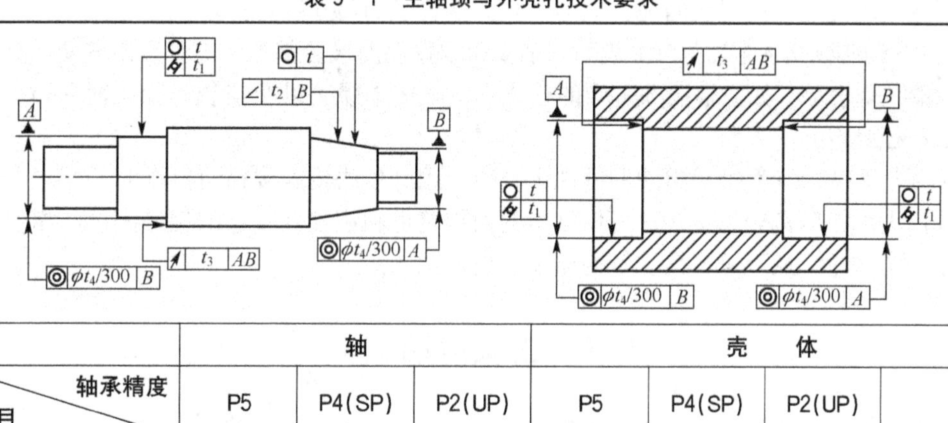

项目 \ 轴承精度		轴 P5	轴 P4(SP)	轴 P2(UP)	壳体 P5	壳体 P4(SP)	壳体 P2(UP)	
直径公差		js5 或 K5	js4	js3	Js5	Js5	Js4	轴向固定端
					H5	H5	H4	轴向自由端
圆度 t 和圆柱度 t_1		IT3/2	IT2/2	IT1/2	IT3/2	IT2/2	IT1/2	
倾斜度 t_2		—	IT3/2	IT2/2	—	—	—	
跳动 t_3		IT1	IT1	IT0	IT1	IT1	IT0	
同轴度 t_4		IT5	IT4	IT3	IT5	IT4	IT3	
表面粗糙度 $R_a/\mu m$	d、$D\leqslant 80$	0.2	0.2	0.1	0.4	0.4	0.2	
	d、$D\leqslant 250$	0.4	0.4	0.2	0.8	0.8	0.4	

图 9.8 所示的主轴是以两支承轴颈 A 和 B 的公共轴心线为基准(即组合基准 $A—B$)，来检验主轴上各内外圆表面和端面的跳动(径跳和端跳)。这样标注可保证设计、工艺和检验基准的一致性。

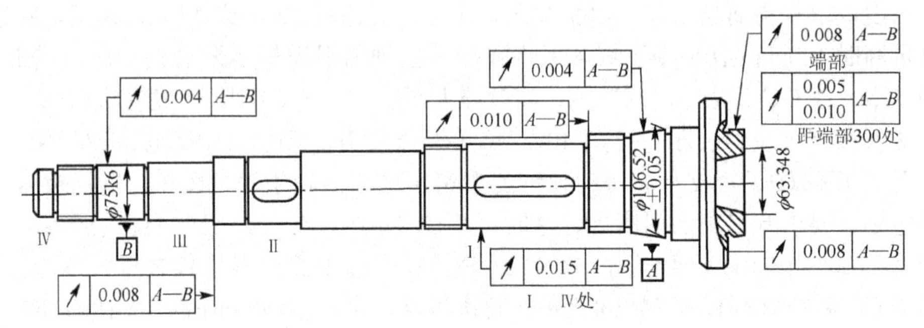

图 9.8 主轴的主要形位公差标注

轴颈 A 和 B 分别是主轴前后轴承的支承轴颈，由于它们是主轴旋转精度的基础(轴心线为设计基准)，因此这两个轴颈应在同一个基准(主轴两端工艺用锥孔)上磨制而成，可确保较高的相互位置精度，这就需要控制轴颈 A、B 表面的圆度和同轴度。但因圆度和同轴度难于检测，如 9.8 图所示也可用 A、B 表面的径向跳动公差来表示。因为径跳公差是形状和位置公差的综合指标，它包含了圆度和同轴度，而且检测方便、直观。

为了保证前锥孔轴心线与轴颈轴心线同心，应以轴颈为工艺基面来最后精磨锥孔。因此，$A—B$ 的轴心线又是工艺基准。检验锥孔轴心线对主轴旋转轴心线($A—B$)的径跳，可用插入锥孔中的检验棒测量，分别在主轴端部和距端部 300mm 处的检验棒表面上测量和计算误差，因此径跳指引线的箭头应与锥孔大端直径的尺寸线对齐。

$A—B$ 轴心线又是主轴各有关表面同轴度和垂直度的检验基准，也可采用方便、直观的径跳和端跳来表示。如主轴端部短锥的径跳，法兰的端跳，以及安装齿轮、辅具等Ⅰ—Ⅳ处表面的径跳等。

轴颈与 3182100 型轴承内圈的锥孔配合时，用涂色法检验接触面积不少于 75%。一般希望锥面大端接触密合为宜，这可使轴承的前排滚道和滚柱有较好的接触刚度，相应缩短了主轴的悬伸量，从而可提高主轴的刚度和抗振性。

9.4 主轴滚动支承

主轴支承是指主轴轴承、支承座及其他相关零件的组合体，其中核心元件是轴承。因此把采用滚动轴承的主轴支承称为主轴滚动支承；把采用滑动轴承的主轴支承称为主轴滑动支承。目前，90%以上的机床主轴采用滚动轴承，因为它能适应转速和载荷的变化，并能保持稳定运转；在零间隙或负间隙(过盈)下工作，具有较高的旋转精度和刚度；摩擦系数小，有利于减少发热；轴承的润滑、维修容易，供应方便等。但是，滚动轴承中的滚动体个数有限，刚度是变化的，阻尼也较小，容易引起振动和噪声，径向尺寸较大。滑动轴承具有抗振性好、运转平稳以及径向尺寸小等优点。但制造、维修比较困难，并受到使用场合的限制(如立式主轴或可移动式主轴的漏油问题难于解决)。

在主轴支承设计时，通常应尽可能选用滚动轴承。当主轴速度、加工精度以及工件加工表面等有较高要求时，才选用滑动轴承。由于前支承对主轴组件性能有重要影响，因此有的机床主轴前支承采用滑动轴承，而后支承(承受径向与轴向载荷)仍用滚动轴承。

主轴滚动支承的主要设计内容是：滚动轴承类型的选择、轴承的配置、轴承的精度及其选配、轴承的间隙调整、支承座的结构、轴承的配合及其配合零件的精度、轴承的润滑与密封等。

9.4.1 主轴滚动轴承类型的选择

主轴较粗，主轴轴承的直径较大，相对地说，轴承的负载较轻。因此，一般情况下，承载能力和疲劳寿命不是选择主轴轴承的主要指标。

主轴轴承，应根据精度、刚度和转速选择。为了提高精度和刚度，主轴轴承的间隙应该是可调的，这是主轴轴承的主要特点。线接触的滚子轴承，比点接触的球轴承刚度高，但一定温升下允许的转速较低。机床主轴常用的滚动轴承有以下几种。

1. 双列圆柱滚子轴承

图9.9(a)是双列圆柱滚子轴承，它的特点是内孔为1∶12的锥孔，与主轴的锥形轴颈相配合，轴向移动内圈，可以把内圈胀大，以消除间隙或预紧。

图9.9(b)是另一种双列圆柱滚子轴承，与图9.9(a)的差别在于：图9.9(a)的滚道挡边开在内圈上，滚动体、保持架与内圈成为一体，外圈可分离；图9.9(b)则相反，滚道挡边开在外圈上，滚动体、保持架与外圈成为一体，内圈可分离，可以将内圈装上主轴后再精磨滚道，以便进一步提高精度。图9.9(a)为特轻型，图9.9(b)为超轻型，同样的孔径，图9.9(b)的外径比图9.9(a)小些。前者编号为NN3000K(旧编号为3182100)系列，后者为NNU4900K(旧编号为4382900)系列。后者只有大型，最小内径为100mm。

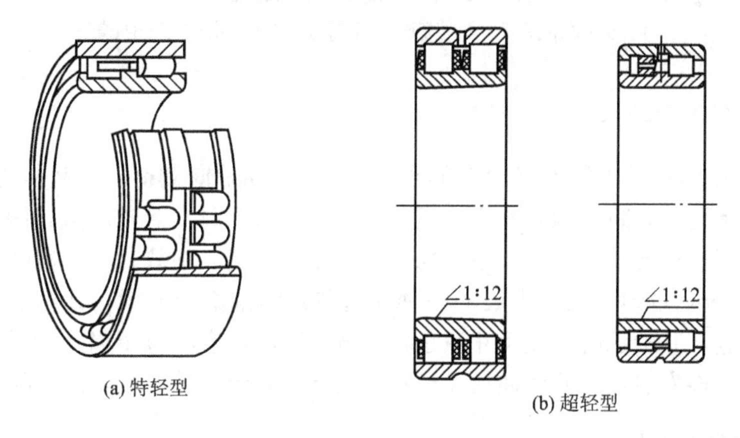

(a) 特轻型 (b) 超轻型

图9.9 双列圆柱滚子轴承

这种轴承具有径向尺寸较小、制造精度较高、承载能力较大、静刚度好以及允许的转速高等优点，并能够调整轴承的径向间隙，因此在机床主轴组件上得到了广泛应用。但这种轴承只能承受径向载荷，如果主轴需要承受轴向载荷时，还应增加推力轴承与之匹配使用。由于轴承的内外圈都较薄，因此对相配合的主轴轴颈和支承座孔的制造精度要求较高，否则会将误差反映到轴承上，而影响主轴组件的旋转精度，还会造成较高的温升。这种轴承适用于载荷较大或高速、精密的机床主轴组件。

2. 双向推力角接触球轴承

图9.10所示是双向推力角接触球轴承，这种轴承与双列圆柱滚子轴承相配套，用于承受轴向载荷。轴承由左右内圈1和5、外圈3、左右两列滚珠及保持架2和4、隔套6组成。修磨隔套6的厚度就能消除间隙和预紧。它的公称外径与同孔径的双列圆柱滚子轴承相同，但外径公差带在零线的下方，与壳体孔之间有间隙，所以不承受径向载荷，专作推力轴承使用。接触角有60°的，编号为234400(旧编号为2268100)。这种轴承的优点是制造精度高，允许转速高，温升较低，抗振性高于推力球轴承8000型，装配调整简单，精度稳定可靠。在轴承的外圈上还开有油槽和油孔，以便于润滑油进入轴承。这种轴承的内径、外径基本尺寸均与相应的双列圆柱滚子轴承相同，但外径尺寸为负偏差，与支承座孔的配合间隙大，因此可不承受径向载荷。234400型轴承一般只与双列圆柱滚子轴承匹配使用，以承受轴向载荷，这种轴承适用于轴向载荷较大的高速、精密机床主轴组件。

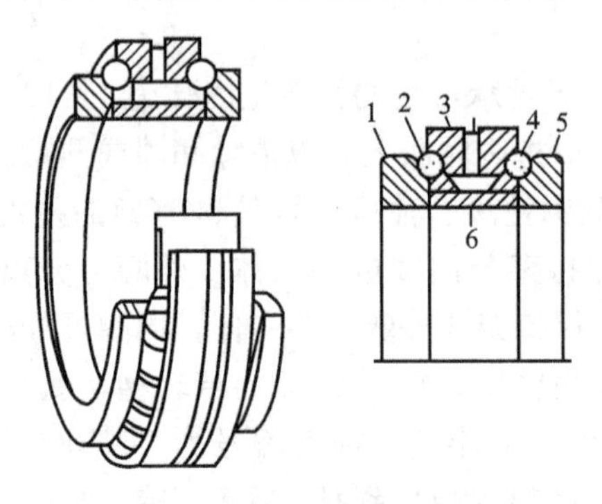

图9.10 双向推力角接触球轴承

1、5—内圈；2、4—滚珠及保持架；3—外圈；6—隔套

3. 单列圆锥滚子轴承

普通单列圆锥滚子轴承(7000型)能同时承受径向和轴向载荷，承载能力和刚度较高，价格便宜，支承简单，间隙调整方便。但是，当转速较高时发热较严重，因此，这种轴承不宜用于连续高速运转及要求温升小的场合，可用于中速、中载、一般精度的主轴组件。

美国Timken(铁姆肯)公司发展的一种新型单列圆锥滚子轴承，针对上述问题在结构上做了重大改进，其轴承的外径尺寸减小，接触角变小，空心滚子以及滚子大端面为圆弧形等，可减小摩擦发热，且润滑油从滚子轴心孔流过带走部分热量，温升降低约15%。

4. 双列圆锥滚子轴承

双列圆锥滚子轴承(2697100型)能够同时承受径向载荷和双向轴向载荷，承载能力、刚度及抗振能力较高，但也存在高速运转时的发热问题。因此，这种轴承适用于中速、径向载荷大、轴向载荷中等、一般精度的机床主轴组件。

法国Gamet公司发展的一种新型双列圆锥滚子轴承系列，滚子是空心的，保持架为铝质，整体加工，把滚子之间的间隙填满。大量的润滑油只能从滚子的中孔流过，冷却滚子，以降低轴承的发热。但是，这种轴承必须用油润滑，这就限制了它的使用，例如难以用于立式主轴。

除了上述4种轴承之外，主轴组件还多用角接触球轴承和单向推力球轴承。角接触球轴承适用于高速、径向及轴向载荷较小的精密主轴组件，单向推力球轴承适用于转速较低、轴向载荷较大的主轴组件。

除了根据精度、刚度和转速选择主轴的滚动轴承外，主轴滚动轴承还要适应结构的不同要求，比如主轴很少采用滚针轴承，但对于要求中心距特别小的主轴机床(如组合机床)，或结构尺寸受限制的主轴组件，只能采用无内圈滚针轴承来承受径向载荷。再如，滚锥轴承能同时承受径向和轴向载荷，轴承个数少且可简化支承结构，如能满足使用要求，宜选用滚锥轴承。

9.4.2 主轴滚动轴承的配置

机床主轴组件需要若干个轴承组合使用，因此应对轴承进行合理的匹配与布置(简称配置)。其轴承配置是根据机床用途、主轴的工作条件(载荷大小及方向、转速等)以及所要求的工作性能来确定的。

1. 径向轴承配置

对于两支承或三支承主轴组件，在每个支承处都要有径向轴承。前支承的径向轴承对主轴组件的性能影响重大，故首先应选定前支承的径向轴承。其他支承的径向轴承，一般因载荷较小且对于主轴组件性能的影响较小，可选用较前轴承刚度、抗振性及精度略低的轴承匹配使用。两支承结构的主轴组件通常选用同类型轴承相匹配，如圆锥滚子轴承、双列圆柱滚子轴承。当有其他要求(如同时承受径向、轴向载荷)时，也可选用不同类型的轴承。但需注意的是，匹配使用的轴承都必须适应主轴转速的要求。三支承结构的松支承应配置间隙较大的轴承。

2. 推力轴承配置

机床主轴一般承受两个方向的轴向载荷，需要两个相应的推力(止推)轴承匹配使用。可选用同类型的轴承成对使用。但根据两个方向载荷大小的不同，也可选用不同类型的轴承匹配使用。匹配使用的轴承也必须适应主轴转速的要求。

推力轴承的布置方式或称主轴组件的轴向定位方式，共有三种，如图9.11所示，推力轴承都集中布置在前支承处，称为前端定位；集中布置在后支承处，称为后端定位；分别布置在前、后支承处，称为两端定位。

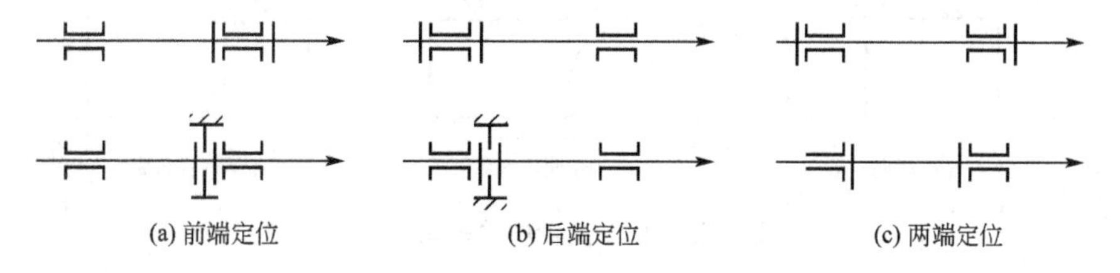

(a) 前端定位　(b) 后端定位　(c) 两端定位

图9.11 主轴组件的轴向定位方式

1) 前端定位

前端定位结构的特点如下。

(1) 主轴受热变形，向后伸长(热位移)，不影响主轴前端的轴向精度。

(2) 主轴切削力受压段短，纵向稳定性好。

(3) 前支承的刚度高，阻尼大，因此主轴组件的刚度高和抗振性好。

(4) 前支承的结构较复杂，温升较高。

这种结构的适用范围：对轴向精度和刚度要求较高的高速、精密机床主轴(如精密车床、镗床、坐标镗床等)及对抗振性要求较高的普通机床主轴(如多刀车床、铣床等)。

2) 后端定位

后端定位结构的特点如下。

(1) 前支承的结构简单、温升较小。

(2) 主轴受热向前伸长，影响主轴的轴向精度(如 500mm 的钢质主轴，温升 $\Delta t=30$℃，其热变形伸长量 $\Delta l=0.17$mm)。

(3) 刚度及抗振性较差。

这种结构的适用范围：不宜用于精密、抗振性要求高的机床，可用于要求不高的中速、普通精度机床的主轴(卧式车床、多刀车床、立式铣床等)。

3) 两端定位

两端定位结构的特点如下。

(1) 支承结构简单，间隙调整方便(只需在一端调整)。

(2) 主轴受热伸长会改变轴承间隙，影响轴承的旋转精度及寿命。

(3) 刚度和抗振性较差。

这种结构的适用范围如下。

(1) 轴向间隙变化不影响正常工作的机床主轴，如钻床。

(2) 支承跨距短的机床主轴，如组合机床。

(3) 有自动补偿轴向间隙装置的机床主轴。

3. 同一支承中的多轴承布置

主轴要求较高的刚度和一定的承载能力，结构又要求紧凑，可在一个支承中装两个或两个以上的轴承，轴承的不同布置方法，可使主轴组件具有不同的刚度。

同一支承中具有两个(或更多)同时承受径向、轴向载荷的角接触轴承时，其布置方式有三种，如图 9.12 所示。

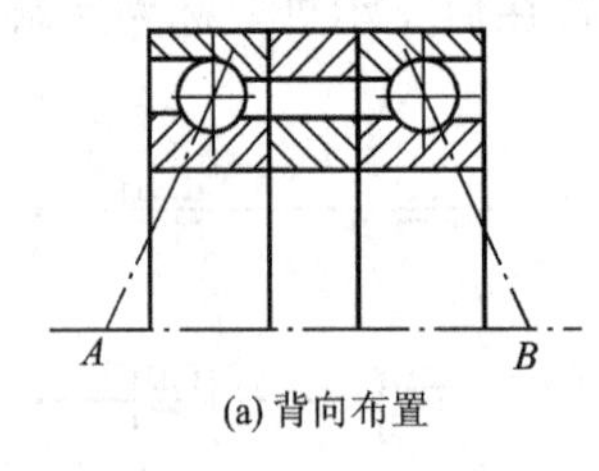

(a) 背向布置

A B

(b) 面向布置

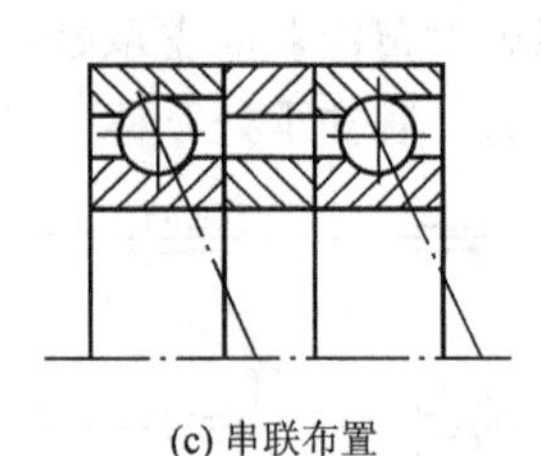

(c) 串联布置

图 9.12 同一支承中的多轴承布置

1) 背向(背靠背)布置

两个轴承外圈的宽边相对，如图 9.12(a)所示，主轴受载荷作用后，两个轴承的反作用力所组成的反力矩，能够抵消一部分外载产生的弯矩，因力臂 AB 增大，从而提高了主轴组件的刚度。目前多采用这种布置形式，但装卸轴承较困难。

2）面向（面对面）布置

两个轴承外圈的窄边相对，如图9.12(b)所示，因两轴承产生的反力矩很小，故主轴刚度提高不大。这种布置形式采用较少，一般装于中间支承或后支承，装卸轴承方便，用来承受双向轴向载荷。

3）串联布置

两个(或更多)轴承外圈的宽窄边方向相同，如图9.12(c)所示，可承受较大的单向轴向载荷。

4. 三支承中的紧支承布置

当前，多数机床(特别是中小型机床)的主轴采用前后两个支承，结构简单，制造、装配方便，容易保证精度。随着对主轴组件刚度和抗振性要求的提高，近年来主轴三支承结构也得到了广泛应用(特别是大、重型机床)。在前后支承跨距一定的条件下，增加了中间支承的三支承主轴，其刚性和抗振性均高于两支承主轴，但它的结构复杂，制造、装配较困难，而且对3个支承座孔的同心度要求较高，否则就会影响旋转精度，并增加装配困难。因此，凡是两支承能够满足使用要求时，就不应选用三支承结构。如果支承跨距较大又无法满足刚性和抗振性要求时，可采用三支承结构。

采用三支承结构时，一般不应把3个支承处的轴承同时预紧(即预加负荷)，否则因箱体孔及有关零件的制造误差，会造成无法装配或者影响正常运转。因此，为了保证主轴组件的刚度和旋转精度，在3个支承中需将其中两个支承预紧，称为紧支承或主要支承；而另一个支承必须具有较大的间隙，即处于所谓的“浮动”状态，称为松支承或辅助支承。对于一般精度机床的三支承主轴，应选用前、中支承为紧支承，后支承为松支承，这时的后支承主要起平稳定心的作用。对于精密机床，一般选用两支承主轴，如果需要提高抗振性时，也可增加中间支承，并选作松支承，主要起增加阻尼的作用。

9.4.3 主轴滚动轴承的精度及其选配

1. 主轴滚动轴承的精度

主轴滚动轴承的精度，应该用P2、P4、P5(旧标准B、C、D)三级，相当于ISO标准的2、4、5级。由于轴承的工作精度主要取决于旋转精度，壳体孔和主轴颈是根据一定的间隙和过盈要求配作的，因此，轴承内、外径的公差即使略宽也并不影响工作精度，但是却可以降低成本。

向心轴承(指接触角$\alpha<45°$的轴承)，如用于切削力方向固定的主轴如车、铣、磨床等的主轴，对轴承的径向旋转精度影响最大的是成套轴承的内圈径向跳动K_{ia}。如用于切削力方向随主轴旋转而旋转的主轴，如镗床和镗铣加工中心主轴，对轴承径向旋转精度影响最大的是成套轴承的外圈径向跳动K_{ea}。推力轴承影响旋转精度（轴向跳动）的是轴圈滚道对底面厚度的变动量S_i。角接触球轴承和圆锥滚子轴承既能承受径向载荷，又能承受轴向载荷，故除K_{ia}和K_{ea}外，还有影响轴向精度的成套轴承内圈端面对滚道的跳动S_{ia}。轴承精度可按表9-2和表9-3选择。

表 9－2　主轴滚动轴承内圈的旋转精度　　(单位：μm)

轴承内径 d/mm		>50～80			>80～120			>120～180		
精度等级		P2	P4	P5	P2	P4	P5	P2①	P4	P5
向心轴承(圆锥滚子轴承除外)	K_{ia}	2.5	4	5	2.5	5	6	2.5	6	8
	S_{ia}	2.5	5	8	2.5	5	9	2.5	7	10
圆锥滚子轴承	K_{ia}	—	4	7	—	5	8	—	6	11
	S_{ia}	—	4	—	—	5	—	—	7	—
推力球轴承	S_i	—	3	4	—	3	4	—	4	5

① P2 级轴承内径最大为 150mm。

表 9－3　主轴滚动轴承外圈的旋转精度　　(单位：μm)

轴承外径 D/mm	>80～120			>120～150			>150～180			>180～250		
精度等级	P2	P4	P5	P2	P4	P5	P2	P4	P5	P2	P4	P5
向心轴承(圆锥滚子轴承除外)K_{ea}	5	6	10	5	7	11	5	8	13	7	10	15
圆锥滚子轴承 K_{ea}	—	6	10	—	7	11	—	8	13	—	10	15

主轴前后支承的径向轴承精度(特别是内圈偏心)对主轴旋转精度的影响程度是不同的。图 9.13(a)表示前轴承内圈有偏心量 δ_A(即径向跳动量之半)、后轴承偏心量为零的情况(假设主轴等配合件不存在误差)，则反映到主轴端部的偏心量为

$$\delta_1=(L+a/L)\delta_A \tag{9-1}$$

图 9.13(b)表示后轴承内圈有偏心量 δ_B、前轴承偏心量为零的情况，则反映到主轴端部的偏心量为

$$\delta_2=\frac{a}{L}\delta_B \tag{9-2}$$

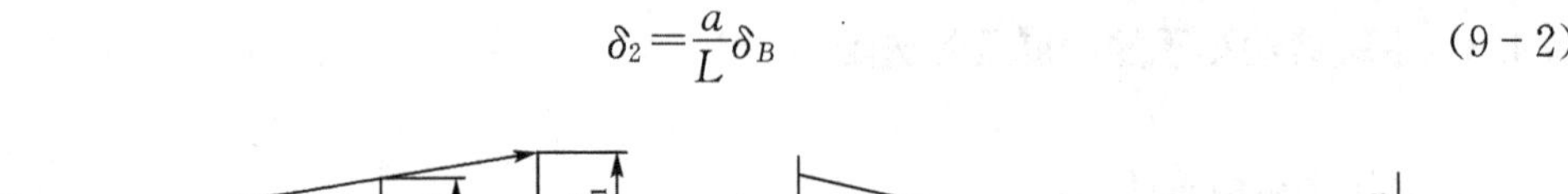

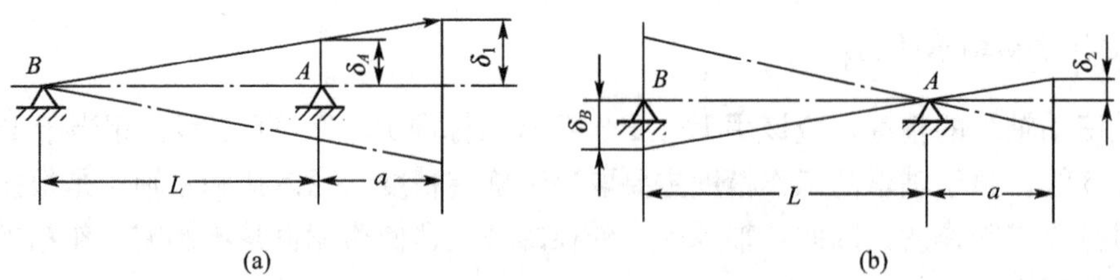

图 9.13　前、后轴承内圈偏心对主轴端部旋转精度的影响

可见，当前、后轴承内圈的偏心量一定(即 $\delta_A=\delta_B$)时，则 $\delta_1>\delta_2$，这说明前轴承内圈的偏心量对主轴端部的旋转精度影响较大，具有误差放大作用，因此前轴承的精度应该高些。而后轴承的影响较小，故精度可选定得低些。

推力轴承应在预紧下工作，轴承的端面跳动只能部分地反映为主轴的端面跳动，因此对主轴旋转精度(轴向)的影响也较小。

综上所述，主轴滚动轴承精度的选择应注意以下几项。

(1) 首先选择主轴前支承轴承精度，其精度等级应与机床精度相适应，即精度较高的机床选用较高精度的轴承，反之亦然。

(2) 主轴后支承轴承精度可比前轴承低一级。

(3) 轴承精度越高，主轴旋转精度及其他性能也越高，但轴承的价格也越昂贵。

机床主轴滚动轴承精度的选择可参考表9-4。

表9-4 主轴轴承精度

机床的精度等级	前轴承	后轴承
普通精度级	P5 或 P4	P5 或 P4
精密级	P4 或 P2	P4
高精度级	P2	P2

轴承的精度不仅影响主轴组件的旋转精度，而且精度越高，各滚动体受力越均匀，有利于提高刚度和抗振性，减少磨损，提高寿命。因此，目前普通机床主轴轴承都有取P4级的趋势。有些机床主轴轴承的精度，还应比表列高一级。

2. 主轴滚动轴承的选配

为了提高主轴组件的旋转精度，除应选用较高精度的轴承，提高主轴轴颈和支承座孔的制造精度，合理选择轴承配合之外，还可采用轴承的选配。

主轴和轴承都存在制造误差，这必然要影响主轴组件的旋转精度。在主轴组件装配时，若使二者的误差影响相互抵消一部分，则可进一步提高其旋转精度。

滚动轴承内圈、外圈及滚动体的误差都会影响其旋转精度，由于内圈随主轴旋转，它的径向跳动(或称振摆)对轴承旋转精度影响最大。因此，现仅研究轴承内圈和主轴轴颈的径向跳动对主轴组件旋转精度的影响。

1) 前轴承的选配

由前述可知，主轴在前支承处的径向跳动对其端部的旋转精度影响最大。因此，首先应采用轴承选配法来减小前支承处的径向跳动。

如图9.14所示，主轴上安装刀具或工件的部位(图9.14所示为轴端锥孔)轴心为O，主轴前轴颈的轴心为O_1，因制造误差所造成的偏心量为δ_{A1}(即径向跳动量之半)。将轴承内圈装于该轴颈上，则O_1也是轴承内圈孔的轴心。轴承内圈滚道(轴心为O_2)相对于内圈孔(轴心为O_1)的偏心量为δ_{A2}。则主轴在前支承的实际旋转轴心为O_2。

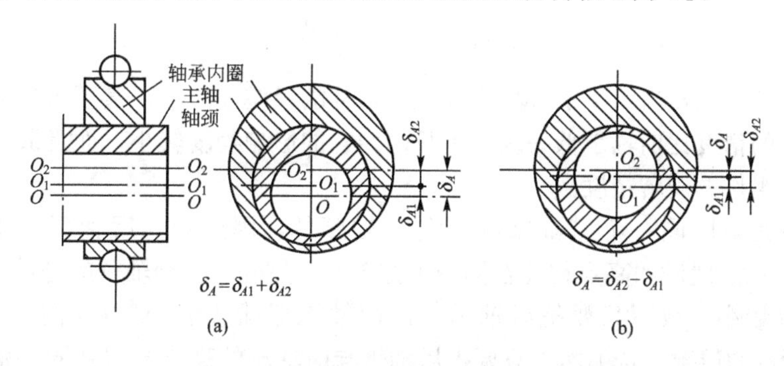

图9.14 主轴轴颈和轴承内圈的高点位置

若按图 9.14(a)所示的方式装配，主轴轴颈和轴承内圈的最大跳动点(即高点)都在轴心的同一个方向上，即高点同向，则主轴轴心 O 与其旋转轴心 O_2 的偏心量为 δ_A，即 $\delta_A=\delta_{A1}+\delta_{A2}$。也就是说，主轴轴心 O 的运动轨迹是以 O_2 为圆心、以 δ_A 为半径的圆(跳动量为 $2\delta_A$)。

若按图 9.14(b)所示的方式装配，主轴轴颈和轴承内圈的高点异向，则偏心量 $\delta_A=\delta_{A2}-\delta_{A1}$；若使 $\delta_{A2}=\delta_{A1}$，偏心量 δ_A 可接近于零，因此主轴组件的旋转精度能得以显著提高。

按照完全互换法，严格控制主轴和轴承的制造精度，即使出现二者高点同向的极端情况，主轴组件的旋转精度也在允许值之内，这对于高精度机床主轴无疑是困难的，因此采用图 9.14(b)所示的轴承选配法，可在制造精度并非很高的情况下，也能使主轴组件获得较高的旋转精度。实际的操作过程是，装配前先将一批滚动轴承的内圈和主轴轴颈分别进行测量，并在各自的高点处打字标记；然后按实际的径向跳动量分组；取其跳动量相近者进行装配，使二者的高点异向，即完成前轴承的选配。

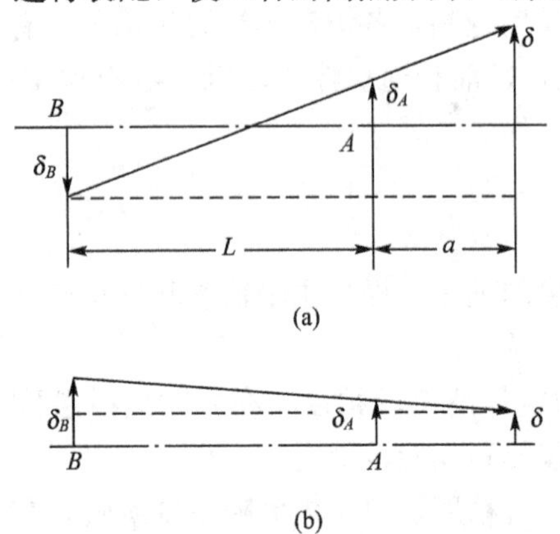

图 9.15　主轴前、后支承处最大跳动点不同位置的影响

在普通精度机床主轴装配时，若主轴及轴承都是合格品，往往不必进行上述测量分组，可直接进行装配，一般很少出现高点同向的极端情况，因此主轴组件的径跳多为合格者。若一旦径跳超差(高点同向造成的)，可将内圈退出，主轴旋转 180°后再装上，径跳即可减小。

2) 后轴承选配

对主轴组件前轴承选配之后，再对后轴承进行选配，还可进一步提高主轴组件的旋转精度。

如图 9.15 所示，δ_A、δ_B 分别为主轴前、后支承处的偏心量(即上述大主轴轴心 O 与其旋转轴心 O_2 的偏心量，为径向跳动量之半)。图 9.15(a)为主轴前、后支承处的最大跳动点位于同一轴向平面内，且在轴线的异侧时，计算轴端的偏心量 δ(径向跳动之半)为

$$\delta=\left(1+\frac{a}{L}\right)\delta_A+\frac{a}{L}\delta_B \tag{9-3}$$

可见，$\delta>\delta_A$，轴端径向跳动增大。

图 9.15(b)为主轴前、后支承处的最大跳动点位于同一轴向平面内，且在轴线的同侧时，算得轴端的偏心量 δ 为

$$\delta=\left(1+\frac{a}{L}\right)\delta_A-\frac{a}{L}\delta_B \tag{9-4}$$

由式(9-4)可见，当 $\delta_B>\delta_A$ 时，则 $\delta<\delta_A$，轴端径跳 δ 减小，甚至可接近于零。由此可见，后轴承的精度比前轴承低一级，不只因为它的影响程度较小，而且通过选配法还有利于提高主轴组件的旋转精度。

由于主轴是采用同一个基准来精磨各个轴颈的，因此前、后轴颈对主轴轴心(即图 9.14 中的 O 点)跳动的高点往往在同一个方向上，另外，主轴轴颈的径跳量一般应比轴承内圈的径跳量小。故而只要把后轴承如同前轴承那样选配(高点异向)，通常可得到图 9.15(b)所示的情况。若不然，只要把后轴承与前轴承的高点布置在同一轴向平面内且

在轴线同侧时，往往可得到较好的效果。如将前、后轴承外圈的径跳高点装于同向，且与座孔的高点异向，还可进一步改善主轴的旋转精度。

综上所述，为了提高主轴组件的旋转精度，采用轴承选配法的几点结论如下。

(1) 首先对前轴承进行选配(高点导向)，使其偏心量 δ_A 为最小。

(2) 然后再对后轴承进行选配，使前、后支承处的最大跳动点位于同一轴向平面内，且在轴线的同侧。

(3) 后轴承的精度比前轴承低一级，采用选配法有利于提高主轴组件的旋转精度。

9.4.4 主轴滚动轴承的间隙及其调整

主轴滚动轴承的间隙量(游隙量)大小对主轴组件的工作性能及轴承的寿命有重要影响。轴承在较大间隙下工作时，会造成主轴位置(径向或轴向)的偏移而直接影响加工精度。这时，轴承的承载区域也较小，载荷集中作用于受力方向的一个或几个滚动体，如图 9.16 所示，此时造成较大的应力集中，引起轴承发热和磨损加剧而降低寿命。此外，主轴组件的刚度和抗振性也大为削弱。当轴承调整为零间隙时，承载区域随之增大，滚动体的受力状况趋于均匀，主轴的旋转精度也得以提高。当轴承预紧(预加载荷)调整为负间隙时，滚动体产生弹性变形，与滚道的接触面积加大，使承载区大到 360°，则主轴组件的刚度和抗振性都能得到明显的提高。因此，滚动轴承保持合理的间隙量，是提高主轴组件旋转精度、刚度和抗振性的一项重要措施。

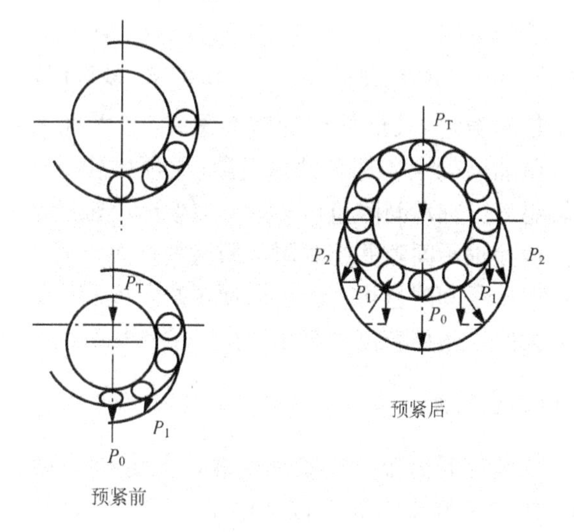

图 9.16 轴承预紧前后受力情况

1. 滚动轴承的间隙量

主轴组件的静态刚度随轴承间隙量的减小而增加，如图 9.17 所示。轴承在零隙附近的刚度变化(曲线斜率)为最大，其后刚度的增加较缓慢。但是，轴承间隙的量对主轴组件动态特性的影响却较复杂。在主轴前端激振时，轴端共振频率随轴承间隙减小而单调增加；但轴端共振幅值却并非单调增加，而具有最小值。如图 9.17 所示，主轴组件的阻尼值(实际阻尼值与临界阻尼值之比为阻尼比)先是随轴承间隙的减小而增大，在零隙处的阻尼值为最大，其后随间隙量的减小(过盈量增大)，阻尼值反而也减小，这是因为轴承逐渐

趋向“刚体化”，使其结构阻尼下降，而较多地呈现出材料内摩擦阻尼特性；静态刚度和阻尼特性共同影响着主轴组件总的动态响应，如图9.18所示，存在最佳间隙量。这时，主轴前端的共振幅值为最小，静态刚度和共振频率都较高。而过大或过小的间隙量，都会造成主轴组件动态特性的下降。若间隙量过大，则是因静态刚度较低所造成的；若间隙量过小(即过盈量过大)，则是由阻尼减小所造成的。当间隙量过小时，刚度的提高已不显著，而轴承的磨损和发热量却大为增加，从而降低轴承寿命并恶化使用条件。由此可见，轴承最佳间隙量的选择，不应单纯考虑静态刚度，还应同时考虑阻尼值，以便得到最小的轴端共振幅值，较高的刚度、共振频率和加工精度。

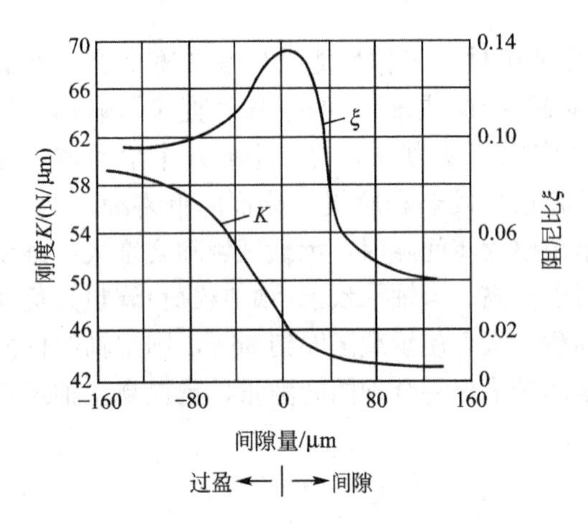

图 9.17　轴承间隙对主轴组件刚度和阻尼的影响

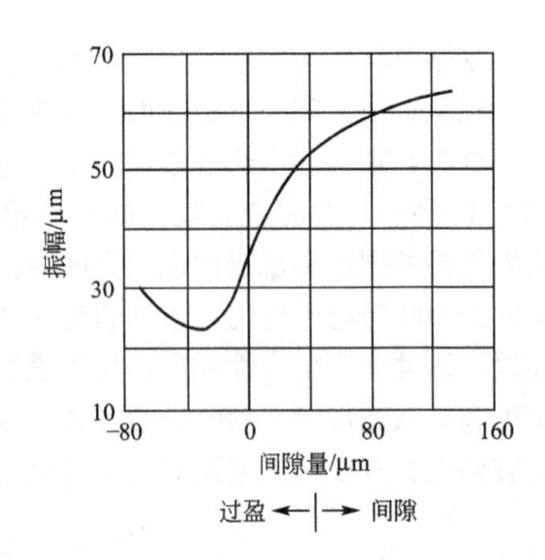

图 9.18　轴承间隙对主轴前端共振幅值的影响

主轴滚动轴承的最佳间隙量(或最佳预加载荷量)应考虑机床的工作条件和轴承的类型，根据试验和生产经验加以确定。选择轴承间隙(或预加载荷)的一般原则：对于高速、轻载或精密机床的主轴组件，轴承间隙量可大些，以便减小轴承的发热和磨损，而且高速运转后的热膨胀，还能消除轴承间隙并起到附加载荷的作用；对于中低速、载荷较大或一般精度的机床主轴组件，轴承间隙量可小些，以便提高刚度和抗振性；球轴承一般比滚子轴承允许的预加载荷要大些，精度较高的轴承所允许的预加载荷也可大些。

2. 滚动轴承的间隙调整装置

机床主轴组件不仅在装配时需要调整轴承间隙，在使用一段时间后，轴承有了磨损，还需要重新调整。轴承的间隙调整是通过推动轴承的某一圈(内圈、外圈或紧圈)来实现的。推动件通常采用调整螺母，一般调整螺母应采用细牙螺纹，便于微调，且自锁性能好。同时调整螺母要有防松装置，其结构形式较多。主轴上切制的螺纹很难达到较高的精度，因此可将螺母事先装在主轴适当的位置上，对端面精车，以提高螺母端面对轴心的垂直度。为避免螺母直接压内圈而引起内圈偏斜，在调整螺母与轴承内圈之间安装一个精磨过的轴套，并与主轴精密配合(端面垂直度较高)，对保证轴承内圈端面对主轴轴心的垂直度会有更好的效果。在特殊情况下，也允许用调整螺母直接推动轴承，但制造要求更高。

滚动轴承的间隙控制方式有以下几种。

1) 双列圆柱滚子轴承的预紧

这类轴承是靠内孔的锥面通过内圈的径向弹性变形来调整径向间隙的。调整时，拧紧螺母推动轴承内圈或拉动主轴，使轴承内圈与主轴产生相对轴向位移来获得需要的径向间隙，为此必须控制二者的相对轴向位移量。位移调整量的控制方式主要有三种。

(1) 无控制装置。如图 9.19(a)所示，轴承的间隙调整只凭操作者的经验，因此难于精确控制调整量，当预紧量过大时，松卸轴承不方便，但结构简单，操作方便。

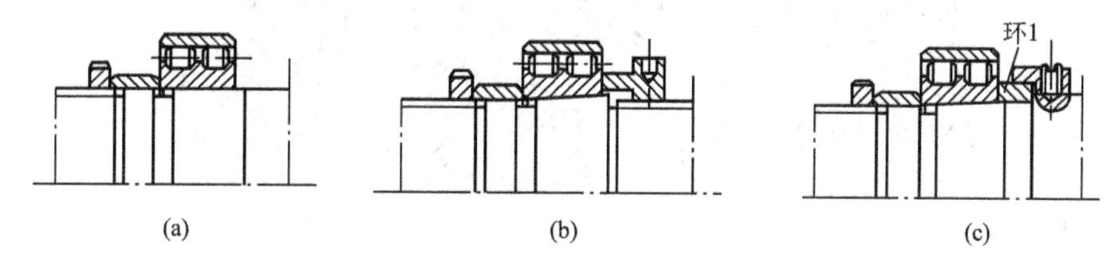

图 9.19 双列圆柱滚子轴承的间隙调整

(2) 控制螺母。如图 9.19(b)所示，轴承前侧的控制螺母能较好地控制调整量，但需在主轴上切制螺纹，增加了工艺的复杂性，且对主轴螺纹及该螺母有较高的精度要求。若需要通过轴承内圈传递轴向载荷，则该螺母是必不可少的；而且用它退下轴承内圈也较方便。

(3) 控制环。如图 9.19(c)所示，轴承前侧的控制环是两个对开的半环，用轴套和螺钉紧固在轴肩上防止松脱，可取下修磨其厚度，以控制调整量。该控制方式使用方便，并可保证较高的定位精度。

2) 角接触球轴承的预紧

这类轴承是通过内、外圈之间的相对轴向位移来调整间隙的。轴承的轴向位移调整量或预加载荷量的控制方式主要有四种，如图 9.20 所示。

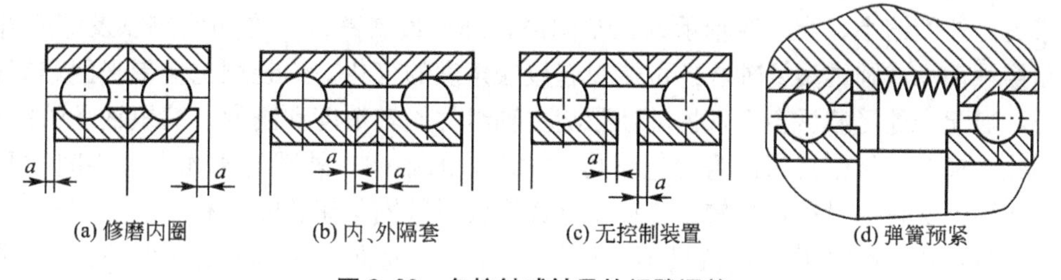

图 9.20 角接触球轴承的间隙调整

(1) 修磨内圈。图 9.20(a)将内圈相靠的侧面各磨去厚度 a，然后用螺母使两个内圈靠紧。这需要修磨轴承，工艺较复杂，而且使用中不能调整间隙，应用较少。

(2) 内、外隔套。图 9.20(b)在两个轴承的内、外圈之间，分别安装两个厚度差为 $2a$ 的内、外隔套，隔套加工精度容易保证，使用效果较好，但使用中不能调整间隙。

(3) 无控制装置。图 9.20(c)所示两个轴承内圈的位移量靠操作者的经验控制，难于准确调整，但可在使用中调整间隙，操作方便。

(4) 弹簧预紧。如图 9.20(d)所示，数个弹簧圆周匀布，可控制预加载荷(预紧力)基本不变，轴承磨损后能自动补偿间隙，且不受热膨胀的影响，效果较好，但对弹簧的制造要求较高。

螺母调整好以后，还应该防止松动。图 9.21 所示为几种常用的调整螺母防松方法，当对调整螺母的端面跳动允许值有严格要求时，应采用不影响螺母端面位置精度的锁紧装置，如图 9.21(a)和图 9.21(b)所示；如果调整螺母的端面跳动不影响轴承内圈的精度，则可采用图 9.21(c)和图 9.21(d)所示的方法。此外还应考虑安装时的方便和可靠性。

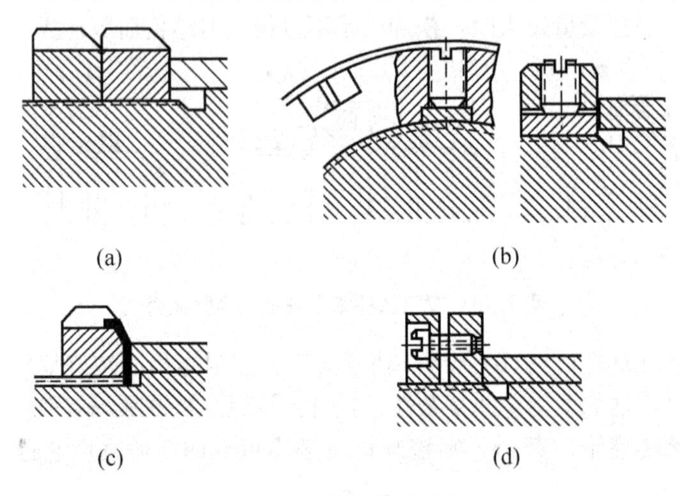

图 9.21 调整螺母防松方法

9.4.5 主轴的滚动轴承配合及其配合件的精度

1. 滚动轴承配合

轴承配合的松紧程度对主轴组件工作性能有一定的影响。配合得紧些，可提高轴承与轴颈、座孔的接触刚度，并有利于提高主轴组件的旋转精度和抗振性。但配合过紧，引起内圈胀大，外圈缩小，会改变轴承的正常间隙，降低旋转精度，增加发热以及缩短寿命，对于角接触轴承或圆锥滚子轴承还可能引起接触角度的变化，给装配也会带来困难等；配合过松，则配合处受载后会出现松动，影响主轴组件旋转精度和刚度，缩短轴承的使用寿命。因此，轻载、精密机床，为避免座孔形状误差的影响，外圈与座孔常采用间隙配合，而内圈与轴颈配合的过盈量也较小。如坐标镗床轴承外圈与座孔配合有 0～0.005mm 的间隙，内圈与轴颈的配合要求过盈量不大于 0.005mm。通常，主轴滚动轴承外圈与座孔的配合要比内圈与轴颈的配合稍松些。

2. 滚动轴承配合件的精度

轴承配合件的精度能够直接影响主轴组件的旋转精度，因为轴承的内、外圈都属于薄壁件，刚度较差，容易变形。通常采用过渡配合时，轴颈和座孔的形状误差将影响轴承滚道的形状精度。主轴轴肩及座孔挡肩的端面跳动也会影响轴承的旋转精度等。因此，主轴组件选用较高精度的滚动轴承时，还必须相应提高轴颈和座孔的尺寸精度和形位精度，否则轴承精度再高也起不到应有的作用。轴颈和座孔的表面粗糙度也影响主轴组件的性能。表面粗糙度应与轴承精度相适应，通常座孔表面轮廓的算术平均偏差 Ra 可比轴颈的大些，这是因为座孔较难加工的缘故。

9.4.6 主轴滚动轴承的润滑

轴承的润滑对主轴组件的工作性能和轴承的寿命有密切的关系。其作用是：降低摩擦，减轻磨损，减少功率消耗；还能带走热量，降低温升；增大阻尼，提高抗振性；防止腐蚀等。

主轴滚动轴承主要采用润滑脂或润滑油来润滑。当速度较低时，脂润滑的温升低，润滑效果较好；当速度较高时，油润滑的效果好，且可带走热量。可根据轴承速度参数选择润滑剂。

1. 脂润滑

脂润滑适用于轴承的速度、温度较低且不需要冷却的场合。对于立式主轴以及装于套筒内的主轴轴承(如钻床、坐标镗床、立铣、龙门铣床、内圆磨床等)，宜用脂润滑；如使用油润滑，则漏油问题难于解决。

如果密封效果好，能够避免润滑油、冷却液及其他杂质混入润滑脂中，则轴承中的润滑脂可长期使用，拆修前不需要补充或更换。润滑脂不要把轴承空间填满，以免发热过高，并引起润滑脂熔化外流，通常充填量约为轴承空间的1/3。

高速主轴轴承多用1～3号锂基润滑脂。如内圆磨头转速为6000r/min以下时，可用2号或3号白色锂基脂；转速再高，可用2号或3号褐色精密机床主轴润滑脂。有时在润滑脂中添加适量的二硫化钼固体润滑剂，也会收到较好的效果。

2. 油润滑

油润滑适用于速度、温升较高的轴承，由于黏度低、摩擦系数小，润滑及冷却效果都较好。润滑油的黏度通常根据轴承的速度参数选择。

1) 主轴滚动轴承的供油量

轴承单位时间的供油量与轴承温度、功率损耗的关系如图9.22所示。适量的润滑油可使润滑充分，同时搅油发热小，因此轴承的温升和功率损耗都较低(B区)。若供油量过小(A区)，轴承不能充分润滑，且热量又不能被带走，则使温升和功率损耗都较高。当供油量增加(如C区)时，搅油发热随之急剧增加，引起温升提高。若供油量继续增加，则带走的热量也多，可使温升下降，但功率损耗还要增高。

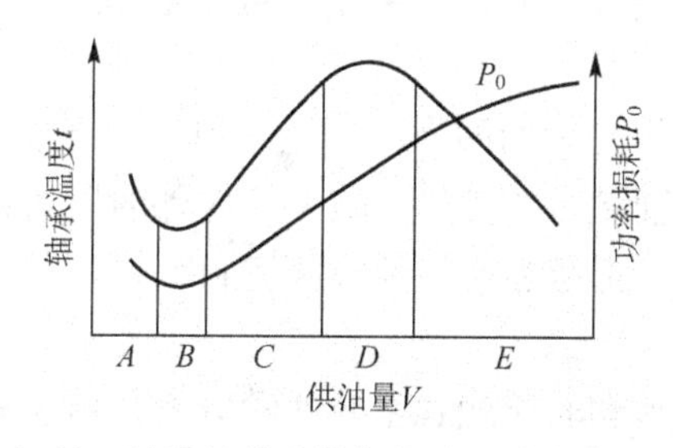

图9.22 轴承的供油量与温度、功率损耗关系

由上述可见，轴承供油量必须适当，但是合理的供油量与摩擦副的接触面积、表面压强、相对速度及所在部位等有关。合理的供油量可通过试验获得。

为了控制供油量，润滑系统中应设油量调节装置。近年发展起来一种自动润滑系统，即油泵用时间继电器控制，可间断地向各定量分配器(定量阀)供油，使其每次排出一定容积的润滑油。为了避免某些元件飞溅起来的润滑油(油温较高)过量地进入轴承，也可在轴承内侧增加挡油环(片)。

2）主轴滚动轴承的进油位置

为使各滚动轴承都能得到充分的润滑，应尽量做到单独供油。一个支承处有两个较为靠近的轴承时，可从它们中间进油去分别润滑。如为双列滚动轴承，应采用轴承外圈中间有进油槽和油孔的结构形式，如图 9.23(a)、图 9.23(b)所示，进油后能够均匀地润滑两列滚子，以提高润滑效果。对于角接触滚动轴承等，由于转动离心力的甩油作用，润滑油必须从小端进油，如图 9.23(c)和图 9.23(d)所示，否则润滑油很难进入轴承中的工作表面。

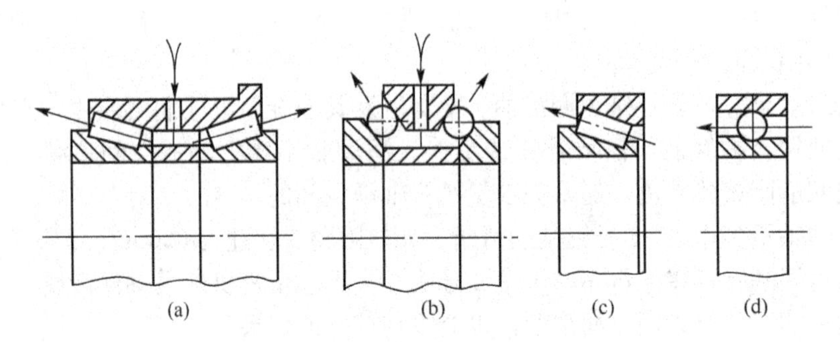

图 9.23　角接触滚动轴承进油位置

9.4.7　主轴滚动轴承的密封

轴承密封的作用：防止润滑油外流，以免增加耗油量，影响外观和污染工作环境，防止外界灰尘、金属屑末、冷却液等杂质侵入而损坏轴承，恶化工作条件。脂润滑轴承密封的作用主要是防止外界杂质侵入，以免起磨损破坏作用，另外也要防止润滑油混入润滑脂中，使之稀释而甩离轴承，失去润滑效果。

在工作过程中，主轴箱内的温度升高，气体热胀而造成箱内压强增大，由于与箱外产生一定压力差而引起油液外流或油气渗漏。反之，在停止运转后，箱内温度下降，产生反压力差，又引起外界杂质的侵入。另外，由于毛细现象也能从很小的缝隙中渗油。因此，需要有的放矢地进行密封。

为了提高密封效果，值得注意的两个问题是：其一，不只着眼于“密封”，还应考虑“治本”。比如，尽量降低主轴箱内的发热，减小箱内外的压力差；还可在箱体高处设置通气孔，降低箱内外的压力差，都能够明显地提高密封效果。其二，治理漏油不只靠“堵”，而主要靠“导”。

当前主要采用接触式密封和非接触式密封两种方式。接触式密封使旋转件与密封件间有摩擦，发热较大，一般不宜用于高速主轴。非接触式密封的发热小，密封件寿命长，能适应各种转速，因此广泛应用于主轴滚动轴承的密封。为保证密封作用，旋转部分与固定部分之间的径向间隙应小于 0.2～0.3mm，还要有回油孔。

用脂润滑的主轴，密封主要是防止外界异物进入，可采用间隙式或迷宫式密封装置。

图 9.24(a)为圈形间隙式密封，它是在盖的内腔中车出梯形或半圆形截面的环形油槽，并填满润滑脂。图 9.24(b)和图 9.24(c)为迷宫式密封，它是在组件的转动和固定部分之间做成复杂而曲折的通道，间隙不超过 0.2～0.3mm，并填满润滑脂。图 9.24(b)为轴向迷宫式，图 9.24(c)为径向迷宫式。这种密封方法能有效地保护轴承，所以得到了广泛的应用。

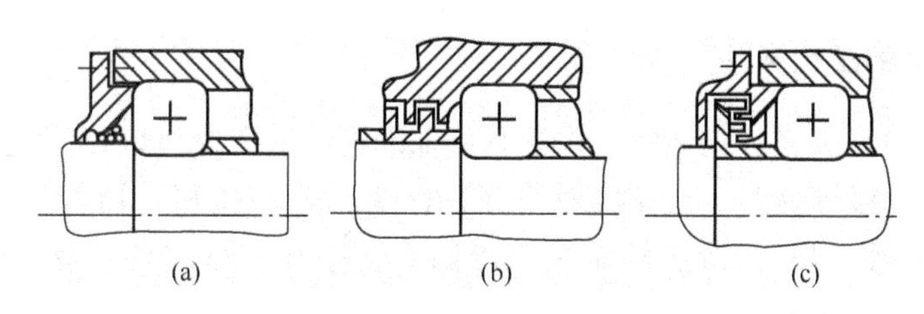

图 9.24 圈形间隙式和迷宫式密封装置

用油润滑的主轴，润滑油的防漏主要靠疏导，可采用图 9.25 所示的油沟式和挡油圈式密封装置。图 9.25(a)用轴上的油沟，图 9.25(b)用衬套上的油沟来防止油液外漏。在旋转时流入油沟的油液被离心力甩到端盖的空腔 1 中，再通过端盖下面的小孔 2 流到轴承中。为保证回油通畅，回油孔的直径应大些，并尽量避免采用水平回油孔，与水平方向的夹角一般可等于或大于 15°～25°。

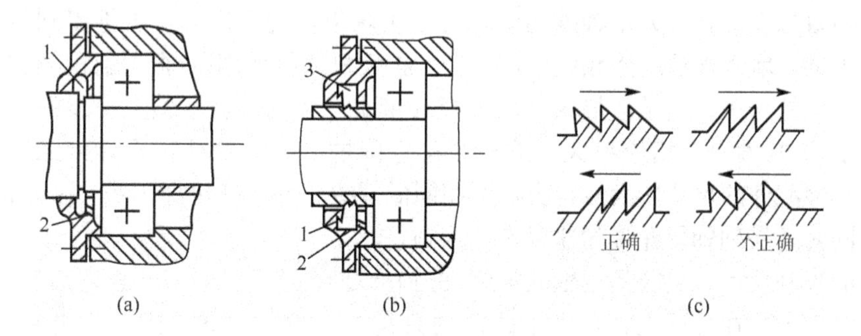

图 9.25 油沟式和挡油圈式密封装置

1—端盖空腔；2—小孔；3—锯齿形环槽

由于主轴轴承工作条件及润滑方式的不同，密封装置是多种多样的，可根据实际密封效果加以选用。

9.5 主轴组件的设计计算

9.5.1 主轴组件的设计步骤

采用滚动支承的主轴组件，大体按下述阶段进行设计。

(1) 根据机床类型、主轴的工作条件和使用要求，初步选择主轴组件的基本形式(包括主轴的结构形状、主轴传动件的类型及布置、轴承的类型及配置等)。

(2) 初步确定主轴组件的尺寸参数，进行主轴组件的初步设计(轴向结构及空间位置)，并对上述尺寸参数予以修正。

(3) 对主轴组件进行必要的验算，根据验算结果对设计进行适当修改；确定采用三支承结构的必要性。

(4) 选择轴承的精度等级。

(5) 完成主轴组件的整体设计(包括主轴、主轴支承及传动件等)。

(6) 确定轴承的安装间隙等。

9.5.2 主轴组件的结构尺寸

近年来，国内外关于机床主轴系统计算机辅助设计的研究已取得了较大的进展，研制的某些计算机辅助设计程序，可完成静载荷下的各点变形(位移、转角)、激振力作用下的各点振动响应(振幅、相位)及主轴系统各阶固有频率和振型的计算等，用于结构方案比较，能够收到满意的效果。

主轴上的结构尺寸虽然很多，但起决定作用的尺寸是外径 D、孔径 d、悬伸量 a 和支承跨距 L。

1. 主轴的外径 D

主轴外径的大小对主轴组件的性能有较大的影响。弹性主轴端部的刚度 K 与主轴截面的惯性矩 I 成正比，故 $K \propto D^4$。主轴上的轴承尺寸加大，轴承刚度也会增加。这两方面共同的影响效果表明，增大主轴外径 D，可使主轴组件的刚度和抗振性得到较大的提高。对于空心主轴，增大外径还能相应增加孔径，扩大机床的使用范围。因此，现代机床的主轴外径有加大的趋势。但是，加大主轴外径会带来下述问题：主轴上安装的元件(特别是小齿轮和轴承)尺寸也会相应增大，造成结构空间的加大，给结构设计带来困难；主轴、箱体孔及其他元件的尺寸增大后，要达到相同的公差，制造就更加困难，采用的轴承成本也越高，同时还受到轴承允许的速度参数限制。

主轴的外径尺寸，关键是主轴前轴颈(前轴承处)的直径 D_1。D_1 选定后，其他部位的外径可随之而定。在设计之初，由于确定的只是一个设计方案，尚未确定具体构造。因此，只能根据统计资料，初步选择主轴的直径。

车床、铣床、镗床加工中心等机床因装配的需要，主轴直径常是从前向后逐段减少的。后轴承的直径 D_2 往往小于前轴承的直径 D_1。通常，车床和铣床 $D_2=(0.7\sim0.9)D_1$。磨床主轴常为前、后轴颈相等，中段较粗。

卧式车床、铣床、磨床主轴前轴颈的直径 D_1 可参考表 9-5 选取。有的车床，要求中孔较粗，则按构造要求决定其轴颈直径，这时 D_1 往往大于表列之值。数控机床尚未有统计资料，暂时可先按普通机床选取。

表 9-5 主轴前轴颈的直径 (单位：mm)

主电动机的功率/kW	5.5	7.5	11	15
卧式车床	60～90	75～110	90～120	100～160
升降台铣床	60～90	75～100	90～110	100～120
外圆磨床	55～70	70～80	75～90	75～100

2. 主轴孔径 d

主轴孔径过小，使从中通过的棒料或拉杆直径受到限制，而且深孔加工也较困难。主轴孔可减轻主轴重量，提高固有频率。为了扩大机床的使用范围，主轴孔径应适当增大。但是，当主轴外径一定时，增大孔径受到下述限制。

1) 结构限制

孔径增大就会减小主轴的壁厚，如果轴壁过薄，就要影响主轴的正常工作。比如调整双列圆柱滚子轴承内圈或锁紧螺母时，会引起主轴较大的变形。轴壁过薄时，加工中也会变形。对于轴径尺寸由前向后递减的主轴，应特别注意主轴后轴颈处的轴壁不允许过薄，对于中型机床的主轴，后轴颈的直径与孔径之差不要小于20～25mm，主轴尾端最薄处的直径差不要小于10～15mm。

2) 刚度限制

孔径增大会削弱主轴的刚度，主轴端部的刚度与截面的惯性矩成正比。主轴孔径对刚度的影响如图9.26所示。当$d/D_0 \leqslant 0.5$时，$K_d/K \geqslant 0.94$，空心主轴的刚度降低较小。当$d/D_0=0.7$时，$K_d/K=0.76$，空心主轴的刚度降低了24%。因此，为了避免过多地削弱主轴的刚度，一般应取$d/D_0 \leqslant 0.7$。主轴设计时，通常是根据使用要求先确定主轴孔径d，然后再确定主轴外径。由上述可知，应取$D_0 \geqslant 1.43d$。

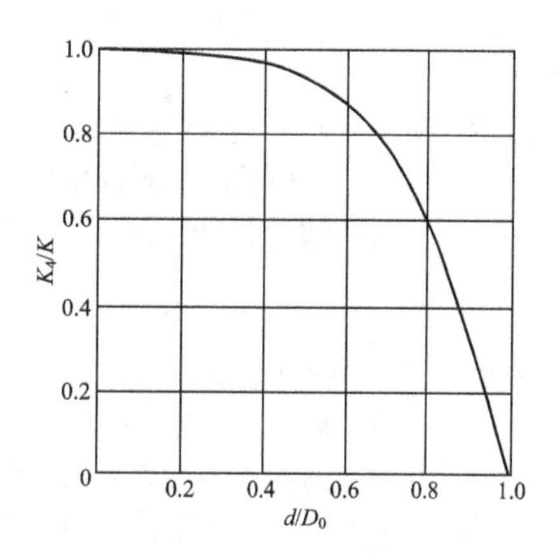

图9.26 主轴孔径对刚度的影响

主轴孔径d确定后，可根据主轴的使用及加工要求选择前端锥孔的锥度。锥孔仅用于定心时，锥度应大些；若锥孔除用于定心，还要求自锁，借以传递转矩时，锥度应小些。各类机床主轴锥孔的锥度都已标准化。

3. 主轴的悬伸量 a

主轴的悬伸量(又称悬伸长度)是指主轴前端至前支承点的距离，它的大小对主轴组件的刚度和抗振性有显著的影响。悬伸量小，轴端位移就小，刚度得到提高。此外，主轴系统(包括夹具)在自激振动过程中，由质量m所产生的惯性力是由主轴及其支承产生的弹性恢复力来平衡的，如图9.27所示。显然质量m越大，惯性力也越大；悬伸量a越长，质量中心离前支承越远，故而产生的弹性恢复力和主轴系统的弹性变形也越大。因此，为了提高抗振性，应尽量减小悬伸量a和悬伸段的质量。试验结果表明，在主轴尺寸参数中，主轴悬伸量a对主轴组件静动态特性的影响最大。

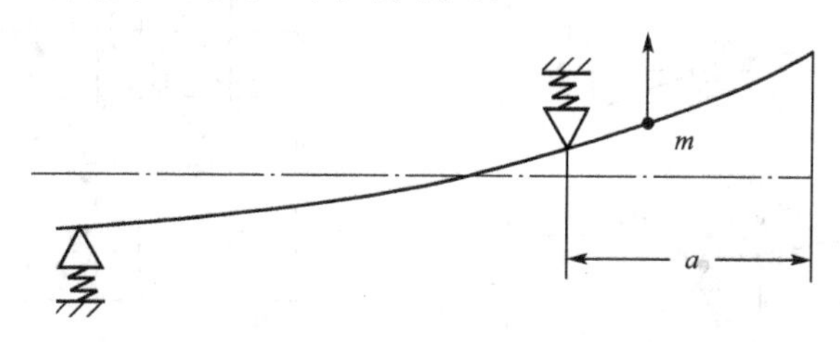

图9.27 主轴系统质量在振动中产生的惯性力

主轴悬伸量的大小往往受结构限制，主要取决于主轴端部的结构形式及尺寸、刀具或夹具的安装方式、前轴承的类型及配置、润滑与密封装置的结构尺寸等。主轴设计时，在满足结构要求的前提下，应最大限度地缩短主轴的悬伸量 a。必要时，还可设计悬伸量短的新型主轴结构。

4. 支承跨距 L

主轴前后支承跨距 L 对主轴组件的刚度、抗振性和旋转精度等有较大的影响。与其他几个尺寸参数相比，它的影响效果比较复杂。

1）支承跨距 L 对主轴组件刚度的影响

轴端位移 y 值的大小，与主轴本体变形、轴承变形、支承座变形，以及它们之间的接触变形等有关，但其中主要还是取决于主轴和轴承的变形，如图 9.28 所示。根据位移叠加原理，可得轴端总位移 y 为

$$y=y_1+y_2 \tag{9-5}$$

式中 y_1——刚性轴承(假定轴承不变形)上弹性主轴的端部位移；

y_2——弹性轴承上刚性主轴(假定主轴不变形)的端部位移。

(1) 刚性轴承上弹性主轴的端部位移 y_1。根据材料力学可知

$$y_1=\frac{Fa^3}{3EI_a}+\frac{Fa^2L}{3EI} \tag{9-6}$$

式中 E——弹性模量；

I、I_a——两支承间和悬伸段主轴截面的惯性矩。

为了直观地表示支承跨距 L 对位移 y_1 的影响效果，y_1-L 的关系如图 9.29 中的直线 1 所示。这表明，在作用力 F 和主轴悬伸量 a 一定的条件下，弹性主轴本体变形所引起的轴端位移 y_1，随支承跨距 L 的加大而增加，且呈线性关系，即支承跨距 L 越大，主轴的刚度越低。

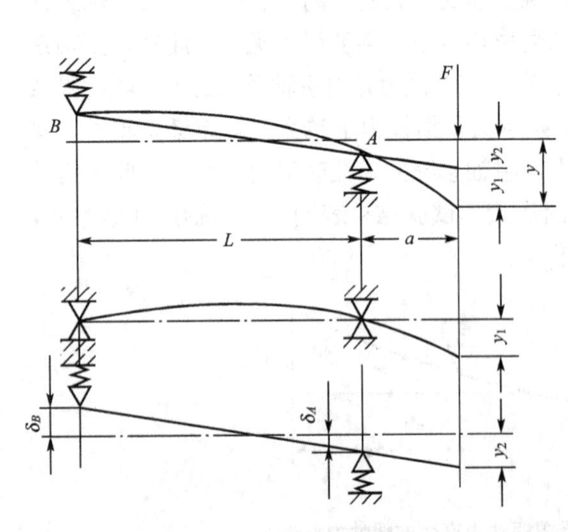

图 9.28 主轴的端部位移

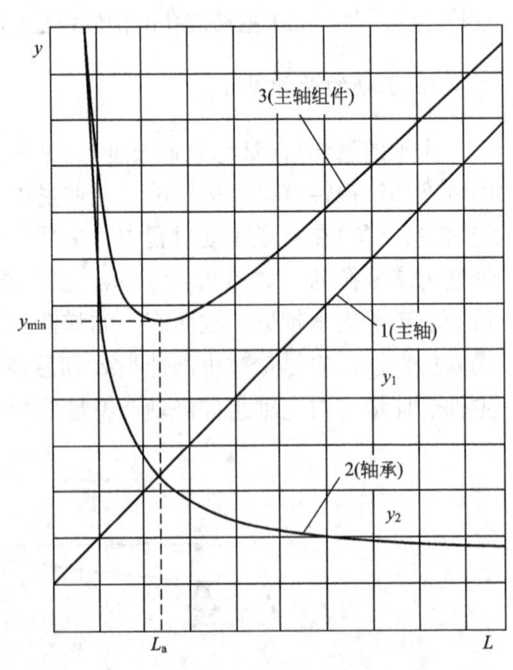

图 9.29 主轴支承跨距 L 与端部位移 y 的关系

(2) 弹性轴承上刚性主轴的端部位移 y_2。主轴在力 F 的作用下，前、后支承的支反力分别为 $R_A=F(1+a/L)$ 和 $R_B=Fa/L$，这将引起支承处轴承的变形，为简化计算可近似认为是线性变形。设前、后轴承的刚度为 K_A 和 K_B，则前、后轴承的变形分别为以 δ_A 和 δ_B 表示，即

$$\delta_A=\frac{R_A}{K_A}=\frac{F}{K_A}\left(1+\frac{a}{L}\right),\quad \delta_B=\frac{R_B}{K_B}=\frac{F}{K_B}\cdot\frac{a}{L}$$

由几何关系得出主轴的端部位移 y_2 为

$$y_2=\delta_A\left(1+\frac{a}{L}\right)+\delta_B\frac{a}{L}$$

将 δ_A、δ_B 代入上式，可得

$$y_2=\frac{F}{K_A}\left(1+\frac{a}{L}\right)^2+\frac{F}{K_B}\left(\frac{a}{L}\right)^2 \tag{9-7}$$

y_2—L 关系如图 9.29 中的曲线 2 所示，是一条双曲线。这表明，当 F、a 一定时，轴承变形所引起的刚性主轴的端部位移 y_2 随支承跨距 L 的加大而减小。同时可见，当 L 很小时，增加 L，则 y_2 急剧降低，即刚度增大较快；当 L 较大时，再增加 L，则刚度增大较缓。

(3) 主轴端部的总位移 y

$$y=y_1+y_2=F\left[\frac{a^3}{3EI_a}+\frac{a^2L}{3EI}+\frac{1}{K_A}\left(1+\frac{a}{L}\right)^2+\frac{1}{K_B}\left(\frac{a}{L}\right)^2\right] \tag{9-8}$$

y—L 的关系如图 9.29 中的曲线 3 所示，由图可见：当 F、a 一定时，主轴端部的总位移 y 随着支承跨距 L 的加大，先减小而后增大。显然存在一个最佳支承跨距 L_0 值，此时，轴端的总位移 y 为最小，即 $y=y_{\min}$，主轴组件的刚度最大，即 $K=K_{\max}=F/y_{\min}$。

若支承跨距 $L<L_0$，则主轴组件的刚度下降；L 越小，刚度越低，且变化急剧。这主要是因为轴承的变形所造成的，此时应设法提高轴承的刚度，由式(9-7)可知，特别应提高前轴承的刚度。

若支承跨距 $L>L_0$，则主轴组件的刚度也下降；L 越大，刚度越低，但变化较缓。这主要是因为主轴的本体变形所造成的，此时应设法提高主轴的刚度。

若支承跨距 L 处于最佳支承跨距 L_0 附近，主轴组件的刚度降低不大。因此，当支承跨距不能取为最佳支承跨距 L_0 时，为避免刚度过于削弱，宁可使支承跨距大于 L_0，而不使其小于 L_0。

式(9-8)还清楚地表明主轴的 4 个尺寸参数对主轴组件刚度的影响效果。为了提高刚度，应使主轴外径 D 适当加大，主轴孔径 d 适当减小(即惯性矩 I 增大)，悬伸量 a 尽可能短，支承跨距 L 选取最佳支承跨距 L_0 值。

(4) 最佳支承跨距 L_0 的确定。式(9-8)经整理可得

$$y=\frac{Fa^3}{3EI_a}+\frac{Fa^2L}{3EI}+\frac{F}{K_A}\left[\left(\frac{K_A}{K_B}+1\right)\frac{a^2}{L^2}+\frac{2a}{L}+1\right] \tag{9-9}$$

为求最佳支承跨距 L_0，令 $dy/dL=0$，并整理得

$$L_0^3-\frac{6EI}{K_Aa}L_0-\frac{6EI}{K_A}\left(\frac{K_A}{K_B}+1\right)=0 \tag{9-10}$$

式中 E——主轴材料的弹性模量，各种钢材 $E=2.1\times10^5\text{MPa}=2.1\times10^7\text{N/cm}^2$；

I——主轴两支承间的截面惯性矩(cm^4)；

I_a——主轴悬伸段的截面惯性矩(cm^4);

a——主轴的悬伸量(cm);

K_A，K_B——主轴前、后轴承的刚度(N/cm)。

令
$$C_1=\frac{6EI}{K_A a},\quad C_2=\frac{6EI}{K_A}\left(\frac{K_A}{K_B}+1\right)$$

则得
$$L_0^3-C_1L_0-C_2=0 \tag{9-11}$$

该方程只存在一个正实根，可以采用图解法或计算法求解。计算法结果准确，适于优化设计，使用普通计算器运算也较方便。

平方根叠加法

$$L_{0,n+1}=\sqrt{C_1+C_2/L_{0,n}}\quad (n=0、1、2、\cdots) \tag{9-12}$$

任意 $L_{0,0}>0$ 的初值代入式(9-12)均收敛，且收敛速度快，为加快运算速度，初值可取 $L_{0,0}=(1.1\sim1.3)\sqrt[3]{C_2}$，迭代 2～3 次所得的 L_0 值的相对误差可小于 0.5%。计算误差为 $|L_{0,n+1}-L_0|\leqslant\frac{1}{2}|L_{0,n+1}-L_{0,n}|$。

近似计算法

$$L_0=s(\sqrt{1.63t+5.46}-1.34) \tag{9-13}$$

式中　$s=\sqrt[3]{C_2}$，$t=\frac{s}{a(1+K_A/K_B)}$。

式(9-13)计算结果的相对误差小于 0.4%，工程应用足够准确。当 $t<1$ 时，还可得到更简便的近似式

$$L_0=s(t/3+1) \tag{9-14}$$

在最佳支承跨距 L_0 时的主轴组件刚度 K_{max} 为

$$K_{max}=\frac{F}{y_{min}}=\left[\frac{a^3}{3EI_a}+\frac{a^2L_0}{3EI}+\frac{1}{K_A}\left(1+\frac{a}{L_0}\right)^2+\frac{1}{K_B}\left(\frac{a}{L_0}\right)^2\right]^{-1} \tag{9-15}$$

需要说明的是，卸荷主轴不只是上述承受切削力 F 的一种情况，还有诸如仅承受力偶矩 M、同时承受 F 与 M 作用以及是否具有支承反力矩等不同情况，但经计算表明，其他几种情况的最佳支承跨距与 L_0 相比，一般均不超过 10%，因此卸荷主轴的最佳支承跨距均可按式(9-12)～式(9-14)确定。对于同时承受切削力 F、传动力 Q 和力偶矩 M 的主轴，由于受力情况比较复杂，很难找到最优解，但按上述最佳支承跨距 L_0 选取支承跨距时，轴端位移仍是很小的。综上所述，二支承主轴刚度的最佳支承跨距均可按以上公式确定。当然，由于选取的有关参数，特别是轴承刚度 K_A、K_B 值不够准确，计算结果还会有误差的。因结构需要，主轴支承跨距 L 通常大于 L_0，但 $L\leqslant1.5L_0$ 时刚度降低不大，一般不超过 10%。

【例 9-1】 设计某卧式车床的主轴组件，初步选定主轴孔径 $d=70$mm，前轴颈 $D_1=120$mm，后轴颈 $D_2=100$mm，主轴的悬伸量 $a=120$mm。前轴承为 3182124 型，刚度 $K_A=2520$N/μm；后轴承为 3182120 型，刚度 $K_B=1980$N/μm。试求其最佳支承跨距 L_0 及最大刚度 K_{max}。

解： 初步设计时，主轴的当量直径 D 可取为前后轴颈外径的平均值，即

$$D=\frac{D_1+D_2}{2}=\frac{12+10}{2}=11(\text{cm})$$

惯性矩 $I=\frac{\pi}{64}(D^4-d^4)=\frac{\pi}{64}(11^4-7^4)=60(\text{cm}^4)$

$$C_1=\frac{6EI}{K_A a}=\frac{6\times2.1\times10^7\times601}{2520\times10^4\times12}=250.42(\text{cm}^3)$$

$$C_2=\frac{6EI}{K_A}\left(\frac{K_A}{K_B}+1\right)=\frac{6\times2.1\times10^7\times601}{2520\times10^4}\left(\frac{2520\times10^4}{1980\times10^4}+1\right)=6829.55(\text{cm}^3)$$

由式(9-12)得 $L_{0,n+1}=\sqrt{C_1+C_2/L_{0,n}}=\sqrt{250.42+6829.55/L_{0,n}}$

取 $L_{0,0}=1.2\sqrt[3]{C_2}=1.2\sqrt[3]{6829.55}=22.77(\text{cm})$，代入式中迭代得 $L_{0,1}=23.46\text{cm}$，$L_{0,2}=23.27\text{cm}$，$L_{0,3}=23.32\text{cm}$，故

$$L_0=\frac{1}{2}(L_{0,2}+L_{0,3})=\frac{1}{2}(23.27+23.32)=23.30(\text{cm})$$

由式(9-13)求解

$$L_0=s(\sqrt{1.63t+5.46}-1.34)$$

$$s=\sqrt[3]{C_2}=\sqrt[3]{6829.55}=18.97(\text{cm})$$

$$t=\frac{s}{a(1+K_A/K_B)}=\frac{18.97}{12(1+2520\times10^4/(1980\times10^4))}=0.70$$

则 $$L_0=18.97(\sqrt{1.63\times0.70+5.46}-1.34)=23.32(\text{cm})$$

由式(9-14)求得 $L_0=s(t/3+1)=18.97\times(0.70/3+1)=23.40(\text{cm})$

可见上述3个公式分别求解的 L_0 值比较接近，若将求得的最佳支承跨距 $L_0=23.3\text{cm}$ 代入式(9-15)，可得主轴组件的最大刚度为

$$K_{max}=433\text{N}/\mu\text{m}$$

2）支承跨距 L 对主轴组件抗振性的影响

支承跨距 L 对主轴组件的抗振性也有一定的影响，但影响效果比较复杂。

(1) 轴端共振频率 f。支承跨距 L 对轴端共振频率 f 的影响也有最佳值 L_0'，如图9.30所示。该支承跨距 L_0' 与刚度的最佳支承跨距 L_0 十分接近。因此，为了获得最高的轴端共振频率 f_{max}，支承跨距可按刚度的最佳支承跨距 L_0 来选取。

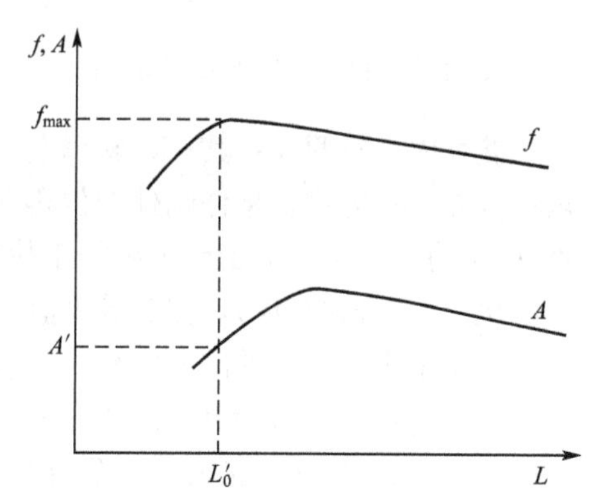

图9.30 支承跨距 L 对轴端共振频率 f 和振幅 A 的影响

(2) 轴端共振幅值 A。支承跨距 L 对轴端共振幅值 A 的影响如图9.30所示，其影响不如对刚度的影响大，按刚度的最佳支承跨距 L_0 来选取，可使轴端振幅足够小。

(3) 工作平稳性。当主轴支承跨距 L 较大时，支承间的质量增加，当大于悬伸段(包括夹具)的质量时，可避免重心落于前支承的外侧，能够提高主轴组件的工作平稳性。

3）支承跨距 L 对主轴组件旋转精度的影响

主轴、轴承及箱体孔的制造和装配质量所产生的误差，能够引起轴端的径向振摆。加大支承跨距 L，使振摆量减小，可提高主轴组件的旋转精度。

主轴支承跨距 L 的大小，不仅受上述性能的影响，设计中往往还受结构的限制，要考虑机床总体尺寸要求以及支承间需要安装的各种元件等。综上所述，支承跨距 L 的选定应

考虑主轴组件的刚度、抗振性、旋转精度及结构等，一般原则如下。

(1) 主轴两支承结构。对于一般精度的机床，支承跨距可按刚度的最佳支承跨距 L_0 来选取(数值较小)，其主轴组件的刚度和共振频率最高，共振幅值也很小。因此现代普通机床的主轴结构尺寸趋于大直径、短支承跨距。对于精密机床，支承跨距可选取较大数值，使其主轴组件具有较高的旋转精度，较小的共振幅值，并可提高工作的平稳性。一般应使 $L>2.5D_1$(D_1 为主轴前轴颈的外径)，如精密卧式车床可取 $L=(5\sim6.5)D_1$。

(2) 主轴三支承结构。前、中支承跨距对主轴组件刚度和抗振性的影响要比前、后支承跨距的影响大得多，因此可按两支承主轴的最佳支承跨距 L_0 来选取，前、后支承跨距可根据结构情况适当确定。

9.5.3 主轴组件的刚度验算

机床在切削加工过程中，主轴的负荷较重，而允许的变形又很小，因此决定主轴结构尺寸的主要因素是它的变形。对于普通机床的主轴，一般只进行刚度验算。通常能满足刚度要求的主轴，也能够满足强度的要求，只有粗加工重载荷机床的主轴才进行强度验算。对于高速主轴，还要进行临界转速的验算，以免发生共振。

以弯曲变形为主的机床主轴(如车床、铣床)，需要进行弯曲刚度验算；以扭转变形为主的机床主轴(如钻床)，需要进行扭转刚度验算。

当前主轴组件刚度的验算方法较多，且属于近似计算时，刚度的允许值也未做规定。考虑动态因素的计算方法，如根据不产生切削颤振条件来确定主轴组件的刚度，计算较为复杂。现在仍多用静态计算法，计算简单，也较实用。

1. 主轴组件弯曲刚度的验算

验算内容有两项：其一，验算主轴前支承处的变形转角 θ 是否满足轴承正常工作的要求；其二，验算主轴悬伸端处的位移 y 是否满足加工精度的要求。对于粗加工机床，需验算 θ、y 值；对于精加工或半精加工机床只需验算 y 值；对于既可进行粗加工又能半精加工的机床(如卧式车床)，需验算 θ 值，同时还需按不同加工条件验算 y 值。

三支承主轴组件的刚度验算，可按两支承结构近似计算。当前后支承为紧支承、中间支承为松支承时，可舍弃中间支承不计(因轴承间隙较大，主要起阻尼作用，对刚度影响较小)；当前中支承为紧支承、后支承为松支承时，可将前中支承跨距 L_1 当作两支承的支承跨距计算，中后支承段不计。

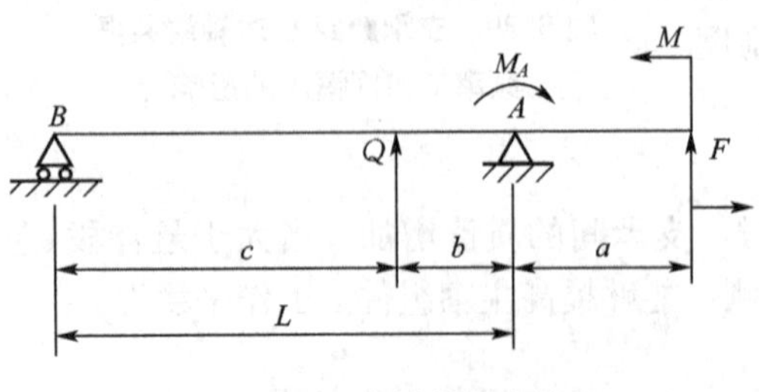

图 9.31 主轴的受力情况

1) 主轴前支承处转角的验算

机床粗加工时，主轴的变形最大，主轴前支承处的转角有可能超过允许值，故应验算此处的转角。因主轴后支承处的变形转角一般较小，故不必计算。

主轴在某一平面内的受力情况如图 9.31 所示。在近似计算中可不计轴承变形的影响，则该平面内主轴前支承处的转角用式(9-16)计算。

$$\theta=\frac{1}{3EI}\left[FaL-0.5Qbc\left(1+\frac{c}{L}\right)-M_AL+ML\right]$$
$$=\frac{1}{3EI}\left[FaL(1-\varepsilon)-0.5Qbc\left(1+\frac{c}{L}\right)+ML(1-\varepsilon)\right] \quad (9-16)$$

式中　F——主轴传递全功率时，作用于主轴端部的当量切削力(N)；

Q——主轴传递全功率时，作用于主轴上的传动力(N)；

M——轴向切削力引起的力偶矩，N·cm，若轴向切削力较小(如车床、磨床)，M 可忽略不计；

M_A——主轴前支承的反力矩(N·cm)；

ε——支承反力矩系数；

a——主轴的悬伸量(cm)；

L、b、c——主轴的有关尺寸(cm)，如图9.31所示；

E——主轴材料的弹性模量，钢材 $E=2.1\times10^5$MPa$=2.1\times10^7$N/cm^2；

I——主轴支承段的惯性矩(cm^4)，$I=\frac{\pi}{64}(D^4-d^4)$；

d——主轴孔径(cm)；

D——主轴的当量外径(cm)，$D=\sum d_il_i/L$，初步设计时，D 可为前后轴颈直径的平均值，即 $D=(D_1+D_2)/2$。

计算时需要注意以下几个问题。

(1) 转角允许值 $[\theta]$。如果作用力不在同一平面内，可将其分别投影在两个相互垂直的平面内(如 x—x，y—y 平面)。然后按式(9-16)求出各平面内的主轴前支承处的转角 θ_x 和 θ_y。最后用下式求出前支承处的总转角 θ

$$\theta=\sqrt{\theta_x^2+\theta_y^2} \quad (9-17)$$

得出的转角 θ 不应大于允许值 $[\theta]=0.001$rad，即 $\theta\leqslant[\theta]$。

(2) 计算条件。按机床进行粗加工并发挥全功率时，其加工直径取计算直径来计算。可根据主轴的额定转矩求得主切削力(垂直切削力)F_z'，即

$$F_Z'=T\frac{2}{D_c} \quad (9-18)$$

$$T=955000P/n_c \quad (9-19)$$

式中　T——主轴的额定转矩(N·cm)；

P——主轴传递的全功率(kW)；

n_c——主轴的计算转速(r/min)；

D_c——加工计算直径(cm)，卧式车床 $D_c=0.5D_{max}$(D_{max} 为床身上的最大回转直径)；铣床的 D_c 是最大端铣刀的计算直径(表9-6)。

表9-6　升降台铣床的端铣刀计算直径 D_c 及其宽度 B

工作台面积/mm^2	200×800	250×1000	320×1250	400×1600
计算直径 D_c/mm	125	160	200	250
宽度 B/mm	55	60	60	75

(3) 当量切削力 F。主轴组件刚度的定义是指轴端作用力处的刚度，这个定义的优点

是只与主轴组件的结构尺寸有关，而与刀具或工件的装夹方式无关。因此，为了直接比较主轴组件刚度的优劣，并方便计算，现将切削力 F' 折合成主轴端部的当量切削力 F（图 9.32），可按式(9-20)近似计算

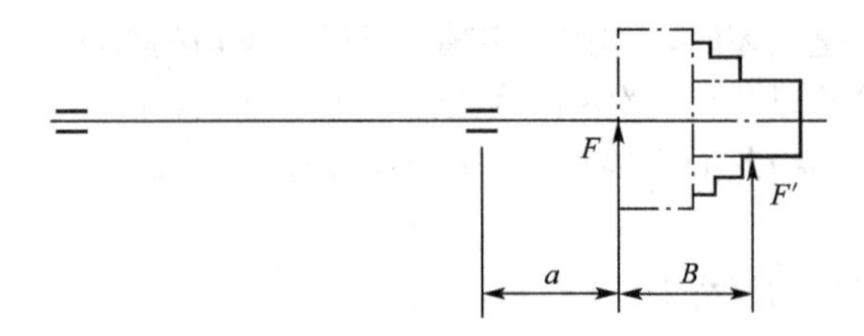

图 9.32 主轴刚度计算的当量切削力 F

$$F=\frac{a+B}{a}F' \tag{9-20}$$

式中 a——主轴的悬伸量(cm)；

B——切削力作用点到主轴前端的距离(cm)，对于车床考虑卡盘厚度(包括卡爪)，可取 $B=0.4D_{max}$，多刀半自动车床取 $B=0.8D_{max}$(式中 D_{max} 为主参数)；对于升降台铣床，B 为端铣刀的宽度(表 9-6)。

(4) 前支承反力矩系数 ε_0。当主轴前支承受到力矩作用时，如果此处采用推力滚动轴承时，实际上等于增加了支承的数目，必然要产生支承反力矩(挤紧力矩)，因而能起到抵抗主轴变形(角位移)的作用，故可增强主轴组件的刚度。但是，前支承反力矩 M_A 的影响因素比较复杂，难于给出准确数值，可按式(9-21)近似计算

$$M_A=\varepsilon(Fa+M) \tag{9-21}$$

式中符号及方向同前所述。根据计算和试验也可查表 9-7。

表 9-7 前支承反力矩系数 ε

滚动轴承的类型	3182100＋8000 型	3182100＋2268100 型或 2697100 型	两对 6000 型	一对 6000 型(背靠背)	单个轴承
ε	0.45～0.65	0.30～0.45	0.20～0.30	0.10～0.15	0

(5) 支承点的位置。主轴尺寸 a、b、L 等应根据支承点的位置来确定。支承处为一个滚动轴承时，按一个支承点考虑；两个滚动轴承或具有两个内圈的滚动轴承，可按前列轴承(有意使配合紧，主要承受径载，缩短悬伸量)考虑支承点。当支承处是圆锥滚子轴承或向心推力轴承时，支承点的位置应为接触线与主轴轴心线的交点处，交点到外圈宽边端面的距离可查文献。

2) 主轴前端位移的验算

为了保证机床的加工精度，必须限制主轴悬伸端处(安装刀具或夹具)的位移不能超过允许值，因此需要验算最能影响加工精度方向(y 向)的轴端位移。

(1) 近似计算。计算中可不计轴承变形的影响，通过计算和试验可知，主轴端部由主轴变形引起的位移占总位移的 50%～80%，一般可取 60%，由轴承变形引起的位移占 20%～50%。

主轴在最能影响加工精度的平面内的受力情况如图 9.31 所示，轴端位移可按式(9-22)

计算

$$y=\frac{1}{3EI}\left\{Fa^2[a+L(1-\varepsilon)]-0.5Qabc\left(1+\frac{c}{L}\right)+0.5Ma[3a+2L(1-\varepsilon)]\right\} \quad (9-22)$$

式中符号及注意事项如前所述，不同的是，机床粗加工时，切削力 F' 按式(9-18)计算，机床精加工或半精加工时，切削力 F' 可采用查表法或计算法，根据具体切削用量确定。机床粗加工时，轴端位移的允许值 $[y]=0.0001L$（L 为支承跨距）。精加工或半精加工时，$[y]$ 为精度标准规定的主轴前端径向跳动公差 $[\delta]$ 的1/3，即 $[y]=[\delta]/3$，（$[\delta]$ 可查有关机床的精度标准）。计算中因只考虑主轴变形所引起的轴端位移，故由式(9-27)算得的结果 y 应受式(9-23)限制

$$y\leqslant 0.6[y] \quad (9-23)$$

(2) 较准确的计算。考虑轴承变形的影响时，利用位移叠加法可按下述公式分别计算（主轴在 y 向平面内的受力情况如图9.31所示）。

只考虑 F 力作用在主轴前端时，轴端的位移 y_F 为

$$y_F=F\left\{\frac{a^2}{3E}\left[\frac{a}{I_a}+\frac{L(1-\varepsilon)}{I}\right]+\frac{1}{K_A}\left[1+\frac{a(1-\varepsilon)}{L}\right]^2+\frac{1-\varepsilon}{K_B}\left(\frac{a}{L}\right)^2\right\} \quad (9-24)$$

只考虑 Q 力作用在主轴两支承间时，轴端的位移 y_Q 为

$$y_Q=Q\left[\frac{-abc(1+c/L)}{6EI}+\frac{c(L+a)}{K_AL^2}-\frac{ab}{K_BL^2}\right] \quad (9-25)$$

只考虑力偶矩 M 作用在主轴前端时，轴端的位移 y_M 为

$$y_M=M\left\{\frac{a}{6E}\left[\frac{3a}{I_a}+\frac{2L(1-\varepsilon)}{I}\right]+\frac{1-\varepsilon}{L^2}\left(\frac{L+a}{K_A}+\frac{a}{K_B}\right)\right\} \quad (9-26)$$

主轴前端的总位移 y 等于同平面内 y_F、y_Q 及 y_M 的代数和，即

$$y=y_F+y_Q+y_M \quad (9-27)$$

上述诸式的符号、方向及注意事项如前所述，其中 I、I_a 为主轴支承间段和悬伸段的惯性矩；K_A、K_B 为前后轴承的刚度。

按式(9-27)算得结果 y，应使

$$y\leqslant[y] \quad (9-28)$$

因此，确定主轴结构参数时，尽可能综合考虑 F、M、Q 的作用，力求它们引起的轴端位移彼此能抵消一部分。

2. 主轴扭转刚度的验算

通常规定，主轴传递额定转矩时，在一定工作长度 l 上的扭角 φ 为

$$\varphi=\frac{Tl}{GI_p}\times 57.3\leqslant[\varphi] \quad (9-29)$$

式中 T——额定转矩(N·cm)；

G——材料的切变模量，钢取 $G=8\times10^4\,\text{MPa}=8\times10^6\,\text{N/cm}^2$；

I_p——极惯性矩(cm^4)，实心圆截面 $I_p=\frac{\pi D^4}{32}$；

D——主轴直径(cm)；

l——主轴的工作长度(cm)；

$[\varphi]$——许用扭角，$l=(20\sim25)D$ 时，$[\varphi]=1°$；$l>25D$ 时，$[\varphi]$ 按比例增大。

9.6 主轴的液体动压滑动轴承及静压滑动轴承

机床主轴组件采用的滑动轴承，根据其流体介质的不同，可分为液体滑动轴承和气体滑动轴承。液体滑动轴承按其油膜压力的形成方式，又可分为液体动压滑动轴承和液体静压滑动轴承。

主轴液体动压滑动轴承是指轴颈在轴瓦中旋转时，把润滑油从间隙大口带向间隙小口，由于楔形缝隙逐渐变窄，使油压升高，将主轴推起而形成压力油楔。动压轴承的承载能力与滑动表面的线速度成正比，故低速时的承载能力较小；此外，在主轴启动或停止过程中，由于速度低尚不能建立足够的油膜压力，而造成轴颈与轴瓦的接触磨损。因此，动压轴承适用于转速较高且变化不大、不经常开停的主轴，如普通精度的外圆磨床和平面磨床的砂轮主轴等。

主轴液体静压滑动轴承是靠外界油泵将压力油输入到轴承的几个对称油腔中的，所产生的静压力把主轴推起而形成油膜压力。因此，静压轴承与主轴的转速高低无关，故适用于低速或转速变化较大以及经常开停的主轴，在高精度车床、磨床上得到了广泛的应用。但需要一套复杂的供油设备，而动压轴承的结构较简单，因此，如能满足使用要求，应首先选用动压轴承。

主轴的气体滑动轴承主要是指气体静压轴承，由于它的摩擦力极小，故适用于转速极高或高温及不允许有油污的机床主轴。另外，还有一种磁力轴承，是近年来发展的新型高性能轴承，它是由转子、定子和电气控制系统所组成的，转子由于电磁力的平衡作用而悬浮在轴承中央，与定子之间无任何接触，气隙为0.3～1mm，可用于超高速、超精密加工机床的主轴。

9.6.1 主轴液体动压滑动轴承

机床主轴的动压轴承与一般动压轴承略有不相同，对主轴的旋转精度和油膜刚度有着更高的要求。因此，主轴动压轴承必须能够调整轴瓦和轴颈之间的间隙(轴承间隙)；另外，因单油楔轴承的油膜厚度受工作条件(载荷与转速)的影响较大，旋转精度不够稳定，为此广泛采用多油楔滑动轴承，使之产生的几个油楔可将轴颈同时推向中央，工作中运转比较稳定。

1. 固定多油楔轴承

图9.33(a)所示为某高精度万能外圆磨床的砂轮架主轴组件，主轴前端是固定多油楔动压轴承1，后端是双列圆柱滚子轴承6。固定多油楔轴承采用外柱内锥式结构，其外表面为圆柱形，与箱体孔相配合；内表面是1∶20的圆锥孔，与主轴颈相配合。图9.33(b)为这种轴承的轴瓦，基体是15钢，内壁浇铸镍铬青铜，在圆周上铲削出5个等分的阿基米德螺线形(或为其他线形面)油囊，深0.1～0.15mm。低压油从5个进油孔a分别进入油囊(油楔槽)后，主轴旋转方向应如图9.33(c)所示单向旋转，可把油从间隙大口带向间隙小口，并从回油槽b流出，形成5个压力油楔。使用低压油的原因是主轴在启动或停止时，为了避免出现干摩擦现象。在间隙小口与回油槽之间有一段圆柱面(5～6mm)，用作轴瓦与轴颈接触时的支撑滑动面。在图9.33(a)中，主轴前轴承的径向间隙用止推环2的右侧螺母3来调整；螺母4可调整其轴向间隙。主轴的轴向定位由前后两个止推环2和5来控制，在其端面上也存在油楔，以形成推力轴承。

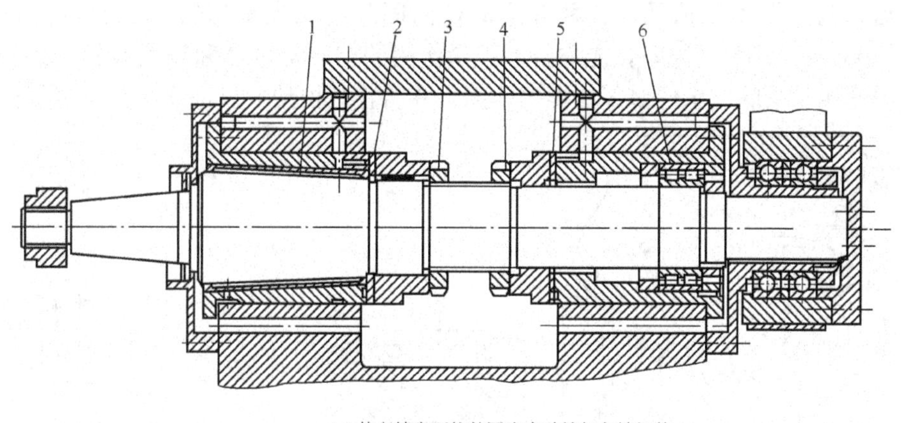

(a) 某高精度万能外圆磨床砂轮架主轴组件

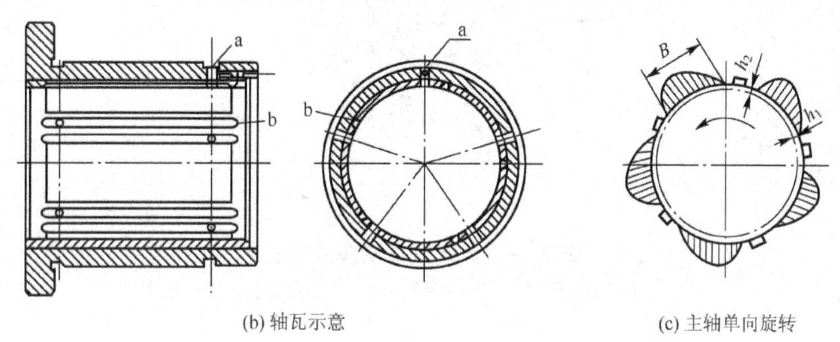

(b) 轴瓦示意　　(c) 主轴单向旋转

图 9.33　采用固定多油楔轴承的主轴组件

1、6—轴承；2、5—止推环；3、4—螺母；

a—进油孔；b—回油槽

这种固定多油楔轴承的油囊加工比较困难，但轴承工作时的尺寸精度、接触状况及油楔参数等较为稳定；拆装后的变化小，维修较方便，因此可用于高精度磨床。

对于动压滑动轴承，入口间隙 h_1 与出口间隙 h_2 所形成的油楔角的大小对其承载能力有很大的影响。因此，轴承间隙比(入口间隙与出口间隙之比)是个重要参数，根据轴承的最大承载能力条件所确定的最佳间隙比为

$$\alpha = h_1/h_2 = 2.2 \tag{9-30}$$

即在不考虑轴瓦端部泄漏的条件下，油楔入口间隙应为出口间隙的 2.2 倍。在制造轴瓦时，油囊深度应尽可能满足上述条件。比如，要求轴颈与轴瓦在直径上的间隙为 $\Delta=0.03$mm，则半径上的间隙为$\Delta/2=0.015$mm，这相当于油楔的出口间隙即 $h_2=0.015$mm。因此，根据最佳间隙比可得入口间隙为 $h_1=2.2h_2=0.033$mm。油囊的最有利深度 $h=h_1-\Delta/2=0.018$mm。这在制造工艺上虽然难于做到，但也应尽量与该数值相接近。

2. 活动多油楔轴承

这种轴承是由 3 个或 5 个瓦块所组成的。图 9.34(a)所示为三瓦式活动多油楔轴承，3 个短瓦 4 各由一个球头螺钉支承。瓦块的外径要比箱体孔直径略小，因此可绕支承稍微摆动，以适应主轴转速和载荷的改变，轴瓦的包角为 60°，长径比 $L/d=0.75$。瓦片被支承在压力中心 $b_0\approx0.4B$ 的地方，其进油口的缝隙 h_1 大于出油口的缝隙 h_2。当轴颈转动时，将油从每个瓦块与轴颈之间的间隙大口带向小口，如图 9.34(b)所示，形成 3 个压力油楔，

故又称活动三油楔动压轴承。这种轴承的径向间隙可用支承螺钉 3 调整，使间隙达到 0.01～0.03mm。调整间隙时，应先将起锁紧作用的空心螺钉 2 和拉紧螺钉 1 旋出。拉紧螺钉 1 的作用是消除支承螺钉 3 的螺纹间隙，并防止其松动，以保证轴承间隙量稳定。

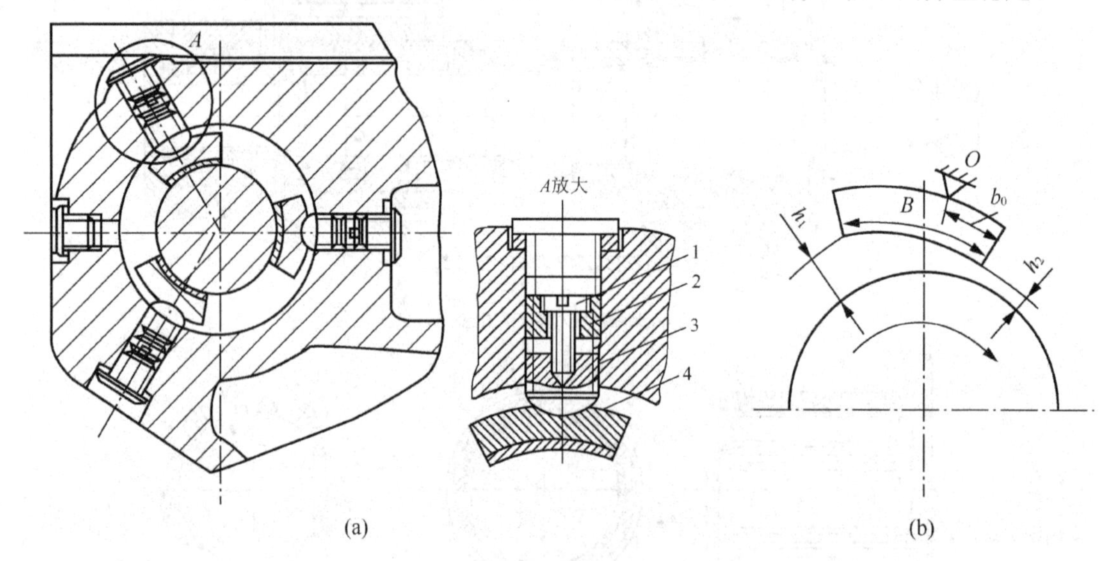

图 9.34　三瓦式活动多油楔轴承

1—拉紧螺钉；2—空心螺钉；3—支承螺钉；4—短瓦

这种轴承的优点是：结构简单、制造和维修方便，轴瓦与箱体孔不接触，故对箱体孔加工无特殊要求；此外，轴承的径向间隙可用螺钉调整；轴瓦能够径向摆动而自动调节到适当位置；轴瓦还能轴向摆动，可消除侧边压力。其缺点是：轴瓦仅靠螺钉的球形头支承，虽然要求其接触面不少于 80%(配对研磨)，但接触刚度仍比油膜刚度低得多，故使轴承的综合刚度下降。这种轴承广泛应用于各种外圆磨床和卧轴平面磨床上。

9.6.2　主轴的液体静压滑动轴承

图 9.35 所示为静压滑动轴承的工作原理图。在轴承的内圆柱面上，开有 4 个对称的油腔 1～4，油腔之间由轴向回油槽隔开。油腔周围有封油面，其中 b 为周向封油宽度，l 为轴向封油宽度。压力油的循环过程：来自油泵的压力油，经过具有液阻的各个节流器 T_1～T_4，分别流进轴承的 4 个油腔内，将轴颈推向中央；然后再流过轴颈与轴承封油面之间的微小间隙，由回油槽集中起来流回油箱。由于轴颈与轴承之间的间隙很小，形成了很大的液阻，因此油腔中便得以保持液体压力(也称静压力)。

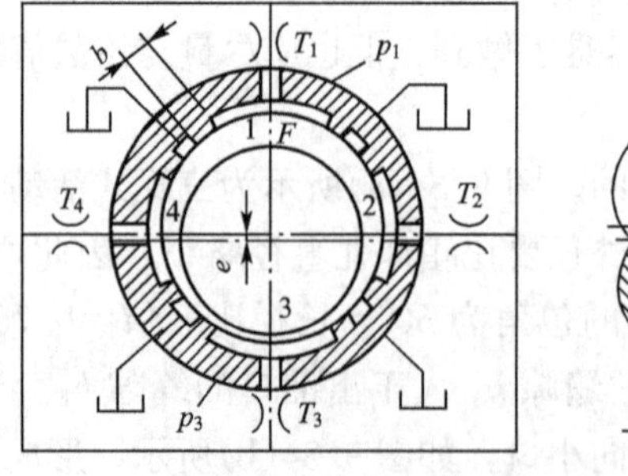

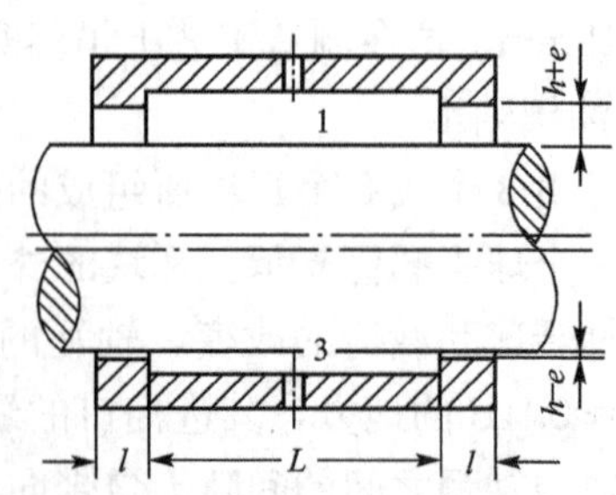

图 9.35　静压滑动轴承的原理图

当供油压力一定，且对称分布的4个油腔结构形状及尺寸相同时，若主轴不受载荷(不考虑轴的自重)，则轴颈便被油腔中的压力油推向轴承中央。此时，各油腔封油面与轴颈的间隙都相等，即 $h_1=h_3=h$；各油腔中的油压相等，即 $p_1=p_3$。

当主轴受径向载荷 F(包括轴的自重)作用后，如图9.35所示，轴颈沿载荷方向偏移一个微小距离 e，则油腔3的间隙减小为 $h_3=h-e$，而油腔1的间隙却增大到 $h_1=h+e$，这时油腔3中的油压 p_3 增高，而油腔1中的油压 p_1 下降，于是便产生一个与载荷方向相反的压力差 $\Delta p=p_3-p_1$ 来支承载荷 F。

在静压轴承常用的定压供油系统(向各个油腔的供油压 p_s 为一定)中，每个油腔之前必须串联一个起调压作用的节流器，否则轴承就会失去承载能力。其调压作用是指当主轴受载偏移后，能使轴承在载荷方向上的两个油腔产生压力差以支承载荷，从而使静压轴承在液体摩擦状态下具有承载能力。如果没有节流器，主轴受载偏移后，各油腔的油压仍然相等，互相抵消而无法把轴颈推向中央。

因此，液体静压轴承的工作原理概括起来，就是利用轴承各个油腔中的静压力和节流器的调压作用，而把轴颈推向轴承中央位置的。

思考和练习

1. 主轴组件有什么功用?

2. 对主轴组件工作性能的基本要求有哪些?为什么要提出这些要求?

3. 主轴在两支承之间承受传动力时，传动力的不同方向对主轴组件的性能有何影响?

4. 3182100型、2268100型、7000型和2697100型等主轴滚动轴承的主要特点是什么?

5. 选择主轴滚动轴承的类型应注意哪些主要问题?

6. 主轴推力轴承的布置方式有哪几种?其主要特点及适用范围如何?

7. 主轴组件的最佳跨距是指什么?

8. 设计某卧式车床的主轴组件，初步选定主轴的孔径为48mm；前轴颈直径为105mm，后轴颈直径为80mm，均采用3182100型轴承；主轴的悬伸量为110mm。试求其最佳支承跨距及最大刚度。

第10章 支承件的设计

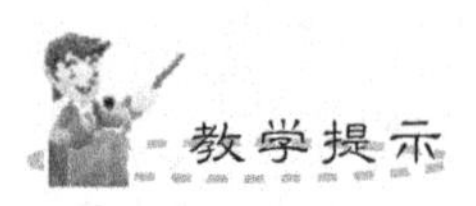

机床中的支承件包括床身、立柱、横梁、底座、龙门架、工作台、箱体等，它们是机床的基础构件，又称为基础件或大件。合理地设计机床支承件的结构，使其具有足够的刚度、良好的动态特性和较强的抗热变形能力，对提高机床本身的加工精度和生产效率十分重要。

本章让学生了解支承件的功用与基本要求、支承件的受力分析、支承件的刚度和动态特性、支承件的计算方法。重点让学生掌握支承件的结构设计，使之能灵活地应用所学的基本原则来解决支承件设计中的一般性问题。

10.1 概　　述

10.1.1 支承件的功用

支承件是指床身、立柱、横梁、底座、龙门架、工作台、箱体等尺寸及质量较大的零件，是机床的基础构件。支承件的功用如下。

(1) 支承机床的各部件，要承受切削力、重力、惯性力、摩擦力、夹紧力等静态力和动态力。

(2) 支承件一般附有导轨，导轨主要起导向定位作用，为此，支承件必须保证各部件之间的相对位置精度和运动部件的相对运动轨迹的准确关系。

(3) 支承件上除装有各种零部件外，其内部空间常作为切削液、润滑油的存储器或液压油的油箱，有时电动机和电气箱也放在它里面。

10.1.2 支承件的设计要求

支承件是机床的基础构件，种类很多，它们的形状、尺寸和材料也是多种多样的，其结构及布局是否合理将直接影响机床的加工质量和生产率。对支承件的基本要求如下。

1) 足够的静刚度和较高的刚度/质量比

支承件的刚度是指支承件在额定载荷和交变载荷的作用下抵抗变形的能力。前者称为静刚度，后者称为动刚度。一般所说的刚度往往指静刚度。

足够的静刚度要求支承件在规定的最大载荷(额定载荷)作用下，变形量不得超过一定的数值，以保证在加工过程中，刀具和工件间的相对位移不超过加工允许的误差。支承件的质量占机床总质量的 80%～85%，所以在满足刚度的前提下，应尽量减轻支承件的质量。刚度/重量比在很大程度上反映了支承件设计的合理性。

2) 良好的动态特性

支承件的振动将影响被加工表面的质量和机床的生产率。要求在规定的切削条件下工作时，使受迫振动的振幅不超过允许值，不产生自激振动，保证切削的稳定性。如当支承件的薄壁面积超过 400mm×400mm 时，容易发生薄壁振动，并产生噪声等。

3) 较小的热变形和内应力

在机床工作过程中的摩擦热、切削热和液压系统发热等都会引起支承件的温度变化，产生热变形和热应力，会影响机床的工作精度和几何精度；支承件在铸造、焊接和粗加工过程中，材料内部会形成内应力，在使用中，内应力的重新分布和逐渐消失，会使支承件变形。总之，热变形和内应力都将破坏部件间的相互位置关系和相对运动轨迹，影响加工精度。

4) 其他

支承件的设计应便于制造、装配、维修、排屑和吊运等，还要考虑切削液及润滑油的回收、液压、电器装置的安置等。

10.1.3 支承件的设计步骤

(1) 根据支承件的使用要求进行受力分析，再根据所受的力、热变形和其他要求(如排屑、切削液及润滑油回收、其他零部件安置等)，并参考机床的同类型件，初步设计其基本形状和尺寸。

(2) 可以用有限元法(Finite Element Method)，借助于电子计算机进行验算，求解支承件的静刚度和动态刚度，这样在设计阶段可以预测支承件的性能，避免盲目性，提高成功率。

(3) 根据计算结果对设计进行修改，或对几个方案进行对比，选择最佳方案。

总之，为了使设计合理、结构优化，应对机床的受力情况、静刚度、动态特性和热变形进行分析计算，或进行试验分析。

10.2 支承件的刚度

10.2.1 支承件的受力分析

在支承件设计中，为了保证有足够的刚度，必须了解支承件的受力情况及产生的变形，了解由此引起的加工误差，从而合理地设计支承件的结构。

1. 不同机床所受载荷的特点

由于支承件是机床的组成部分，分析支承件的受力必须首先分析机床的受力。为了简化分析，根据机床所受载荷的特点，对不同类型机床的受力分析各有所侧重。

(1) 对于中小型普通机床，应以切削力为主，工件重量、移动部件重量等在受力和变形分析时可忽略不计，如钻床、铣床、中型车床等。

(2) 对于精密机床和高精度机床，其切削力较小，应以移动部件的重量和热应力为主，如双柱立式坐标镗床。

(3) 对于大型、重型机床，则需要同时考虑工件重量，移动部件重量和切削力，如双柱立式车床、落地镗铣床等。

2. 不同形状支承件的简化

支承件根据其形状不同一般可简化为梁、板、箱三种类型。

(1) 一个方向的尺寸比另外两个方向的尺寸大得多的零件可看做梁类件，如床身、立柱、横梁、滑枕等。

(2) 两个方向的尺寸比第三个方向的尺寸大得多的零件可看做板类件，如底座、工作台、刀架等。

(3) 三个方向的尺寸都差不多的零件可看做箱类件，如箱体、升降台等。

3. 普通车床床身的受力分析

下面以普通车床的床身为例，分析中小型普通机床主要支承件的受力和变形。普通车床的受力情况如图 10.1 所示。工件两端分别支承在主轴和尾座的顶尖上，尾座处于床身尾部，刀架处于床身中部。作用在刀尖上的切削力可分解成 F_x、F_y 和 F_z 这 3 个分力。轴向力 F_x 使床身产生拉伸变形，影响很小，可以不计。F_y 和 F_z 使床身受弯曲和扭转。为便于分析受力及变形，在受扭转时，可将床身视为两端固定的梁；在受弯曲时，可将床身视为简支梁。

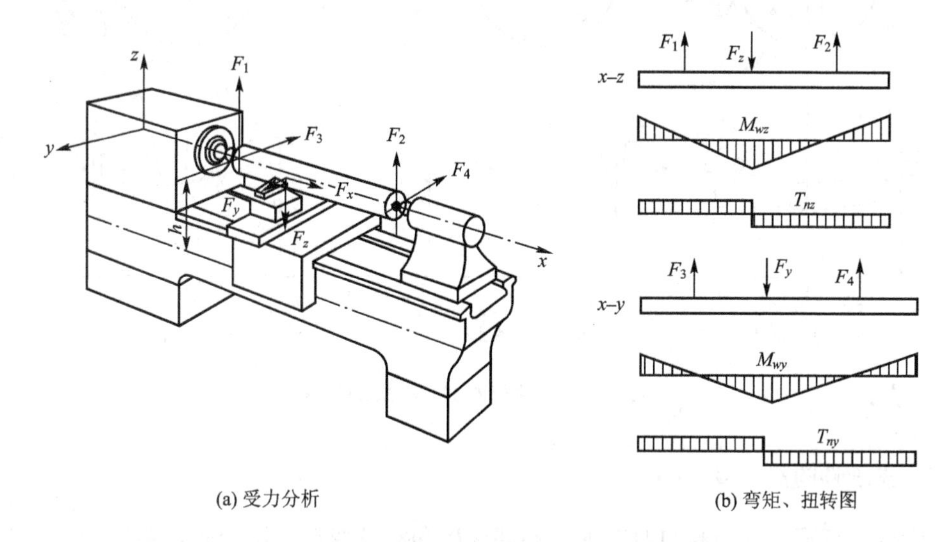

图 10.1 卧式车床床身的受力分析

在垂直 $x-z$ 平面内，垂直切削分力 F_z 经刀架作用在床身上，经工件作用于主轴箱和尾架上的力为 F_1 和 F_2。F_z 将引起床身在垂直方向的弯矩为 M_{wz}。由于 F_z 的作用点到主轴中心线的距离为 $d/2$(d 为工件的直径)，因此在床身上作用有扭矩 $T_{nz}=F_zd/2$。

在水平 $x-y$ 平面内，径向切削分力 F_y 经刀架作用在床身上，其反作用力 F_3 和 F_4 经工件作用在主轴箱和尾架上。F_y 将引起床身在水平方向的弯矩为 M_{wy}，由于 F_y 的作用点到床身中心轴的距离为 h，因此对床身还作用有扭矩 $T_{ny}=F_yh$。

由此可见，刀架在切削力的作用下，车床床身变形的主要形式是垂直和水平面内的弯曲变形，床身的横截面上受到的扭矩为

$$T_b=F_zd/2+F_yh \tag{10-1}$$

轴向切削分力 F_x 与床身平行，使床身拉伸变形，影响较小，可忽略不计。F_z 和 F_x 产生的弯矩使床身在垂直面内产生弯曲变形 δ_1，如图 10.2(a)所示，导致工件的误差为 $\Delta d_1/2$，对工件直径的影响较小。

F_y 和 F_x 产生的弯矩使床身在水平面内产生弯曲变形 δ_2，并使被加工零件呈鼓形，如图 10.2(b)所示。变形 δ_2 以近似 1∶1 的比例关系反映工件的半径误差 $\Delta d_{21}/2$。

扭矩 T_b 造成前后导轨不平行，失去原始精度。切削加工时，刀架沿变形的导轨移动，使工件产生加工误差，如图 10.2(c)所示。床身受到扭转变形 δ_3，占床身变形量的 60%～90%。导致工件半径上的加工误差为

$$\frac{\Delta d}{2}=\delta_2+\varphi\cdot h \tag{10-2}$$

式中 φ——床身的扭转角(rad)。

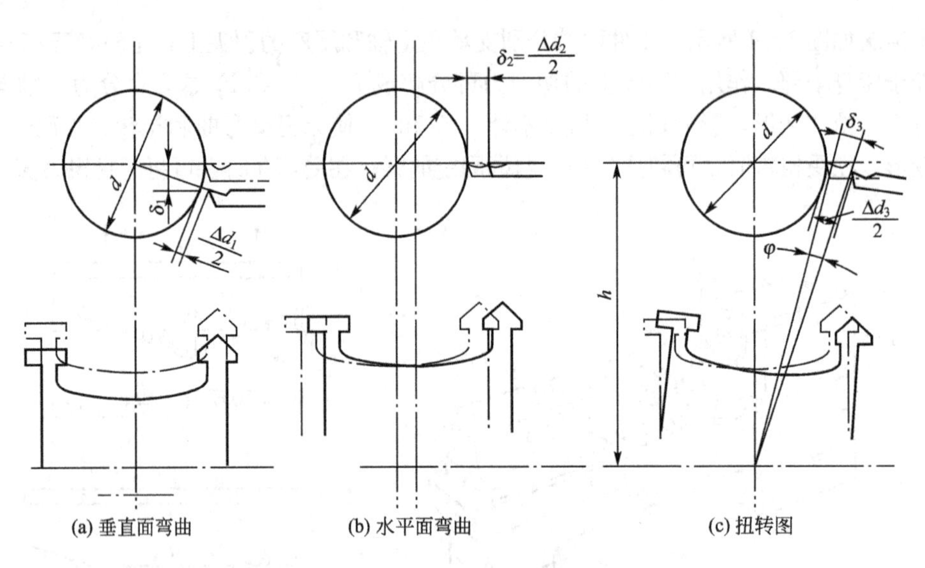

(a) 垂直面弯曲　(b) 水平面弯曲　(c) 扭转图

10.2　床身变形对加工精度的影响

10.2.2　支承件的静刚度

支承件的变形一般包括自身变形、局部变形和接触变形。设计时，要注意这三类变形的匹配，并应对薄弱环节予以加强。

1. 自身刚度

支承件所受的载荷主要是拉压、弯曲和扭转，其中弯曲和扭转是主要的。前面分析了普通车床床身的受力和变形，其主要是指支承件自身的变形。支承件抵抗自身变形的能力称为自身刚度。支承件的自身刚度主要为弯曲刚度和扭转刚度，它取决于支承件的材料、构造、形状、尺寸和隔板的布置等。

2. 局部刚度

局部变形主要发生在支承件上载荷较集中的局部结构处。抵抗局部变形的能力称为局部刚度。例如，导轨与伸出床壁外面部分的弯曲变形，如图 10.3(a)所示；摇臂钻床立柱与摇臂的配合部位及底座装立柱的部位，如图 10.3(b)所示。局部刚度主要取决于受载部位的构造、尺寸及筋板的配置。

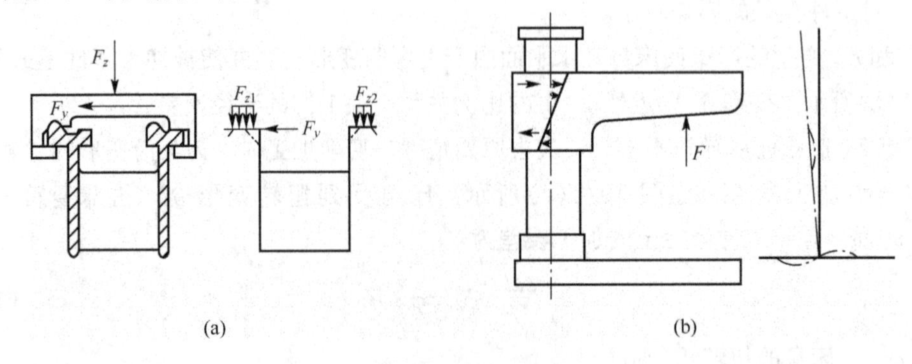

图 10.3　局部变形

3. 接触刚度

两个平面相接触时，由于两个平面都有一定的宏观不平度和微观不平度，所以真正接触的只是一些高点，如图 10.4(a)所示。支承件各接触面抵抗接触变形的能力称为接触刚度。车床刀架和升降台式铣床的工作台由于层次很多，接触变形就可能占相当大的比重。

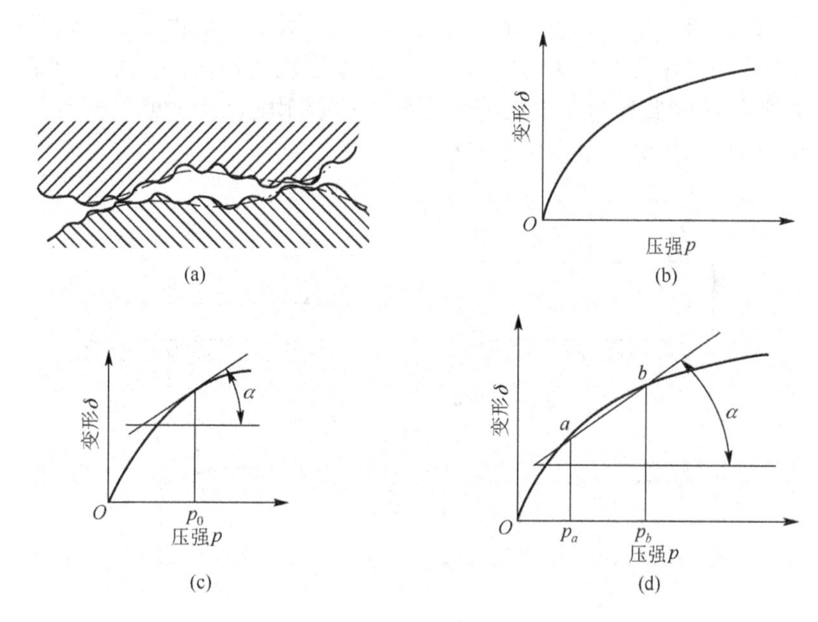

图 10.4　接触刚度

接触刚度与自身刚度的不同之处在于：

(1) 接触刚度是指受外载荷时，接触平面的平均压强与变形之比，并不是支承件的自身刚度，接触刚度可表示为

$$K_j = p/\delta \tag{10-3}$$

式中　p——接触平面受到的平均压强(MPa)；

　　δ——接触平面的变形量(μm)。

(2) 接触刚度不是一个固定值，即 δ 与 p 的关系是非线性的，如图 10.4(b)所示。因为当压强很小时，两个面之间只有少数高点接触，接触刚度较低；当压强较大时，这些高点产生了变形，实际接触面积增加，接触刚度提高。考虑到非线性，接触刚度应更准确地定义为

$$K_j = \frac{\mathrm{d}p}{\mathrm{d}\delta} \tag{10-4}$$

在实际应用时，K_j 值的确定方法因固定接触还是活动接触而有所不同。固定接触面间的接触刚度按图 10.4(c)所示的方法确定。为了提高固定接触面之间的接触刚度，应预先施加一个载荷，使接触面在受外载荷之前已有一个预加压强 p_0，所施加的预载应远大于外载。在这种情况下，可以在对应于 p_0 点处作 $p-\delta$ 曲线的切线，以该切线与水平线夹角 α 的余切作为接触刚度，即

$$K_j = \cot\alpha \qquad (10-5)$$

活动接触面间的接触刚度用如图 10.4(d)所示的方法确定。活动接触面的预载等于滑动件(如工作台或床鞍等)以及装在它们上面的工件、夹具或刀具等的重量。以预载点 a(此时接触面压强为 p_a)至最大载荷点 b(载荷为预载荷加最大切削力，此时接触面压强为 p_b)的连线与水平线的夹角 α 的余切作为接触刚度。可见，活动接触面的接触刚度比固定接触面低。

支承件的自身刚度和局部刚度对接触压强分布是有影响的，如自身刚度和局部刚度较高，则接触压强的分布基本上是均匀的，如图 10.5(a)所示，接触刚度也较高；如自身刚度或局部刚度不足，则在集中载荷的作用下，构件变形较大，使接触压强分布不均，如图 10.5(b)所示，使接触变形分布也不均匀，降低了接触刚度。从中可以看出，接触刚度不仅取决于接触面的加工情况，也取决于支承件。

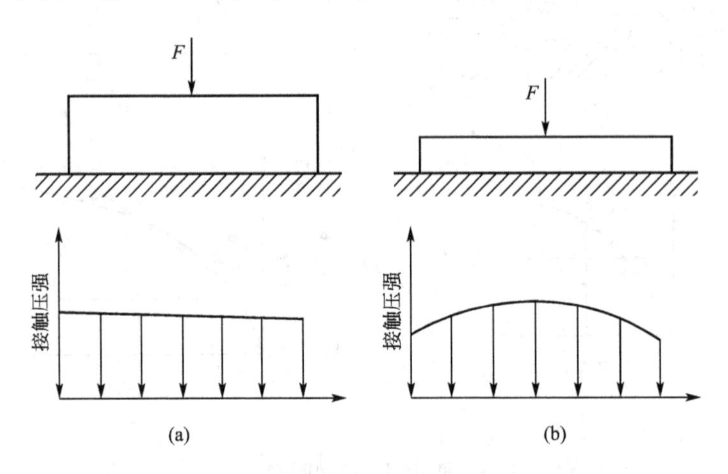

图 10.5　自身刚度和局部刚度对接触压强分布的影响

10.3　支承件的动态特性

设计支承件时，仅满足静刚度的要求往往还是不够的，还应满足动态特性的要求，它一般包括三方面的问题。

(1) 共振问题。支承件无论作为简单的振动系统，还是复杂的振动系统，其系统都具有固有频率或各阶固有频率。为满足动态特性的要求，在工作时支承件的固有频率不能与激振频率相重合，应避免发生共振现象。

(2) 动力响应问题。支承件在外部激振力的作用下，系统将产生振动，使支承件的结构遭受动态应力，导致疲劳损坏，影响加工质量。因此，支承件应具有较高的动刚度(共振状态下，激振力的幅值与振幅之比)和较大的阻尼，使支承件在受到一定幅值周期性激振力的作用，受迫振动的振幅较小。

(3) 切削稳定性问题。机床在一定的切削条件下，会产生自激振动，即产生切削颤振或爬行。自激振动不以外部激振为必要条件，而主要是由系统本身的动力特性及系统工作过程所决定的振动。切削稳定性是指抵抗切削自激振动的能力，研究支承件动态特性就要对切削稳定性进行分析。

10.3.1 支承件的固有频率和振型

分析支承件动态特性时，通常可将支承件简化为一个多自由度的系统，多自由度系统的固有频率和主振型是通过求解系统的无阻尼自由振动方程得到的。

1. 多自由度系统的固有频率和主振型

多自由度系统无阻尼自由振动的运动方程为

$$[M]\{\ddot{x}\}+[K]\{x\}=\{0\} \tag{10-6}$$

式中 $[M]$——系统的质量矩阵；

$[K]$——系统的刚度矩阵；

$\{x\}$——系统的位移列阵；

$\{\ddot{x}\}$——系统的加速度列阵。

设方程的解为

$$\{x\}=\{A\}e^{i\omega_n t} \tag{10-7}$$

式中 $\{A\}$——系统自由振动时的振幅向量；

ω_n——系统第 n 阶固有频率。

图 10.6 所示为单自由度和二自由度振动系统的力学模型。该系统有两个集中质量 m_1 和 m_2，分别装在两根无质量的弹性杆上，弹性杆的刚度分别为 K_1 和 K_2。这时存在两个振型：这两个振型各有自己的固有频率。第一个振型如图 10.6(a)所示，m_1 和 m_2 同时向上或向下；第二个振型如图 10.6(b)所示，m_1 和 m_2 的相位相差 180°。振型和固有频率合称为模态(Mode)。习惯上把各个模态根据其固有频率从小到大排列，其序号称为“阶”(Order)。图 10.6(a)所示的振型，其固有频率比图 10.6(b)所示的低。因此，图 10.6(a)为第一阶振型，其固有频率为第一阶固有频率，合称为第一阶模态；图 10.6(b)为第二阶振型、第二阶固有频率，合称为第二阶模态。

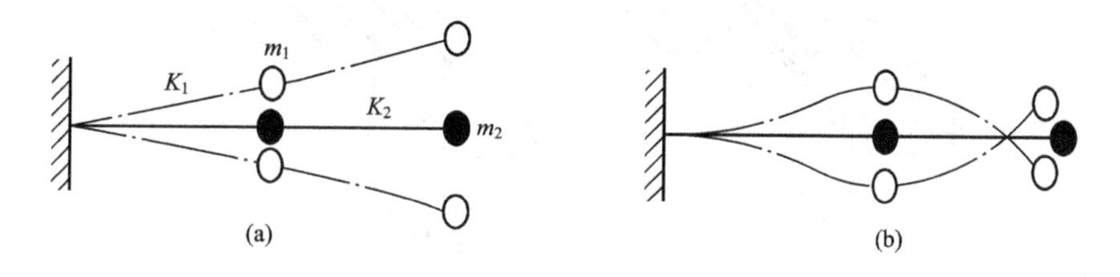

图 10.6 单自由度和二自由度振动系统

2. 支承件的模态分析

由于机床上激振力的频率一般都不太高，因而只有最低几阶模态的固有频率才有可能与激振频率重合或接近。高阶模态的固有频率已远高于可能出现的激振力的频率，一般不可能发生共振，对于加工质量的影响是不大的，所以只需研究最低几阶模态。下面以某一车床床身在水平(x)方向的振动为例，说明其最低几阶模态。

1) 第一阶模态

整机摇晃振动，振型如图 10.7(a)所示。床身作为一个刚体在弹性基础上作摇晃振动。主振系统是床身和底部的连接面。固有频率取决于床身的质量、固定螺钉和接触面处的刚度。振动的特点是床身各点的振动方向一致，同一水平线上各点的振幅相差不大。离结合面越远的点，振幅越大，整机摇晃的固有频率较低，通常约为数十赫兹。

2）第二阶模态

一次弯曲振动，振型如图10.7(b)所示。主振系统是床身本身。振动的特点是各点的振动方向一致，上下振幅相差不大，纵向(z向)越近中部，振幅越大；越近两端，振幅越小。

3）第三阶模态

一次扭转振动，振型如图10.7(c)所示，主振系统与第二阶模态相同。车床床身振型的振动特点是：两端的振动方向相反，振幅为两端大、中间小。这时，在靠近中部一定有一条线AB，在这条线上及附近，振幅等于零或接近于零。在这条线的两侧，振动方向相反。这条线称为节线，A、B点称为上下节点。

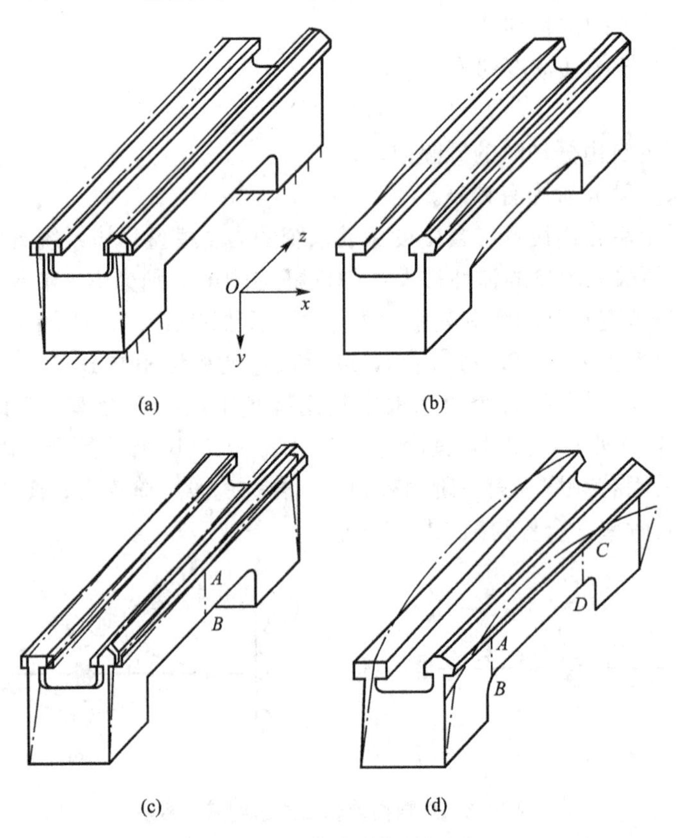

图10.7　车床床身的振型

4）第四阶模态

二次弯曲振动，振型如图10.7(d)所示，主振系统也与第二阶模态相同。特点是有两条节线AB和CD，在这两条节线上，振幅为零。两端的振动方向相同，与两节线间的振动方向相反。

此外，还有二次扭转、三次弯曲、纵向振动等。这些模态一般固有频率较高，已远离可能出现的激振频率，因此，一般可以不考虑。

5）薄壁振动

在高频振动中，需要注意的是薄壁振动。某些面积较大又较薄的壁板，以及罩、盖等，易发生振动。主振系统是薄壁，振动固有频率较高。薄壁振动的振幅不大，又是局部振动，故对加工精度影响不大，但却是重要的噪声源或噪声的传播者。

以上这些模态中，第二、三、四阶将引起执行器官之间的相对位移，对加工精度和加工表面粗糙度的影响较大。第一阶虽然同一水平面内的加速度相差不大，但上面装的部件(如床头、尾座、刀架等)的质量不同，因而作用在这些部件上的惯性力也不同，也会引起这些部件的相对位移而影响加工质量。

10.3.2 改善支承件的动态特性及其措施

改善支承件的动态特性，提高其抗振性，关键是提高支承件的动刚度。为了说明影响动刚度的因素，下面分析单自由度系统的表达式。就定性分析来说，该式同样适用于多自由度系统的分析。

1. 单自由度系统的动态特性

单自由度系统受简谐力激振时的动刚度，可用式(10-8)表示

$$\frac{F}{A}=K\sqrt{\left(1-\frac{\omega^2}{\omega_n^2}\right)^2+\left(2\xi\frac{\omega}{\omega_n}\right)^2} \tag{10-8}$$

式中 F——激振力的幅值(N)；

A——振幅(m)；

K——系统的静刚度(N/m)；

ω——激振的角频率(rad/s)；

ω_n——系统的固有频率(rad/s)；

ξ——系统阻尼比。

由此可见，提高结构的动刚度，可以采用以下一些办法：提高系统的静刚度 K；增大系统中的阻尼比 ξ；提高系统的固有角频率 ω_n；改变激振角频率 ω，以使二者远离。

2. 改善支承件动态特性的措施

对于不同的激振频率段，在提高动刚度时，采取的措施应有所不同。如激振频率在“准静态区”，即 $0<\frac{\omega}{\omega_n}<0.6\sim0.7$ 时，关键是提高结构的静刚度；如激振频率在“共振区”，即 $0.6\sim0.7\leqslant\frac{\omega}{\omega_n}\leqslant1.3\sim1.4$ 时，关键应增加阻尼；如激振频率在“惯性区”，即 $\frac{\omega}{\omega_n}\geqslant1.3\sim1.4$ 时，可增大质量。下面介绍一些改善支承件动态特性的具体方法。

1) 提高静刚度

提高静刚度的途径主要是：合理地设计结构的截面形状和尺寸，合理地布置肋板和肋条，还必须注意结构的整体刚度、局部刚度和接触刚度的匹配等。

2) 增加阻尼

增加阻尼是提高结构刚度的有力措施，它的效果比增加静刚度要显著。常用的有保留砂芯的方法(常称封砂结构)，铸件的砂芯不清除，保留在床身内。砂与铸件和砂与砂之间的摩擦耗散振动能量，以提高阻尼。如图 10.8 所示，采用了具有阻尼性能的焊接结构，

在结构中灌注混凝土等。

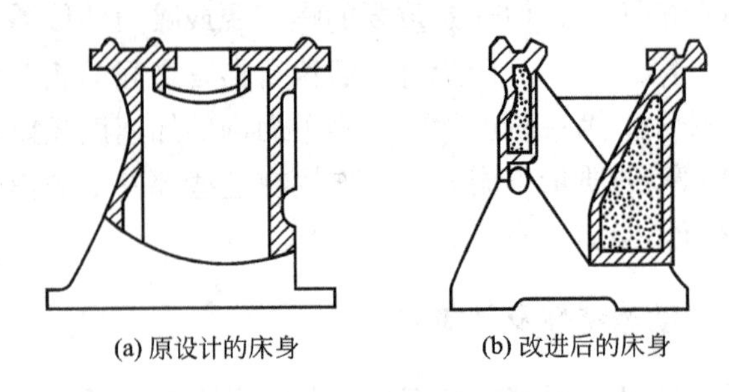

(a) 原设计的床身　　(b) 改进后的床身

图 10.8　车床床身动刚度的提高

材料选用与提高结构的动刚度关系也很大，铸铁的阻尼为钢的 2～4 倍，常用作支承件的材料。对于弯曲振动结构，尤其是薄壁结构，在表面喷涂一层具有高内阻尼的黏滞性材料，如沥青基制成的胶泥减振剂、高分子聚合物等，或采用石墨纤维的约束带和内阻尼高、剪切模量极低的压敏式阻尼胶等，能使阻尼比增大 0.05～0.1。

3) 调整固有频率

支承件的固有频率应远离干扰频率，一般振源的频率较低，故应提高支承件的固有频率。增加刚度或减少质量，都可以使固有频率提高，而改变阻尼系数，则固有频率的变化不大。

4) 采用减振器

采用减振器也是提高抗振性的一种有效的方法，其特点是结构轻巧，在某些情况下，比单纯提高结构刚度容易实现，但因受结构的限制，目前在机床上应用不多。

10.4　支承件的热变形特性

10.4.1　支承件的热变形

机床工作时，存在各种热源，如切削、电动机、液压系统和机械摩擦都会发热，使各部件因温度分布不均而产生变形，这就是热变形。此外，机床的温度变化还有它的外部原因，这就是环境温度的变化和阳光的照射。因此，由于温度变化而带来的机床的热变形也不是定值。

热变形可以改变机床各执行器官的相对位置及其位移的轨迹，从而降低加工精度。由于温度变化有复杂的周期性，又使机床的加工精度不稳定。例如主轴箱的前、后轴承温度不同，将引起主轴轴线位置的偏移；龙门刨床和平面磨床的床身导轨，由于工作台高速运动的摩擦，使其温度将比下面高，引起导轨中凸。立式铣镗床由于铣镗头(主轴箱)发热，使立柱与铣镗头结合的导轨面温度比后面高，而使立柱后仰，改变主轴的位置，如图 10.9 所示。

热变形对普通中小型机床加工精度的影响不太明显，但对自动机床、自动线和精密、高精度机床的影响却很明显。如自动机床和自动线是在一次调整好后大批地加工工件的，加工中随着温度的升高，加工精度也在逐步变化。升到某一温度之上后，加工的工件就可能不合格。如精密机床和高精度机床的几何精度公差很小，热膨胀产生的位移就很可能使机床热检时的几何精度不合格。所以，热膨胀已成为进一步提高精度的主要限制条件。

零件受热而膨胀有两种可能：一种是均匀的热膨胀，一种是不均匀的热膨胀。一般情况下，由于支承件各处的受热情况不同，质量不均，使得各部位的温度不均，热膨胀也不均。不均匀的热膨胀对精度的影响比均匀的热膨胀大。

如果零件两端受到限制而不能自由膨胀，则将产生热应力，它会破坏机件正常的工作条件。例如两端固定的传动轴，如果冷态时无间隙，则工作一段时期后，由于箱体的散热条件比较好，轴的温度将高于箱体，热膨胀将使轴承内产生轴向附加载荷，这个载荷又将使轴承进一步发热，严重时会损坏轴承。

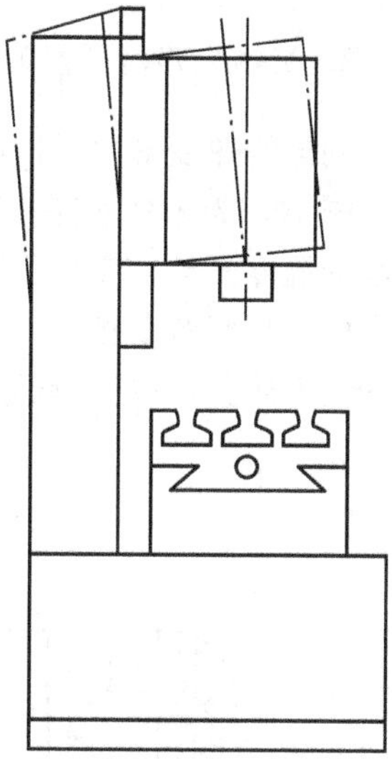

图 10.9 立式铣镗床的热变形

10.4.2 改善支承件热变形特性的措施

改善支承件的热变形特性就是设法减少热变形，特别是不均匀的热变形，以降低热变形对精度的影响。

1. 散热和隔热

如果机床温升过高，可以适当地加大散热面积，加设散热片等。如果局部温度过高，也可仅在热源附近设置散热片，散热片的方向应与气流的方向一致。设计时既要考虑隔热，还需考虑散热，对于发热较多的部件，应保持周围的空气流动畅通，可设置进、排气口，加装导流隔板，引导气流流经温度较高的部位，以加强冷却。如果自然通风不够，可加设水冷或氟利昂制冷，这在数控机床、加工中心中已广泛采用。

隔离热源也是减少热变形的有效措施之一。把重要的热源(电动机、变速箱、液压油箱等)从支承件的内部移至与机床隔离的地基上，或在液压缸、液压马达等热源部位设置隔热罩，以减少热量对支承件的辐射。

图 10.10 所示为一单柱坐标镗床，电动机外有隔热罩，立柱后壁设有进气口，顶部有排气口，电动机风扇使气流向上运动，如图中箭头所示，与自然通风气流方向一致，以加强散热。

2. 均热

由于支承件各处的受热情况不同，使得各处的温度不均匀，热膨胀也不均匀。不均匀的热膨胀对加工精度影响较大，因此设计时应考虑均热问题。

例如车床床身，可以用改变传热路线的办法来减少温度不均。如图 10.11 所示，A 处装主轴箱，是主要的热源，C 处是导轨，在 B 处开了一个缺口，使得从 A 处传来的热量分散传至床身各部，如图中箭头所示，床身温度就可比较均匀。当然，缺口不能开得太深，否则将降低刚度。

3. 使热变形对精度的影响较小

同样的热变形由于构造不同，对精度的影响也是不同的。

图 10.12(a)所示是一种卧式铣床的床身。由于后支承内装的轴承较多，使用后发现后支承的温度高于前支承，使主轴轴线向下倾斜；后改为如图 10.12(b)所示的结构，使后支座横向与两侧壁相连，这就把热变形方向从上下转变为水平，而床身在水平方向又是对称的，因此，可以保持温升前后，支承处中心的位置不变。

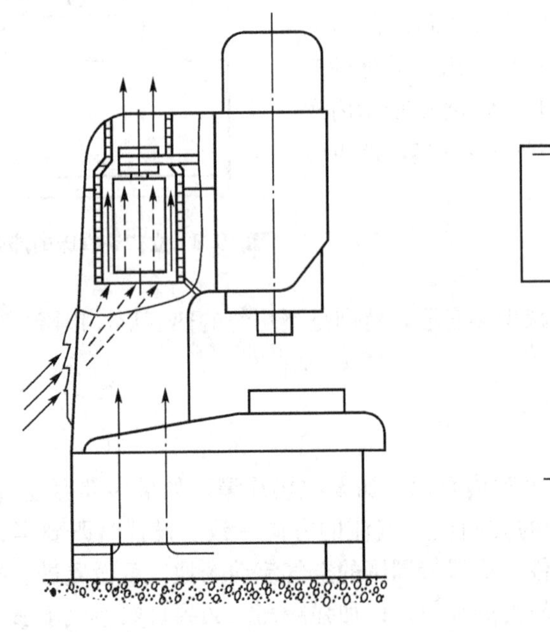

图 10.10　单柱坐标镗床的隔热和气流

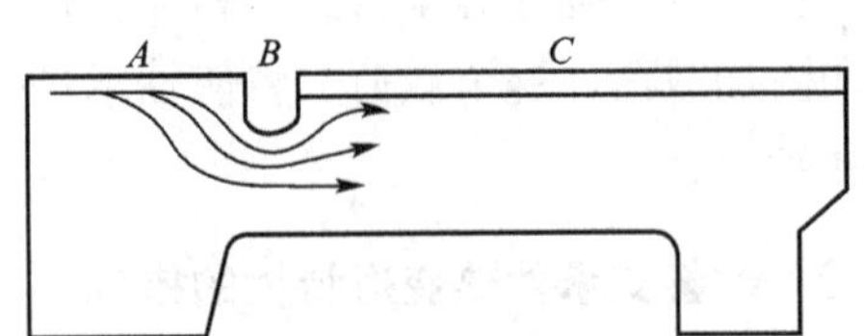

图 10.11　车床床身的均热

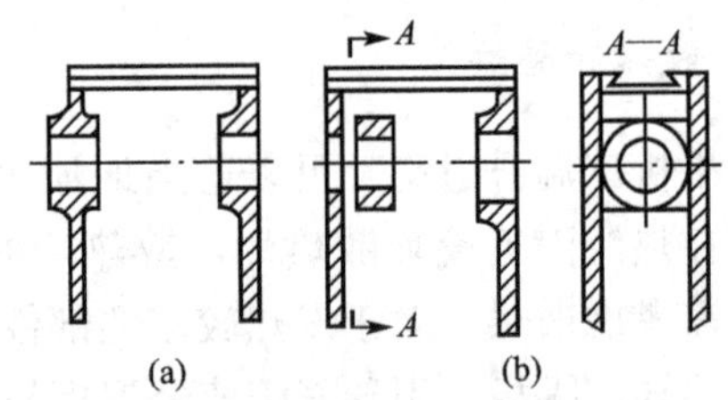

图 10.12　卧式铣床的床身

又如坐标镗床和加工中心，如果采用常见的单柱结构，如图 10.13 所示，则由于立柱前后壁温度不同，将使主轴轴线产生位移。如果采用双柱对称结构，就使热变形对主轴轴线位移的影响大大减少，这就是通常所说的“热对称”结构。

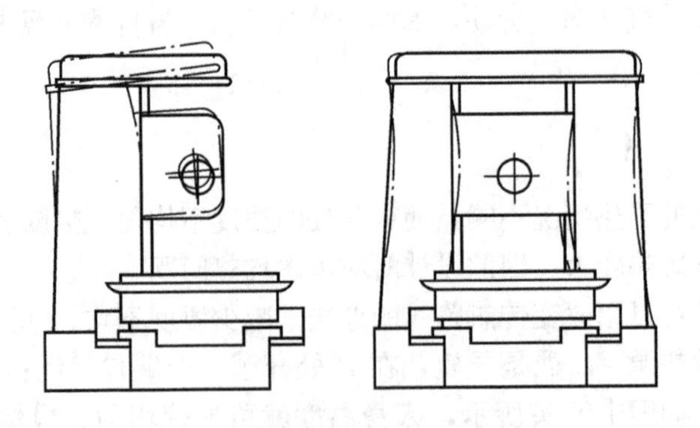

图 10.13　卧式坐标镗床的热对称结构

10.5 支承件的结构设计

机床的类型、用途、规格不同，支承件的形状和大小也不同，为此，支承件的设计要满足工作要求。通常是根据使用要求和受力情况，参考同类型机床，初步确定其形状和尺寸。对较重要的支承件要进行演算或模型试验，根据演算或试验结果做适当的修改。

支承件结构设计时应考虑的主要问题是保证良好的静刚度和动态特性，减少热变形，合理地选用材料和热处理方式，有较好的结构工艺性。

10.5.1 提高支承件的自身刚度

1. 正确选择截面的形状和尺寸

支承件主要是承受弯矩、扭矩及弯扭复合载荷，所以自身刚度主要是考虑弯曲刚度和扭转刚度。在弯、扭载荷的作用下，支承件的变形与截面的抗弯惯性矩和抗扭惯性矩有关。材料和截面积相同，而形状不同时，截面惯性矩相差很大，因此应正确选择截面的形状和尺寸，以提高自身的刚度。

表10－1列出了八种不同横截面(面积均为10000mm^2)的惯性矩的相对值。从表中可见以下内容。

表10－1 截面形状与惯性矩的关系

序号	截面形状	抗弯惯性矩(相对值)	抗扭惯性矩(相对值)	序号	截面形状	抗弯惯性矩(相对值)	抗扭惯性矩(相对值)
1	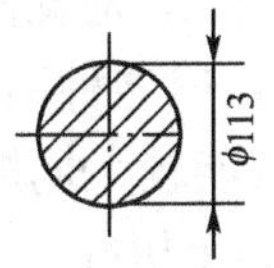 φ113	1	1	5	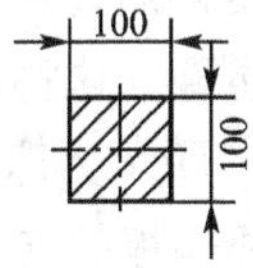 100; 100	1.04	0.88
2	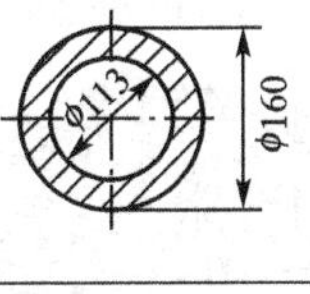 φ113; φ160	3.02	3.02	6	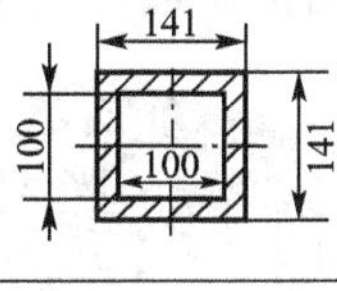 141; 100; 100; 141	3.08	2.59
3	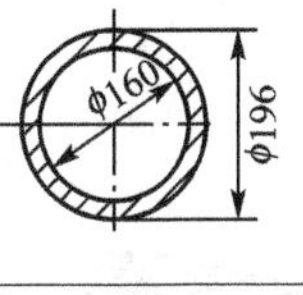 φ160; φ196	5.03	5.03	7	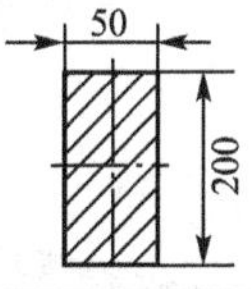 50; 200	4.17	0.43
4	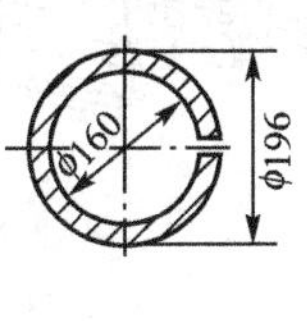 φ160; φ196	—	0.07	8	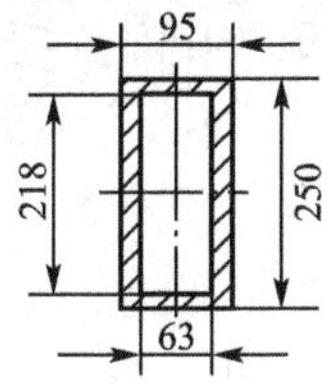 95; 218; 250; 63	8.66	3.50

(1) 截面积相同时空心截面的刚度大于实心截面的刚度。设计支承件时，采用空心截面，加大外轮廓尺寸，在工艺允许的条件下，尽可能减少壁厚，可以大大提高界面的抗弯和抗扭刚度。

(2) 方形截面的抗弯刚度高于圆形截面，而抗扭刚度较低。如果支承件以承受扭矩为主，应采用圆形截面；若以承受弯矩为主，应采用方形和矩形截面。矩形截面在其高度方面的抗弯刚度比方形截面高，但抗扭刚度较低。因此，以承受一个方向的弯矩为主的支承件常取矩形截面，并以其高度方向作为受弯方向；如果所承受的弯矩和扭矩都相当大，则常取正方形截面。

(3) 不封闭的截面比封闭的截面刚度显著下降，特别是抗扭刚度下降更多。在可能的条件下，应尽量把支承件的截面设计成封闭的框形。由于支承件内部往往需要安装传动机构、电器设备和润滑冷却设备等，并要考虑排屑、清砂等方面的需要，实际上很难做到四面封闭，有时甚至连三面封闭都难做到，如中小型车床的床身。

2. 合理布置隔板

在两壁之间起连接作用的内壁称为隔板。隔板的功用在于把作用于支承件局部地区的载荷传递给其他壁板，从而使整个支承件各壁板能比较均匀地承受载荷。当支承件不能采用全封闭截面时，常常布置隔板来提高支承件的自身刚度。

例如，中小型车床的床身为了排屑，上下都不能封闭，常用隔板来连接前后壁板。切削力 F_y 经三角形导轨作用于前壁，薄壁板的抗弯刚度是很低的，有了隔板，就可把载荷传递到后壁。这样，前壁的弯曲转化为整个床身的弯曲，即转化为前壁的拉伸和后壁的压缩，大幅度地提高了抗弯刚度。

图 10.14(a)所示为床身前后壁用 T 形隔板连接，主要提高水平抗弯刚度，对提高垂直抗弯刚度和抗扭刚度作用不显著。这种连接多用在刚度要求不高的床身上，但这种结构简单，铸造工艺性好。图 10.14(b)所示为床身前后壁用斜向 W 形隔板连接，其能较大地提高水平抗弯刚度和抗扭刚度，相邻隔板的夹角一般为 60°～100°。这种连接对中心距超过 1500mm 的长床身效果明显，但此结构铸造较困难。图 10.14(c)所示为床身前后壁用框形隔板连接，

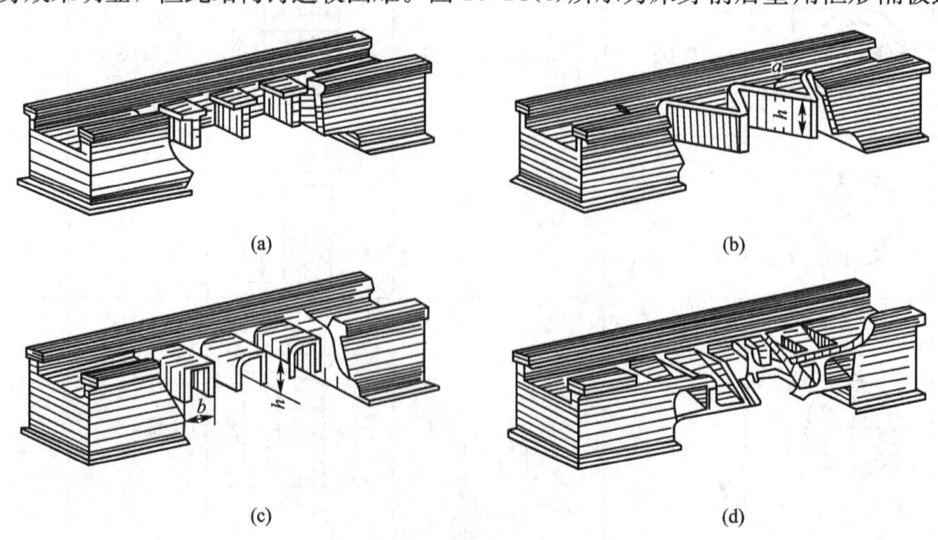

图 10.14 车床床身的几种隔板形式

其在水平面和垂直面上的抗弯刚度都比T形隔板连接要好，铸造工艺性也较好，多用在大中型车床上。高速切削和强力切削车床排屑问题较突出，可采用图10.14(d)所示的隔板结构，其主体是封闭截面，不但刚度高，而且能自由排屑，但铸造较困难，常用于500～600mm以上的床身。

隔板布置一般有三种基本形式，即纵向隔板、横向隔板和斜向隔板。纵向隔板主要提高抗弯刚度；横向隔板主要提高抗扭刚度；斜向隔板则兼有提高抗弯刚度和抗扭刚度的效果。必须注意隔板的布置方向，纵向隔板应布置在弯曲平面内，如图10.15(a)所示，此时隔板对x轴的惯性矩为$l^3b/12$；若将隔板布置在与弯曲平面相垂直的平面内，如图10.15(b)所示，则惯性矩为$lb^3/12$。两者之比为$l^2:b^2$，由于$l>b$，所以图10.15(a)的抗弯刚度比图10.15(b)的抗弯刚度要大得多。

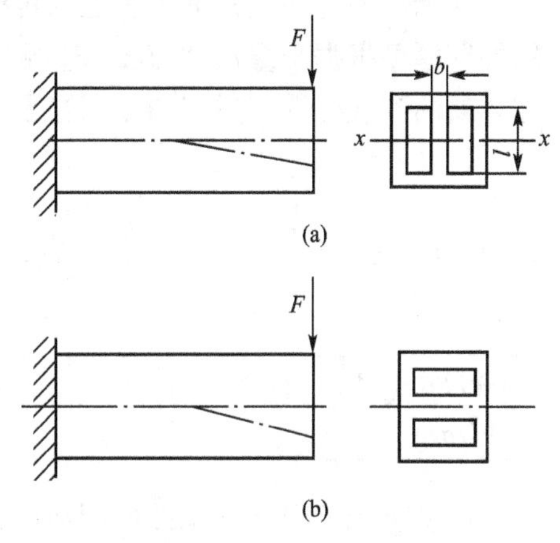

图10.15 隔板的布置方向

3. 合理开窗孔

为了安装机件或清砂，往往需要在支承件外壁上开孔，窗孔对刚度的影响取决于它的大小和位置。开在与弯曲平面垂直的壁上的窗孔对影响抗弯刚度最大。因为这些壁受压或受拉，开孔后将减少受拉、受压的面积。开在较窄壁上的窗孔对抗扭刚度的影响比开在较宽壁上的窗孔大。因此，矩形截面的立柱窗孔尽量不要开在前、后壁上，必须开孔时，应靠近支承件的几何中心附近。窗口的宽度应尽量不超过立柱空腔宽度的70%，高度不超过空腔宽度的1～1.2倍。

工作时窗口加盖，并用螺钉上紧，可补偿一部分刚度的损失。表10-2列出了在空心梁类支承件模型上开孔及加盖对刚度影响的试验结果。

表10-2 开孔及加盖对刚度的影响

序号	开孔情况	刚度		
		垂直弯曲	水平弯曲	扭转
1		1.00	1.00	1.00
2		0.85	0.85	0.28
3		0.89	0.89	0.35

4. 壁厚的选择

支承件的壁厚应根据工艺上的可能选择得薄一些。按照目前的工艺水平，砂模铸铁件的外壁厚可根据当量尺寸 C(m)选择，见表 10－3。表 10－3 中推荐的是最薄尺寸。凸台、与导轨的连接处等应适当加厚。当量尺寸 C 为

$$C=\frac{2L+B+H}{3} \tag{10-9}$$

式中 L、B、H——铸件的长、宽、高(m)。

表 10－3 铸件的推荐壁厚

当量尺寸 C/m	0.75	1.0	1.5	1.8	2.0	2.5	3	3.5	4.5
壁厚/mm	8	10	12	14	16	18	20	22	25

中型机床的焊接支承件如用薄壁结构，可用型钢和厚度为 3～6mm 的钢板焊接而成。通过采用封闭截形，正确地布置隔板、加强筋等来保证刚度和防止薄壁振动。如用厚壁结构，则可用厚度为 10mm 左右的钢板。这时焊接支承件的内部结构与铸铁件差不多。

10.5.2 提高支承件的局部刚度

1. 合理选择连接部件的结构

图 10.16 所示为支承件连接部位的四种结构形式。设图 10.16(a)的相对连接刚度为 1.0，则图 10.16(b)的相对连接刚度为 1.06，图 10.16(c)的相对连接刚度为 1.80，图 10.16(d)的相对连接刚度为 1.85。显然图 10.16(c)和图 10.16(d)的两种结构最好，特别是用来承受力矩效果更好，缺点是结构复杂。

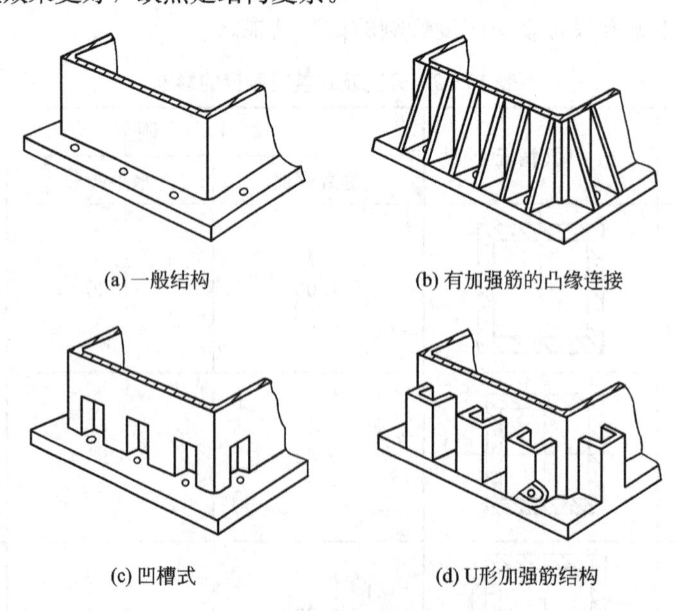
(a) 一般结构　(b) 有加强筋的凸缘连接

(c) 凹槽式　(d) U形加强筋结构

图 10.16 连接部位的结构形式

2. 合理选择螺钉的尺寸和布局

当受力矩时，螺钉应主要布置在受拉伸的一侧；当受扭矩时，螺钉应均匀分布在连接部位的四周。螺钉尺寸应经过计算，使它足以能承受外载荷的作用。

3. 注意床身与导轨连接处的局部过渡

图 10.17 所示为床身过渡壁的几种形式。图 10.17(a)为床身与导轨以单壁连接，结构简单，刚性较差，适应于承受小载荷；图 10.17(b)所示为薄单壁与加强筋结构，刚度较前一种形式好，适用于中等载荷；图 10.17(c)所示为双壁连接，结构较复杂，刚度较高，适用于中等载荷及重载荷；图 10.17(d)所示为直接连接，没有过渡壁，导轨的局部刚度最高。

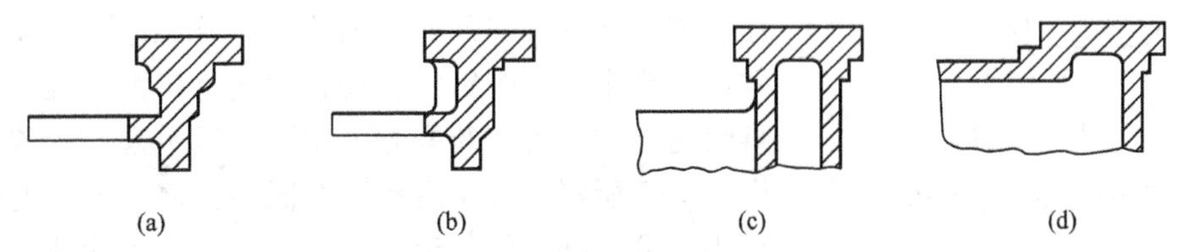

图 10.17 支承件与导轨的过渡连接

4. 合理配置加强筋

有些支承件的内部要安装其他机构，不能封闭，安装隔板也会有所妨碍，这时就只能采用加强筋来提高刚度。合理配置加强筋是提高局部刚度的有效方法，例如图 10.18(a)所示，加强筋用来提高导轨轴承座处的局部刚度。图 10.18(b)和图 10.18(c)为当壁板面积大于400mm×400mm 时，为避免薄壁振动而在内表面加筋，以提高壁板的抗弯刚度。加强筋的高度可取为壁厚度的 4～5 倍，筋的厚度取壁厚的 0.8～1 倍。

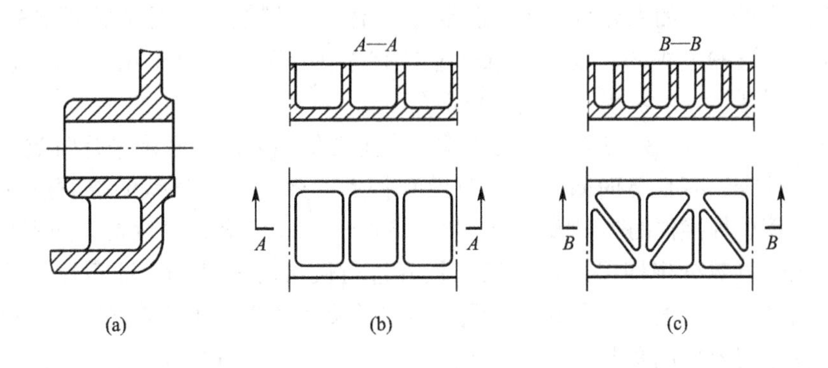

图 10.18 加强筋

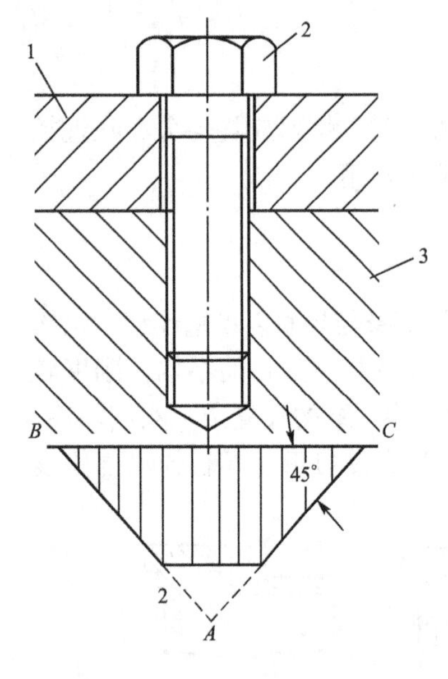

图 10.19 压力锥

10.5.3 提高支承件的接触刚度

减少接触面的层数是提高接触刚度的最好方法，例如将车床床身和床腿设计成整体式，但具体设计时，常限于结构或功能上的原因而不能减少接触面的层数，此时可采用以下措施。

(1) 导轨面和重要的固定结合面必须配刮或配磨。刮研时，每25mm×25mm，高精度机床接触点为12点，精密机床为8点，普通机床为6点，应使接触点均匀分布。固定结合面配磨时，表面粗糙度应小于$Ra1.6\mu m$。

(2) 固定螺钉连接时，通常应使接触面间的平均预压压强不小于2MPa，以消除表面微观不平度的影响，并据此确定固定螺钉的直径、数量、布置位置以及拧紧螺钉时施加的力。装配时可用测力扳手来拧紧螺钉。如图10.19所示，件1用螺钉2固定在件3上，这时接触压力的分布如图的下半部分所示，ABC称为压力锥，压力锥的半角为45°。

10.5.4 支承件的材料和热处理

支承件的质量在机床总质量中占很大的比例，因此，合理选择材料具有显著的经济意义。支承件的材料主要为铸铁和钢，预应力钢筋混凝土支承件(主要为床身、立柱、底座等)近年来有较大的发展。混凝土的相对密度是钢的1/3，弹性模量是钢的1/15～1/10，阻尼高于铸铁，适合于制造受载均匀、截面积大、抗振性要求较高的支承件。采用钢筋混凝土可节约大量的钢材，降低成本，但钢筋混凝土支承件的变形、侵蚀、导轨与支承件连接刚度不足等问题，有待进一步研究解决。

对于铸铁支承件，如果导轨与支承件铸为一体，则铸铁的牌号应根据导轨的要求选择；如果导轨是镶嵌上去的，或者支承件上没有导轨，则一般可采用HT150。如果支承件由型钢和钢板焊接，则常用3号或5号钢。

在铸造或焊接中的残余应力，将使支承件产生变形，因此，必须进行时效处理以消除残余应力。时效方法有自然时效、人工时效和振动时效三种。铸铁的热时效处理温度为530～550℃，钢质焊接件的热时效处理温度为600～650℃。普通精度机床的支承件在粗加工后安排一次热时效处理即可，精密机床最好进行两次时效处理，即粗加工前、后各一次。有的高精度机床在进行热时效处理后，还进行天然时效处理，即把铸件堆放在露天中一年左右，让它们充分地变形。

10.5.5 支承件的焊接结构

1. 焊接结构的特点

(1) 用钢板、角钢等焊接支承件，工序简单，生产周期短，可以焊接任何形状的零件，且不易出废品。

(2) 焊接支承件没有铸件的截面形状限制，可做成完全封闭的箱形结构，并根据受力情况，布置肋条和肋板来提高抗扭刚度和抗弯刚度。

(3) 钢的弹性模量为铸铁的1.5～2倍，钢的刚度/质量比铸铁大40%以上。在形状和轮廓尺寸相同的前提下，如果要求支承件本身的刚度相同，则钢焊接件的壁厚可比铸铁的薄，可使质量减轻，固有频率提高。

(4) 钢的内阻尼较铸铁小，但机床阻尼主要取决于各零件接合处的阻尼，材料的内阻尼影响不大。另外，焊接结构的焊缝还有阻尼作用，采用焊接蜂窝状夹层结构及封闭的箱形结构[图10.20(a)]，可有效地提高抗振能力，并保证有较高的抗扭、抗弯刚度。当钢板较薄时易产生薄壁振动，而薄壁振动的阻尼则主要取决于材料的内摩擦。这时应采取消振措施。图10.20(b)所示为A、B双层壁板预加载荷的减振头焊接结构，中间接触处D不焊接，当其余的焊缝冷却收缩时，中间处被压紧；在振动时摩擦阻尼可消减振动的能量。

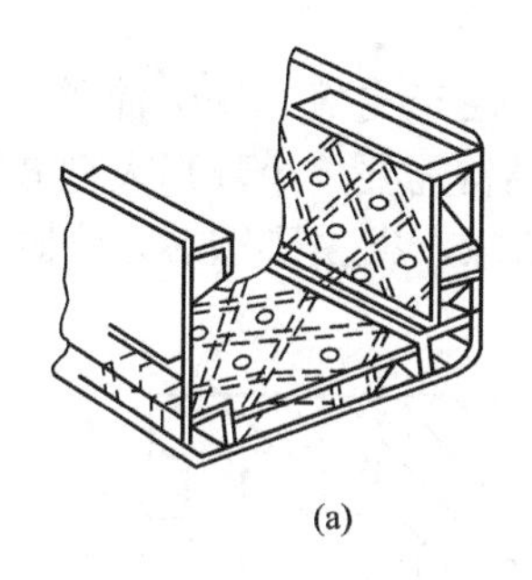

(a)

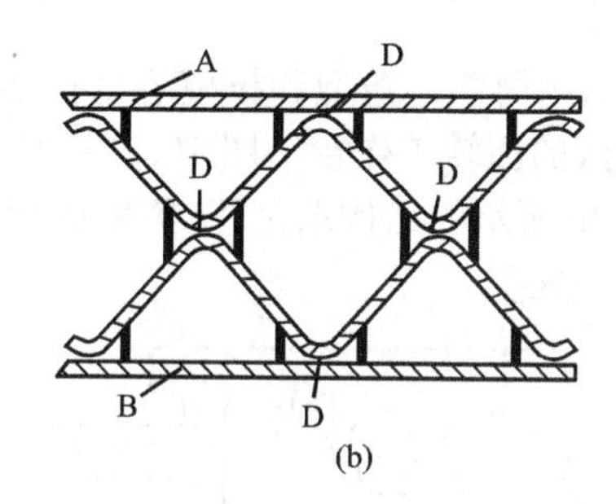

(b)

图10.20 焊接结构

(5) 焊接结构在成批生产时，成本比铸件高，一般多用在大型、重型机床及自制设备等小批量生产中。

2. 焊接的工艺性

1) 尽量减少焊缝的数量和长度

在壁板和筋板之间采用断续的焊接，避免在加工面上、配合面上、危险断面上布置焊缝，在能充分发挥壁和肋板的承载及抵抗变形的作用下，应尽量减少焊缝的数量和长度，焊接时要尽量设法减少焊接变形。

2) 焊缝的可焊接性要好

焊接时，尽量使操作者用平焊或角焊，尽可能不用仰焊。尽量避免焊缝密集，以避免焊接应力的集中。

3) 减轻焊缝的载荷

图10.21(a)所示为铸钢件；若改为图10.21(b)所示的焊接结构，作用力从板c通过板b进入板a，所有焊缝都处在力的作用下；

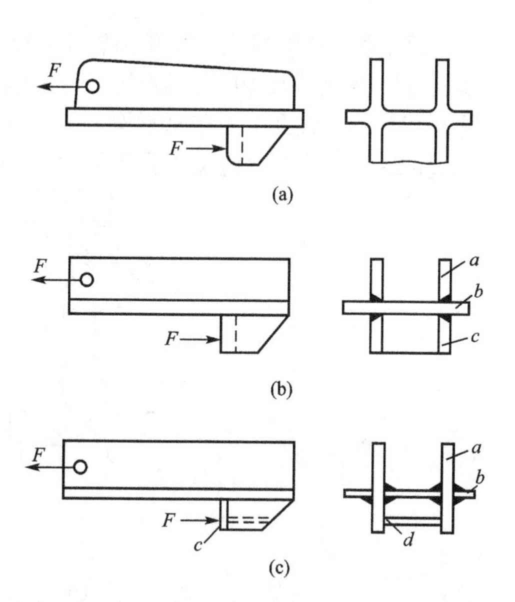

图10.21 减轻焊缝载荷的设计

a～d—板

若改为图 10.21(c)所示的结构，则作用力由板 a 直接传递，板 a 两侧的角焊缝就成了非承载焊缝，所承受的力大大降低，尺寸也可以相应减少。

4) 轮廓形状规整化

应尽量使轮廓形状规整化，以适应标准化、通用化、系列化成本生产的需要。

5) 大型结构分段焊接组装

龙门式镗铣床的床身焊接时分 3 段焊接，焊后分段消除内应力，分段加工，然后用螺钉连接成整体。大型结构分段焊接不仅解决了焊接工艺的可实现性，而且解决了吊装、运输和机械加工的可实现性，还可以减少焊接变形。

10.5.6 支承件的结构工艺性

在进行支承件的结构设计时，应注意工艺性，以便于制造和保证加工质量。

1. 铸件的结构工艺性

(1) 铸件结构简单，造型和拔模容易；型芯少且便于支撑，安装简单可靠。图 10.22 所示为卧式镗床的回转工作台。图 10.22(a)所示的结构需要一个环形大型芯，造型工艺复杂；图 10.22(b)所示的结构取消了 A 和 B 处的内凸缘，省去了型芯，结构合理，生产率提高，使用性能未变。

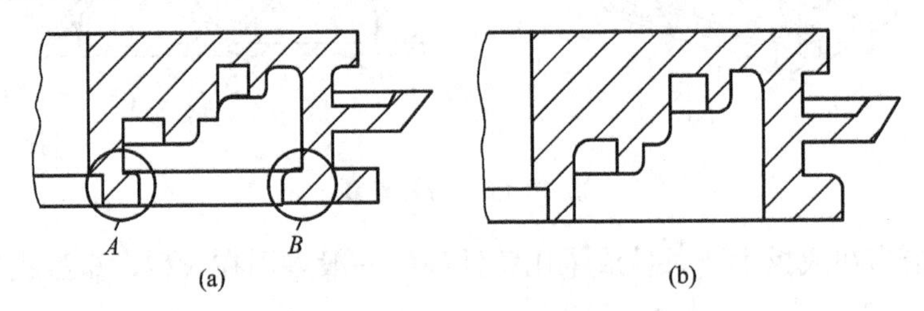

图 10.22 回转工作台的结构工艺性

(2) 避免产生缩孔、气孔和裂纹，壁厚应尽量均匀。如果壁厚不能相等，例如床身壁厚不能与导轨厚度相等，则应均匀过渡，避免突变；拐角处应圆滑过渡，不能突拐。图 10.23(a)所示的 A 处壁厚不均，B 处突然拐角，都容易产生缩孔或裂纹，改成图 10.23(b)所示的结构，就可以避免缩孔和裂纹。

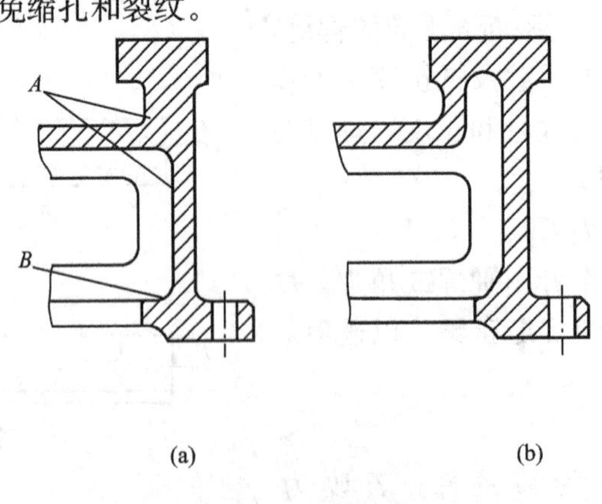

图 10.23 床身结构工艺性

(3) 便于清砂，特别是便于清理砂芯。不仅要便于手动清砂，而且还要便于水爆清砂或者机械化清砂。要使风枪能够伸入或者高压水能够冲到每一个角落。因此，清砂口要开得足够大，位置也要合适。

(4) 大型铸件要铸出吊孔，如铸件不能开孔，则应铸出吊钩或加工出螺纹孔，以便于安装吊环螺钉。

2. 机械加工工艺

(1) 较长的支承件(如车床床身)应尽量避免两端有加工面，避免支承件内部深处有加工面以及倾斜的加工面。

(2) 尽量使加工面集中，以减少加工时的翻转及装夹次数。同一方向的加工平面，应处于一个平面内，以便一次刨出或铣出。

(3) 所有加工面都应有支承面较大的基准，以便于加工时定位、测量和夹紧。图 10.24(a)所示的立式车床的立柱背面是曲面，加工正面的导轨时没有可靠的工艺基面，必须在曲面上铸出“工艺搭子”A，加工时，先将搭子表面铣出或刨出，然后以它为基准面来加工导轨面。加工完毕、检验合格后将搭子割去，也可借用电器箱的盖面作为工艺基准，如图 10.24(b)所示。

(4) 箱体(如床头箱体)的截面形状一般为矩形。提高箱体刚度的有效方法是提高箱壁直接受载荷处的刚度。常用的办法是在孔处加“脐子”和加强筋，如图 10.25 所示。脐子可以补偿因开孔而削弱的刚度。脐子直径约为 $D=d+3b$，高度 $H=(2.5\sim3)b$，超过以上数值对刚度的提高就不显著了。箱盖最好用螺栓紧固，与用铰链连接的箱盖相比，可提高箱体的刚度。

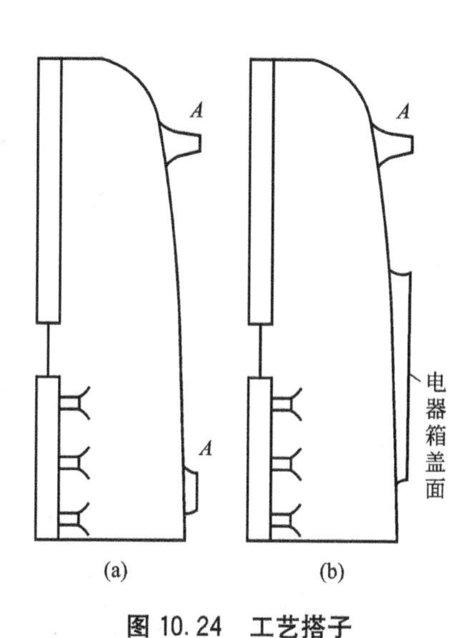

图 10.24 工艺搭子

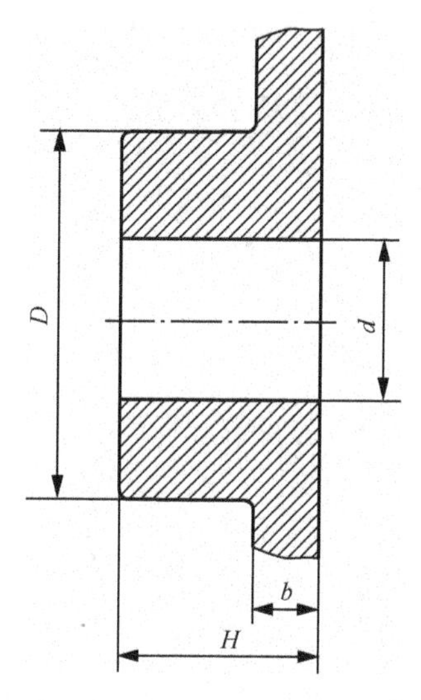

图 10.25 箱体中的脐子和筋

若箱体内壁有孔，加工时必须在箱体外壁上留有工艺孔，加工完后把工艺孔堵死，孔径为两端大或阶梯孔。如图 3.6 所示，箱体外壁上的孔 D，是加工Ⅶ轴内壁孔留的工艺孔。

思考和练习

1. 分析在普通车床上切削外圆柱时床身的变形情况，并说明其对加工精度的影响?

2. 支承件的受力情况如图 10.27 所示，要求加肋板以提高其刚度，试以简图表示肋板的合理布置。

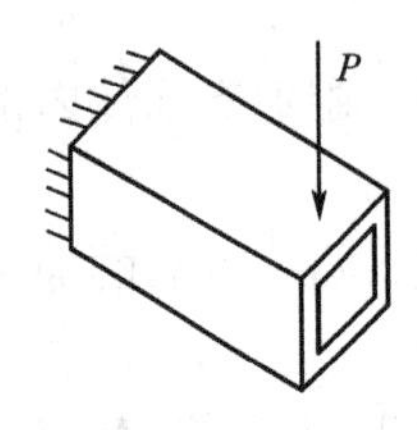

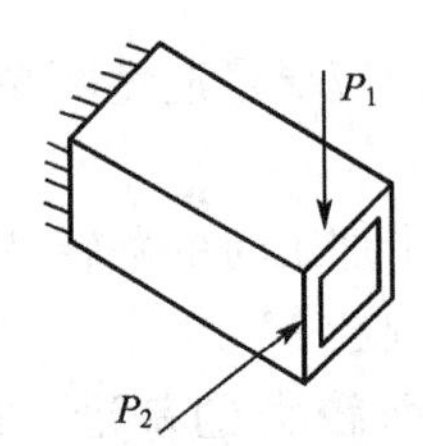

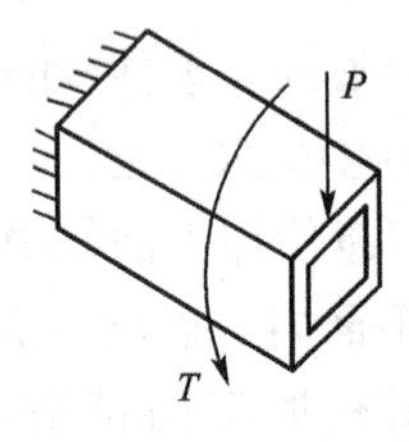

图 10.27 支承件的受力情况

3. 接触刚度与自身刚度有何不同? 为什么活动接触面的接触刚度比固定接触面的低?

4. 加强支承件的自身刚度应采取什么措施?

5. 分析支承件振型时，为什么主要考虑其低阶的振型? 在一般的情况下，为什么支承件的固有频率以高些为好?

6. 铸件的结构工艺性如何? 钢板焊接件有何特点?

第11章 导轨设计

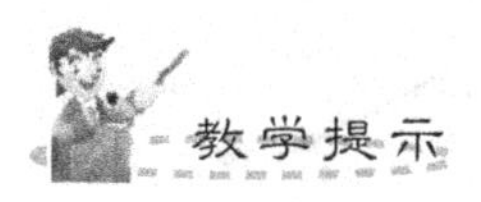

机床凭借导轨保证刀具或工件的运动方向而进行工作。导轨的结构形式、装配质量、纵向直线度及横向直线度直接影响导轨的导向精度，导轨长期不均匀磨损和受力后的变形也会影响导轨的导向精度。保证加工精度必须保证导轨的导向精度，对于高精度机床，低速运动的平稳性也尤为重要。

教学要求

本章重点让学生掌握导轨的分类和基本要求，导轨间隙的调整方法，镶条位置的选择对刚度和精度的影响及选择原则。熟悉直线运动导轨四种不同截面形状的特点及注意事项。了解其他类型导轨及导轨的磨损形式。使学生能够根据具体情况，合理地分析利用各种导轨。

11.1 概　　述

11.1.1 导轨的功用和分类

导轨主要用来支承和引导运动部件沿着一定的轨迹运动。机床上两相对运动部件的配合面组成一对导轨副，在导轨副(如工作台和床身导轨)中，运动的一方(如工作台导轨)叫做动导轨，不动的一方(如床身导轨)叫做支承导轨。动导轨相对于支承导轨只能有一个自由度的运动，以保证单一方向的导向性。为此，导轨副必须限制运动部件的其他五个自由度。通常动导轨相对于支承导轨只能作直线运动或者回转运动。

如图11.1(a)所示，利用一条导轨面较窄的矩形、三角形或燕尾形导轨副，可限制住运动部件的四个自由度，即沿 y、z 轴方向的移动和绕 y、z 轴的转动。若在该导轨副旁边加一条相平行的导轨副，如图11.1(b)所示，便可限制住运动部件绕 x 轴转动。

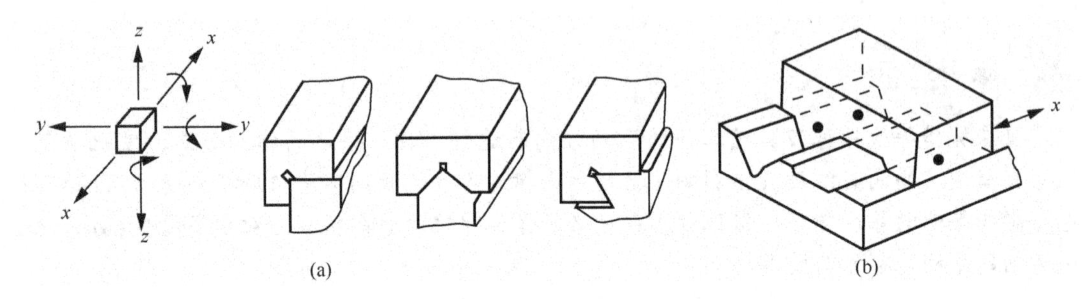

图11.1 导向原理图

导轨可按下列情况进行分类。

1. 按运动轨迹分

(1) 直线运动导轨：导轨副的相对运动轨迹为直线，如普通车床的床鞍和床身之间的导轨。

(2) 圆周运动导轨：导轨副的相对运动轨迹为圆，如立式车床的工作台和底座之间的导轨。

2. 按运动性质分

(1) 主运动导轨：即动导轨是做主运动的，动导轨与支承导轨间相对运动的速度较高，如立式车床的花盘和底座导轨，插床、牛头刨床上的滑枕导轨。

(2) 进给运动导轨：即动导轨是作进给运动的，机床中大多数导轨属于进给导轨。动导轨与支承导轨间相对运动的速度较低，如普通车床的溜板和床身导轨，铣床工作台导轨。

(3) 移置导轨：这种导轨只用于调整部件之间的相对位置，在加工时没有相对运动，如车床尾架与床身相配合的导轨，当机床切削工作时，运动导轨紧固在固定导轨上不动。所以，对这种导轨的耐磨性和速度要求较低。

(2) 滚动导轨：在两导轨面间装有滚珠、滚柱和滚针等滚动元件，具有滚动摩擦的性质，在进给运动导轨中有广泛的应用。

3. 按摩擦性质分

(1) 滑动导轨：即两导轨面间的摩擦性质是滑动摩擦。按其摩擦状态可分为液体静压导轨，即在两导轨面间具有一层静压油膜，属于纯液体摩擦，多用于进给运动导轨；液体动压导轨，即当导轨表面间的相对滑动速度达到一定值后，在油囊处便出现了油楔，从而形成了具有液体动压效应的液体摩擦，一般仅用于主运动导轨；混合摩擦导轨，即在导轨面间有一定的动压效应或静压效应，但导轨面仍处于直接接触状态，大多数导轨都属于这一类，边界摩擦导轨，即在滑动速度很低时不产生动压效应的情况下工作的进给导轨。为防止爬行，可在滑动表面上涂以精密机床导轨油，以保证导轨运动的平稳性，多用于做精密进给的导轨。

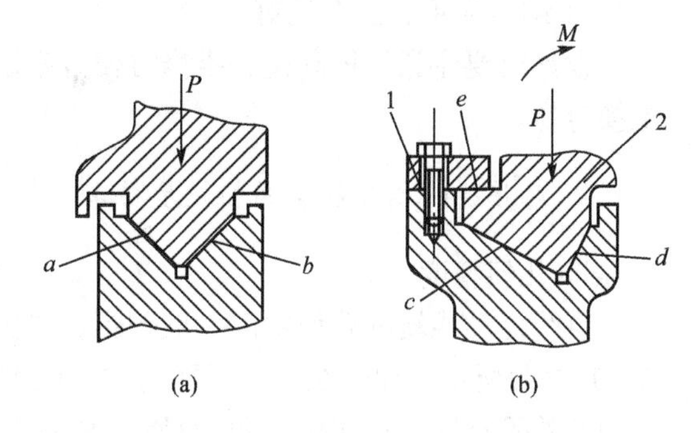

图 11.2 开式、闭式导轨

1—压板；2—导轨

(2) 滚动导轨：在间导轨间装有滚珠、滚柱和滚针等滚动元件，具有滚动摩擦的性质，在进给运动导轨中应用广泛。

4. 按受力情况分

开式导轨和闭式导轨，在部件自重和外载的条件下如图 11.2(a)所示，导轨面 a 和 b 在导轨全长上可始终贴合的叫做开式导轨。当部件上所受的颠覆力矩 M 较大时，必须增加压板 1 以形成辅助导轨面 e，如图 11.2(b)所示，才能使主导轨面 c 和 d 良好接触。这种靠增加压板将导轨 2 用主、辅导轨面封闭起来的叫做闭式导轨。

11.1.2 导轨的基本要求

1. 对导轨的一般要求

1) 导向精度

所谓导向精度是指动导轨运动轨迹的准确度，它是保证导轨工作质量的前提。影响导向精度的主要因素有：导轨的结构类型，导轨的几何精度和接触精度，导轨和基础件的刚度，导轨和基础件的热变形等。对于动压导轨和静压导轨，还有导轨的油膜厚度和油膜刚度。

2) 精度保持性

精度保持是指导轨长期保持原始制造精度的能力，性主要是由导轨的耐磨性决定的，它与导轨的摩擦性质、导轨材料、工艺方法以及受力情况等有关。另外，导轨和基础件上的残余应力，也会使导轨变形而影响导轨的精度保持性。

3) 低速运动的平稳性

导轨低速运动的平稳性，就是要保证导轨在作低速运动或微量位移时不出现爬行现象。进给运动时的爬行，将会提高被加工表面粗糙度；定位运动时的爬行，将降低定位精度。低速运动的平稳性与导轨的结构和润滑，动、静摩擦系数的差值，以及传动导轨运动的传动系统的刚度等条件有关，对高精度机床尤其重要。

4) 结构简单、工艺性好

设计时要注意使得制造、维修方便，刮研劳动量要少，如果是镶装导轨则应尽量做到更换容易。

2. 对导轨的精度和表面粗糙度要求

1) 几何精度

直线运动导轨的几何精度一般包括：导轨在竖直平面内的直线度(简称A项精度)，如图11.3(a)所示；导轨在水平平面内的直线度(简称B项精度)，如图11.3(b)所示；两导轨面间的平行度，也叫做扭曲(简称C项精度)，如图11.3(c)所示。在A、B两项精度中，都规定了导轨在每米长度上的直线度和导轨全长上的直线度。图11.3(a)和图11.3(b)中的Δ值是全长上的直线度。在C项精度中，规定了导轨在每米长度上和导轨全长上，两导轨面间在横向每米长度上的扭曲值δ。上述A、B、C这三项精度的允差值可参考有关机床精度检验标准。

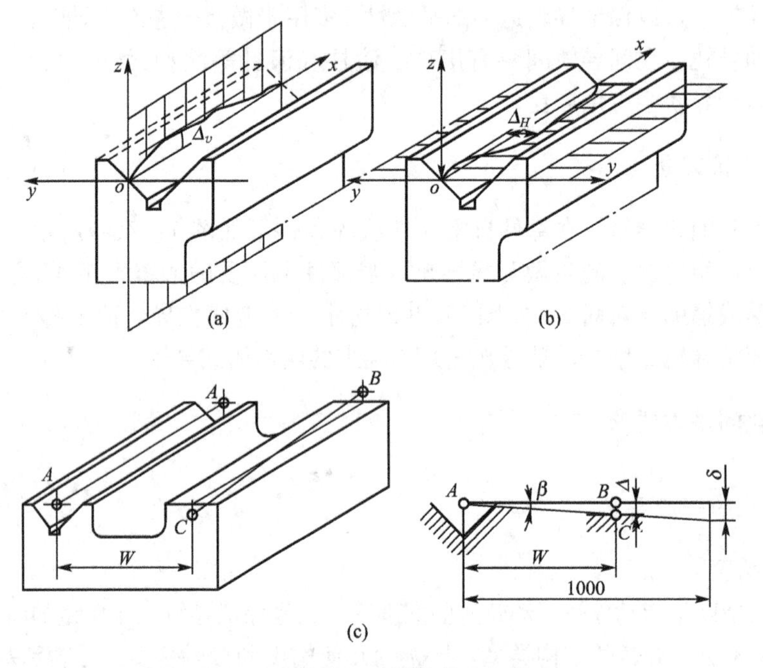

图11.3 直线运动导轨的几何精度

2) 接触精度

一对导轨面的接触精度，可采用着色法检查。精刨和磨削加工的导轨表面，按GB/T 25375—2010《金属切削机床 结合面涂色法检验及评定》的规定，应保证接触面所占的百分比或25mm×25mm的面积内的接触点数衡量。

3) 表面粗糙度

滑动导轨的表面粗糙度可按表面粗糙度表选取，参看表11-1。移动速度大于0.5m/s的滑动导轨，表面粗糙度应比表内的数值提高一级。对于淬硬的导轨表面，粗糙度也应比表内的数值提高一级。滚动导轨的表面粗糙度Ra应达到0.2μm以上。

表 11-1 滑动导轨表面粗糙度

机床类型		表面粗糙度 Ra/μm	
		支承导轨	动导轨
普通精度	中小型	0.8	1.6
	大 型	1.6~0.8	1.6
精密机床		0.8~0.2	1.6~0.8

3. 导轨面的精加工

导轨精加工的方法有精刨(或精铣)、磨削和刮研等几种。

精刨可以满足普通精度机床导轨的精度和粗糙度要求，而且成本低、生产率高。磨削精加工导轨面能够达到较高的精度和表面粗糙度，生产率也高，而且是加工淬硬导轨的唯一方法。刮研可以达到最高的精度，同时还具有变形小、接触好、表面可以存油等优点。

11.2 导轨的材料

导轨的材料有铸铁、钢、有色金属和塑料等，对导轨材料的主要要求是：耐磨性高、工艺好和成本低等。对于塑料镶装导轨的材料还应保证：在油温升高和空气湿度增大时的尺寸稳定性，在静载压强达到5MPa时应不发生蠕变，塑料的线膨胀系数应与铸铁接近。

11.2.1 导轨材料的性能

1. 铸铁

铸铁是一种低成本、有良好减振性和耐磨性、易于铸造和切削加工的金属材料。在动导轨和支承导轨中都有应用。常用的铸铁有灰铸铁、孕育铸铁和耐磨铸铁等几种。

(1)灰铸铁。应用最多的是HT200，在润滑与防护较好的条件下有一定的耐磨性。铸铁一铸铁的导轨摩擦副适用于：需要手工刮研的导轨；对加工精度保持性要求不高的次要导轨；不经常工作的导轨，包括移置导轨。

(2)孕育铸铁。在铁水浇注之前加入少量孕育剂硅和铝，使铸件各部分获得均匀的珠光体和细片状石墨的金相组织，从而得到均匀的强度和硬度。由于石墨微粒能够产生润滑作用，又可吸引和保持油膜，因此，孕育铸铁的耐磨性比灰铸铁高。这种铸铁在车床、铣床、磨床上都有应用。

(3)耐磨铸铁。耐磨铸铁所含的合金元素有细化石墨和促进基体珠光体化的作用，以及它们的碳化物分散在铸铁的基体中，形成硬的网状结构，从而提高耐磨铸铁硬度。耐磨铸铁应用较多的有高磷铸铁、磷铜钛铸铁和钒钛铸铁。高磷铸铁是指含磷量高于0.3%(质理分数)的铸铁，它的耐磨性比孕育铸铁提高1倍多。磷铜钛铸铁和钒钛铸铁的力学性能好，耐磨性比孕育铸铁高1.5~2倍，铸件质量容易控制，但是成本较高，多用于精密机床。

(4)铸铁导轨的淬火。采用淬火的办法可以提高铸铁导轨表面的硬度，增强抗磨料磨损、粘着磨损的能力，防止划伤与撕伤，提高导轨的耐磨性。导轨表面的淬火方法有感应淬火和火焰淬火等。感应淬火有高频感应和中频感应加热淬火两种，硬度可达45～55HRC，耐磨性可提高近两倍。其中中频加热淬硬层较深，可达2～3mm。高频或中频淬火后的导轨面还要进行磨削加工。火焰表面淬火的导轨因淬硬层深而使导轨耐磨性有较大的提高，但淬火后的变形较大，增加了磨削加工量。目前，采用铸铁作支承导轨的多数都要淬硬。只有必须采用刮研进行精加工的精密支承导轨及某些移置导轨不淬硬。

2. 钢

采用淬火钢或氮化钢的镶钢支承导轨，可以大幅度地提高导轨的耐磨性。

镶钢导轨材料和热处理方式为：①合金工具钢或轴承钢，牌号为9Mn2V、CrWMn、GCr15等，整体淬硬，HRC≥60。②高碳工具钢，牌号为T8A、T10A等，整体淬硬，HRC≥58。③中碳钢，牌号为45或40Cr，整体淬硬，HRC≥48。④低碳钢，牌号为20Cr，渗碳淬硬，HRC≥60。⑤氮化钢，牌号为38CrMoAlA，渗氮处理，表面硬度为HV≥850。

镶钢导轨工艺复杂、加工较困难、成本也较高，为便于热处理和减少变形，可把钢导轨分段，钉接在床身上。目前，镶钢导轨在国内多用在数控机床和加工中心上。

3. 有色金属

用于镶装导轨的有色金属材料，主要有锡青铜ZQSn6－6－3和铝青铜ZQA19－4。它们多用在重型机床的动导轨上，与铸铁的支承导轨相搭配。这种材料的优点是耐磨性较高，可以防止撕伤和保证运动的平稳性，提高移动精度。

4. 塑料

在动导轨上镶装塑料具有摩擦系数低、耐磨性高、抗撕伤能力强、低速时不易出现爬行、加工性和化学稳定性好、工艺简单、成本低等优点，在各类机床上都有应用，特别是用在精密、数控和重型机床的动导轨上。塑料导轨可与淬硬的铸铁支承导轨和镶钢支承导轨组成对偶摩擦副。

11.2.2 导轨副材料的搭配

在导轨副中，为了提高耐磨性和防止咬焊，动导轨和支承导轨应分别采用不同的材料。如果采用相同的材料，也应采用不同的热处理使双方具有不同的硬度。目前在滑动导轨副中，应用较多的是动导轨采用镶装氟塑料导轨软带，支承导轨采用淬火钢或淬火铸铁；其次是动导轨采用不淬火铸铁，支承导轨采用淬火钢或淬火铸铁。高精度机床，因需采用刮研进行导轨的精加工，可采用不淬火的耐磨铸铁导轨副。只有移置导轨或不重要的导轨，才采用不淬火的普通灰铸铁导轨副。

在直线运动导轨副中，长导轨用较耐磨的和硬度较高的材料制造。这是因为：①长导轨各处使用机会难以均等，磨损往往不均匀。不均匀磨损对加工精度的影响较大。因此，长导轨的耐磨性应该高一些。短导轨磨损比较均匀，即使磨损大一些，对加工精度的影响也不太大。②减少修理的劳动量。短而软的导轨面容易刮研。③不能完全防护的导轨都是长导轨。它露在外面，容易被刮研。

11.3 滑动导轨的结构

滑动导轨是基本导轨，其他类型的导轨都是以它为基础而发展起来的。普通滑动导轨的滑动面之间呈混合摩擦。它与液体摩擦和滚动摩擦导轨相比，虽有摩擦系数大、磨损快、使用寿命短、低速易产生爬行等缺点。但由于结构简单，工艺性好，便于保证精度、刚度，故广泛应用于对低速均匀性及定位精度要求不高的机床中。

11.2.1 直线运动滑动导轨

1. 直线运动导轨的截面形状

直线运动导轨截面的基本形状主要有四种：三角形、矩形、燕尾形和圆形，每种之中还有凸凹之分，如图 11.4 所示。

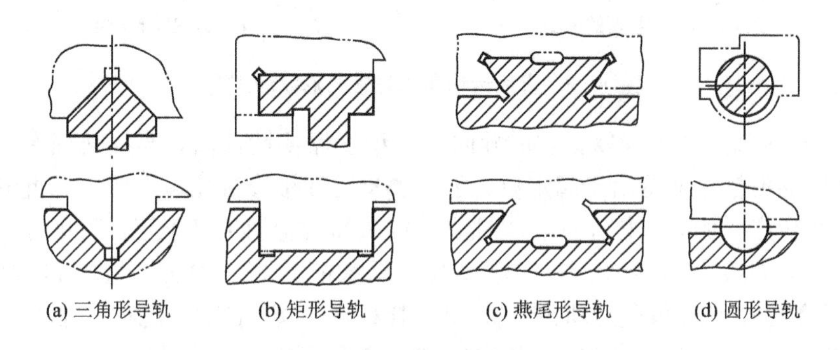

图 11.4　导轨的截面形状

图 11.4(a)是三角形导轨，它的导向性能随顶角 α 的大小而不同，α 越小导向性越好。但是当 α 减少时导轨面的当量摩擦系数加大。通常取三角形导轨的顶角 α 为 90°。对于大型或重型机床，由于载荷大，常取较大的顶角，如 $\alpha=110°\sim120°$，不仅保证了必要的导向性，而且在一定的压强下使导轨高度最低。当导轨面有了磨损时，三角形导轨的工作台会自动下沉补偿磨损量。支承导轨为凸三角(山)形时，不易积存较大的铁屑，但也不易存留润滑油，因此，适用于不易防护、速度较低的进给运动导轨。支承导轨为凹三角(V)形时，由于能得到较充足的润滑，可用于主运动导轨，但是必须很好地防护，以免落入铁屑和灰尘。

图 11.4(b)是矩形导轨，与三角形导轨相比，摩擦系数低，刚度高，加工、检验和维修都较方便。但是矩形导轨起导向作用的侧面不可避免地存在侧面间隙，因而导向性差，需要有间隙调整装置。矩形导轨适用于载荷较大、而导向性要求略低的机床。

图 11.4(c)是燕尾形导轨，它的高度较小，间隙调整方便，可以承受颠覆力矩，但斜面为主要工作面时，刚性较差，加工、检验和维修都不大方便。这种导轨适用于受力小、层次多、要求间隙调整方便的地方，例如车床刀架。燕尾形导轨可以看成是三角形导轨的变形，两个导轨面间的夹角为 55°。

图 11.4(d)是圆形导轨，它制造方便，不易积存较大的铁屑，但磨损后很难调整和补偿间隙。与上述几种形状相比，应用最少。

上述四种截面的导轨尺寸已经标准化了，可参看有关机床标准。

2. 直线运动导轨的组合

机床直线运动导轨通常由两条导轨组合而成，如图 11.5 所示。

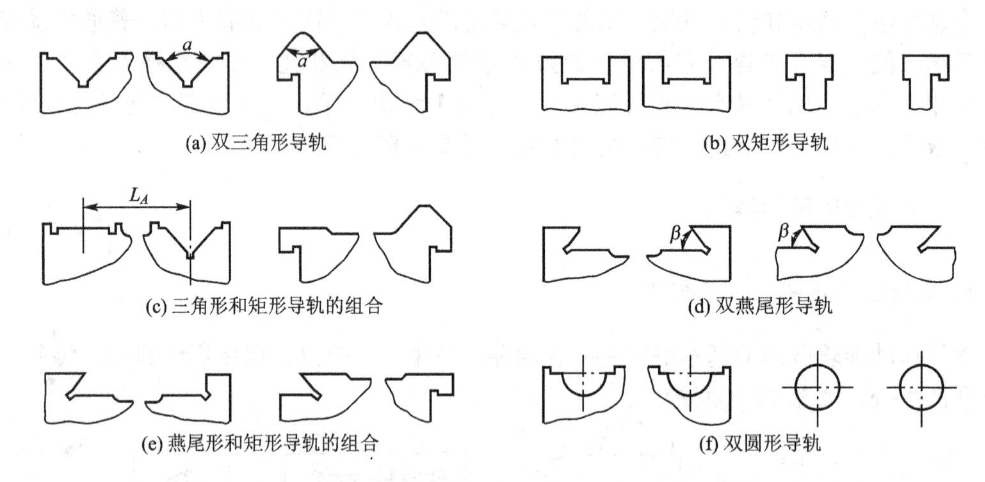

图 11.5　直线运动滑动导轨的形状和组合

图 11.5(a)为双三角形导轨，它的导向性和精度保持性都高，当导轨面有了磨损时会自动下沉补偿磨损量。但是由于超定位，加工、检验和维修都比较困难。因此它多用于精度要求较高的机床，例如丝杠车床、单柱坐标镗床和齿轮加工机床等，顶角常取为 90°。

图 11.5(b)为双矩形导轨，它的刚度高，承载能力高，加工、检验和维修都方便，多用于普通精度的机床和重型机床，例如组合机床、龙门铣床、卧式镗床、拉床和重型车床的床身导轨。矩形导轨存在侧向间隙，必须用镶条进行调整。由一条导轨的两侧导向时如图 11.6(a)所示，叫做窄式组合；分别由两条导轨的外侧导向时如图 11.6(b)所示，叫做宽式组合。导轨受热膨胀时宽式组合的矩形导轨比窄式变形量大，调整时应留较大的侧向间隙，因而导向性较差。所以，双矩形导轨窄式组合比宽式组合用得更多一些。

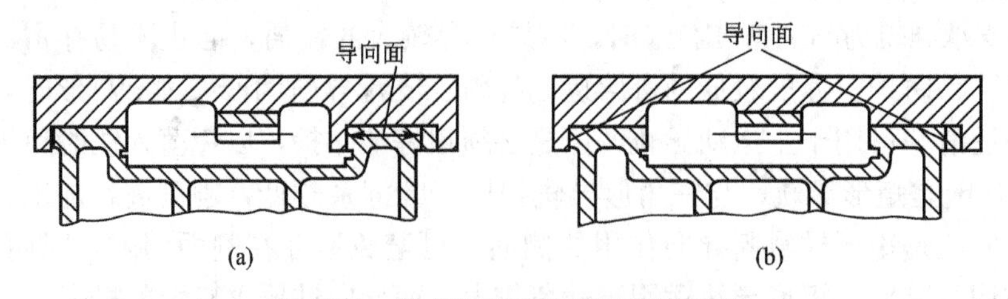

图 11.6　窄式和宽式组合的矩形导轨

图 11.5(c)是三角形和矩形导轨的组合，它兼有导向性好、制造方便和刚度高的优点，应用最为广泛。例如，车床溜板、磨床、龙门刨床、龙门铣床、滚齿机、坐标镗床的工作台导轨。

图 11.5(d)是双燕尾形导轨，它是闭式导轨中接触面最少的一种结构，间隙调整方便，用一根镶条就可以调节各接触面的间隙，常用于牛头刨床和插床的滑枕导轨、升降台铣床的刀架导轨及仪表机床等。

图 11.5(e)是矩形和燕尾形导轨的组合，由于它兼有调整方便和能承受较大力矩的优点，多用于横梁、立柱和摇臂等的导轨，以及多刀车床的刀架导轨等。

图 11.5(f)是双圆形导轨，常用于只受轴向力的场合，如推床、攻螺纹机和机械手等。

11.3.2 回转运动滑动导轨

回转运动导轨的截面形状有平面、锥面和 V 形面三种，如图 11.7 所示。

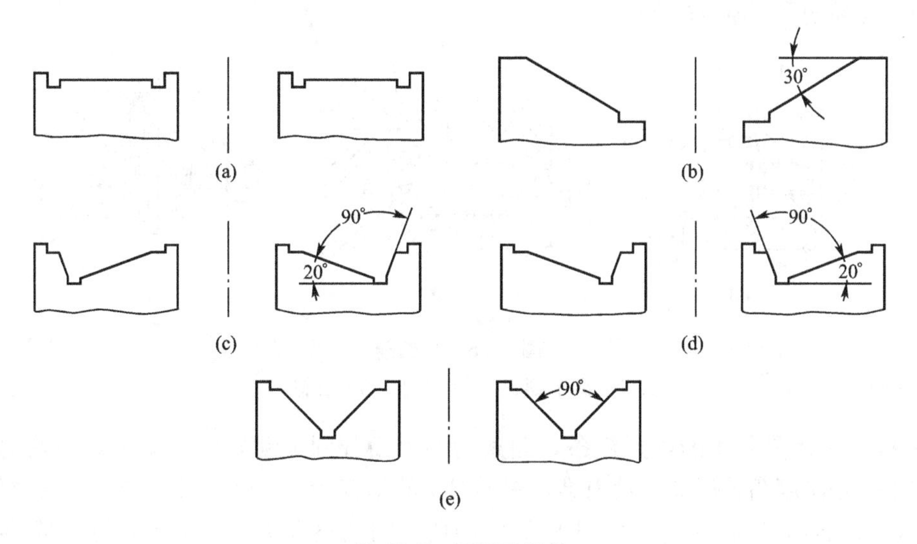

图 11.7 圆运动导轨

平面环形导轨，如图 11.7(a)所示。具有承载能力大、工作精度高、结构简单、制造方便的优点。但是，平面环形导轨只能承受轴向载荷，因而必须与主轴联合使用，由主轴来承受径向载荷。这种导轨适用于由主轴定心的各种回转运动导轨的机床，例如立式车床、齿轮加工机床和平面磨床等。

锥面环形导轨，如图 11.7(b)所示。导线的母线倾角常取 30°，导向性比平面环形导轨好，但要保持锥面和主轴的同心度较困难，常用于径向力较大的机床。可以承受一定的径向载荷。

V 形面环形导轨，如图 11.7(c)～图 11.7(e)所示。可以承受较大的径向载荷和一定的颠覆力矩，但它们的共同缺点是工艺性差，在与主轴联合使用时，既要保证导轨面的接触，又要保证导轨面与主轴的同心是相当困难的，因此有被平面环形导轨取代的趋势。

11.3.3 导轨间隙的调整

导轨结合面配合的松紧对机床的工作性能有相当大的影响。配合过紧不仅操作费力，还会加快磨损；配合过松则影响运动精度，甚至会产生振动。因此，除在装配过程中应仔细地调整导轨的间隙外，在使用一段时间后因磨损还需重调，常用镶条和压板来调整导轨的间隙。

1. 镶条

镶条用来调整矩形导轨和燕尾形导轨的侧隙，以保证导轨面的正常接触。从提高刚度考虑，镶条应放在不受力或受力较小的一侧，但调整镶条后，运动部件有较大的侧移，影响加工精度。对于精密机床因导轨受力小，要求加工精度高，镶条应放在受力的一侧，或两边都放镶条；而对普通机床，镶条应放在不受力的一侧。常用的有平镶条和楔形镶条两种。

平镶条如图 11.8 所示，它是靠调节螺钉 1 移动镶条 2 的位置而调整间隙的，图 11.8(c)在间隙调好后，再用螺钉 3 将镶条 2 紧固在动导轨上。采用这类结构时调整方便，镶条制造容易，但图 11.8(a)和图 11.8(b)所示的镶条较薄，而且只在与螺钉接触的几个点上受力，容易变形，刚度较低。

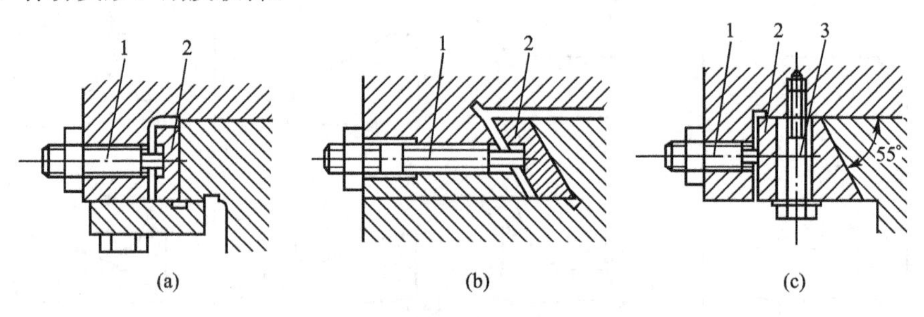

图 11.8　平镶条

1—调节螺钉；2—镶条；3—螺钉

图 11.9 所示是常用的楔形镶条，镶条的两个面分别与动导轨和支承导轨均匀接触，所以比平镶条刚度高，但加工稍困难。楔形镶条的斜度为 1∶100～1∶40，镶条越长斜度应越小，以免两端厚度相差太大。图 11.9(a)所示的调整方法是用调节螺钉 1 带动镶条 2 作纵向移动以调节间隙，镶条上的沟槽 a 在刮配好后加工。这种方法构造简单，但螺钉头凸肩和镶条上的沟槽之间的间隙会引起镶条在运动中窜动。图 11.9(b)从两端用螺钉 3 和 5 调节，避免了镶条 4 的窜动，性能较好。图 11.9(c)通过螺钉 6 和螺母 7 及拨动件 9 调节镶条 8，镶条 8 上的圆孔在刮配好后加工。这种方法调节方便，而且能防止镶条 8 的窜动，但纵向尺寸稍长。楔形镶条在下料时可取得长一些，配刮好后把多余部分截去。

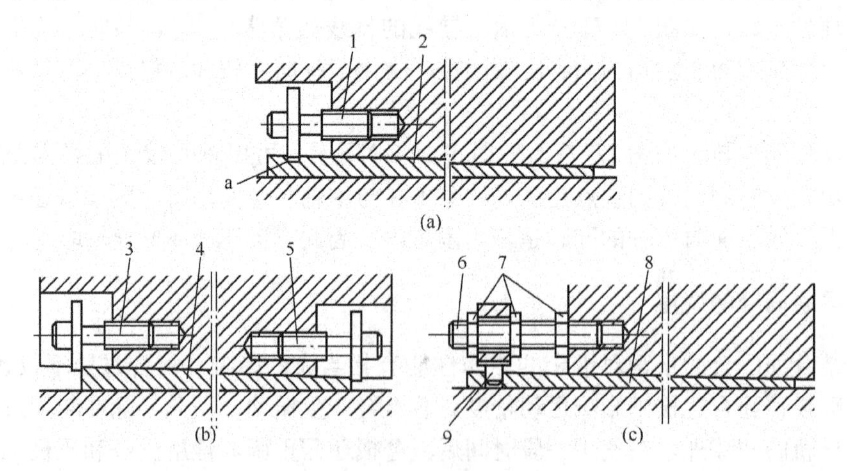

图 11.9　楔形镶条

1—调节螺钉；2、4、8—镶条；3、5、6—螺钉；7—螺母；9—拨动件；a—沟槽

2. 压板

压板用于调整辅助导轨面的间隙并承受颠覆力矩，如图 11.10 所示。图 11.10(a)用磨或刮压板 3 的 e 或 d 面来调整间隙。如间隙太大，则磨、刮压板 3 与床鞍(溜板)1 的结合面 d；如太紧时，则磨刮压板 3 与床身 2 的下导轨的结合面 e。压板上面 d 和 e 之间应该用空刀槽分开。这种方式构造简单，但调整麻烦，常用于不经常调整间隙和间隙对加工影响不太大的场合，如车床床身前导轨的压板。图 11.10(b)是用改变压板与床鞍(溜板)结合面间垫片 4 厚度的办法调整间隙的。垫片 4 是由许多薄铜片叠在一起的，调整时根据需要进行增减。这种方法比刮、磨压板方便，但调整量受垫片厚度的限制，而且降低了结合面的接触刚度。图 11.10(c)是在压板与导轨之间用平镶条 5 调节间隙，这种方法调节很方便，只要拧动调节螺钉 6 就可以了，但是镶条 5 的一侧只与几个调节螺钉 6 接触，因此刚度比前两种差，多用于经常调节间隙和受力不大的场合，如中、小型车床床身导轨的后压板等。

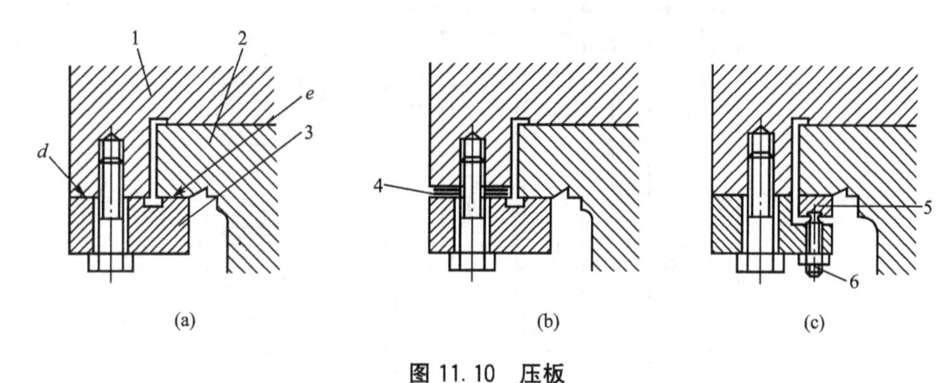

图 11.10 压板

1—床鞍(溜板)；2—床身；3—压板；4—垫片；5—平镶条；6—调节螺钉

11.3.4 普通滑动导轨

普通滑动导轨是指导轨面直接接触的滑动导轨副。它的优点是构造简单、制造方便和抗振性良好。缺点是摩擦阻力大、磨损较快，动静摩擦系数差别较大，低速时易产生爬行。

目前，普通滑动导轨普遍应用于各类机床的进给运动导轨。

从摩擦性质来看，普通滑动导轨处于具有一定动压效应的混合摩擦状态。但它的动压效应还不足以把导轨面隔开。对于大多数的普通滑动导轨来说，希望提高动压效应，以改善导轨的工作条件。导轨的动压效应主要与导轨的滑动速度、润滑油黏度、导轨面的油沟尺寸和型式等有关。

当动导轨的移动速度很低时，几乎不产生动压效应。随着动导轨移动速度的增加，它的动压效应才逐渐明显和增加，同时也减少导轨的磨损。因此，在一般情况下，对普通滑动导轨来说，动导轨移动速度越高，对它的工作状态越有利。当其他条件相同时，润滑油的黏度越高，则动压效应越显著。

导轨的尺寸、油沟的型式对动压效应的影响，在于储存润滑油的多少，若易存油则动压效应大。导轨宽度 B 与长度 L 之比即 B/L 值越小，越容易产生润滑油的侧流，越不易存住润滑油；相反，B/L 值越大，则越易存油。因此在动导轨面上开横向油沟，相当于提

高 B/L 值而提高动压效应。若开纵向油沟则相当于降低 B/L 值而降低动压效应。普通滑动导轨的横向油沟数 K，可按 L/B 值进行选择：当 $L/B=10$ 时，取 $K=1\sim4$；$L/B=20$，$K=2\sim6$；$L/B=30$，$K=4\sim10$；$L/B=40$，$K=8\sim13$。

为了提高动压效应，推荐采用如图 11.11 所示的油沟型式。卧式导轨最好采用图 11.11(a)所示的型式，但需向每个横向油沟注油。如不可能向每个横向油沟分别注油，可采用图 11.11(b)所示的型式。图 11.11(b)与图(a)相比，它的缺点是减少了形成动压效应的导轨宽度。在卧式三角形导轨面或矩形导轨的侧面上开油沟时，应将纵向油沟开在上方，见图 11.11(d)和图 11.11(e)所示，注油孔应对准纵向油沟，使润滑油能较顺利地流入各横向油沟。竖直导轨可采用图 11.11(c)所示的型式，从油沟的上部注油。油沟的尺寸可依据导轨的宽度 B 选取，$a_1\leqslant0.1B$，$a_{1\min}=3\text{mm}$，$a_{1\max}\leqslant14\text{mm}$，$a\approx0.5\,a_1$，$a_2\approx2\,a_1$，$R=0.5\sim2\text{mm}$。

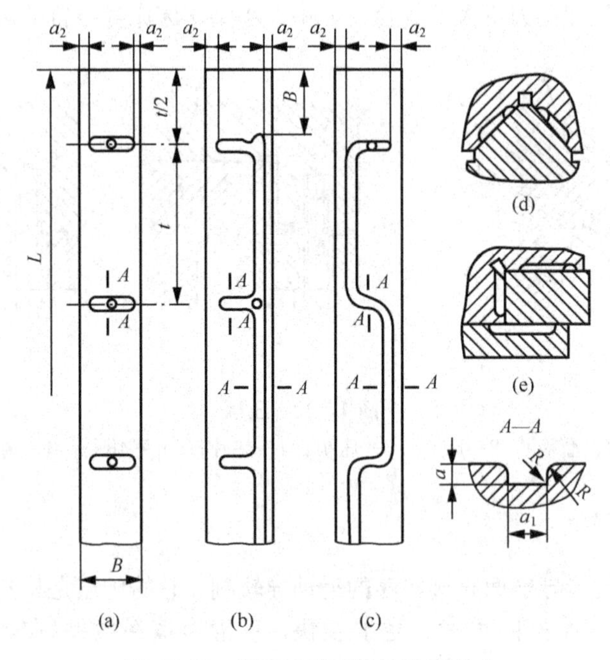

图 11.11　普通滑动导轨的油沟型式

11.3.5　滑动导轨的设计验算

导轨的变形主要是接触变形，有时也应考虑导轨部分局部变形的影响。导轨的设计，首先应初步确定导轨的形式和尺寸，然后进行验算。对于滑动导轨，导轨的压强是影响导轨耐磨性的主要因素之一，应验算导轨的压强和压强的分布。压强的大小直接影响导轨表面的耐磨性，压强的分布影响磨损的均匀性。通过压强的分布还可以判断是否应采用压板，即决定导轨应采用闭式还是开式的。

1. 导轨的受力分析

导轨上所受的外力一般包括切削力、工件和夹具的重量、动导轨所在部件的重量和牵引力。这些外力使各支承导轨面产生支反力和支反力矩。牵引力、支反力、支反力矩都是未知力，一般可用静力平衡方程式求出。当出现超静定时，可根据接触变形的条件建立附加方程式求各力。首先建立外力矩方程式，然后依次求牵引力、支反力和支反力矩，具体的受力分析可参看有关机床参考书。

2. 计算导轨的压强

导轨的宽度远小于其长度，因此在宽度方向，可以认为压强分布是均匀的。这个假设使得导轨面的压强计算可以按唯一问题处理。

每条导轨所受的载荷都可以归结为一个支反力和一个支反力矩。根据支反力可求出导轨的平均压强。加入支反力矩的影响，就可以求出导轨的最大压强。

设计导轨时应合理选择许用压强，如许用压强取得过大，则会加剧导轨的磨损；若取得过小，又会增加导轨的尺寸，具体可参看有关机床标准。

11.3.6 提高导轨的耐磨性

1. 导轨的磨损形式

(1) 磨粒磨损。这里的磨粒是指导轨面间存在着坚硬的微粒，可能是由外界或润滑油中带入的切屑、磨粒，也可能是导轨面上的硬点或导轨本身磨损的产物，它们起着切刮或刻划导轨面的作用。另外，导轨中较硬一面的表面凸起对较软的一面的搓削作用引起磨损，也称为磨粒磨损或研磨磨损。这种磨粒磨损在机床开始运转过程中磨损较快，经过一段时间的运转后，由于接触面积加大和配合质量得到提高，磨损则较缓慢。导轨磨粒磨损的磨损速度和磨损量，与相对滑动速度、比压成正比。

磨粒磨损将逐渐磨掉金属薄层，导轨如果是均匀磨损，对精度的影响并不严重。实际上由于导轨面上各处比压与使用情况不同，各处磨损也不一样，将使部件在移动时产生倾斜，影响机床的加工精度。此外，磨粒磨损与机床洁净的状况、正常的润滑、导轨的材料和表面质量等因素都有关。

(2) 咬合磨损。咬合磨损就是相对滑动的两个表面互相咬啮。导轨表面有明显的咬裂痕迹叫做擦伤。擦伤将加快导轨面的磨损，严重的咬合磨损将使两个导轨面无法运动。

对于咬合磨损有各种不同的解释。第一种解释认为导轨面上摩擦热使表面温度可达到金属熔化程度，而引起局部焊接，这种现象称为热焊，如图 11.12(a)所示。第二种解释则认为导轨上凸起部分的表面应力超过强度而切坏，这种现象属于机械挫伤，如图 11.12(b)所示。第三种解释认为导轨表面覆盖着氧化膜及气体、蒸气或液体的吸附膜，当这些薄膜由于导轨面上局部比压或剪力过高而排出时，裸露的金属表面因分力作用而吸附在一起，导致冷焊。目前较多倾向于第三种解释。

实际上，各种磨损和破坏情况是相互伴随发生的，磨粒磨损往往是咬合磨损的原因，咬合磨损又会加剧磨粒磨损。只是在某一种情况下，某一种磨损起主要作用。在导轨面，磨粒磨损是主要磨损形式，它降低导轨精度，但还不致迅速影响机床的使用，它的存在又是不可避免的，须设法改善。而咬合磨损则应采取适当的措施以防止严重地损坏导轨。

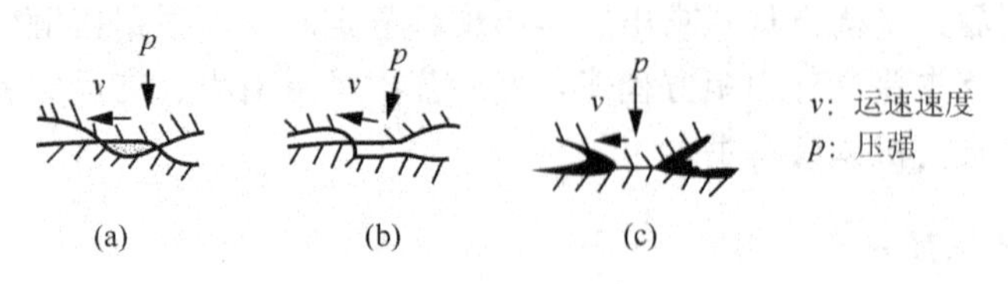

图 11.12 咬合磨损

2. 提高导轨耐磨性的措施

从设计角度提高耐磨性的基本思路：尽量争取无磨损；在无法避免磨损时尽量争取少磨损、均匀磨损以及磨损后能够补偿，以提高使用期限。

1）争取无磨损

磨损的原因是配合面在一定的压强作用下直接接触并作相对运动。因此不磨损的条件是配合面在作相对运动时不直接接触，接触时则无相对运动。

配合面在作相对运动时不直接接触的办法之一是保证完全的液体润滑，使润滑剂把摩擦面完全分隔开。如静压导轨、静压轴承或其他的静压副。动压导轨和动压轴承也可以达到完全的液体润滑状态，但油膜压强与相对运动速度有关。因此，在启动或停止的过程中仍难免磨损。

2）争取少磨损

无磨损只能在少数和特殊情况下才能做到，多数情况只能争取少磨损以延长工作期限。

（1）正确选择摩擦副的材料和热处理。适当选择摩擦副的材料和热处理可提高抗磨损的能力，如支承导轨淬硬、动导轨表面贴塑料软带等。

（2）降低压强。可采用加大导轨的接触面和减轻负荷的办法来降低压强。提高导轨面的直线度和细化表面粗糙度均可增加实际接触面积。加宽导轨面和加长动导轨的长度，虽然也可增加接触面积，但要与动导轨的自身刚度相适应，否则受载后变形大，接触不均，增大局部压强，面积虽增大，但未起作用。采用卸荷导轨是减轻导轨负荷，降低压强的好办法。

（3）改变摩擦性质。用滚动副代替滑动副，可以减少磨损。在滑动摩擦副中保证充分润滑避免出现干摩擦或半干摩擦，也可以降低磨损。

（4）加强防护。为避免灰尘、切屑、砂轮屑等进入摩擦副，加强防护是提高导轨耐磨性的有效措施。

3）争取均匀磨损

磨损是否均匀对零部件的工作期限影响很大。磨损不均匀的原因主要有两个。

（1）在摩擦面上压强分布不均。

（2）各个部分的使用机会不同。

争取均匀磨损有如下措施。

（1）力求使摩擦面上的压强均匀分布，例如导轨的形状和尺寸要尽可能使集中载荷对称。

（2）尽量减少扭转力矩和倾覆力矩。

（3）保证工作台、溜板等支承件有足够的刚度。

（4）摩擦副中全长上使用机会不均的那一部件硬度应高些，例如车床床身导轨的硬度应比床鞍导轨硬度高。

4）磨损后应能补偿磨损量

磨损后间隙变大了，设计时应考虑在构造上能补偿这个间隙。补偿方法可以是自动的连续补偿，也可以是定期的人工补偿。自动连续补偿可以靠自重，例如三角形导轨。定期的人工补偿，如矩形和燕尾形导轨靠调整镶条，闭式导轨还要调整压板等。

11.3.7 爬行现象及其防止措施

在低速运动及间歇微量位移机构中，运动不平稳的现象称为爬行。产生爬行的原因可归结为以下几点。

(1) 摩擦副存在着静动摩擦系数之差。当处于边界摩擦时，动摩擦系数又随滑动速度的增加而降低，这就可能使系统具有负阻尼或零阻尼。

(2) 运动件的质量较大，因而具有较大的惯性。

(3) 传动机构的刚度不足。

当移动件的质量、摩擦副摩擦面间的摩擦性质和传动机构的刚度一定时，在移动速度低到一定值后就会产生爬行，这个值就称为爬行的临界速度。

在设计低速运动机构时，首先应估算其临界速度。如果设计机构的最低速度低于临界速度，就应采取措施降低其临界速度。降低临界速度的措施如下。

(1) 减少静、动摩擦系数之差和改变动摩擦系数随速度变化的特性。

(2) 提高传动机构的刚度。

(3) 几种办法联合使用。

11.4 滚动导轨

在两导轨之间放置滚珠、滚柱或滚针等滚动体，使导轨面之间的摩擦具有滚动摩擦的性质，这种导轨称为滚动导轨。

11.4.1 滚动导轨的特点及材料

1. 滚动导轨的特点

与普通滑动导轨相比，滚动导轨具有下列特点。

(1) 运动灵敏度高，牵引力小，移动轻便。滚动导轨的摩擦系数小，一般为0.0025～0.005，动、静摩擦系数很接近，不论是作高速运动还是低速运动，滚动导轨的摩擦系数基本上不变，因此滚动导轨在低速移动时，没有爬行现象。

(2) 定位精度高。一般滚动导轨的重复定位误差为0.2μm，比普通滑动导轨的高。

(3) 磨损小，精度保持性好。钢制淬硬导轨具有较高的耐磨性，滚动体的运行距离指标长。

(4) 润滑系统简单，维修方便。可用油脂润滑，维修只需更换滚动体。

(5) 抗振性较差，一般滚动体和导轨须用淬火钢制成，对防护要求也较高。

(6) 导向精度低。由于滚动体直径的不一致或导轨面的不平，会使运动部件倾斜或高度发生变化，影响导向精度。

(7) 结构复杂，制造困难，成本较高。

2. 滚动导轨的材料

滚动导轨最常用的材料是硬度为60～62HRC的淬硬钢，以及硬度为200～220HB的铸铁。

淬硬钢导轨具有承载能力高和耐磨等优点，适用于载荷高、动载和冲击载荷大、需要预紧和防护比较困难的场合。滚动导轨以采用轴承钢整体淬火为好，其次是渗碳淬火和高频淬火，氮化处理的滚动导轨承载能力最差。

铸铁导轨适用于中、小载荷又无动载，不需预紧，以及采用镶装结构困难的情况。铸铁导轨要求具有良好的防护装置。

11.4.2 滚动导轨的结构形式

按滚动体的类型分类，滚动导轨可分为滚珠、滚柱、滚针等形式。

1) 滚珠导轨

滚珠导轨结构紧凑、制造容易、成本较低。但由于接触面积小，刚度低，因而承载能力较小。滚珠导轨适用于运动部件质量不大(小于200kg)、切削力和颠覆力矩都较小的机床。

2) 滚柱导轨

滚柱导轨的承载能力和刚度都比滚珠导轨大，它适用于载荷较大的机床，是应用最广泛的一种滚动导轨。但滚柱比滚珠对导轨平行度的要求较高，即使滚柱轴线与导轨面有微小的不平行，也会引起滚柱的偏移和侧向滑动，使导轨磨损加剧和降低精度。因此滚柱最好做成腰鼓形，中间直径比两端大0.02mm左右。

3) 滚针导轨

滚针导轨比滚柱导轨的长径比大，因此滚针导轨的尺寸小，结构紧凑，用在尺寸受到限制的地方。滚针导轨可按直径分组选择。中间的滚针直径常略小于两端，以便提高运动精度。与滚柱导轨相比，在同样长度内可以排列更多的滚针，因而滚针导轨的承载能力较大，但摩擦系数也要大一些。

11.4.3 滚动导轨的预紧

滚动导轨的刚度与导轨和滚动体的制造精度有关，当制造质量很高时，导轨和滚动体的弹性位移对刚度的影响比较显著。

预紧可以提高滚动导轨的刚度，一般来说有预紧的滚动导轨比没有预紧的滚动导轨，刚度可以提高3倍以上。与混合摩擦滑动导轨相比，滚动导轨在预紧力方向的刚度可提高10倍以上，其他方向也可提高3～5倍。在有预紧的滚动导轨中，滚珠导轨的刚度最差，但是在预紧力方向与混合摩擦滑动导轨相比，刚度也可提高3～4倍，其他方向则与混合摩擦滑动导轨大致相同。有预紧的燕尾形和矩形的滚动导轨刚度最高。

预紧的办法一般有两种。

1) 采用过盈配合

过盈方法如图11.13所示，随着过盈量δ的增加，一方面导轨的接触刚度开始急剧增加，到一定值之后，刚度的增加就慢下来了；另一方面，牵引力也在增加，开始时牵引力增加不大，当δ超过一定值后，牵引力便急剧增加。由此过盈量有一个合理值，它既可使导轨的接触刚度较高，又使牵引力不太大，一般取过盈量$\delta=5\sim6\mu m$。

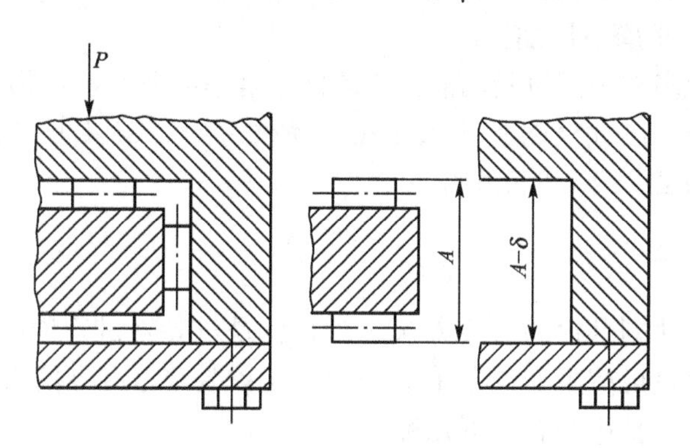

图 11.13 滚动导轨的预紧

2）采用调整元件

调整原理和调整方法与滑动导轨调整间隙的办法相同。它们分别采用调整斜镶条和调节螺钉的办法进行预紧。

11.5 导轨的润滑与防护

11.5.1 导轨的润滑

1. 润滑的目的、要求与方式

润滑的目的是为了降低摩擦力、减少磨损、降低温度和防止生锈。

润滑要求供给导轨清洁的润滑油。油量可以调节。尽量采取自动和强制润滑。润滑元件要可靠。要有安全装置。例如静压导轨在未形成油膜之前不能开车和润滑不正常有报警信号等。

导轨的润滑方式有很多。可以人工定期向导轨面浇油。此法简单易行，但不能经常保证充分的润滑。也可以在运动部件上装油杯，使油沿油孔流向或滴向导轨面，也可以在运动部件上装润滑电磁泵或手动润滑泵，定时拉动几下供油。通常靠运动部件往复一定次数后触动油泵拉杆供油，用压力油强制润滑的方式效果较好，润滑可靠，与运动速度无关，又可不断地冲洗和冷却导轨面，但必须有专门的供油系统。

为使润滑油在导轨面上较均匀地分布，保证润滑效果，需在导轨面上开出油沟，各种导轨油沟的型式与尺寸前文已叙述。

2. 润滑剂的选择

导轨常用的润滑剂有润滑油和润滑脂，滑动导轨用润滑油，滚动导轨则两种都可以用。

导轨润滑油的黏度可根据导轨的工作条件和润滑方式选择。高速低载荷可用黏度较低的油，反之则用黏度较高的油。低载荷，高、中速的中、小型机床进给导轨，可采用N32

(旧称20号)导轨油；中等载荷的中、低速导轨，可采用N46(30号)导轨油；重型机床的低速导轨，可采用N68(40号)或N100(70号)导轨油。如果润滑油来自液压系统，则液压系统推荐应采用抗磨液压油。中、低压系统推荐采用L-HM32抗磨液压油；中、高压系统推荐采用L-HM46抗磨液压油。

滚动导轨支承多采用润滑脂润滑。它的优点是不会泄漏，不需经常加油；缺点是尘屑进入后易磨损导轨，因此对防护要求较高。易被污染又难以防护的地方，可用润滑油润滑。常用的牌号为ZL-2锂基润滑脂。

11.5.2 导轨的防护

防止或减少导轨副磨损的重要方法之一，就是对导轨进行防护。有可靠防护的导轨，比外露导轨的磨损量可减少60%左右。目前，防护装置已有专门工厂生产，可以外购。导轨的防护方式很多，常用的有以下几种：

1. 刮板式

图11.14所示为几种刮板式防护装置。这些防护装置能刮除落在导轨面上的尘屑，属于间接防护装置，广泛地应用于外露导轨的防护。例如车床的溜板导轨和升降台铣床的升降台导轨等。

图11.14(a)中金属刮板(宽度、形状与导轨相同的黄铜片或弹簧钢片)1固定在动导轨上，靠弹性压在支承导轨面上。这种结构的耐热性能力好，但是只能排除较大的硬粒。图11.14所示(b)为毛毡加压盖(或用弹性压紧)的结构。毛毡2除可去除细小的尘屑之外，还具有良好的吸油能力。干净的毛毡的吸油率可达毛毡体积的80%，其含油量足够不常移动的导轨使用。但是容易堵塞，需要经常进行拆洗，耐热能力较差。图11.14(c)所示为是金属刮板和毛毡的组合结构。金属刮板4和毛毡3对导轨进行两级防护，这种结构的耐热能力好、防护能力强并有良好的润滑性，虽结构复杂，应用仍很广。

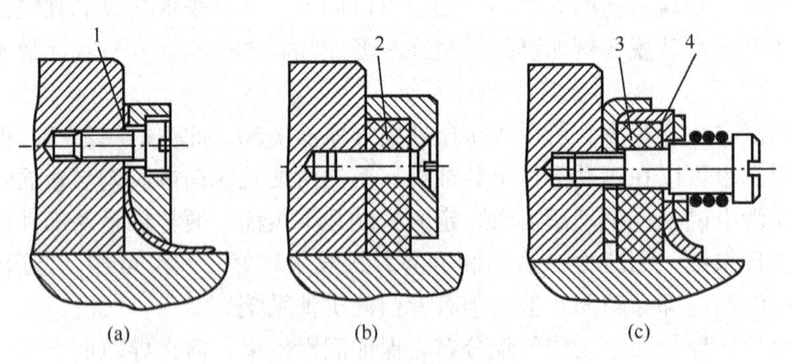

图11.14 刮板式防护装置

1、4—金属刮板；2、3—毛毡

2. 伸缩式

在伸缩式导轨防护装置中，有软式皮腔式和叠层式，如图11.15所示。它们都是把导轨全部封闭起来的结构，防护可靠，在滚动导轨与滑动导轨中都有应用。软式皮腔式防护装置，一般用皮革、帆布或人造革制成，结构简单，可用于高速(v=60m/min)导轨。缺点是不耐热。这种防护装置多用于磨床和精密机床，如导轨磨床等。但不能用于车床、铣床等有红热切屑的机床。叠层式的各层盖板均由钢板制成，耐热性好，强度高、刚性好，使用寿命长。这种防护装置多用于大型和精密机床，如龙门式机床、数控机床和坐标镗床等。

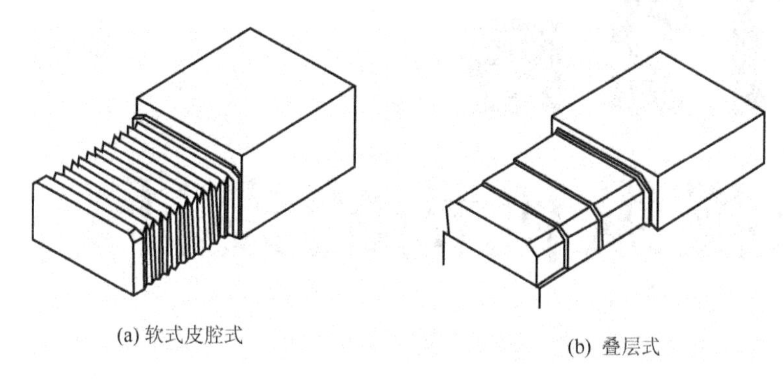

图 11.15　伸缩式导轨防护装置

另外，在滚动导轨与滑动导轨中均可采用两侧的防护措施，如图 11.16 所示。

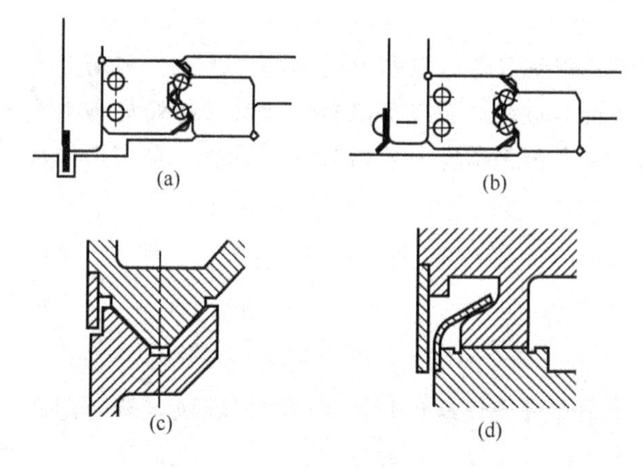

图 11.16　导轨两侧的防护

思考和练习

1. 导轨的功用是什么？
2. 导轨按运动性质可分为哪几种？
3. 导轨在设计中应满足哪些要求？
4. 直线运动导轨的截面形状有哪几种？
5. 为什么动导轨和支承导轨采用不同的材料？
6. 直线运动导轨中，长导轨比短导轨用较耐磨和硬度较高的材料，目的是什么？
7. 镶条安放位置的原则是什么？
8. 普通导轨和滚动导轨各有什么特点？具体应用在什么场合？
9. 提高滑动导轨耐磨性的措施有哪些？

第12章 机床操纵机构的设计

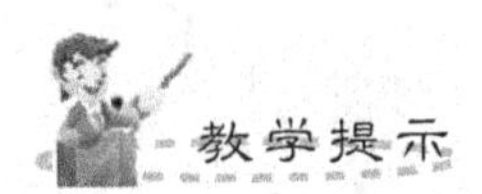

机床操纵机构用于控制机床各运动部件的启动、停止、制动变速、换向以及各种辅助运动。操纵机构虽不直接参与机床的成形运动，对机床的精度和刚度无直接影响，但对机床的布局、使用性能、生产率等都有一定的影响。为此，在确定机床总体方案时，必须要对操纵机构加以考虑。

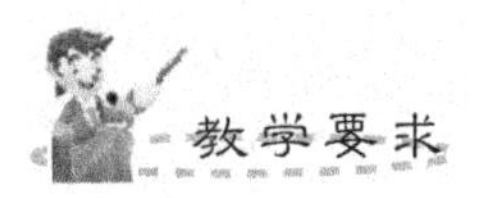

本章让学生了解机床常用的操纵机构，掌握常用操纵机构的结构特点及设计中应注意的问题。重点让学生掌握机床操纵机构的结构设计，使之能灵活地应用所学的基本原则来解决机床操纵机构设计中的一些问题。

机床的操纵机构用于控制机床各执行件运动的启动、停止、制动、变速、换向以及控制各种辅助运送等。操纵机构一般不直接参与机床的工作运动，与机床的精度、刚度、寿命等因素无直接的关系，但是，操纵机构对机床的使用性能、生产率等都有直接的影响。随着机床的自动化，操纵机构也越来越简化。

对操纵机构的要求是：轻便省力、操纵方便，便于记忆，安全可靠。

操纵机构一般由操纵件、传动装置、执行件三部分组成，其中操纵件包括手柄、手轮、按钮等，大部分已经标准化了，可参见《金属切削机床设计简明手册》；传动装置包括机械的、电力的、液压的或气动的等，在机械传动装置中常用的有杠杆、齿轮齿条和凸轮机构等；执行件包括拨叉、滑块和销子等。

操纵机构的类型很多，一般根据一个操纵件所能控制的被操纵件的多少分为，单独操纵机构和集中操纵机构两大类。

12.1 单独操纵机构

单独操纵机构是一个操纵件控制一个被操纵件，其结构简单、制造容易，但被操纵件较多时，会使操纵件增多，不易布置。单独操纵机构的结构形式很多，按执行件拨动被操纵件方式的不同，单独操纵机构可分为摆动式和移动式两种。

12.1.1 摆动式操纵机构

常用的摆动式操纵机构如图 12.1 所示，由手柄 4 经转轴 5、摆杆 3、滑块 2 使齿轮 1 沿花键轴移动。这种操纵方式结构简单，在机床上应用很普遍。

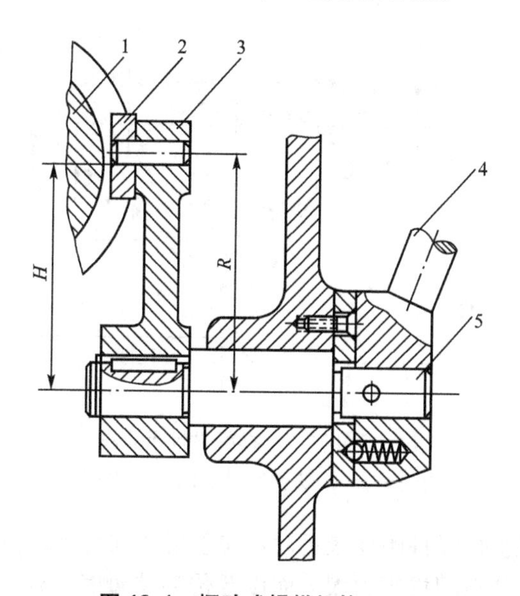

图 12.1 摆动式操纵机构

1—齿轮；2—滑块；3—摆杆；4—手柄；5—转轴

摆杆摆动时，其端部滑块的运动轨迹是半径为 R 的圆弧，因此滑块在齿轮环形槽内相对于滑移齿轮轴线有偏移量 a，如图 12.2(a)所示。偏移量 a 越大，操纵越费力，而如果

偏移量太大，滑块有脱离齿轮环形槽的危险，因此在设计这种操纵机构时，应力求减少偏移量 a。为此，要正确选择摆杆转轴 5 的位置和摆杆的旋转半径 R。图 12.2 表示出摆杆设计的几种情况，图中的件号与图 12.1 中相同。O 为转轴 5 的轴线位置，A、B、C 表示摆杆 3 拨动齿轮 1 移动的三个位置，即滑块 2 移动的三个位置。为了保证偏移量 a 值最小，摆杆转轴 O 最好布置在与滑块左右两极限位置 A、C 相对称的位置上，并且使滑块上下偏移量 a 值相等，如图 12.2(a)所示。只有当机床结构不允许时，才使摆杆转轴向左右偏置，但偏置量 e 不要太大，如图 12.2(b)所示。确定摆动半径 R 时，当齿轮滑移距离 L 一定时，摆杆转轴与齿轮轴线的距离 H 越小，即 H/L 值越小，偏移量就越大，摆角 α 也越大，拨动齿轮也较费劲，如图 12.2(c)所示。在确定 H/L 值时应保证摆角 α 在 60°～90°范围内，即摆动半径 R 略大于 H。同时为了保证摆杆拨动齿轮时不蹩劲，滑块与摆杆必须为活动连接，滑块的轴销中心线必须与摆杆转轴的中心线平行。

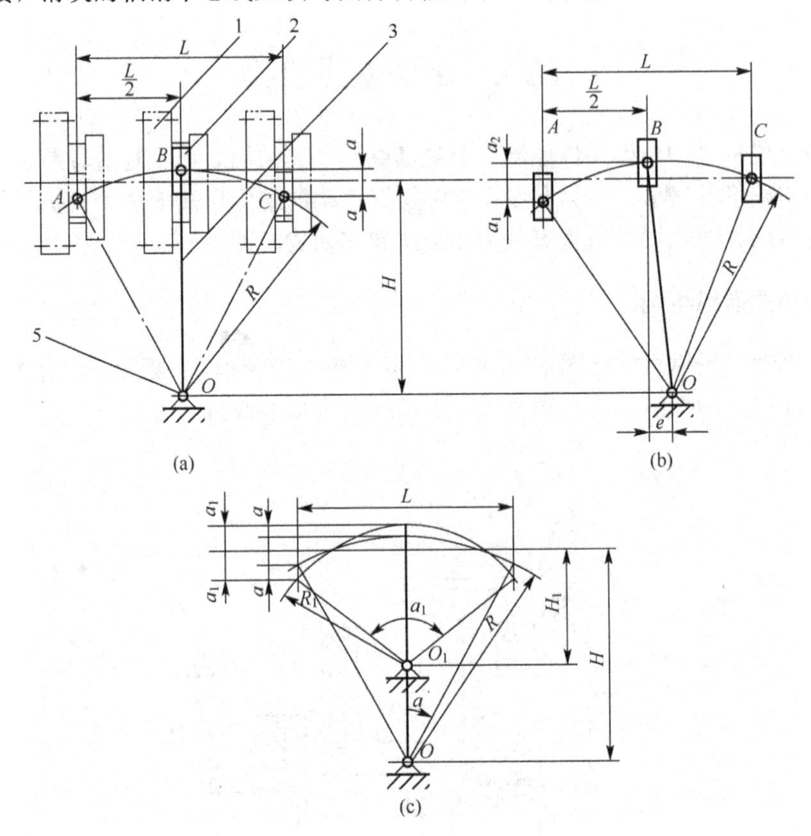

图 12.2　摆杆设计示意图

1—齿轮；2—滑块；3—摆杆；4—手柄；5—转轴

当操纵力较大或被操纵件距离较远时，应设置中间传动装置。机械传动装置可以是杠杆、齿轮、链轮等。如果因操纵力太大而设置传动装置时，传动比应小于 1；因距离较远设置传动装置时，传动比常取为 1。

为了使操纵机构尽量集中在一起，有时还可以把两个转轴套装，使两个操纵手柄安装在同一个轴线上，如图 12.3 所示。手柄 6 通过套 7、摆杆 8 和滑块 9 控制齿轮 10；捏手 5 通过转轴 4、摆杆 3 和滑块 2 控制齿轮 1。

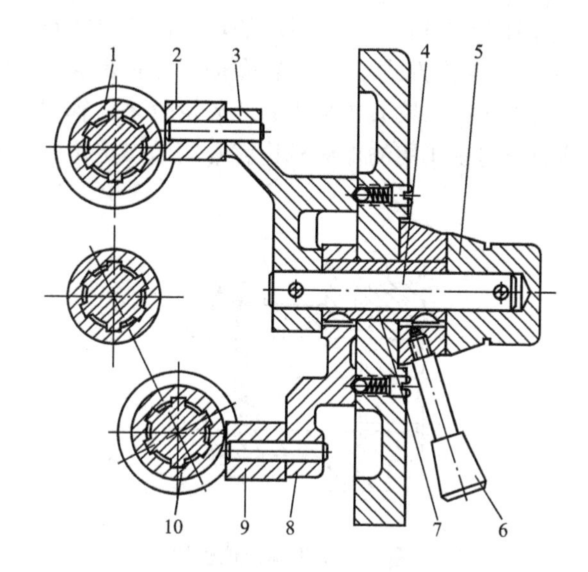

图 12.3 CM6132 型车床进给箱的操纵机构

1、10—齿轮；2—滑块；3—摆杆；4—转轴；5—捏手；
6—手柄；7—套；8—摆杆；9—滑块

12.1.2 移动式操纵机构

当移动件移动距离 L 较长时，用摆动式操纵机构会使偏移量 a 太大或摆杆长度太长，这时采用移动式操纵机构较适宜。图 12.4 所示为齿轮-齿条操纵的移动式机构，手柄转动齿轮 4，经齿条 3，使拨叉 1 沿导杆 2 移动，这时手柄的转角 a 可大于 90°。这种结构比摆动式要复杂一些。

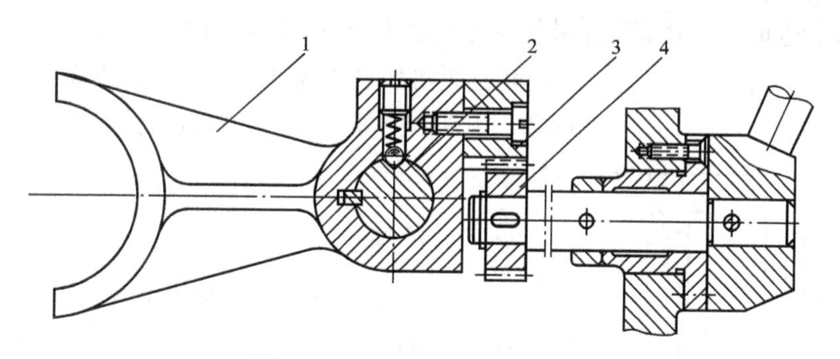

图 12.4 齿轮-齿条操纵机构

1—拨叉；2—导杆；3—齿条；4—齿轮

为保证齿轮能正确啮合，不损坏机床，保证操作者的安全，在设计操纵机构时必须考虑定位问题。常用的定位方式有：钢球定位、槽口定位、圆柱定位、圆锥定位等。定位机构可以装在操纵件上，传动装置上，也可直接装在滑移齿轮上。图 12.1 所示的定位机构装在操纵件上，钢球定位时，定位锥坑不要做在箱体上，应做在另加的钢垫圈上，这样磨损后可以更换。图 12.3 所示的定位机构装在传动装置的摆杆上。图 12.5 所示的定位机构直接装在滑移齿轮上。定位锥坑一般都在装配时加工，以保证定位的准确，因此，设计时应保证能做到这一点。而图 12.1 和图 12.5 所示的定位锥坑只能在装配前加工，就很难保证定位准确；图 12.3 所示的定位方式较好。操纵机构用钢球定位，结构简单，应用较广泛，但定位不够可靠。当机床振动较大或被操纵的齿轮较重，轴线竖直放置时，就要用槽口定位或圆柱定位，例如龙门铣床用的操纵机构就常用槽口定位。对定位精度要求较高的可采用圆锥定位。

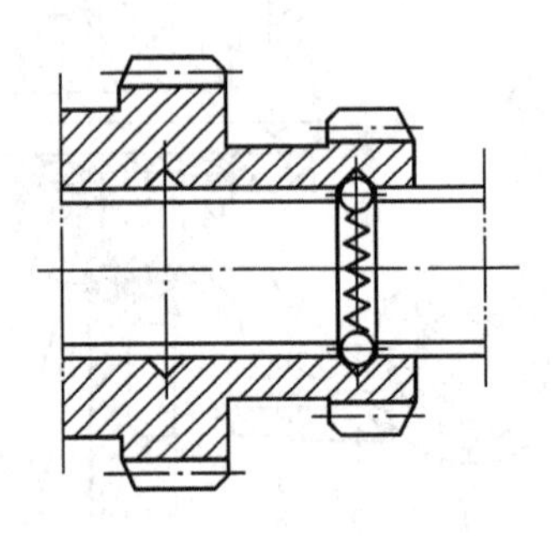

图 12.5　钢球定位机构

12.2　集中操纵机构

集中操纵机构是用一个操纵件控制多个被操纵件，因而其结构紧凑，使用方便省时，有利于提高生产效率，但结构较复杂。

集中变速操纵机构可分为顺序变速、选择变速和预选变速三种类型。

12.2.1　顺序变速操纵机构

顺序变速是指各级转速的变换按一定的顺序进行，即从某一转速转换到按顺序为非相邻的另一种转速时，滑移齿轮必须按顺序经过中间各级转速的啮合位置。

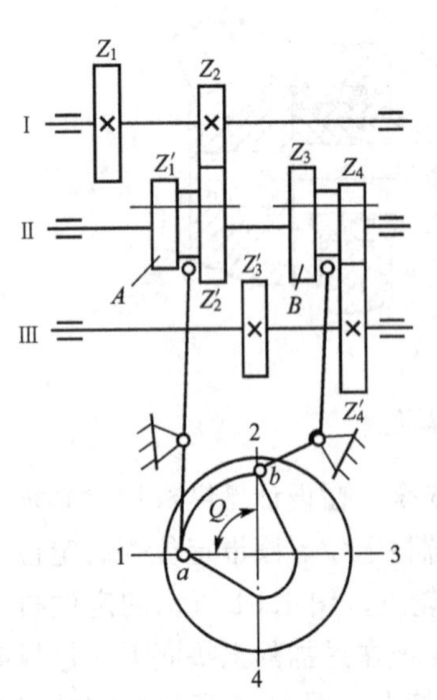

图 12.6　平面凸轮操纵原理

用凸轮机构来实现顺序变速操纵具有结构简单、工作可靠、操纵方便等特点。下面以平面凸轮为例介绍其设计方法。

1. 工作原理

图 12.6 所示为平面凸轮集中操纵的 4 级变速传动原理图。轴Ⅱ上有两个双联滑移齿轮 A 与 B。这两个滑移齿轮由一个平面凸轮上的一条曲线槽同时控制，该曲线槽称为公用凸轮曲线。

图中所示的公用凸轮曲线为理论轮廓曲线，a、b 表示两个滚子中心，1、2、3、4 表示凸轮上的 4 个变速位置。当转动凸轮时，从动件受凸轮曲线槽的控制，使滑移齿轮移动。滚子中心 a 在凸轮曲线槽中的定位半径为长半径时，滑移齿轮 A 在右位，如图示位置，短半径时在左位；滚子中心 b 的定位半径为长半径时，滑移齿轮 B 在右位，短半径时在左位。这样，A 和 B 共有四种不同的位置组合，若用 R_c 表示长半径，用 R_d 表示短半径，则按变速顺序把转速与滑移齿轮、定位半径的关系列于表 12-1 中。

表 12-1　转速与齿轮位置、定位半径的关系

转　　速		n_1	n_2	n_3	n_4
滑移齿轮	A	右	左	右	左
	B	右	右	左	左
滚子中心	a	R_c	R_d	R_c	R_d
	b	R_c	R_c	R_d	R_d

因为两个从动件共用一条曲线槽，所以两个滚子中心 a 和 b 的位置之间应有一个差角 θ，称为 b 的位置角，可用式(12-1)确定

$$\theta = k\theta_0 \tag{12-1}$$

式中　θ_0——单位位置角，$\theta_0 = \dfrac{360^\circ}{z}$；

z——凸轮控制的变速级数；

k——位置角系数，$0<k<z$，由结构布局确定。

由图 12.6 可以看出，由于 a 与 b 的 R_c、R_d 顺序与表 12-1 不同，因此不能保证转速按由低到高的顺序排列。

2. 公用凸轮曲线方案的确定

图 12.7 所示为某机床主传动系统及其转速图。A 和 B 分别表示轴Ⅱ、Ⅲ上的三联滑移齿轮，两个滑移齿轮在不同啮合位置时，轴Ⅲ的转速按由低到高的顺序列于表 12-2 中。令滚子中心 a 在凸轮曲线槽中的长半径 R_c 处时，A 在左位，中半径 R_z 时在中位，短半径 R_d 时在右位；滚子中心 b 在 R_c 时，B 也在左位，R_z 时在中位，R_d 时在右位，按转速从高到低，滚子中心 a 和 b 的定位半径组合见表 12-2。这时 a 和 b 在凸轮曲线槽中按各自的定位点实现变速，a 的定位半径顺序为 R_z、R_d、R_c、R_z、R_d、R_c、R_z、R_d、R_c，而 b 的顺序为 R_z、R_z、R_z、R_c、R_c、R_c、R_d、R_d、R_d。如果这样 b 的位置角不能取单位

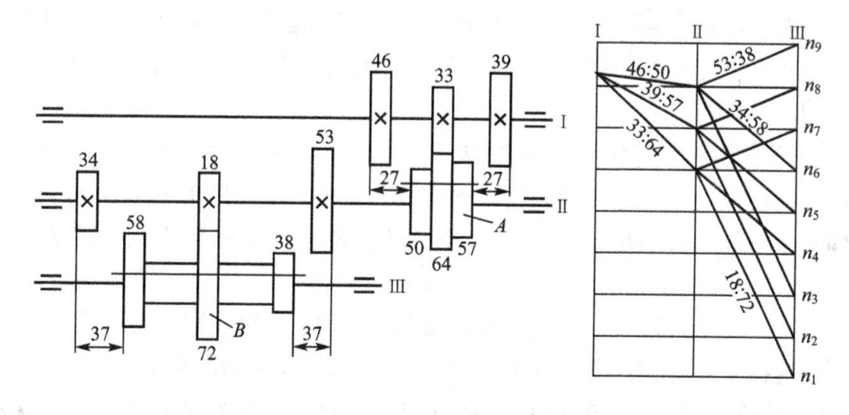

图 12.7　某机床主传动系统及其转速图

位置角的整数倍，一般取k为$\frac{1}{2}$、$1\frac{1}{2}$、…、$8\frac{1}{2}$，图12.8所示为$k=\frac{1}{2}$时的凸轮曲线方案。这个方案虽然能实现转速由低到高的顺序变速，但定位点多(2×9=18)，具有大行程的曲线段多，压力角大，所以凸轮曲线工作性能不好。

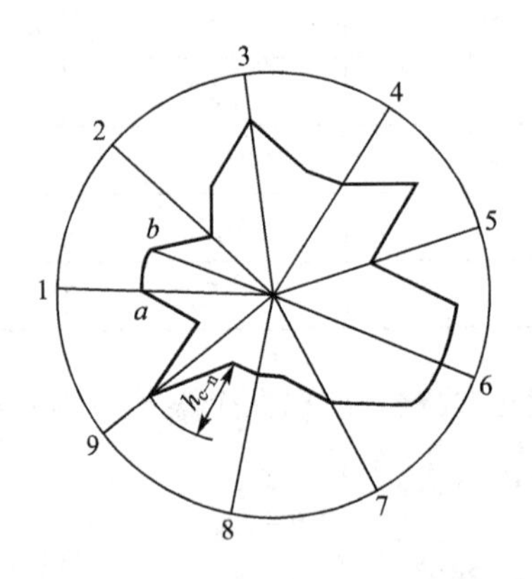

图12.8 $k=1/2$时的凸轮曲线方案

表12-2 各种转速下啮合位置及定位半径

转速/(r/min)		n_1	n_2	n_3	n_4	n_5	n_6	n_7	n_8	n_9
		108	144	190	250	355	450	600	800	1200
滑移齿轮A	齿轮副	$\frac{33}{64}$	$\frac{39}{57}$	$\frac{46}{50}$	$\frac{33}{64}$	$\frac{39}{57}$	$\frac{46}{50}$	$\frac{33}{64}$	$\frac{39}{57}$	$\frac{46}{50}$
	啮合位置	中	右	左	中	右	左	中	右	左
滑移齿轮B	齿轮副	$\frac{18}{72}$	$\frac{18}{72}$	$\frac{18}{72}$	$\frac{34}{58}$	$\frac{34}{58}$	$\frac{34}{58}$	$\frac{53}{38}$	$\frac{53}{38}$	$\frac{53}{38}$
	啮合位置	中	中	中	左	左	左	右	右	右
滚子中心	a	R_z	R_d	R_c	R_z	R_d	R_c	R_z	R_d	R_c
	b	R_z	R_z	R_z	R_c	R_c	R_c	R_d	R_d	R_d

如果k为整数，则a和b在凸轮曲线槽中可以共用定位点，但不能实现转速由低到高排列，这时a和b定位半径的排列顺序相同，起始位置相差一个位置角。k值不同，相差的角度也不同。

例如，任意排出一个定位半径a的顺序：R_c、R_c、R_c、R_z、R_d、R_z、R_d、R_d、R_z，则根据所选k的值，定位半径b的顺序是确定的。若$k=1$，则b的顺序为从a的第二位起的顺序，即：R_c、R_c、R_z、R_d、R_z、R_d、R_d、R_z、R_c。若$k=2$，b的顺序为从a的第三位起的顺序。

同理可得$k=4$、5、7、8时b的顺序。显然，a和b有很多种组合方案。

a的顺序选择主要考虑尽量不出现大升程段，即不要使R_c和R_d相邻；并且曲线折点要少，即尽量使R_c与R_c、R_z与R_z、R_d与R_d相邻。k的选取主要考虑机构布局简单方便，一般取与变速级数无公约数的数，据此，本例选a的顺序为R_c、R_z、R_c、R_c、

R_z、R_d、R_d、R_d、R_z，$k=2$，$\theta=80°$。其滚子中心定位半径的组合与对应转速列于表 12-3 中。表中变速顺序是凸轮逆时针方向转动时，自一定起始位置的顺序（图 12.9）。

表 12-3 定位半径组合方案与对应转速

变速位置		1	2	3	4	5	6	7	8	9
滚子中心	a	R_c	R_z	R_c	R_c	R_z	R_d	R_d	R_d	R_z
	b	R_c	R_c	R_z	R_d	R_d	R_d	R_z	R_c	R_z
转速 n/(r/min)		450	250	190	1200	600	800	144	355	108

3. 其他参数的确定

1）滚子中心在凸轮圆周上的起始位置

主要根据从动件的结构及凸轮与各滑移齿轮之间的空间位置决定。本例采用的从动件的结构形式和从动件在凸轮曲线槽圆周上的位置如图 12.9 所示。

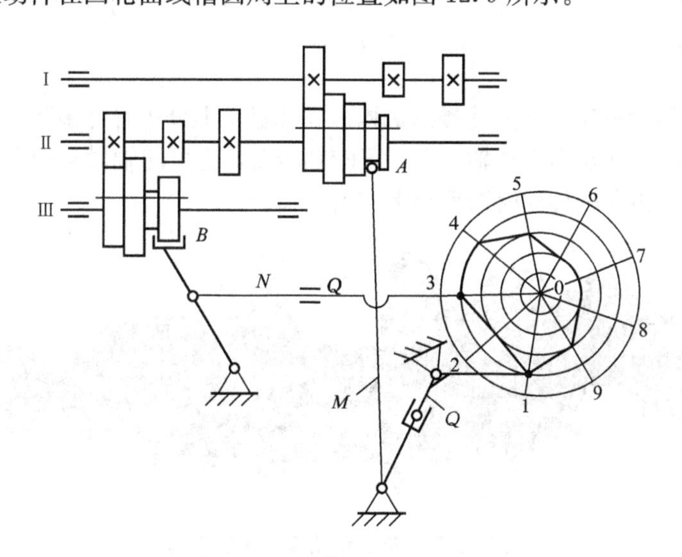

图 12.9 凸轮操纵机构方案

2）凸轮行程量及凸轮半径

行程量是根据滑移齿轮的移动距离、各从动件的结构、凸轮的轮廓尺寸及凸轮的压力角等因素确定的。本例中凸轮行程定为 $h=14$mm，因滑移齿轮从中间位置向左右移动距离相等，故从短半径到中半径和从中半径到长半径的升程相同。

凸轮最小半径应根据压力角的允许值及结构需要确定，本例取 $R_d=59$mm，则 $R_z=59+14=73$mm，$R_c=87$mm。

3）杠杆比

因凸轮曲线公用，而滑移齿轮移动距离不同，故杠杆比不同。本例两滑移齿轮从中间位置向左右的移动距离分别为 27mm 和 37mm，则杠杆比分别为

$$u_A=\frac{27}{14}=0.93$$

$$u_B=\frac{37}{14}=2.64$$

当凸轮尺寸较小时，滑移齿轮移动距离一定，改变杠杆比可减小凸轮的行程，但 u 值不可太大，否则一方面滚子在曲线槽中正压力增大，凸轮磨损加快，操纵力增加；另一方面凸轮曲线槽的制造误差反映到滑移齿轮移动距离上的误差也大，因此，一般取 $u\leqslant 2.5$。

4) 验算凸轮的压力角

根据凸轮的行程量 h、定位半径 R_d、R_z、R_c 的值和滚子直径的大小，可绘制出凸轮的工作图，之后应验算压力角。一般压力角不应大于 45°，以保证操作省力。

12.2.2 选择变速操纵机构

选择变速是指一个转速转换到另一个转速时，各滑移齿轮不经过中间各级转速的啮合位置的变速方式。这样，齿轮顶住的机会减少，变速时间缩短，操作省力，但结构稍复杂。下面以孔盘式选择变速集中操纵机构为例，说明其工作原理和孔盘的设计。

1. 工作原理

图 12.10 所示为铣床进给变速操纵机构。在孔盘 1 上分布着许多孔，有两种不同尺寸的孔：大孔和小孔。孔盘固定在轴 2 上，可随轴转动，也可随轴做轴向移动。每一对齿条轴带动一个拨叉，齿条轴移动时即拨动滑移齿轮移动。

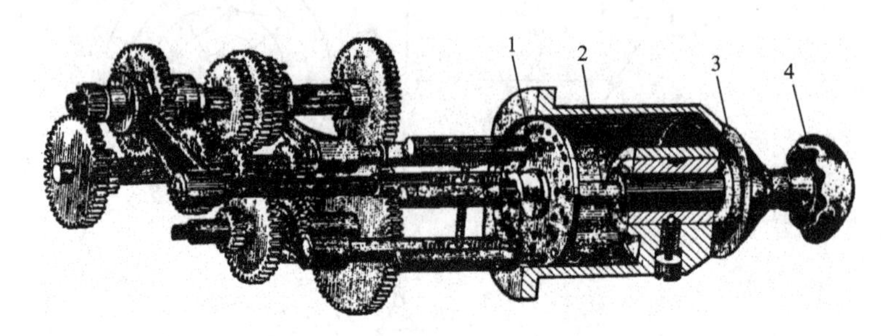

图 12.10 铣床进给变速操纵机构

1—孔盘；2—轴；3—选速盘；4—手柄

图 12.11 所示为孔盘控制一个三联滑移齿轮的变速过程。当处于工作位置Ⅰ时，孔盘将拨叉推到左边位置 。从工作位置Ⅰ变到工作位置Ⅱ时，先使孔盘向右退离齿条轴 1 和 1′，然后转动孔盘，进行选速，再将孔盘推向左边，这时一对齿条轴右端小轴均从孔盘小孔中通过，把滑移齿轮推到中间位置。同理，在工作位置Ⅲ时，下面的齿条轴被孔盘推向左边，上面齿条轴右端直径较大的轴段从孔盘的大孔中通过，使拨叉带动滑移齿轮移动至右面位置。孔盘同时控制 3 个拨叉，分别拨动一个双联滑移齿轮和两个三联滑移齿轮，可以变换 18 种转速。

图 12.12 表示孔盘上孔的分布。控制三联滑移齿轮的孔以大孔、小孔和无孔 3 种状态按一定的变速要求排列；控制双联滑移齿轮的孔以有孔、无孔两种状态排列。一个孔盘控制几个滑移齿轮，孔盘上就应有几套各按一定要求排列的孔。

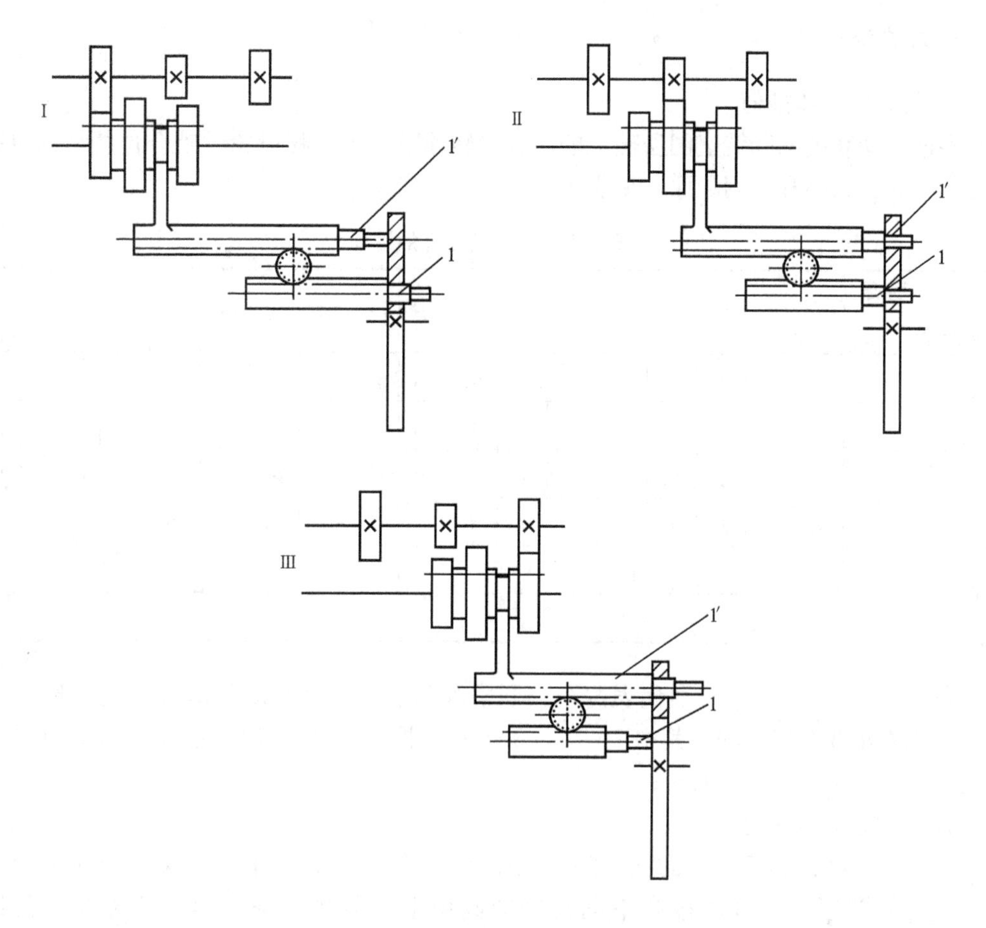

图 12.11 孔盘的工作原理

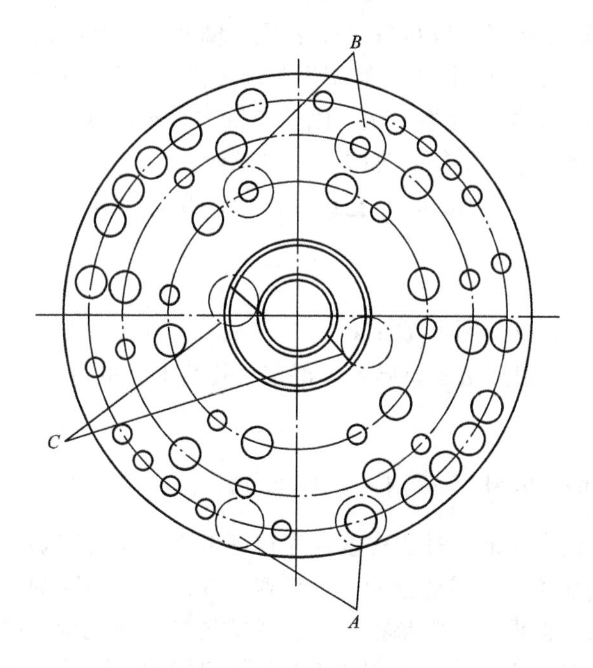

图 12.12 孔盘上孔的分布

2. 孔盘的设计

1) 孔的大小和排列

根据传动系统图和转速图所确定的在各级转速下3个滑移齿轮的啮合位置，列出孔盘上孔的有无、大小和排列顺序，见表12-4。

表12-4　孔盘上孔的排列

滑移齿轮 \ 转速		n_1	n_2	n_3	n_4	n_5	n_6	n_7	n_8	n_9	n_{10}	n_{11}	n_{12}	n_{13}	n_{14}	n_{15}	n_{16}	n_{17}	n_{18}
A	1	d_l	d_l	d_l	×	×	×	d_s	d_s	d_s	d_l	d_l	d_l	×	×	×	d_s	d_s	d_s
	1′	×	×	×	d_l	d_l	d_l	d_s	d_s	d_s	×	×	×	d_l	d_l	d_l	d_s	d_s	d_s
B	2	d_s	×	d_l	d_s	×	d_l	d_s	×	d_l	d_s	×	d_l	d_s	×	d_l	d_s	×	d_l
	2′	d_s	d_l	×	d_s	d_l	×	d_s	d_l	×	d_s	d_l	×	d_s	d_l	×	d_s	d_l	×
C	3	d_l									×								
	3′	×									d_l								

表12-4中，A、B分别代表两个三联滑移齿轮，C代表双联滑移齿轮。1、1′，2、2′，3、3′表示3对齿条轴，其中1′、2′、3′表示3根带拨叉的齿条轴。d_s、d_l、×分别表示孔盘上的小孔、大孔、无孔。

2) 孔的位置和尺寸

孔盘上控制相邻两转速的孔位间角位差为360°/18=20°。控制一对齿条的孔可排在同一直径的圆周上，也可排在不同直径的圆周上，须视齿条轴的位置和孔盘的结构而定。

本例控制齿条轴1和1′孔位共36个，都在外圈上；控制齿条轴2和2′的孔位也是36个，分别布置在第二圈和第三圈上；控制齿条轴3和3′的孔只有有孔、无孔两种状态，共需18个孔位，且每隔9级才变换一次，因此布置在孔盘内圈上，以凸起的半圈代替连续无孔，不凸起的半圈代替连续有孔(如图12.10所示)。

一般可取大孔直径d_l=12mm，小孔直径d_s=6～8mm，孔与孔之间的最小圆周壁厚Δ=0.5～1mm。

3) 其他尺寸

孔盘厚度可取为5mm，外径取150～160mm。

齿条轴的安装位置根据结构布局具体确定。孔盘上孔的分布及A、B、C的操纵位置如图12.12所示。

12.2.3　预选变速操纵机构

预选变速是指机床在加工过程中就预先选好下道工序所需要的转速，在完成上道工序停车后，只进行变速，不需选速的一种变速方式。它与前述的选择变速的主要区别就是选速过程和加工过程重合。如果把上述孔盘式选择变速机构中的定位元件安置在滑移齿轮上，就成了预选变速机构，即在加工时把孔盘拔出，预选下道工序的转速，停车后推进孔盘就完成了变速。采用预选变速时，可缩短辅助时间，提高机床的生产率。预选变速机构可分为机械预选变速机构、液压预选变速机构、电气预选变速机构三种。现以某摇臂钻床的液压预选变速集中操纵机构为例，介绍其工作原理和预选阀阀芯的设计方法。

1. 工作原理

该摇臂钻床主传动系统共有 4 个双联滑移齿轮，可以变换 16 种转速，其中一个滑移齿轮有 3 个变换位置，中位为空挡。主轴正反转靠摩擦离合器变换。

预选变速的工作原理如图 12.13 所示，扳动手柄 7，经操纵阀 5，可分别控制主轴预选变速、空挡、正反转及停车。下面主要介绍预选变速的原理。

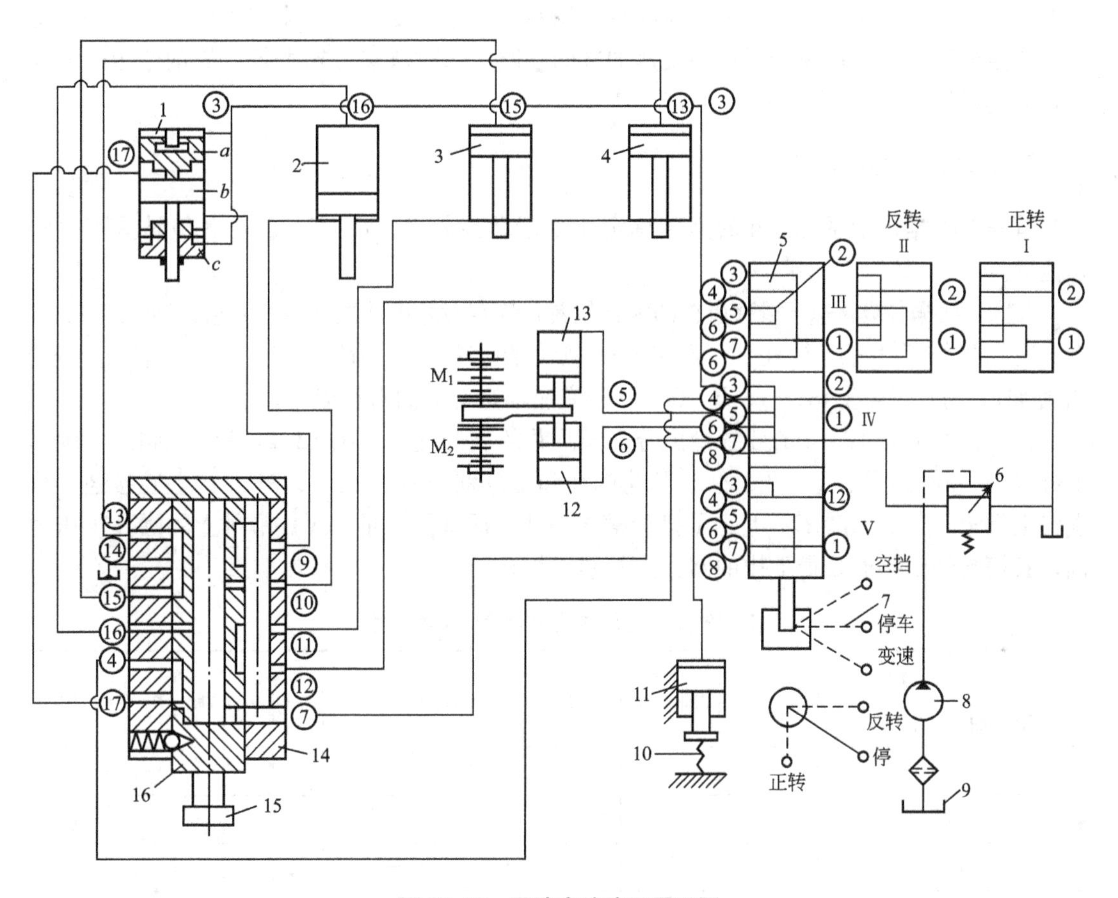

图 12.13 预选变速液压原理图

1—三位油缸；2、3、4—变速油缸；5—操纵阀；6—溢流阀；7—手柄；8—油泵；9—油池

当手柄 7 向下扳至变速位置时，推操纵阀的阀芯上移，使第Ⅴ位置与油路接通。这时从油泵打出的压力油通过油路①和操纵阀 5，再分别经油路⑤、⑥、⑦、⑧进入各油缸。经油路⑧进入制动油缸 11，松开制动摩擦片；经油路⑤和⑥的油分别进入油缸 12 和 13，因油缸 13 的活塞直径比油缸 12 大，故使活塞下移，摩擦离合器 M_1 轻轻接合，传动轴得到缓慢的转动，为滑移齿轮顺利啮合创造条件；通过油路⑦的油进入到预选阀 14，其中一部分直接进入到各变速油缸的下腔，一部分经阀芯的横向孔进入到各变速油

缸的上腔。油缸 2、3、4 为双位变速的差动油缸，当上、下腔同时进压力油时，活塞下移，当上腔与阀的回油孔接通时，活塞上移。油缸 1 为三位油缸，上下两个位置为变速位置，原理同上。中位为空挡，其工作原理为：将手柄 7 扳到空挡位置时，压力油同时从顶部和底部流进上、下两腔，使上腔中的活塞 a 向下顶活塞 b，直到 a 被限位为止，下腔活塞 c 向上移动到与活塞 b 相遇为止，因活塞 c 的面积比活塞 a 的面积小，因而不能使活塞 b 上移，将活塞 b 停在中位上，此时活塞 b 拨动的双联滑移齿轮处于脱开位置。

在机床加工过程中进行选速时，转动旋钮 15 到所要求的转速位置，预选阀芯也随着接通了与需要转速相应的油路。当上道工序完毕停车后，将手柄 7 扳到“变速”位置，使压力油按预选阀所接通的油路，推动各变速油缸的活塞。变速油缸均装在滑移齿轮所在轴的上端，活塞经活塞杆及连接销，使滑移齿轮移动，进行变速。变速完毕后，将手柄 7 复位到“停车”位置，切断了通往各变速油缸的油路。这时滑移齿轮由各自的钢球定位，便可开车进行加工。

2. 预选阀阀芯的设计

首先，根据传动系统图和转速图确定 4 个滑移齿轮 A、B、C、D 在各级转速下的啮合位置。

其次，根据各级转速下滑移齿轮的啮合位置，确定对相应油缸油路的要求，列于表 12-5 中。表中的“+”号表示油缸上、下两腔均与压力油接通，滑移齿轮下移；“—”号表示上腔与油池接通，滑移齿轮上移；A、B、C、D 指变速油缸对应的滑移齿轮。

最后，根据表 12-5 的要求绘出分配阀阀芯的展开图，如图 12.14 所示。阀芯在圆周上分成 16 等份，图上Ⅰ、Ⅲ、Ⅳ、Ⅵ排的孔和槽分别与油缸 1、2、3、4 的上腔接通，分别移动齿轮 A、B、C、D；Ⅱ、Ⅴ排的槽与油池接通。Ⅰ、Ⅲ、Ⅳ、Ⅵ排上的圆孔供压力油，长槽与油池接通。最下排的圆孔是阀芯定位孔。

表 12-5 各级转速下变速油缸的油路

变速油缸 \ 转速	n_1	n_2	n_3	n_4	n_5	n_6	n_7	n_8	n_9	n_{10}	n_{11}	n_{12}	n_{13}	n_{14}	n_{15}	n_{16}
A	—	+	—	—	+	+	—	—	+	+	—	—	+	+	—	+
B	—	—	—	+	—	+	—	+	—	+	—	+	—	+	+	+
C	+	+	—	+	—	+	+	—	+	—	—	+	—	+	—	—
D	—	—	—	—	—	—	+	—	+	—	+	+	+	+	+	+

12.2.4 齿轮顺利进入啮合的措施

变速机构采用滑移齿轮或端齿离合器时，为了避免打齿，变速过程一般在停车后进行。为了防止停车变速时两个齿轮齿的端面相互顶住，不能进入啮合位置，把轮齿端面倒成圆角，即使这样，也不能完全避免齿端顶住，特别是集中变速操纵时，这种现象发生的可能性更大。因此，应经常采取一些使齿轮缓慢转动而实现顺利啮合的措施。

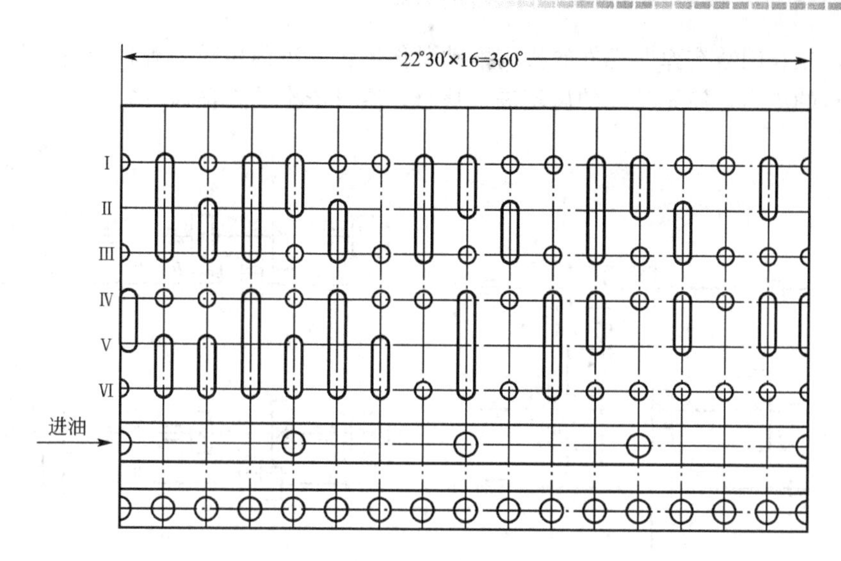

图 12.14 主变速阀芯的展开图

1）用手扳动主轴或其他传动轴

这种方法简单，但操作不方便，劳动强度大，故不推荐使用。

2）点动电动机

点动电动机有两种方法，一种是在操纵过程中发现顶齿时，由操作者按点动按钮，使电动机点动，多用在变速级数少或变速不频繁的机床上。另一种是，在进行变速操作时，让变速手柄与点动开关联动，即滑移齿轮移位之前，先触及点动开关，使点动机点动，如卧式万能铣床的变速操纵机构，这种方法方便、省力，应用较广。用这两种方法点动时都难以控制齿轮的转速，齿轮转速较高时，齿端磨损严重，并且有时轮齿受较大的冲击，也可能引起打齿，故不宜用在经常变速的集中操纵机构中。

3）电动机低速运转而使传动轴保持连续缓慢转动

变速开始，先发出信号通过电气系统控制电动机在低速下运转。当用交流电动机时，可用时间继电器控制电动机连续点动，由速度继电器保持其缓慢转动。对直流电动机，可直接控制调速系统，实现电动机低速运转。这种方法比点动电动机效果好。

4）控制离合器以实现齿轮缓慢转动

如前述液压预选操纵机构中，差动油缸控制摩擦离合器 M_1 就是一例。又如，当采用电磁摩擦离合器时，可在变速过程中用时间继电器断续接通电磁离合器来实现齿轮的缓慢转动。

5）用专用小电动机实现齿轮的缓慢转动

如图 12.15 所示，变速时启动小电动机，运动经蜗杆 1、蜗轮 2、离合器 M(电磁离合器或液压离合器)，使传动轴Ⅱ实现低速转动。

机械式集中操纵机构变速时，为使齿轮顺利啮合，各变速组齿轮应从靠近电动机处的变速组起，按传动顺序依次啮合，否则不能消除顶齿现象。如图 12.16(a)所示，如果离电动机远的变速组 A 先啮合，当发生顶齿时，由于滑移齿轮 B 还没有啮合，虽然电动机点动，也无法消除顶齿现象。只有像图 12.16(b)那样，使靠近电动机的滑移齿轮 B 先啮合，才能消除滑移齿轮 A 的顶齿现象。因此，设计传动系统时，必须保证传动的连续性。其办法有两个：一是适当改变齿宽或变速机构传动装置的杠杆比，以保证各变速组按传动顺序先后啮合；二是用装有弹性元件的机构推动滑移齿轮，当顶齿时，弹性元件压缩，使齿端间保持一定的压力，使先转动的齿轮进入啮合，便可依次消除顶齿现象。

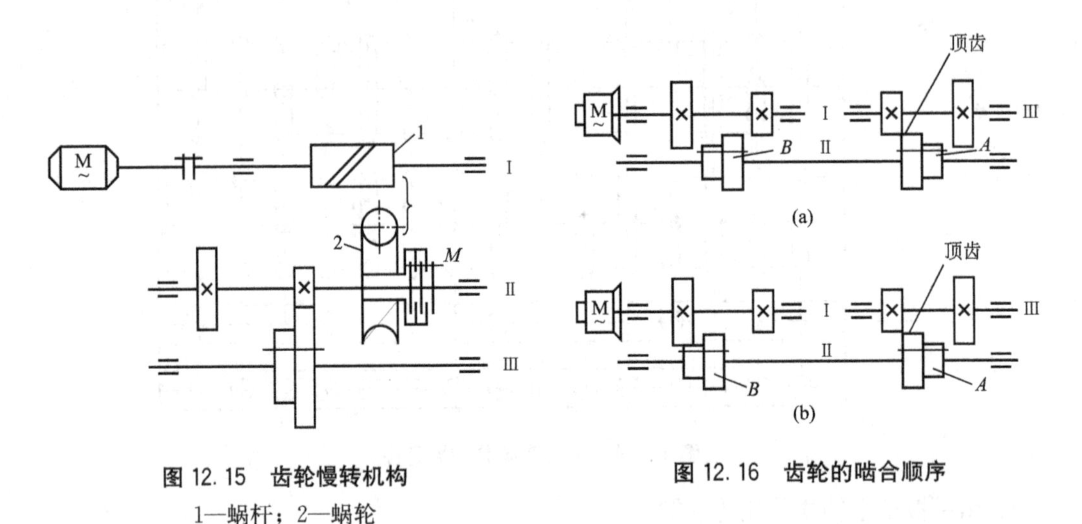

图 12.15　齿轮慢转机构

1—蜗杆；2—蜗轮

图 12.16　齿轮的啮合顺序

思考和练习

1. 对机床操纵机构的设计要求主要有哪些？

2. 何谓单独操纵机构？其特点是什么？

3. 集中操纵机构主要有哪几种类型？各有什么优缺点？试简述其选用原则。

4. 为什么在设计操纵机构时必须考虑定位问题？常用的定位方式主要有哪些？

5. 设计传动系统时，可采取哪些方法保证传动的连续性？

6. 试设计用来控制 $3\times2=6$ 级齿轮变速箱的平面公用凸轮集中操纵机构中，凸轮的理论曲线形状(所需条件自定)。

附　　录

常用机床组、系代号及主参数（摘自 GB/T 15375—2008）

类	组	系	机床名称	主参数的折算系数	主参数	第二主参数
车床	1	1	单轴纵切自动车床	1	最大棒料直径	
	1	2	单轴横切自动车床	1	最大棒料直径	
	1	3	单轴转塔自动车床	1	最大棒料直径	
	2	1	多轴棒料自动车床	1	最大棒料直径	轴数
	2	2	多轴卡盘自动车床	1/10	卡盘直径	轴数
	2	6	立式多轴半自动车床	1/10	最大车削直径	轴数
	3	0	回轮车床	1	最大棒料直径	
	3	1	滑鞍转塔车床	1/10	最大车削直径	
	3	3	滑枕转塔车床	1/10	最大车削直径	
	4	1	万能曲轴车床	1/10	最大工件回转直径	最大工件长度
	4	6	万能凸轮轴车床	1/10	最大工件回转直径	最大工件长度
	5	1	单柱立式车床	1/100	最大车削直径	最大工件高度
	5	2	双柱立式车床	1/100	最大车削直径	最大工件高度
	6	0	落地车床	1/100	最大工件回转直径	最大工件长度
	6	1	卧式车床	1/10	床身上最大回转直径	最大工件长度
	6	2	马鞍车床	1/10	床身上最大回转直径	最大工件长度
	6	4	卡盘车床	1/10	床身上最大回转直径	最大工件长度
	6	5	球面车床	1/10	刀架上最大回转直径	最大工件长度
	7	1	仿形车床	1/10	刀架上最大车削直径	最大车削长度
	7	5	多刀车床	1/10	刀架上最大车削直径	最大车削长度
	7	6	卡盘多刀车床	1/10	刀架上最大车削直径	
	8	4	轧辊车床	1/10	最大工件直径	最大工件长度
	8	9	铲齿车床	1/10	最大工件直径	最大模数
	9	1	多用车床	1/10	床身上最大回转直径	最大工件长度
钻床	1	3	立式坐标镗钻床	1/10	工作台面宽度	工作台面长度
	2	1	深孔钻床	1/10	最大钻孔直径	最大钻孔深度
	3	0	摇臂钻床	1	最大钻孔直径	最大跨距
	3	1	万向摇臂钻床	1	最大钻孔直径	最大跨距
	4	0	台式钻床	1	最大钻孔直径	
	5	0	圆柱立式钻床	1	最大钻孔直径	
	5	1	方柱立式钻床	1	最大钻孔直径	
	5	2	可调多轴立式钻床	1	最大钻孔直径	轴数
	8	1	中心孔钻床	1/10	最大工件直径	最大工件长度
	8	2	平端面中心孔钻床	1/10	最大工件直径	最大工件长度

续表

类	组	系	机床名称	主参数的折算系数	主参数	第二主参数
镗床	4	1	单柱坐标镗床	1/10	工件台面宽度	工件台面长度
	4	2	双柱坐标镗床	1/10	工件台面宽度	工件台面长度
	4	5	卧式坐标镗床	1/10	工件台面宽度	工件台面长度
	6	1	卧式铣镗床	1/10	镗轴直径	
	6	2	落地镗床	1/10	镗轴直径	
	6	9	落地铣镗床	1/10	镗轴直径	铣轴直径
	7	0	单面卧式精镗床	1/10	工件台面宽度	工件台面长度
	7	1	双面卧式精镗床	1/10	工件台面宽度	工件台面长度
	7	2	立式精镗床	1/10	最大镗孔直径	
磨床	0	4	抛光机		—	
	0	6	刀具磨床		—	
	1	0	无心外圆磨床	1	最大磨削直径	
	1	3	外圆磨床	1/10	最大磨削直径	最大磨削长度
	1	4	万能外圆磨床	1/10	最大磨削直径	最大磨削长度
	1	5	宽砂轮外圆磨床	1/10	最大磨削直径	最大磨削长度
	1	6	端面外圆磨床	1/10	最大回转直径	最大工件长度
	2	1	内圆磨床	1/10	最大磨削孔径	最大磨削深度
	2	5	立式行星内圆磨床	1/10	最大磨削孔径	最大磨削深度
	2	9	坐标磨床	1/10	工作台面宽度	工作台面长度
	3	0	落地砂轮机	1/10	最大砂轮直径	
	5	0	落地导轨磨床	1/100	最大磨削宽度	最大磨削长度
	5	2	龙门导轨磨床	1/100	最大磨削宽度	最大磨削长度
	6	0	万能工具磨床	1/10	最大回转直径	最大工件长度
	6	3	钻头刃磨床	1	最大刃磨钻头直径	
	7	1	卧轴矩台平面磨床	1/10	工作台面宽度	工作台面长度
	7	3	卧轴圆台平面磨床	1/10	工作台面直径	
	7	4	立轴圆台平面磨床	1/10	工作台面直径	
	8	2	曲轴磨床	1/10	最大回转直径	最大工件长度
	8	3	凸轮轴磨床	1/10	最大回转直径	最大工件长度
	8	6	花键轴磨床	1/10	最大磨削直径	最大磨削长度
	9	0	工具曲线磨床	1/10	最大磨削长度	

续表

类	组	系	机床名称	主参数的折算系数	主参数	第二主参数
齿轮加工机床	2	0	弧齿锥齿轮磨齿机	1/10	最大工件直径	最大模数
	2	2	弧齿锥齿轮铣齿机	1/10	最大工件直径	最大模数
	2	3	直齿锥齿轮刨齿机	1/10	最大工件直径	最大模数
	3	1	滚齿机	1/10	最大工件直径	最大模数
	3	6	卧式滚齿机	1/10	最大工件直径	最大模数或最大工件长度
	4	2	剃齿机	1/10	最大工件直径	最大模数
	4	6	珩齿机	1/10	最大工件直径	最大模数
	5	1	插齿机	1/10	最大工件直径	最大模数
	6	0	花键轴铣床	1/10	最大铣削直径	最大铣削长度
	7	0	碟形砂轮磨齿机	1/10	最大工件直径	最大模数
	7	1	锥形砂轮磨齿机	1/10	最大工件直径	最大模数
	7	2	蜗杆砂轮磨齿机	1/10	最大工件直径	最大模数
	8	0	车齿机	1/10	最大工件直径	最大模数
	9	3	齿轮倒角机	1/10	最大工件直径	最大模数
	9	9	齿轮噪声检查机	1/10	最大工件直径	
螺纹加工机床	3	0	套螺纹机	1	最大套螺纹直径	
	4	8	卧式攻螺纹机	1/10	最大攻螺纹直径	轴数
	6	0	丝杠铣床	1/10	最大铣削直径	最大铣削长度
	6	2	短螺纹铣床	1/10	最大铣削直径	最大铣削长度
	7	4	丝杠磨床	1/10	最大工件直径	最大工件长度
	7	5	万能螺纹磨床	1/10	最大工件直径	最大工件长度
	8	6	丝杠车床	1/10	最大工件直径	最大工件长度
	8	9	短螺纹车床	1/10	最大车削直径	最大车削长度
铣床	2	0	龙门铣床	1/100	工作台面宽度	工作台面长度
	3	0	圆台铣床	1/10	工作台面直径	
	4	3	平面仿形铣床	1/10	最大铣削宽度	最大铣削长度
	4	4	立体仿形铣床	1/10	最大铣削宽度	最大铣削长度

续表

类	组	系	机床名称	主参数的折算系数	主参数	第二主参数
铣床	5	0	立式升降台铣床	1/10	工作台面宽度	工作台面长度
	6	0	卧式升降台铣床	1/10	工作台面宽度	工作台面长度
	6	1	万能升降台铣床	1/10	工作台面宽度	工作台面长度
	7	1	床身铣床	1/100	工作台面宽度	工作台面长度
	8	1	万能工具铣床	1/10	工作台面宽度	工作台面长度
	9	2	键槽铣床	1	最大键槽宽度	
刨插床	1	0	悬臂刨床	1/100	最大刨削宽度	最大刨削长度
	2	0	龙门刨床	1/100	最大刨削宽度	最大刨削长度
	2	2	龙门铣磨刨床	1/100	最大刨削宽度	最大刨削长度
	5	0	插床	1/10	最大插削长度	
	6	0	牛头刨床	1/10	最大刨削长度	
	8	8	模具刨床	1/10	最大刨削长度	最大刨削宽度
拉床	3	1	卧式外拉床	1/10	额定拉力	最大行程
	4	3	连续拉床	1/10	额定拉力	
	5	1	立式内拉床	1/10	额定拉力	最大行程
	6	1	卧式内拉床	1/10	额定拉力	最大行程
	7	1	立式外拉床	1/10	额定拉力	最大行程
	9	1	汽缸体平面拉床	1/10	额定拉力	最大行程
特种加工机床	1	1	超声波穿孔机	1/10	最大功率	
	2	5	电解车刀刃磨床	1	最大车刀宽度	最大车刀厚度
	7	1	电火花成形机	1/10	工作台面宽度	工作台面长度
	7	7	电火花线切割机	1/10	工作台横向行程	工作台纵向行程
锯床	5	1	立式带锯床	1/10	最大工件高度	
	6	0	卧式圆锯床	1/100	最大圆锯片直径	
	7	1	卧式弓锯床	1/10	最大锯削直径	
其他机床	1	6	管接头车螺纹机	1/10	最大加工直径	
	2	1	木螺钉螺纹加工机	1	最大工件直径	最大工件长度
	4	0	圆刻线机	1/100	最大加工直径	
	4	1	长刻线机	1/100	最大加工长度	

参 考 文 献

[1] 戴曙. 金属切削机床[M]. 北京：机械工业出版社，2012.
[2] 顾维邦. 金属切削机床概论[M]. 北京：机械工业出版社，2010.
[3] 恽达明. 金属切削机床[M]. 北京：机械工业出版社，2010.
[4] 刘文娟. 金属切削机床[M]. 北京：机械工业出版社，2014.
[5] 顾熙棠. 金属切削机床[M]. 上海：上海科学技术出版社，1994.
[6] 黄鹤汀. 金属切削机床设计[M]. 北京：机械工业出版社，2005.
[7] 赵晶文. 金属切削机床[M]. 北京：北京理工大学出版社，2014.
[8]《金属切削机床设计》编写组. 金属切削机床设计[M]. 上海：上海科学技术出版社，1986.
[9] 王士柱. 金属切削机床[M]. 北京：国防工业出版社，2010.
[10] 吴圣庄. 金属切削机床概论[M]. 北京：机械工业出版社，1991.
[11] 王凤平，许毅. 金属切削机床与数控机床[M]. 北京：清华大学出版社，2009.
[12] 闫巧枝. 金属切削机床与数控机床[M]. 北京：北京理工大学出版社，2010.
[13] 戴曙. 机床设计分析[M]. 北京：机械工业出版社，1987.
[14] 成大先. 机械设计手册[M]. 北京：化学工业出版社，2011.
[15] 范云涨，陈兆年. 金属切削机床设计简明手册[M]. 北京：机械工业出版社，2009.
[16《现代实用机床设计手册》编委会. 现代实用机床设计手册 · 下册[M]. 北京：机械工业出版社，2006.
[17] 贾亚洲. 金属切削机床概论[M]. 北京：机械工业出版社，2011.
[18] 陈心昭，权义鲁. 现代实用机床设计手册（上）[M]. 北京：机械工业出版社，2006.
[19] 许晓旸. 专用机床设备设计[M]. 重庆：重庆大学出版社，2003.
[20] 马宏伟. 数控技术[M]. 2 版. 北京：电子工业出版社，2014.
[21] 龚仲华，靳敏. 现代数控机床[M]. 北京：高等教育出版社，2012.
[22] 刘瑞已，黄维亚. 现代数控机床[M]. 西安：西安电子科技大学出版社，2011.
[23] 林艳华. 机械制造技术基础[M]. 北京：化学工业出版社，2010.
[24] 韩秋实，王红军. 机械制造技术基础[M]. 北京：机械工业出版社，2010.
[25] 樊军庆. 实用数控技术[M]. 北京：机械工业出版社，2009.
[26] 黄宗南，洪跃. 先进制造技术[M]. 上海：上海交通大学出版社，2010.
[27] 宋士刚，黄华. 机械制造装备设计[M]. 北京：北京大学出版社，2014.
[28] 关慧贞，冯辛安. 机械制造装备设计[M]. 北京：机械工业出版社，2010.